Jürgen Cleve, Uwe Lämmel
Data Mining
De Gruyter Studium

Weitere empfehlenswerte Titel

Maschinelles Lernen
Ethem Alpaydin, 2019
ISBN 978-3-11-061788-7, e-ISBN (PDF) 978-3-11-061789-4,
e-ISBN (EPUB) 978-3-11-061794-8

Datenbank-Tuning. Mit innovativen Methoden
Stefan Florczyk, 2019
ISBN 978-3-11-060060-5, e-ISBN (PDF) 978-3-11-060181-7,
e-ISBN (EPUB) 978-3-11-059892-6

Smart Data Analytics. Mit Hilfe von Big Data Zusammenhänge erkennen und Potentiale nutzen
Andreas Wierse, Till Riedel, 2017
ISBN 978-3-11-046184-8, e-ISBN (PDF) 978-3-11-046395-8,
e-ISBN (EPUB) 978-3-11-046191-6

Pattern Recognition. Introduction, Features, Classifiers and Principles
Jürgen Beyerer, Matthias Richter, Matthias Nagel, 2017
ISBN 978-3-11-053793-2, e-ISBN (PDF) 978-3-11-053794-9,
e-ISBN (EPUB) 978-3-11-053796-3

Mathematical Foundations of Data Science Using R
Frank Emmert-Streib, Salissou Moutari, Matthias Dehmer, 2020
ISBN 978-3-11-056467-9, e-ISBN (PDF) 978-3-11-056499-0,
e-ISBN (EPUB) 978-3-11-056502-7

Jürgen Cleve, Uwe Lämmel

Data Mining

3. Auflage

DE GRUYTER

Autoren
Prof. Dr. rer. nat. Jürgen Cleve
Hochschule Wismar
Fakultät für Wirtschaftswissenschaften
Philipp-Müller-Straße 14
23966 Wismar
juergen.cleve@hs-wismar.de

Prof. Dr.-Ing. Uwe Lämmel
Hochschule Wismar
Fakultät für Wirtschaftswissenschaften
Philipp-Müller-Straße 14
23966 Wismar
uwe.laemmel@hs-wismar.de

ISBN 978-3-11-067623-5
e-ISBN (PDF) 978-3-11-067627-3
e-ISBN (EPUB) 978-3-11-067729-4

Library of Congress Control Number: 2020945573

Bibliografische Information der Deutschen Nationalbibliothek
Die Deutsche Nationalbibliothek verzeichnet diese Publikation in der Deutschen Nationalbibliografie; detaillierte bibliografische Daten sind im Internet über http://dnb.dnb.de abrufbar.

Umschlaggestaltung: TomasSereda/iStock/Getty Images Plus
Druck und Bindung: CPI books GmbH, Leck.

www.degruyter.com

Vorwort

Vier Jahre sind seit dem Erscheinen der 2. Auflage unseres Buches vergangen. Vier Jahre, in denen sich das Gebiet der Analyse von Massendaten rapide entwickelt hat. Schlagworte wie *Big Data*, *Predicitve Analytics*, *Data Science* oder *Machine Learning* hören oder lesen wir fast täglich.

Daten werden in vielen Bereichen gesammelt: In der Forschung, um neue Zusammenhänge zu entdecken oder vorhandene Verfahren zu verbessern, Unternehmen sammeln Daten, um durch individualisiertes Marketing höhere Verkaufszahlen zu erreichen oder um eine Verringerung von Ausfallzeiten von Maschinen oder Anlagen zu erzielen.

Mit Hilfe massenweise gesammelter Daten wurden und werden die Verfahren zur Text- oder Schrifterkennung, zum Sprachverstehen oder auch zur Bilderkennung verbessert, so dass immer leistungsfähigere intelligente Systeme entstehen.

Daten werden aus verschiedenen Gründen gesammelt: Erstens ist das Sammeln und Speichern schlicht technisch und finanziell möglich. Zweitens gibt es rechtliche Vorgaben, dass Daten gespeichert werden müssen, zumindest für eine bestimmte Zeit. Drittens wird selbstverständlich – und hier nähern wir uns nun dem Data Mining – auch ein Zweck mit der Datensammlung verfolgt, somit ein Nutzen erwartet.

Welche Daten werden gesammelt? Alle, soweit das Sammeln nicht rechtlich eingeschränkt ist: technische Daten, betriebswirtschaftliche Daten und auch private Daten.

In diesem Buch behandeln wir Techniken, mit deren Hilfe solche Datenmengen ausgewertet werden können. Wir stellen dabei die Prozesse und Techniken für die Analyse strukturierter Daten in den Mittelpunkt, die gemeinhin dem Data Mining zugeordnet werden. Statistische Verfahren zur Datenauswertung werden nur am Rande erwähnt. Die Gebiete der Textanalyse, des sogenannten Text Minings, und auch des Web Minings werden nur skizziert.

Das vorliegende Buch gibt eine Einführung in das Gebiet des Data Minings für strukturierte Daten:

- Zunächst geben wir einen Überblick über Data Mining und diskutieren Grundbegriffe und Vorgehensweisen.
- Anschließend werden Anwendungsklassen beschrieben, um die Einsatzmöglichkeiten des Data Minings erkennen zu können.
- Aus den Daten werden Modelle abgeleitet: Wir stellen dar, wie diese Modelle repräsentiert beziehungsweise gespeichert werden können.
- Die Verfahren zur Analyse der Daten – das Data Mining im engeren Sinne – nehmen natürlich den größten Raum in diesem Buch ein.

https://doi.org/10.1515/9783110676273-202

- Die Daten müssen vorbereitet werden, um eine Analyse zu ermöglichen beziehungsweise die Qualität der Daten zu verbessern.
  Die Qualität der Daten kann die Resultate stark beeinflussen. Daher ist die Datenvorverarbeitung für den Erfolg einer Datenanalyse wichtig. Der Datenvorbereitung ist deshalb ein separates Kapitel gewidmet.
- Es schließt sich die Bewertung der Analyse-Ergebnisse an: Sind sie neu, sind sie wirklich relevant?
  Dieses Kapitel betrachtet auch mögliche Visualisierungen der Ergebnisse als eine Form der Bewertung. Eine geeignete graphische Darstellung hilft sowohl die Qualität der Ergebnisse einzuschätzen als auch Vertrauen in ein Modell aufzubauen.
- Zum Abschluss spielen wir Data Mining an einem konkreten Beispiel durch. Wir illustrieren somit die Vorgehensweise im Data Mining und setzen die im Buch vorgestellten Analysetechniken ein.

Anders als in vielen anderen Büchern trennen wir zwischen den Modellen, zum Beispiel Entscheidungsbaum oder künstliche neuronale Netze, und den Data-Mining-Verfahren, die diese verwenden, zum Beispiel die Generierung eines Entscheidungsbaumes für eine Klassifikation. Damit wird deutlicher, dass einige Modelle für verschiedene Aufgaben eingesetzt werden können.

Zunächst werden im Kapitel 3 Anwendungsklassen vorgestellt. Welche typischen Anwendungsgebiete gibt es für das Data Mining? Anschließend gehen wir im Kapitel 4 auf die Data-Mining-Modelle und die Möglichkeiten ihrer Darstellung ein: Wie kann ein Klassifikationsmodell dargestellt werden? Wie kann man eine Cluster-Aufteilung repräsentieren? Die sich anschließenden Kapitel behandeln die Verfahren, zugeordnet zu den jeweiligen Anwendungsklassen.

Kapitel 8 thematisiert die Datenvorbereitung. Wenngleich diese Phase in einem Data-Mining-Prozess die erste und oft auch eine für den Erfolg ausschlaggebende Etappe ist, haben wir diese weiter hinten platziert. Kennt man die Data-Mining-Algorithmen schon, ist es einfacher zu verstehen, wieso und wie bestimmte Daten vorverarbeitet werden müssen.

Im Kapitel 9 betrachten wir einige Techniken zur Bewertung der Resultate, die durch Data Mining erzielt wurden.

Dieses Buch ist ein Lehrbuch. Data Mining ist mittlerweile in fast allen Curricula von Studiengängen mit einem Informatikbezug enthalten. Anliegen dieses Buchs ist es, eine Einführung in das interessante Gebiet des Data Minings zu geben. Wir haben bewusst bei einigen Verfahren auf die Darstellung der zugrunde liegenden mathematischen Details verzichtet. Ebenso haben wir uns auf grundlegende Algorithmen konzentriert.

Data Mining ist ein Gebiet, welches Erfahrung verlangt. Ein Projekt, in dem blind Data-Mining-Werkzeug eingesetzt werden, wird selten erfolgreich sein. Das Verständnis für den jeweiligen Gegenstandsbereich, die vorliegenden Daten, aber eben auch für die Data-Mining-Verfahren ist eine notwendige Voraussetzung für ein erfolgreiches Datenanalyse-Projekt.

Mit diesem Buch erhalten Sie einen Einstieg in das Gebiet des Data Minings, so dass Sie Datenanalyse-Projekte strukturiert und zielgerichtet durchführen können. Sie können die Data-Mining-Verfahren hinsichtlich ihrer Anwendungsgebiete und ihrer Leistungsfähigkeit einschätzen und sind in der Lage, die Daten für diese Verfahren entsprechend aufzubereiten.

Die Beispiele haben wir zu großen Teilen in KNIME [KNIME] und WEKA [WEKA] implementiert. Das Buch enthält viele Screenshots von KNIME-Workflows. Wir empfehlen, die Beispiele mittels der Werkzeuge nachzuvollziehen. Installieren Sie diese Systeme, probieren Sie kleine Beispiele aus, und machen Sie sich so mit der Handhabung vertraut.

Wer an Informationen zum Thema Data Mining interessiert ist, findet viele gute Seiten im WWW. Es gibt mittlerweile eine Reihe von Wettbewerben, bei denen reale Probleme zu lösen sind. Die Autoren haben mit ihren Studenten mehrfach am Data Mining Cup [DMC] teilgenommen, der seit einer Reihe von Jahren unter der Leitung der Chemnitzer Firma PRUDSYS durchgeführt wird. Ferner gibt es viele Plattformen, auf denen echte Probleme zu lösen sind, beispielsweise die Plattform www.kaggle.com. Weitere Plattformen haben wir auf den WWW-Seiten zum Buch aufgeführt.

Nicht nur Informationen zum Buch, sondern auch Beispiele finden Sie unter: www.wi.hs-wismar.de/dm-buch

An dieser Stelle möchten wir uns bei der Firma PRUDSYS (www.prudsys.de) sowie den Entwicklern von KNIME und WEKA bedanken, die uns die Verwendung von Beispielen aus ihrem Umfeld gestattet haben. Bitte sehen Sie uns nach, dass die Screenshots der Systeme nicht alle aus den aktuellen Versionen stammen.

Auch in der 3. Auflage haben wir die Grundstruktur beibehalten. Wir haben etliche Änderungen, Aktualisierungen und Erweiterungen vorgenommen. An dieser Stelle möchten wir uns ausdrücklich für die Anregungen unserer Leser bedanken.

Die Zusammenarbeit mit dem De Gruyter-Verlag war angenehm und unkompliziert. Wir bedanken uns insbesondere bei Frau Schedensack (Verlag De Gruyter) und Frau Hausmann (Fa. Konvertus).

Wismar, August 2020 — Jürgen Cleve und Uwe Lämmel

Inhalt

1 Einführung

Data you don't need is never lost.
Ander's first negative Principle of Computers

1.1 Auswertung von Massendaten

Die Menge der verfügbaren Daten wächst stetig schneller und schneller. Jedes Unternehmen, jede Institution sammelt freiwillig oder aufgrund rechtlicher Bestimmungen Daten: Banken speichern die Transaktionsdaten, Firmen speichern Kundendaten, beispielsweise über deren Kaufverhalten, Wetterinstitute sammeln Wetterdaten, Technologie-Unternehmen sammeln Daten zur Verbesserung ihrer Algorithmen zur Schrift-, Text oder Spracherkennung. Im Zuge der Digitalisierung wird das Sammeln von Daten weiter vorangetrieben, seien es Nutzer- oder Prozessdaten.

Wissen Sie, wer welche Daten über Sie speichert?
Falls Sie berufstätig sind: Welche Daten sammelt Ihr Unternehmen?

Leistungsfähige Computer ermöglichen es uns, diese Daten nicht nur zu speichern, sondern diese Datenmengen auch zu analysieren und daraus hoffentlich nicht nur interessante, sondern auch nützliche Informationen zu generieren. Stand früher das reine Archivieren von Daten beziehungsweise Informationen im Vordergrund, so verschiebt sich in den letzten Jahren der Fokus deutlich in Richtung einer aktiven Nutzung der Daten.

Zwei Fragen, die sich hierbei sofort stellen, sind: WIE werten wir Daten aus und WAS können wir aus den gesammelten Daten herausholen? Umfangreiche Daten lassen sich nicht mehr nur durch manuelles „Draufschauen" oder mittels einfacher EXCEL-Tabellen auswerten. Auch die Statistik stößt häufig an ihre Grenzen. Für große Datenmengen werden leistungsfähige *Datenanalyse-Techniken* benötigt. Diese Techniken suchen in den Daten nach Mustern, sprich nach Zusammenhängen, um so beispielsweise Vorhersagen für ein bestimmtes Kundenverhalten treffen zu können.

Diese Suche nach Mustern oder Zusammenhängen in den Daten ist Gegenstand des *Data Minings*. Während man im Bergbau, zum Beispiel beim Coal Mining, die Kohle sucht und abbaut, will man im Data Mining nicht die Daten „abbauen", sondern man sucht nach den Schätzen, die in den Daten verborgen sind.

Data Mining sucht nach unbekannten Mustern und Abhängigkeiten in den gegebenen Daten. Eines dieser Suchziele ist es, Objekte in Klassen einzuteilen, die vorher bekannt oder auch unbekannt sein können.

https://doi.org/10.1515/9783110676273-001

Einige Anwendungsbeispiele (siehe auch Abschnitt 1.5) mögen die praktische Relevanz verdeutlichen:

- Kredit oder kein Kredit?
  Aus alten Kreditdaten werden Regeln als Entscheidungshilfe für die Bewertung der *Kreditwürdigkeit* eines Bank-Kunden abgeleitet.
- Rabatt oder kein Rabatt?
  Aus den Kundendaten werden Vorhersagen generiert, welcher Kunden mit einem Rabatt am ehesten zu erneuten Käufen animiert werden kann.
- Abenteuer oder All Inclusive?
  Es werden Muster von typischen *Reisenden* generiert, um auf den jeweiligen Kundentypen zugeschnittene Angebote zusammenzustellen.
- Windeln und Bier oder Brot?
  Es wird das *Kaufverhalten* von Kunden analysiert, um Abhängigkeiten zwischen gekauften Produkten zu finden. Wer Windeln kauft, nimmt häufig auch Bier.
- Welches Gen?
  Es werden die Gene von *Diabetes-Kranken* mit dem Ziel untersucht, die für die Krankheit vermutlich verantwortlichen oder mitverantwortlichen Gene zu identifizieren.

Das Ziel des Data Minings ist es, aus Massendaten – wie beispielsweise Kunden- oder Unternehmensdaten, Unternehmenskennzahlen oder Prozessdaten – nützliches Wissen zu extrahieren. Gelingt dies, so kann daraus ein großer Wettbewerbsvorteil für das Unternehmen im Markt entstehen. Data Mining lässt sich somit in die Gebiete *Wissensmanagement* – es wird Wissen aus Daten extrahiert – sowie *Business Intelligence* – es werden Daten aus unterschiedlichen Bereichen analysiert – einordnen.

Data Mining geht dabei von einigen *grundlegenden Annahmen* aus:

1. Es sind *genügend Daten* vorhanden. Die Daten sind zum einen in ausreichend großer Zahl verfügbar. Zum anderen sind sie repräsentativ für den zu untersuchenden Weltausschnitt.
2. Die *Zukunft* verhält sich wie die Vergangenheit: Die verfügbaren Daten der Vergangenheit werden zum Aufbau eines Modells für die Zukunft genutzt.
3. Die Daten enthalten *tatsächlich Informationen*, die sich extrahieren lassen.
4. Die Daten *sind verwendbar* und unterliegen keinen rechtlichen Restriktionen.

1.2 Ablauf einer Datenanalyse

Data Mining ist in der Regel in die analytischen Informationssysteme eingebettet und kann allein oder integriert in Business Intelligence oder als Baustein eines Data Warehouses betrieben werden.

Ein Data-Mining-Prozess kann in mehrere Phasen unterteilt werden:

Selektion – Auswahl der geeigneten Datenmengen.
Zunächst werden die verfügbaren Daten gesichtet und in eine Datenbank, meist sogar in *eine* Datentabelle übertragen.

Datenvorverarbeitung – Behandlung fehlender oder problembehafteter Daten.
In dieser Phase werden die Daten bereinigt: Es werden fehlende Werte ersetzt und widersprüchliche Werte korrigiert.

Transformation – Umwandlung in adäquate Datenformate.
Häufig erfordern die eingesetzten Verfahren ganz bestimmte Formate der Daten, so dass die Daten gegebenenfalls transformiert werden müssen, beispielsweise werden metrische Werte in Intervalle gruppiert.

Data Mining – Suche nach Mustern.
Hier geschieht das eigentliche Data Mining, die Entwicklung eines *Modells* wie die Erstellung eines Entscheidungsbaums.

Interpretation und Evaluation – Interpretation der Ergebnisse und Auswertung.
In der abschließenden Phase müssen die gefundenen Resultate geprüft werden. Sind sie neu, sind sie hilfreich?

Abbildung 1.1 zeigt die vorgestellten Phasen in ihrem Zusammenspiel im Data-Mining-Prozess. Oft wird sowohl der gesamte Prozess als auch der tatsächliche Analyse-Schritt als *Data Mining* bezeichnet.

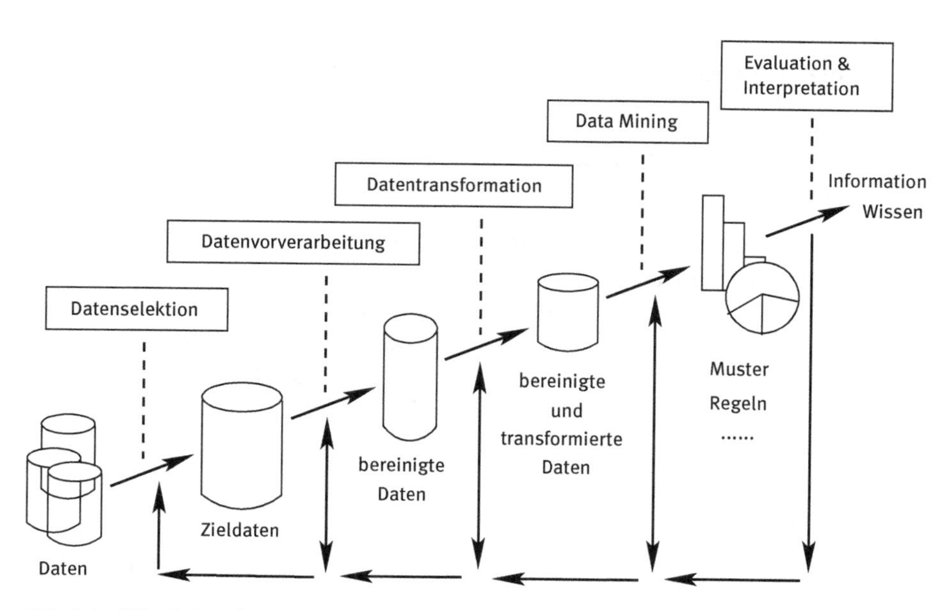

Abb. 1.1: Ablauf eines Data-Mining-Prozesses [FPSS96]

Unter *Knowledge Discovery in Databases (KDD)* wird häufig der Gesamtprozess verstanden. Ein Teilschritt ist dann das eigentliche *Data Mining*. Meist werden jedoch die beiden Begriffe *Data Mining* und *KDD* synonym benutzt. Auch wir werden zwischen den Begriffen *Data Mining* und *Knowledge Discovery in Databases (KDD)* nicht unterscheiden und diese synonym verwenden, bevorzugen jedoch den Begriff *Data Mining*.

Das CRISP-Data-Mining-Modell

Ein zweites Modell für Data-Mining-Prozesse ist das CRISP-DM-Modell, welches durch ein Konsortium, bestehend aus folgenden Firmen, entwickelt wurde:

- NCR Corporation,
- Daimler AG,
- SPSS,
- Teradata und
- OHRA.

CRISP-DM steht für **Cr**oss **I**ndustry **S**tandard **P**rocess for **D**ata **M**ining [1]. CRISP-DM ist ein phasenorientiertes Vorgehensmodell für Data-Mining-Projekte. Ziel ist es, einen Data-Mining-Prozess zu definieren, in dem ein Analyse-Modell entwickelt und das erarbeitete Modell validiert wird. Im Unterschied zu den vorherigen Betrachtungen der Phasen verdeutlicht bereits das Bild des CRISP-DM in Abbildung 1.2 auf der nächsten Seite den zyklischen Charakter eines Data-Mining-Projekts.

Das CRISP-DM-Modell ordnet sechs Phasen in mehreren Zyklen an, vgl. Abbildung 1.2 auf der nächsten Seite:

1. **Business Understanding – Verstehen der Aufgabe**
   Ohne ein grundsätzliches Verständnis des Fachgebiets, in dem eine Daten-Analyse stattfinden soll, ist ein gutes Resultat selten zu erzielen. In dieser Phase ist das Problem inhaltlich zu verstehen und daraus die zu lösende Aufgabe abzuleiten. Es werden die Ziele festgelegt: Ausgehend vom Ist-Zustand werden die im Data-Mining-Projekt zu erreichenden Ergebnisse identifiziert.
   Welche Ergebnisse werden erwartet?
   Wie ist die Ausgangssituation?
   Welche Unternehmensziele sind zu beachten?
   Welche Ressourcen stehen zur Verfügung?
   Weiterhin sind Erfolgskriterien zu definieren, beispielsweise eine zu erreichende Erkennungsrate bei Klassifikationsaufgaben.

1 Siehe http://crisp-dm.eu/

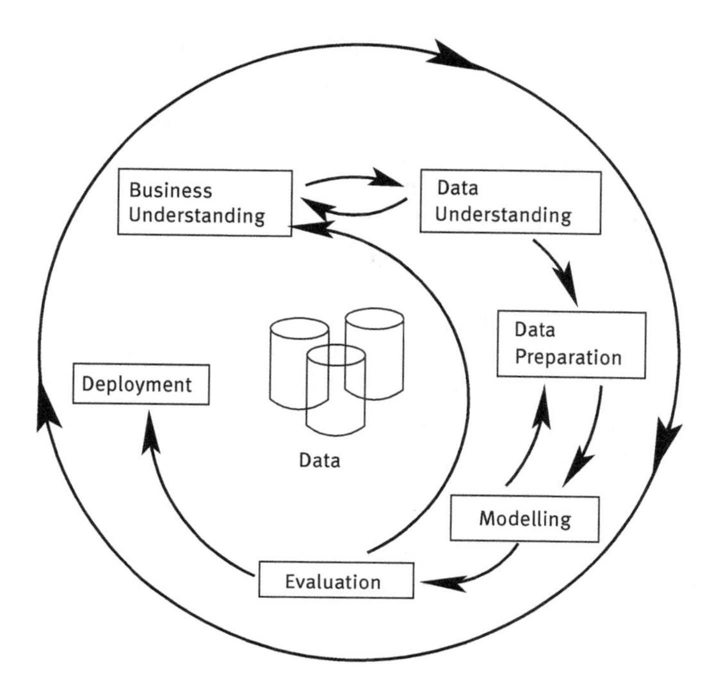

Abb. 1.2: CRISP-DM-Modell

Es werden zudem die Risiken abgeschätzt und möglichst quantifiziert. Beispielsweise kann sich das Beschaffen geeigneter Daten als aufwändiger und damit teurer als geplant herausstellen. Ebenso kann es sein, dass bestimmte Daten aus rechtlichen oder firmenpolitischen Gründen für das Projekt nicht verfügbar sind.
Die Kosten sind zu planen und mit dem zu erwartenden Nutzen in Relation zu setzen.
Eine Datenanalyse, die noch nicht in die betrieblichen Prozesse integriert ist, besitzt immer Projektcharakter. Ein entsprechendes Projektmanagement ist erforderlich, insbesondere da hier Daten-Analysten, in der Regel Informatiker, mit den Anwendern aus anderen Fachgebieten, zum Beispiel den Fachabteilungen der Unternehmen, zusammenarbeiten.
Die Phase schließt mit einem Projektplan ab.

2. **Data Understanding – Verständnis der Daten**
   Die zweite Phase befasst sich mit den verfügbaren Daten. In Abhängigkeit vom jeweiligen Ziel der Analyse wird definiert, welche Daten benötigt werden. Parallel dazu wird untersucht, welche Daten verfügbar sind. Für ein erfolgreiches Projekt ist es erforderlich, die Daten und deren Bedeutung im jeweiligen Umfeld genau zu verstehen. Ein Data-Mining-Projekt, in dem man die verfügbaren Daten einfach nutzt, ohne ihre Semantik zu kennen, wird nicht erfolgreich sein.
   Die Daten sind also nicht nur zu sammeln, sondern sie sind auch zu beschreiben.

Die Daten werden zudem auf ihre Qualität hin untersucht. Statistische Untersuchungen, wie die Bestimmung von Maßzahlen der deskriptiven Statistik geben Auskunft über die Beschaffenheit der Daten und vermitteln einen ersten Eindruck über Analysemöglichkeiten. Zu diesen Maßzahlen zählen Minima, Maxima, Mittelwerte, Mediane sowie Korrelationskoeffizienten.
In dieser Phase ist es sinnvoll, Visualisierungstechniken zur Darstellung der Werte der Merkmale einzusetzen, beispielsweise Histogramme, Balkendiagramme etc. (siehe Abschnitt 9.6).

3. **Data Preparation – Datenvorbereitung**
Nach dem Verstehen der Aufgabe, der betrieblichen Hintergründe und dem Verstehen der Daten gilt es nun, den eigentlichen Data-Mining-Schritt vorzubereiten. Zunächst werden die aus der Sicht der Aufgabe relevanten Daten selektiert und in eine konsistente Datentabelle überführt. Die Daten werden gesäubert, fehlerhafte oder inkonsistente Daten werden korrigiert. Es ist zu entscheiden, wie mit fehlenden Daten umgegangen wird. Gegebenenfalls werden neue Attribute eingeführt oder auch Attribute zusammengeführt. Die Daten werden geeignet transformiert, damit sie durch die Data-Mining-Verfahren verarbeitet werden können.
Die Datenvorbereitung kann über Erfolg oder Misserfolg einer Datenanalyse mitentscheiden. Deshalb gehen wir auf die Datenvorbereitung separat im Kapitel 8 ein.
4. **Modelling – Modellbildung, Data Mining im engeren Sinne**
In dieser Phase geschieht die eigentliche Datenanalyse: Es wird ein Modell erstellt, welches den Zusammenhang zwischen Eingabedaten und Ergebnissen – beispielsweise eine Klassifikation – beschreibt. Modelle können Entscheidungsbäume, verschiedene Formen von Regeln, trainierte künstliche neuronale Netze oder Beschreibungen von Clustern sein.
In Abhängigkeit von der jeweiligen Aufgabe wird ein adäquates Verfahren ausgewählt. Die durchzuführenden Experimente werden konzipiert und konfiguriert, Parameter für das Verfahren werden gesetzt. Die Experimente werden durchgeführt und gegebenenfalls mit modifizierten Parametern wiederholt, um das Modell zu verfeinern und hoffentlich zu verbessern.
Datenvorbereitung und Modellbildung stehen in einem engen zyklischen Zusammenhang, da sehr viele Experimente mit unterschiedlich vorbereiteten Daten durchgeführt werden müssen, um ein erfolgversprechendes Ergebnis zu erzielen.
5. **Evaluation – Bewertung**
Die erarbeiteten Modelle und Resultate müssen geprüft und bewertet werden. Die Ergebnisse werden an den in der Phase „Business Understanding“ festgelegten Erfolgskriterien gemessen: Erzielen zum Beispiel die Ergebnisse den erwarteten wirtschaftlichen Nutzen? Eine Fehleranalyse kann Möglichkeiten für neue Experimente aufzeigen, und es wird zur Phase „Datenvorbereitung“ oder direkt zur Modellbildung zurückgekehrt.
Auch der Projektplan wird gegebenenfalls verändert und angepasst.

6. **Deployment – Überführung in die produktive Ablaufumgebung**
   In der letzten Phase gilt es, das erarbeitete Analyse-Modell in die Alltagsnutzung zu überführen. Dies ist eine kritische Phase für viele Data-Mining-Projekte. Ohne ein gut geplantes Monitoring und eine ausreichende Motivation und Unterstützung kann die erfolgreiche Umsetzung scheitern.
   In der Regel ist ein Data-Mining-Projekt nur *eine* Phase eines Gesamtprozesses. Das Modell ist dann in den Regelbetrieb zu übernehmen und in die laufenden Prozesse zu integrieren. Übliche Forderungen an einen Projektabschluss gelten natürlich auch für Data-Mining-Projekte.

Das CRISP-DM-Modell unterscheidet sich von dem in Abbildung 1.1 auf Seite 3 dargestellten Ablauf nach Fayyad: Die Phasen „Business Understanding", „Data Understanding" sowie „Deployment" sind im Fayyad-Modell nicht explizit aufgeführt. Andererseits wird die Phase „Datenvorbereitung" des CRISP-DM-Modells im Fayyad-Modell in drei Phasen detaillierter gegliedert. Das Fayyad-Modell konzentriert sich stärker auf die technische Herangehensweise, die eigentliche Datenbereitstellung und die Datenanalyse, während das CRISP-DM-Modell eher die Sicht der Anwender auf Data-Mining-Projekte widerspiegelt.

Wir werden uns am in Abbildung 1.1 dargestellten Fayyad-Modell orientieren, da wir hier eine Einführung in das Data Mining geben, uns somit stärker auf die technische Vorgehensweise fokussieren. Die Phasen „Business Understanding", „Data Understanding" sowie „Deployment" im CRISP-DM-Modell sind sehr stark abhängig von der jeweiligen Anwendung.

Es gibt weitere Modelle für den Ablauf eines Data-Mining-Projekts: Das SEMMA-Vorgehensmodell wird von der Firma SAS Institute Inc. in Zusammenhang mit ihrem Produkt Enterprise Miner verwendet. SEMMA steht für *Sample, Explore, Modify, Model and Assess*. Ein SEMMA-Prozess besteht aus den folgenden Schritten:

1. Die für die Analyse relevanten Daten werden gesammelt (Sample).
2. Die Daten werden – vor der eigentlichen Data-Mining-Modellbildung – untersucht. Das Ziel ist, die Datenqualität zu prüfen sowie ein Datenverständnis zu erreichen. Auch erste Visualisierungen werden vorgenommen (Explore).
3. Die Daten werden modifiziert, um die Datenqualität zu verbessern. Sie werden in ein für das gewählte Verfahren adäquate Form transformiert (Modify).
4. Nun erfolgt die eigentliche Analyse und Modellbildung (Model).
5. Die Resultate werden evaluiert (Assess).

1.3 Das Vorgehensmodell von Fayyad

Nachdem im vorherigen Abschnitt einige Vorgehensmodelle sowie der Ablauf im Data Mining angesprochen wurden, wenden wir uns in diesem Abschnitt nun detailliert den Teilphasen des Fayyad-Modells (Abbildung 1.1 auf Seite 3) zu, da wir uns in diesem Buch am Fayyad-Vorgehensmodell orientieren.

Datenselektion

In der ersten Phase des KDD-Prozesses sind die Daten, die für die vom Anwender angeforderte Analyse benötigt werden oder für eine Analyse geeignet erscheinen, zu bestimmen und aus den gegebenen Datenquellen zu exportieren. Neben dem Basisdatenbestand können auch externe Daten für die Analyse herangezogen werden. So bieten beispielsweise Adressbroker Informationen an, mit denen potentielle Kunden oder Interessenten besser erkannt werden können. In der Phase der Datenselektion wird geprüft, welche Daten nötig und verfügbar sind, um das gesetzte Ziel zu erreichen.

Können die selektierten Daten aufgrund technischer oder rechtlicher Restriktionen nicht in einen Zieldatenbestand überführt werden, ist die Datenselektion entsprechend zu überdenken und erneut durchzuführen. Technische Restriktionen, welche die Überführung in einen Zieldatenbestand verhindern, sind zum Beispiel Kapazitäts- und Datentyp-Beschränkungen des Zielsystems oder fehlende Zugriffsrechte des Anwenders. Eine Möglichkeit, diese Probleme – zumindest zum Teil – zu umgehen, ist die Beschränkung der Auswahl auf eine repräsentative Teildatenmenge des Gesamtdatenbestands.

Datenvorverarbeitung

Die im Unternehmen verfügbaren Rohdatenbestände erweisen sich häufig in ihrer Ursprungsform als nicht für Data-Mining-Analysen geeignet.

Da die Zieldaten aus den Datenquellen lediglich extrahiert werden, ist im Rahmen der Datenvorverarbeitung die Qualität des Zieldatenbestands zu untersuchen und – sofern nötig – durch den Einsatz geeigneter Verfahren zu verbessern. Aufgrund technischer oder menschlicher Fehler können die Daten operativer Systeme *fehlerhafte Elemente* enthalten. Man rechnet damit, dass bis zu 5 % der Felder eines realen Datenbestands falsche Angaben aufweisen.

Ziel der Datenvorverarbeitung ist insbesondere die Gewährleistung invarianter Datendarstellungsformen (beispielsweise durch Übersetzung textueller Informationen in eindeutige Schlüssel oder Codierungen) sowie die Einschränkung von Wertebereichen zur Verringerung der Anzahl zu betrachtender Ausprägungen (Dimensionsreduktion).

Letzteres kann durch Verallgemeinerung von Attributwerten auf eine höhere Aggregationsstufe, zum Beispiel durch Nutzung von Taxonomien oder durch Bildung von Wertintervallen geschehen, wodurch sich die Granularität der Daten ändert.

Die Kenntnis der Schwächen der Analysedaten ist für die Qualität der Untersuchungsergebnisse wichtig. Die Anwender der Analysewerkzeuge müssen auf die Zuverlässigkeit und Korrektheit der Daten vertrauen können. Fehlerhafte Daten verfälschen möglicherweise die Resultate, ohne dass der Anwender von diesen Mängeln Kenntnis erlangt.

Fehlende Daten verhindern eventuell die Berechnung von Kennzahlen wie den Umsatz einer Firma. Die zunehmende Durchführung (teil-)automatisierter Datenanalysen hat eine erhöhte Anfälligkeit gegenüber Datenmängeln zur Folge, der durch geeignete Mechanismen zur Erkennung und Beseitigung solcher Schwächen zu begegnen ist. Eine häufige, leicht zu identifizierende Fehlerart besteht in *fehlenden Werten*. Zur Behandlung von fehlenden Werten stehen unterschiedliche Techniken zur Verfügung, die im Abschnitt 8.2.2 diskutiert werden.

Eine weitere potentielle Fehlerart wird durch *Ausreißer* hervorgerufen. Dabei handelt es sich um Wertausprägungen, die stark vom Niveau der übrigen Werte abweichen. Bei diesen Ausprägungen kann es sich um korrekt erfasste Daten handeln, die damit Eingang in die Analyse finden oder aber um falsche Angaben, die nicht berücksichtigt werden dürfen und daher aus dem Datenbestand zu löschen sind. Die Erkenntnisse, die der Benutzer eines Data-Mining-Systems in dieser Phase über den Datenbestand gewinnt, können Hinweise auf die Verbesserung der Datenqualität der operativen Systeme geben.

Datentransformation

In der Phase der Datentransformation wird der analyserelevante Zieldatenbestand in ein Datenbankschema transformiert, das von dem verwendeten Data-Mining-System verarbeitet werden kann.

Im Rahmen der Datenvorbereitung können neue Attribute oder Datensätze generiert beziehungsweise vorhandene Attribute transformiert werden. Dieser Schritt ist nötig, da Analyseverfahren spezifische Anforderungen an die Datenstruktur der Eingangsdaten stellen.

Die Datentransformation ändert die Daten derart, dass ein Data-Mining-Verfahren sie verarbeiten kann. Bestimmte Verfahren erwarten numerische Attribute, andere Verfahren benötigen nominale Daten.

Data Mining

Liegen geeignete Datenbestände in akzeptabler Qualität vor, können die Analysen durchgeführt werden. In dieser Phase erfolgt die Verfahrensauswahl und deren Einsatz zur Identifikation von Mustern im vorbereiteten Datenbestand. In einem ersten Schritt wird zunächst entschieden, welche grundlegende Data-Mining-Aufgabe (beispielsweise Klassifizierung oder Cluster-Bildung) vorliegt. Daran schließt sich die Auswahl eines geeigneten Data-Mining-Verfahrens an.

Nach der Auswahl eines für die konkrete Problemstellung geeigneten Verfahrens wird dieses konfiguriert. Diese Parametrisierung bezieht sich auf die Vorgabe bestimmter methodenspezifischer Werte, wie zum Beispiel die Festlegung minimaler relativer Häufigkeiten für einen Interessantheitsfilter, die Auswahl der bei der Musterbildung oder -beschreibung zu berücksichtigenden Attribute oder die Einstellung von Gewichtungsfaktoren für einzelne Eingabevariablen. Wenn eine zufriedenstellende Konfiguration gefunden wurde, kann mit der Suche nach interessanten Mustern in den Daten begonnen werden. Die Analyse-Verfahren erzeugen ein Modell, welches dann als Grundlage für die Bewertung dieser oder anderer Daten dient.

Evaluation und Interpretation

In dieser Phase des KDD-Prozesses werden die entdeckten Muster und Beziehungen bewertet und interpretiert. Diese Muster sollen den Anforderungen der *Gültigkeit*, *Neuartigkeit*, *Nützlichkeit* und *Verständlichkeit* genügen, um neues Wissen zu repräsentieren und einer Interpretation zugänglich zu sein. Letztere ist Voraussetzung für die Umsetzung der gewonnenen Erkenntnisse im Rahmen konkreter Handlungsmaßnahmen. Bei weitem nicht alle der aufgedeckten Muster erfüllen diese Kriterien. Die Analyseverfahren fördern häufig viele Regelmäßigkeiten zutage, die irrelevant, trivial, bedeutungslos oder bereits bekannt waren, aus denen dem Unternehmen folglich kein Nutzen erwachsen kann, oder die nicht nachvollziehbar sind. Die Bewertung von Mustern kann anhand des Kriteriums der Interessantheit vollzogen werden. Folgende Dimensionen der *Interessantheit* sind sinnvoll:

- Die *Validität* (Gültigkeit) eines Musters ist ein Maß dafür, mit welcher Sicherheit das gefundene Modell (beispielsweise ein Muster oder eine Assoziationsregel) auch in Bezug auf neue Daten gültig ist.
- Das Kriterium der *Neuartigkeit* erfasst, inwieweit ein Muster das bisherige Wissen ergänzt oder im Widerspruch zu diesem steht.
- Das Kriterium der *Nützlichkeit* eines Musters erfasst den praktischen Nutzen für den Anwender.
- Die *Verständlichkeit* misst, wie gut eine Aussage von einem Anwender verstanden werden kann.

Die korrekte Interpretation von Data-Mining-Ergebnissen erfordert ein hohes Maß an Domänenkenntnissen. Die Interpretation dient dazu, das Domänenwissen des Anwenders effektiv zu verändern. Im Idealfall wird ein Team von Experten aus unterschiedlichen Bereichen gebildet, um sicherzustellen, dass die Bewertung korrekt ist und die gewonnenen Informationen bestmöglich genutzt werden können. Die Interpretationsphase lässt sich durch geeignete Präsentationswerkzeuge sowie durch die Verfügbarkeit zusätzlicher Informationen über die Anwendungsdomäne unterstützen. Typischerweise erfolgt in dieser Phase ein Rücksprung in eine der vorherigen Phasen. So ist meist eine Anpassung der Parameter oder die Auswahl einer anderen Data-Mining-Technik nötig. Es kann auch erforderlich sein, zur Datenselektionsphase zurückzukehren, wenn festgestellt wird, dass sich die gewünschten Ergebnisse nicht mit der benutzten Datenbasis erreichen lassen.

1.4 Interdisziplinarität von Data Mining

Data Mining ist Bestandteil vieler Gebiete, die sich in irgendeiner Art und Weise mit dem Verwalten und der Verarbeitung von Daten und Wissen befassen.

Des Öfteren wird *Data Mining* mit anderen Begriffen wie
Künstliche Intelligenz,
Big Data,
Data Science,
Predictive Analytics,
Deep Learning oder
Machine Learning
vermischt. Wir werden diese Begriffe hier nicht akkurat definieren, vielmehr skizzieren wir die Unterschiede zwischen diesen Begriffen und deren Bezug zum *Data Mining*.

Intelligentes Verhalten ist in vielen Bereichen ohne gute Datenanalysen nicht denkbar. Insofern ist die Einordnung des Data Minings in den Bereich der *Künstlichen Intelligenz* [LC20] durchaus sinnvoll. Insbesondere gibt es viele Überlappungen mit dem *Maschinellen Lernen*, einem Teilgebiet der Künstlichen Intelligenz.

Big Data ist vor dem Hintergrund entstanden, dass durch die Digitalisierung von Wirtschaft und Gesellschaft

- das Volumen der Daten („Volume“),
- die Geschwindigkeit der Generierung, Verarbeitung und Speicherung der Daten („Velocity“) sowie
- die Vielfalt der Datentypen und -quellen („Variety“)

stark zugenommen hat. Big Data hat also den Umgang mit Massendaten im Fokus. Und dazu gehören natürlich Techniken der Datenanalyse. Der Begriff *Big Data* wird mittlerweile durch den Begriff *Data Science* (vgl. [Pap+19]) abgelöst. Eine gute Einordnung des *Data Minings* in das Thema *Data Science* ist in [PF17] zu finden.

Mit dem Begriff *Analytics* verbinden sich viele Anwendungen mit Bezug zum Data Mining. Dabei werden unterschiedliche Fragen in den Mittelpunkt gestellt:

Descriptive Analytics Was ist geschehen?
Diagnostic Analytics Warum ist es geschehen?
Real-time Analytics Was geschieht gerade?
Predictive Analytics Was könnte / wird geschehen?
Prescriptive Analytics Was soll geschehen?

Insbesondere *Predictive Analytics* taucht häufig im Kontext des *Data Minings* auf. Es betrachtet Verfahren für Vorhersagen, was Techniken der Statistik und des Data Mining erfordert. Dabei haben sich schon eigene Begriffe für den anwendungsbezogenen Einsatz der Vorhersage gebildet wie *Predictive Policing* oder *Predictive Maintenance.*

Machine Learning und Data Mining weisen eine große Schnittmenge auf. Während wir mit Data Mining statische Modelle erzeugen, werden im Machine Learning auch Algorithmen betrachtet, die lernen: Verfahren, bei denen sich die entwickelten Modelle während des Einsatzes weiter anpassen, zum Beispiel durch bestärkendes Lernen. *Deep Learning* steht mittlerweile synonym für neuronale Netze, die viele Zwischenschichten aufweisen und somit ein Training (learning) über diese vielen Schichten (deep) hinweg erfordern. Deep Learning hat im Zusammenhang mit den sogenannten Convolutional Neural Networks (CNN), die für die Objekterkennung entwickelt wurden, in vielen Bereichen der Mustererkennung (Bilder, Schriften, Sprache) zu spektakulären Erfolgen geführt, vgl. [Cho17]. Deep Learning ist ein Teil des maschinellen Lernens.

Ein Begriff, der seit vielen Jahren eine gemeinsame Klammer für die Gebiete, die sich mit der Datenhaltung und -nutzung befassen, ist *Business Intelligence*. Schaut man sich das Lexikon der Wirtschaftsinformatik an [Kur+14] und hier den Beitrag zum Data Mining [Cha13], so stellt man fest, dass das Data Mining als eine *„Herangehensweise analytischer Informationssysteme, die wiederum dem Business Intelligence untergeordnet sind“*, eingeordnet ist. Die Begriffshierarchie aus dem Lexikon der Wirtschaftsinformatik:

Informations-, Daten- und Wissensmanagement
⇓
Business Intelligence
⇓
Analytische Informationssysteme, Methoden der
⇓
Data Mining

Wir schließen uns dieser Sichtweise an und sehen in Data Mining eine Sammlung von Techniken, Methoden und Algorithmen für die Analyse von Daten, die somit auch Grundtechniken für neuere und komplexere Ansätze, wie das *Business Intelligence* oder auch *Big Data* darstellen.

Ausgangspunkt für *Business Intelligence* (BI) ist die Beobachtung, dass in Zeiten der Globalisierung und des Internets ein effektiver und effizienter Umgang mit dem in einem Unternehmen verfügbaren Wissen nicht nur ein Wettbewerbsvorteil, sondern für das Überleben wichtig ist. Unter Business Intelligence werden heute Techniken und Architekturen für eine effiziente Verwaltung des Unternehmenswissens zusammengefasst, natürlich einschließlich verschiedener Auswertungsmöglichkeiten. Die Aufgaben von Business Intelligence sind somit:

- Wissensgewinnung,
- Wissensverwaltung und
- Wissensverarbeitung.

Business Intelligence hat – aus Informatik-Sicht – viele Querbezüge zum Informations- und Wissensmanagement, zu Datenbanken und Data Warehouses, zur Künstlichen Intelligenz, sowie natürlich auch zum Data Mining (einschließlich OLAP – Online Analytical Processing, Statistik). Eine allgemein akzeptierte Definition des Begriffs *Business Intelligence* gibt es bis heute nicht. Hinweise zur Entstehungsgeschichte des Begriffes lassen sich wieder dem Lexikon der Wirtschaftsinformatik entnehmen [Kur+14]. Man findet diese in [Hum14] unter dem entsprechenden Stichwort. Unter Business Intelligence im engeren Sinn versteht man die Kernapplikationen, die eine Entscheidungsfindung direkt unterstützen. Hierzu zählen beispielsweise das Online Analytical Processing (OLAP), die Management Information Systems (MIS) sowie Executive Information Systems (EIS). Ein etwas weiterer BI-Begriff stellt die Analysen in den Vordergrund. Folglich gehören hierzu alle Anwendungen, bei denen der Nutzer Analysen durchführt oder vorbereitet. Neben den oben genannten Anwendungen zählt man nun auch das Data Mining, das Reporting sowie das analytische Customer Relationship Management dazu. Business Intelligence im weiten Verständnis umfasst schließlich alle Anwendungen, die im Entscheidungsprozess benutzt werden, also beispielsweise auch Präsentationssysteme sowie die Datenspeicherung und -verwaltung. In der Abbildung 1.3, die sich an [KBM13] anlehnt, sind die drei Sichtweisen dargestellt. Schwerpunkt dieses Buchs sind die Techniken zur Wissensextraktion mittels Data Mining. Wir betrachten folglich einen kleinen Ausschnitt aus dem BI-Spektrum.

Der Zusammenhang zwischen Data Mining und *Data Warehouses* ist offensichtlich. Data Warehouses haben den Anspruch, integrierte Daten für die Unterstützung von Managemententscheidungen bereitzuhalten und folgende Eigenschaften aufzuweisen (vgl. [Pet05, S. 40 ff.]):

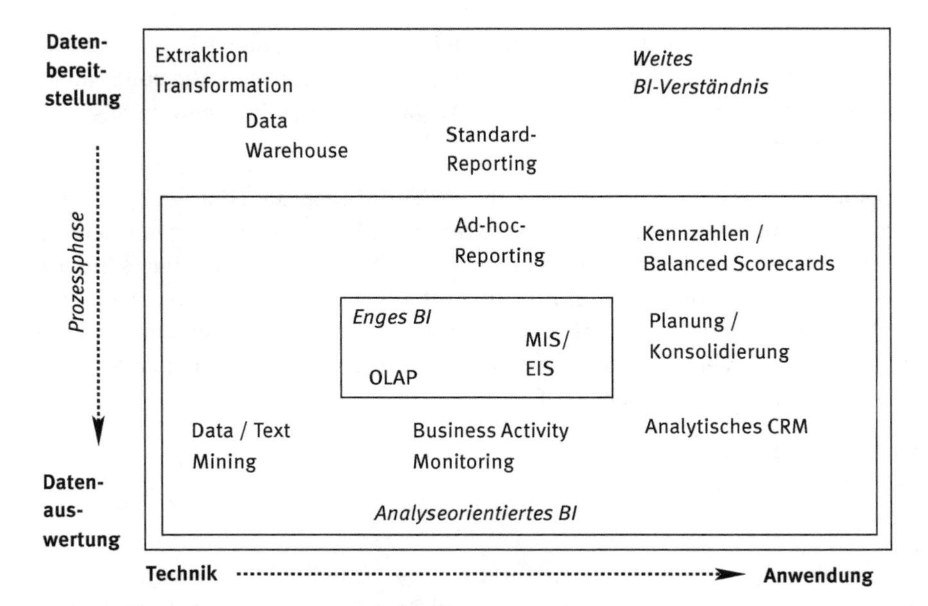

Abb. 1.3: Business Intelligence (nach [Glu01])

- Ein Data Wahrehouse sollte sich am Nutzer, dem Entscheidungsträger oder Manager orientieren und so insbesondere den Informationsbedarf des Managements bedienen.
- Es umfasst alle entscheidungsrelevanten Daten in einer konsistenten Form.
- Ein Data Warehouse ist nur die „Sammelstelle" für Daten aus externen Quellen. Eine Aktualisierung der Daten erfolgt normalerweise nur in fest definierten Abständen. Der Zugriff auf die Daten erfolgt dann im Data Warehouse nur noch lesend.
- Die Daten müssen zeitabhängig verwaltet werden, so dass Trends erkannt werden können.
- Die Daten werden nicht 1:1 aus den Quellen übernommen, sondern bereits kumuliert oder gefiltert. In einem Data Warehouse ist somit Redundanz möglich.

Um diesen Anforderungen gerecht zu werden, sind – neben Komponenten zur effizienten und konsistenten Datenhaltung und für schnelle, flexible Zugriffe auf die Daten – natürlich auch Werkzeuge zur Datenanalyse nötig. Deshalb verfügen viele Data-Warehouse-Systeme über Komponenten zur Datenanalyse oder zumindest über Schnittstellen zu externen Werkzeugen.

Data Mining nutzt bewährte Techniken aus vielen Forschungsgebieten und fügt diesen neue Ansätze hinzu. Auf die Querverbindungen sind wir bereits oben eingegangen. Data Mining ist ein interdisziplinäres Gebiet.

Letztendlich basieren alle Analyse-Verfahren des Data Minings auf der Mathematik. Insbesondere die Statistik steuert eine Reihe eigener Ansätze für die Datenanalyse bei, wird aber auch für die Datenvorverarbeitung eingesetzt. Statistik ist zudem Grundlage einiger Verfahren, wie zum Beispiel *Naive Bayes*.

Erst das Gebiet der Datenbanken ermöglicht die Verwaltung großer Datenmengen, und dies wird durch den synonymen Begriff für das Data Mining sogar explizit deutlich: *KDD – Knowledge Discovery in Databases*.

Die Künstliche Intelligenz als die Wissenschaft der Wissensverarbeitung stellt insbesondere Techniken für die Darstellung der Analyseergebnisse bereit: die Repräsentation von Wissen als logische Formeln oder insbesondere als Regeln.

Eine andere Form der Ergebnisdarstellung als Grundlage einer Nutzung oder Bewertung ist die graphische Darstellung, die Visualisierung. Computer-Graphik ist somit eine weitere Disziplin, die im engen Kontakt zum Data Mining steht. Abbildung 1.4 illustriert diese Interdisziplinarität des Data Minings.

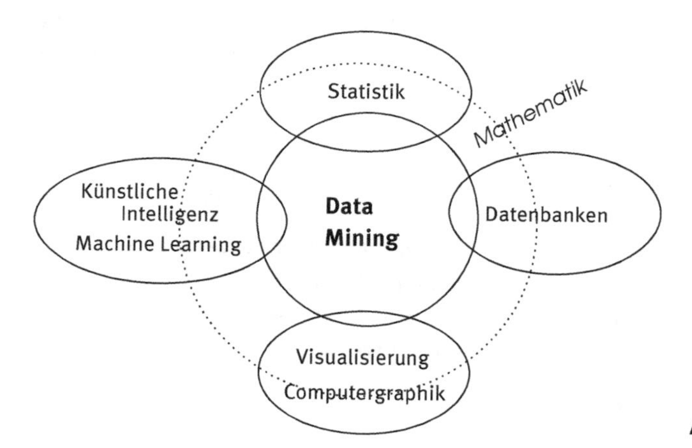

Abb. 1.4: Interdisziplinarität

Datenbanken und Data Warehouses

Datenbanken bilden in vielen Fällen die Grundlage des Data Minings. Häufig wird in bereits existierenden Datenbeständen nach neu zu entdeckenden Zusammenhängen oder Auffälligkeiten gesucht.

Ein *Data Warehouse* setzt sich in der Regel aus mehreren Datenbanken zusammen und enthält unter anderen auch die Daten, die zu analysieren sind. Nach Gluchowski [Glu12] sind die Merkmale eines Data Warehouse die Themenorientierung, die Vereinheitlichung, die Zeitorientierung sowie die Beständigkeit. Technisch ist die Vereinheitlichung hervorzuheben: Daten aus unterschiedlichen Quellen und mit möglicherweise verschiedenen Skalierungen oder Maßeinheiten werden korrekt zusammengeführt. Zudem werden alle Daten zeitbehaftet gespeichert, so dass Zeitreihen entstehen, die für die Auswertung genutzt werden können. Die sogenannte Beständigkeit besteht darin, dass ein Data Warehouse beständig wächst, die mit ihrem Zeitstempel versehenen Daten werden akkumuliert.

Neben Datenbanken oder einem Data Warehouse können natürlich auch Textdateien oder WWW-Seiten Basis eines Data-Mining-Prozesses sein.

Wissensbasierte Systeme

Wissensbasierte Systeme versuchen, einen oder mehrere qualifizierte menschliche Experten bei der Problemlösung in einem abgegrenzten Anwendungsbereich zu simulieren. Sie enthalten große Wissensmengen über ein eng begrenztes Spezialgebiet. Sie berücksichtigen auch Faustregeln, mit denen Erfahrungen aus den Teilgebieten für spezielle Probleme nutzbar gemacht werden sollen. Gelingt es, in einem Data-Mining-Prozess Wissen aus den Daten zu extrahieren, so kann dieses Wissen dann – zum Beispiel in Form von Regeln – in einem Expertensystem repräsentiert und angewendet werden.

Maschinelles Lernen

Der Begriff *Lernen* umfasst viele komplexe Aspekte. Nicht jeder davon kann auf einem Rechner nachgebildet werden. Beim *Maschinellen Lernen* (engl. Machine Learning) versucht man, computerbasierte Lernverfahren verfügbar zu machen, so dass das Programm aus Eingabeinformationen *Wissen* generieren kann.

Bei maschinellen Lernsystemen ist – wie auch in der menschlichen Psychologie – die einfachste Lernstrategie das Auswendiglernen. Dabei wird das präsentierte Wissen einfach in einer Liste oder Datenbank abgespeichert. Eine ebenso einfache Form des Maschinenlernens ist das unmittelbare Einprogrammieren des Wissens in den Sourcecode eines entsprechenden Programms.

Dies ist jedoch nicht das, was in der Künstlichen Intelligenz mit *Maschinellem Lernen* gemeint ist. Hier wird mehr ein Verständnis von Zusammenhängen und Hintergründen angestrebt, um beispielsweise Muster oder Abhängigkeiten erkennen zu können. Beim Induktiven Lernen wird unter anderem versucht, aus Beispielen zu verallgemeinern und so neues Wissen zu erzeugen.

Statistik

Ohne *Statistik* ist Data Mining nicht denkbar: Seien es die statistischen Maßzahlen, die helfen, die Daten zu verstehen, oder die statistischen Verfahren zum Aufdecken von Zusammenhängen.

Nicht immer ist es möglich oder sinnvoll, ein maschinelles Data-Mining-Verfahren zu entwickeln und anzuwenden. Manchmal bringen auch schon statistische Lösungen einen ausreichenden Erfolg, falls beispielsweise ein Zusammenhang zwischen zwei Merkmalen durch eine Korrelationsanalyse gefunden wird.

Des Weiteren können statistische Verfahren dabei helfen zu erkennen, ob Data Mining überhaupt zu einem gewünschten Ergebnis führen kann.

Visualisierung

Eine gute *Visualisierung* ist für den Erfolg eines Data-Mining-Projekts unerlässlich. Da Data Mining meistens zur Entscheidungsfindung oder -unterstützung eingesetzt wird und Entscheidungen nicht immer von den Personen getroffen werden, die direkt am Prozess des Data Minings beteiligt sind, müssen die Resultate des Data Minings veranschaulicht werden. Nur wenn es gelingt, gefundenes Wissen anschaulich und nachvollziehbar darzustellen, wird man Vertrauen in die Ergebnisse erzeugen und eine Akzeptanz der Resultate erreichen.

Man kann Visualisierung aber nicht nur zur Darstellung der Resultate einsetzen, sondern auch beim eigentlichen Data Mining. Häufig erkennt man durch eine geschickte Darstellung der Daten erste Zusammenhänge zwischen den Attributen. Man denke hier an Cluster-Bildung oder an besonders einflussreiche Attribute bei einer Klassifizierung.

Visualisierung stellt somit nicht nur die entwickelten Modelle graphisch dar, sondern kann auch als eigene Data-Mining-Technik in der Datenanalyse eingesetzt werden. Da die Ergebnisdarstellung maßgeblich über den Projekterfolg entscheidet, wird der Visualisierung ein eigener Abschnitt gewidmet, siehe Abschnitt 9.6.

1.5 Wozu Data Mining?

Jede Einführung in die logische Programmiersprache PROLOG nutzt das Beispiel der Verwandtschaftsbeziehungen, so dass der Eindruck entsteht, PROLOG sei nur dazu da, die Verwandtschaft zu beschreiben.

Ähnlich ist es im Data Mining: Fast immer wird das Wetter-Golf-Spiel-Ja-Nein-Beispiel (siehe Anhang A.3) genutzt. Auch in diesem Buch werden Sie immer wieder auf dieses

Beispiel treffen, unter anderem in den Abschnitten 1.6.3 und 5.2. Ist Data Mining nun nur für die Vorhersage von Spielen (wird gespielt – wird nicht gespielt) zu gebrauchen?

Aus den Anfangsjahren des Data Mining sind erfolgreiche Beispiele überliefert, die mittlerweile zu Klassikern wurden:

- Die amerikanische Handelskette *Wall Mart* soll herausgefunden haben, dass an bestimmten Tagen Windeln besonders häufig zusammen mit Bier verkauft wurden. Obwohl dieses Beispiel von vielen zitiert wird, gibt es immer wieder Diskussionen, ob dies belegt ist oder in das Reich der Legenden gehört.[2]
- Die Bonitätsprüfung oder die Prüfung der Kreditwürdigkeit von Bankkunden ist eine „alte" Anwendung und wird ebenso häufig angeführt [Han98].
- Die personalisierte Mailing-Aktion als Marketing-Strategie findet sich ebenso in vielen Data-Mining-Einführungen: Aufgrund vorhandener Daten wird ein Modell für die Klassifikation in die Klassen *Anschreiben* sowie *Nichtanschreiben* entwickelt und so die Werbe-Information nur an potenzielle Kunden gesendet.

Schon seit vielen Jahren ist Data Mining den Kinderschuhen entwachsen und hat Eingang in viele Anwendungsfelder – vom Finanzbereich bis zur Medizin, von der Kundenanalyse bis zum E-Learning – gefunden. Anwendungen beziehungsweise Anwendungsbereiche sind beispielsweise:

- Kundenbindung
- Customer Relation Management
- Bedarfsprognosen, zum Beispiel für Elektro-Energie
- Vorausschauende Wartung (Predictive Maintenance)
- Dynamische Preisgestaltung
- Aufdecken betrügerischer Finanztransaktionen, z.B. im Online-Banking oder mit der Kreditkarte
- Krankheitsdiagnose
- Verfolgung des Gesundheitszustands von Patienten
- Aufdecken von Versicherungsbetrug
- Aufdecken von Abrechnungsbetrug, zum Beispiel im Gesundheitswesen

In einigen Büchern werden erfolgreiche Data-Mining-Anwendungen dokumentiert. Eine gute Auswahl an praktischen Anwendungen findet man in [Gab10] und [Chu14]. Diese gehen von räumlichen Analysen in geographischen Systemen, über Anwendungen in der Chemie und Bioinformatik bis zu erfolgreichen Analysen in der Astronomie.

In [Hip+01] wird auf eine Vielzahl von erfolgreichen Anwendungen im Marketing eingegangen. Eine typische Anwendung, die Kundensegmentierung – das Finden

---

2 Unter www.kdnuggets.com/news/2000/n13/23i.html wird berichtet, dass dieses Beispiel von Tom Blishok (einem Einzelhandelsberater) ca. 1992 erfunden wurde. Es soll wohl nie eine wirkliche Analyse gegeben haben.

von Gruppen von ähnlichen Kunden – wird in diesem Buch an mehreren Beispielen vorgestellt. Die dort vorgestellten Projekte stammen aus dem Automobilbereich und der Kunden-spezifischen Ansprache. Erfolgreiche Projekte aus der zweiten großen Anwendungsklasse – der Klassifikation – werden ebenso vorgestellt, beispielsweise die Bonitäts- und Kreditwürdigkeitsprüfung von Kunden. Auch *Cross selling*, wie es von vielen Online-Plattformen genutzt wird, ist dort mit einem erfolgreichen Projekt vertreten. Ähnliche Beispiele – aus dem Bereich E-Business und Finanzen – findet man in [Soa+08]. In [Chu14] werden ebenso nützliche Data-Mining-Anwendungen angesprochen, darunter insbesondere Datenanalysen in sozialen Netzwerken.

Selbst im E-Learning werden Data-Mining-Techniken auf vielfältige Art eingesetzt. In [RV06], [Rom+11] und [PA14] wird eine Vielzahl von Möglichkeiten vorgestellt, wie Data Mining zur Verbesserung der Lehre eingesetzt wird. Dies geht vom Erkennen von typischen Lerner-Mustern, die eine Nutzer-angepasste Präsentation von Inhalten (sogenannte adaptive Story-Boards) ermöglicht, bis zur automatischen Erkennung von Problemen im Lernprozess. Dieses Gebiet hat sich unter dem Begriff *Educational Data Mining* (EDM) etabliert.

Erfolgreiche Data-Mining-Anwendungen sind für eine andere Gruppe von Unternehmen wiederum ein gutes Marketing-Argument: Die Hersteller von Data-Mining-Software beziehungsweise die branchenübergreifenden IT-Service-Unternehmen auf dem Gebiet der Datenanalyse sind auf erfolgreiche Projekte angewiesen, um wieder neue Kunden gewinnen zu können.

Auf den Seiten des von uns in diesem Buch eingesetzten, frei verfügbaren Werkzeugs KNIME sind etliche Anregungen zu finden. Diese tragen überwiegend den Charakter von Einführungsbeispielen und geben einen guten Eindruck über die Vielfalt der Anwendungsmöglichkeiten von Data Mining.

Die Liste der Referenzkunden, die den RAPID MINER – ein wie KNIME viel genutztes Tool – einsetzen, ist lang und umfasst viele Bereiche von der Elektronik-, Luft- und Automobilbranche über Handel und Marktforschungsunternehmen bis hin zu Banken und Versicherungen, der Pharma- und Biotechnologiebranche oder der IT-Branche selbst. Konkrete Anwendungsbeispiele werden zwar nicht aufgeführt, die aufgezählten Branchen und Unternehmen geben aber Hinweise auf den Einsatz von Data-Mining-Lösungen.

Das System SPSS[3] wird von IBM eingesetzt, um Data-Mining-Lösungen im Bereich des sogenannten Predictive Analytics zu entwickeln. Einige spektakuläre Anwendungsfälle sind während der Entstehung der ersten Auflage dieses Buches als Video auf YouTube zu sehen (gewesen).

3 www.ibm.com/de/de/

- Die Datenanalyse durch die amerikanische Polizei führt dazu, dass man vorhersagen kann, wo und wann demnächst ein Verbrechen stattfinden wird (Predictive Policing)[4].
- Der Zusammenhang zwischen dem Wetter und dem Keks-Verkauf in deutschen Bäckereien ist nicht nur unterhaltsam, sondern betriebswirtschaftlich relevant.

Nicht zuletzt können wir auch das Archiv des Data Mining Cups [DMC] durchsehen. Die Daten für die Aufgaben werden von Unternehmen bereitgestellt, die Aufgaben sind somit praxisrelevant.

In den Jahren 2000 und 2001 ging es um die bereits erwähnten Mailingaktionen. Lohnt es sich, einen Kunden anzuschreiben oder nicht? Beide Wettbewerbe wurden – nach Aussagen der Veranstalter – zur großen Zufriedenheit der hinter der Aufgabe stehenden Firmen abgeschlossen. Im Kapitel 10 greifen wir das Thema aus dem Jahre 2002 auf, die Mailing-Aktion eines Energieversorgers.

In mehreren Aufgaben des Data Mining Cups wird das Kundenverhalten analysiert, und es werden Vorhersagen getroffen, sei es für den Einsatz von Gutscheinen oder Rabatt-Coupons, für die Verkaufszahlen von Büchern oder das Verhalten der Kunden in einer Lotterie.

Erfolgreiche Data-Mining-Anwendungen sind in das operative Geschäft vieler Anwendungsgebiete eingebunden und werden tagtäglich genutzt. Suchen Sie selbst und lassen Sie sich von interessanten Anwendungen des Data Minings überraschen.

1.6 Werkzeuge

Für die Lösung der in diesem Buch behandelten Aufgaben kann spezielle Data-Mining-Software eingesetzt werden.

Unabhängig davon sind Kenntnisse in der *Tabellenkalkulation* hilfreich. Mit einem Tabellenkalkulationsprogramm können Daten einer ersten Analyse unterzogen werden; es lassen sich Abhängigkeiten zwischen Attributen entdecken, oder die Ergebnisse eines Data-Mining-Modells können analysiert beziehungsweise nachgearbeitet werden.

Ein *Text-Editor*, der zudem die Arbeit mit Makros ermöglicht, ist ein weiteres nützliches Werkzeug in der Vor- sowie Nachbereitung einer Datenanalyse.

Nicht zuletzt sei darauf verwiesen, dass hin und wieder die eigene Entwicklung kleiner Programme für die Datenvorverarbeitung sowie die Analyseauswertung erforderlich sein kann. Dazu kann eine beliebige Programmiersprache herangezogen werden. Einige

4 Siehe auch „Der Spiegel“ 2013/20.

Systeme, wie beispielsweise KNIME, ermöglichen den Einbau eigener kleiner Java-Programme (Java Snippets) in den Analyseprozess.

An dieser Stelle geben wir eine kurze Einführung in Data-Mining-Software, die für die Lösung der im Buch behandelten Aufgaben von uns eingesetzt werden:

- Der *Konstanz Information Miner* (KNIME) ist ein System zur Beschreibung ganzer Data-Mining-Prozesse, welcher eine Vielzahl Algorithmen für die verschiedenen Analyse-Phasen bereithält. Siehe http://www.knime.org/.
- Das *Waikato Environment for Knowledge Analysis* (WEKA) stellt eine Reihe von in Java implementierten Algorithmen bereit, die sowohl interaktiv als auch im Kommandozeilen-Modus ausgeführt werden können.
  Siehe http://www.cs.waikato.ac.nz/ml/weka/.
  Die WEKA-Algorithmen können in KNIME als KNIME-Erweiterung integriert werden.
- Speziell für die Arbeit mit kleineren neuronalen Netzen wurde der JAVANNS in Stuttgart beziehungsweise Tübingen entwickelt. Der JAVANNS wird leider nicht mehr weiterentwickelt, einige Abbildungen haben wir dennoch mit diesem Werkzeug erstellt. https://www.softpedia.com/get/Science-CAD/Java-Neural-Network-Simulator.shtml.

Es gibt viele weitere, leistungsfähige Data-Mining-Tools, beispielsweise den RAPID MINER (http://rapidminer.com/) den IBM SPSS MODELER (http://www.ibm.com/de/de/) und TENSORFLOW (https://www.tensorflow.org/). In den letzten Jahren hat sich auch die Bibliothek SCIKIT LEARN (https://scikit-learn.org), die über eine Vielzahl an Python-Programmen für Datenanalysen verfügt, zu einer viel genutzten Toolbox entwickelt.

Ebenso sind in vielen Data-Warehouse- und Datenbank-Systemen Data-Mining-Komponenten integriert. In diesem Buch beschränken wir uns aber auf die drei genannten Systeme. Diese sind zum Erlernen und zum Experimentieren sehr gut geeignet. Einige Workflows sowie die zugehörigen Daten stellen wir zum Download auf der WWW-Seite www.wi.hs-wismar.de/dm-buch zur Verfügung.

1.6.1 KNIME

KNIME ist ein Data-Mining-Tool, welches ursprünglich an der Universität Konstanz entwickelt wurde. Die Abkürzung KNIME steht für *Konstanz Information Miner*. KNIME läuft unter allen Betriebssystemen, erforderlich ist JAVA. KNIME ist in verschiedenen Versionen verfügbar. Wir verwenden im Buch die KNIME ANALYTICS PLATFORM, die auf der KNIME-Seite (www.knime.org) heruntergeladen werden kann.

KNIME zeichnet sich durch eine sehr einfache Drag&Drop-Bedienung sowie durch eine große Anzahl an verfügbaren Algorithmen und Methoden aus. Der Aufbau ist modular und wird ständig um neue Komponenten erweitert, die leicht intern über das Programm geladen werden können. Neben eigenen Algorithmen lässt sich die Software so um eine Vielzahl weiterer Inhalte erweitern. So sind auch nahezu alle WEKA-Verfahren für KNIME umgesetzt worden. KNIME (in der von uns genutzten, frei verfügbaren Variante *Analytics Platform*) ist in seiner Leistungsfähigkeit vergleichbar mit einer Vielzahl von kommerziellen Data-Mining-Programmen. Der komplette Mining-Prozess vom Datenimport über Datenvorverarbeitung und Datenanalyse bis hin zur Darstellung der Ergebnisse lässt sich mit den bereitgestellten Methoden bewerkstelligen.

KNIME hat mittlerweile etliche Schnittstelle zu weiteren Softwarepaketen und Programmiersprachen. In diesem Buch nutzen wir vielfach die in KNIME integrierten Tools von WEKA. Darüber hinaus verfügt KNIME beispielsweise über Schnittstellen zu R, TABLEAU, TENSORFLOW, PYTHON, KERAS, PERL. Auch Datenbanken können eingebunden werden.

In KNIME sind Beispiel-Workflows verfügbar. An diesen kann man sich orientieren. Für einige Beispiele ist die Integration der WEKA-Verfahren in das KNIME-System erforderlich. WEKA-Verfahren können als KNIME-Extension eingebunden werden.

Nach dem Start von KNIME öffnet sich das in Abbildung 1.5 dargestellte Fenster. Die

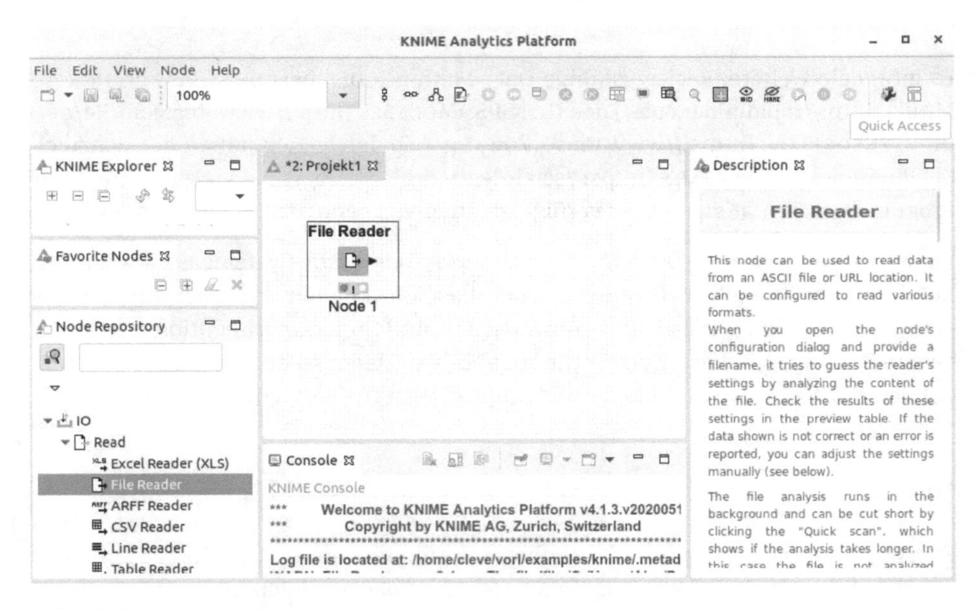

Abb. 1.5: KNIME – Start-Fenster

Oberfläche enthält folgende Komponenten:

1. Workflow-Fenster
   Das mittlere Fenster ist das Hauptfenster, in dem der Data-Mining-Prozess abgebildet wird.

2. Projektfenster
   Das Projektfenster *KNIME Explorer* dient der Verwaltung von Projekten.
3. Node Repository
   Fundament jeglicher KNIME-Anwendung ist die Sammlung der implementierten Algorithmen, aus denen der Nutzer einen Workflow zusammensetzt. Der Fundus an Algorithmen umfasst Komponenten
   - für den Datenimport und -export aus Dateien oder Datenbanken,
   - zur Datenvorverarbeitung und Datenmanipulation,
   - für grundlegende statistische Analysen,
   - für die eigentliche Datenanalyse (sowohl KNIME als auch WEKA) und
   - zur Visualisierung.
4. Zusätzlich gibt es das *Favorite Nodes*-Fenster, in welchem die häufig genutzten Knoten angezeigt werden.
5. Node Description
   In diesem Fenster erhält man eine detaillierte Beschreibung der KNIME-Knoten:
   - Beschreibung des Algorithmus
   - Benötigte Inputformatierungen der Daten
   - Art des erzeugten Outputs
   - Kurze Beschreibung der Konfigurationsmöglichkeiten

Nun kann man sich die entsprechenden Werkzeuge als Nodes (Knoten) aus dem Repository in das Hauptfenster ziehen und dort durch Pfeile verbinden. In Abbildung 1.6 ist ein Workflow dargestellt, der aus folgenden Komponenten besteht.

1. File Reader: Hier werden die Daten eingelesen.
2. Partitioning: Die Daten werden in Trainings- und Testmenge aufgeteilt (siehe Abschnitt 9.4).
3. Decision Tree Learner: Aus den Trainingsdaten wird ein Entscheidungsbaum erzeugt.
4. Decision Tree Predictor: Der erlernte Entscheidungsbaum wird auf die Testmenge angewendet.

Das Hauptfenster dient folgenden Aufgaben:

- Es ist das primäre Modellierungsfenster des Miningprozesses.
- Die Knoten können verwaltet und konfiguriert werden (Rechtsklick auf den jeweiligen Knoten).
- Die Knoten können miteinander verknüpft und so zu einem Workflow eines Data-Mining-Prozesses zusammengesetzt werden. Dabei signalisieren die Pfeile den Datenfluss.

Ist ein Workflow zusammengesetzt, muss man die Knoten konfigurieren. Dazu geht man auf den jeweiligen Knoten und aktiviert durch einen rechten Mausklick (oder

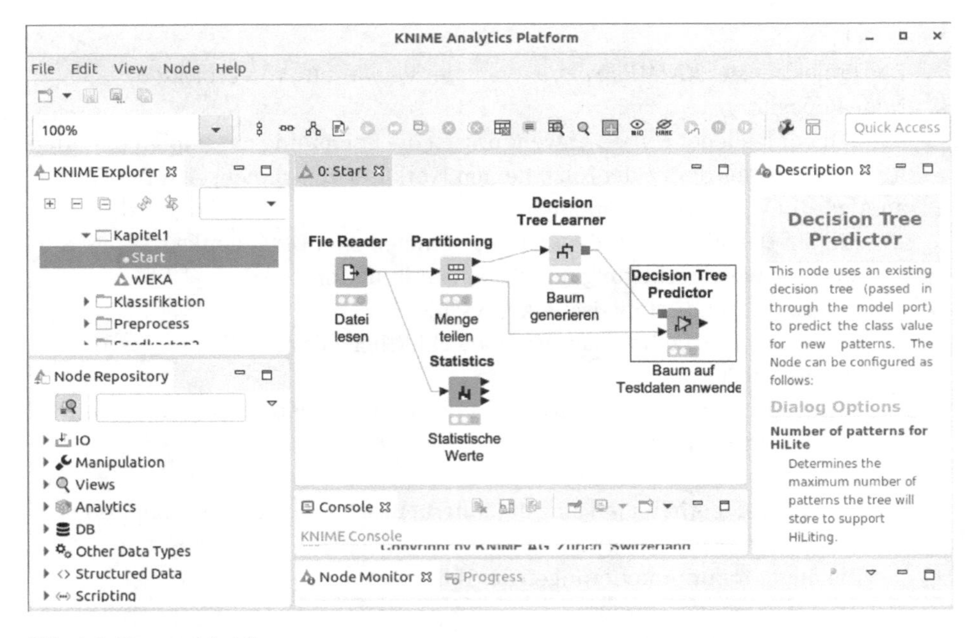

Abb. 1.6: KNIME – Workflow

durch einen Doppelklick mit der linken Maustaste) die entsprechende Auswahl. Beim *File Reader* kann man so das einzulesende File auswählen.

Wenn ein Knoten korrekt konfiguriert ist, wechselt die Ampel unter dem Knoten von rot auf gelb. Nun führt man den Knoten aus, wieder über den rechten Mausklick. Ist alles korrekt verlaufen, wird die Ampel grün. Dies setzt man bei den Folgeknoten fort. Zeigt sich unter dem Knoten ein Warndreieck, sollte man die hinter diesem Symbol platzierte Fehler- oder Warnmeldung lesen und darauf reagieren. Abbildung 1.7 zeigt den fertigen Workflow für das Wetter-Beispiel (siehe Anhang A.3). Der in den Workflow

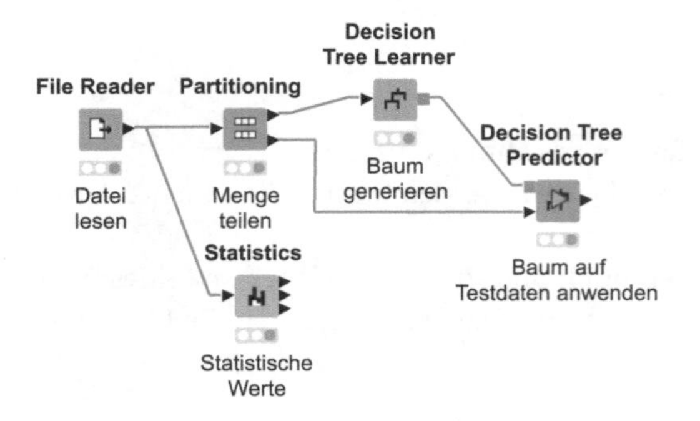

Abb. 1.7: KNIME – Wetterbeispiel

integrierte Statistik-Knoten liefert die bereits angesprochenen statistischen Maßzahlen und fördert das Verständnis für die zu analysierenden Daten.

Betrachten wir nochmal die zentralen Schritte im Data-Mining-Workflow:

Zunächst muss die Datei eingelesen werden. Um eine Datei einzulesen, muss in der Knotenauswahl unter *IO* im Abschnitt *Read* der *File Reader* ausgewählt und auf die Arbeitsfläche gezogen werden. KNIME unterstützt verschiedene Formate, unter anderem csv, arff, xls. Das Arff-Format ist das Standard-Format des WEKA-Systems.

KNIME enthält eine Vielzahl von Vorverarbeitungs-Techniken. Diese findet man unter *Data Manipulation*. Den Partitioner erreicht man beispielsweise unter *Row > Transform*.

Die eigentlichen Analyseverfahren sind im Ordner *Mining* enthalten. Die im obigen Workflow verwendeten Knoten *Decision-Tree-Learner* und *Decision-Tree-Predictor* sind im Unterverzeichnis *Decision Tree* platziert. Im *Decision Tree Learner* wählt man aus, welches Attribut das für die Klassifizierung verwendete Zielattribut sein soll (*Class Column*). Die Konfiguration der Knoten erlaubt häufig viele weitere Einstellungen, auf die wir an dieser Stelle nicht eingehen.

Um den Entscheidungsbaum nun auch bezüglich seiner Trefferrate bei der Klassifikation prüfen zu können, teilt man die gegebene Beispielmenge in Trainings- und Testmenge. Dies macht der *Partitioning*-Knoten. Mit der Trainingsmenge wird ein Modell, in diesem Fall ein Entscheidungsbaum, erstellt. Diesen Entscheidungsbaum wenden wir nun auf die Testmenge an und sehen, wie gut oder schlecht dieser die Klassifikation der ja bekannten Daten vornimmt. Dazu unternimmt man einen Rechtsklick auf den *Decision Tree Predictor* und wählt *Classified Data*. Der Predictor fügt eine zusätzliche Spalte `Prediction (DecTree)` mit der vorhergesagten Klassifikation für den jeweiligen Datensatz ein (Abbildung 1.8).

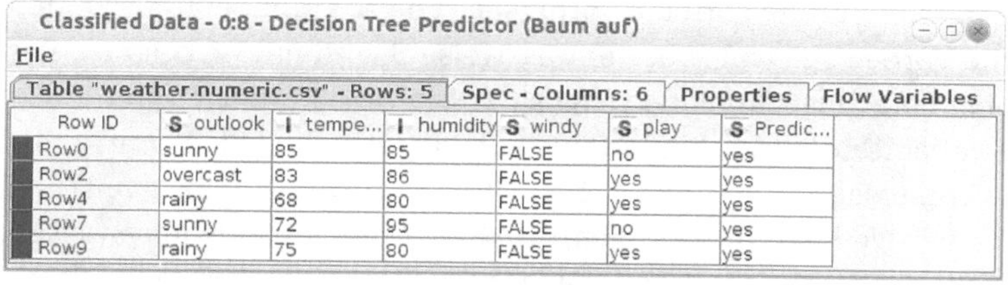

Classified Data - 0:8 - Decision Tree Predictor (Baum auf)

File

Table "weather.numeric.csv" - Rows: 5 | Spec - Columns: 6 | Properties | Flow Variables

Row ID	S outlook	I tempe...	I humidity	S windy	S play	S Predic...
Row0	sunny	85	85	FALSE	no	yes
Row2	overcast	83	86	FALSE	yes	yes
Row4	rainy	68	80	FALSE	yes	yes
Row7	sunny	72	95	FALSE	no	yes
Row9	rainy	75	80	FALSE	yes	yes

Abb. 1.8: KNIME – Resultat

Alternativ kann man den in KNIME implementierten *Scorer* verwenden (Abbildung 1.9 auf der nächsten Seite). Man erhält eine Reihe von Bewertungszahlen (Abbildung 1.10), auf die wir im Kapitel 9 eingehen.

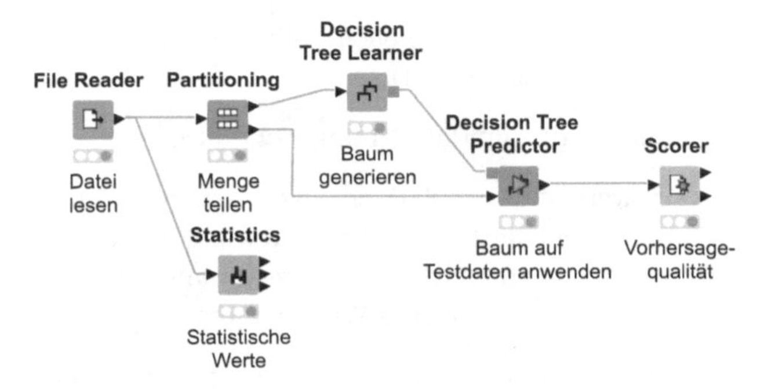

Abb. 1.9: KNIME – Scorer

Accuracy statistics - 0:6 - Scorer (Vorhersage-)

File

Table "default" - Rows: 3 | Spec - Columns: 11 | Properties | Flow Variables

Row ID	I TrueP...	I FalseP...	I TrueN...	I False...	D Recall	D Precisi...	D Sensit...	D Specifity	D F-mea...
yes	3	2	0	0	1	0.6	1	0	0.75
no	0	0	3	2	0	?	0	1	?

Abb. 1.10: KNIME – Resultat

Die hier dargestellte Möglichkeit der Punkteberechnung kann übrigens einfacher erfolgen, und zwar durch eine Kombination der Knoten *Scorer* und *Math Formula*, wie dies im Kapitel 10 auf Seite 281 erfolgt.

Auf zwei angenehme Möglichkeiten, die KNIME neben dem großen Vorrat an vorgefertigten Knoten bietet, möchten wir hinweisen. Zum einen ist es möglich, eigene Knoten zu entwickeln. In Abbildung 1.11 ist ein sogenannter *Java-Snippet*-Knoten dargestellt. Der Java-Snippet-Knoten berechnet die Punkte für die Aufgabe des Data-Mining-Cups 2007 [DMC]. Es geht darum vorherzusagen, ob ein Kunde einen Coupon A beziehungsweise einen Coupon B oder keinen Coupon (N) einlösen wird. Für die korrekte Vorhersage von B gibt es 6 Punkte, für die korrekte Vorhersage von A 3 Punkte, für N keinen Punkt. Eine falsche Vorhersage von A beziehungsweise B wird mit −1 bestraft. Der Java-Snippet-Knoten berechnet für jeden Datensatz, wie viele Punkte es gibt. Dazu wird zunächst die Variable `points` deklariert und auf 0 gesetzt. Sind die Werte für die Attribute `pred` (die Vorhersagespalte `Prediction (DecTree)` wurde umbenannt) und `COUPON` (das tatsächliche Verhalten des Kunden) gleich, so werden 3 beziehungsweise 6 Punkte vergeben, falls die Vorhersage A beziehungsweise B ist. Analog werden falsche A/B-Vorhersagen mit −1 bestraft. Es wird eine neue Spalte `Punkte` angefügt. Zu jedem Datensatz gibt es also danach einen neuen Wert `Punkte`.

Im nächsten Java Snippet (Abbildung 1.12) werden nun die Punkte aufsummiert. Es entsteht eine neue Spalte `GSumme`, die zu jedem Datensatz die Summe aller Punkte bis zu diesem Datensatz berechnet. Der Eintrag beim letzten Datensatz ist dann die insgesamt erreichte Punktezahl.

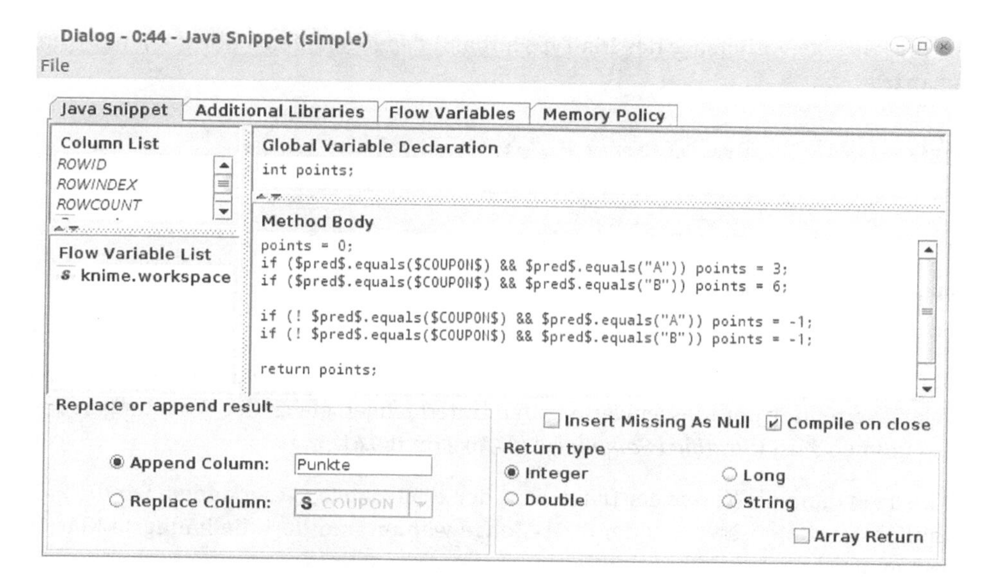

Abb. 1.11: KNIME – Java Snippet für Punktevergabe

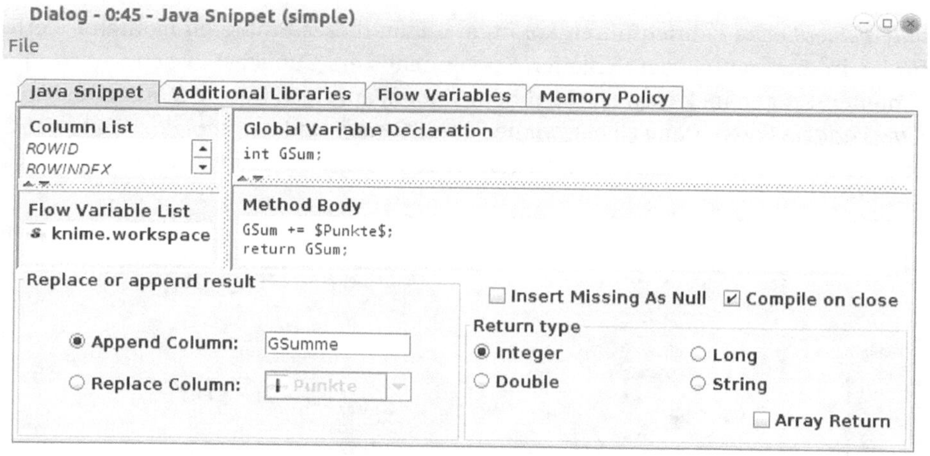

Abb. 1.12: KNIME – Java Snippet zum Summieren

Die zweite, sehr nützliche Möglichkeit, die KNIME bietet, sind sogenannte Schleifen, mit denen ein mehrfaches Durchlaufen eines Workflows definiert werden kann. Wir beginnen zunächst mit einem einfachen Workflow (Abbildung 1.13 auf der nächsten Seite) zur Klassifikation der Daten aus dem Iris-Beispiel (siehe Anhang A.1 und Beispiel 6.1 auf Seite 158) mittels des Verfahrens k-Nearest Neighbours (siehe Abschnitt 5.1). Ziel ist die korrekte Vorhersage des Iris-Typs anhand der gegebenen Maße der jeweiligen Pflanze.

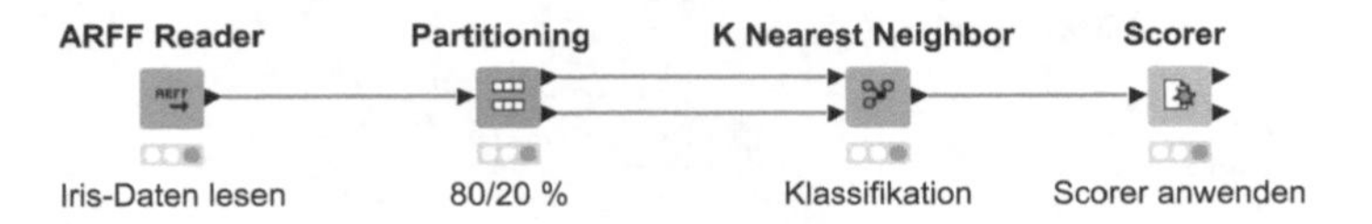

Abb. 1.13: KNIME – Loops 1

Die Daten werden im Verhältnis 80 % zu 20 % aufgeteilt, und zwar so, dass die Häufigkeitsverteilung der Klassenwerte in den Untermengen gleich der Verteilung in der Gesamtmenge ist (*Stratified Sampling*, vgl. Abschnitt 9.4).

Wir sagen dann die Klasse der Datensätze der 20%-Menge vorher, indem wir die k=3 ähnlichsten Datensätze aus der 80%-Menge wählen und dort die häufigste Klasse bestimmen.

Nun ist die Wahl von k=3 für die nächsten Nachbarn, auf deren Basis wir die Klasse vorhersagen, recht willkürlich. Lieber wäre uns, wenn wir die Berechnungen mit *unterschiedlichen k* durchführen könnten. Genau dieses Probieren mehrerer Werte für k wird nun mittels der Schleifen-Knoten realisiert. Zunächst lassen wir uns die Schleifen-Knoten im k-Nearest-Neighbour-Knoten anzeigen (rechte Maustaste, *Show Flow Variable Ports*). Dann ziehen wir den *Table Creator* und den *TableRow To Variable Loop Start* sowie den Schleifen-Ende-Knoten in unseren Workflow (Abbildung 1.14).

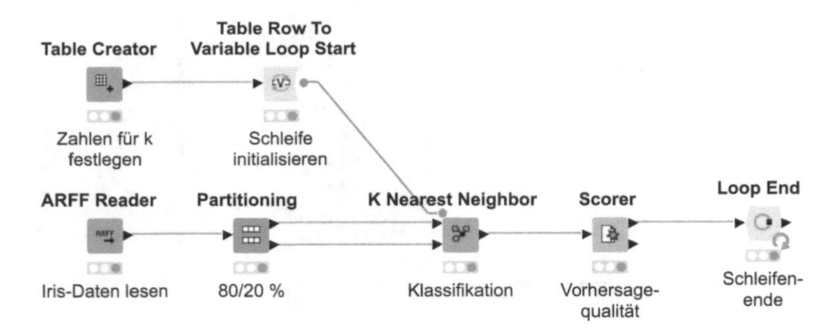

Abb. 1.14: KNIME – Loops 2

Im *Table Creator* definieren wir die Varianten für k (Abbildung 1.15 auf der nächsten Seite). Und im Knoten *k-Nearest Neighbour* wird nun festgelegt, dass die Zahlen aus dem *Table Creator* für k verwendet werden sollen (Abbildung 1.16).

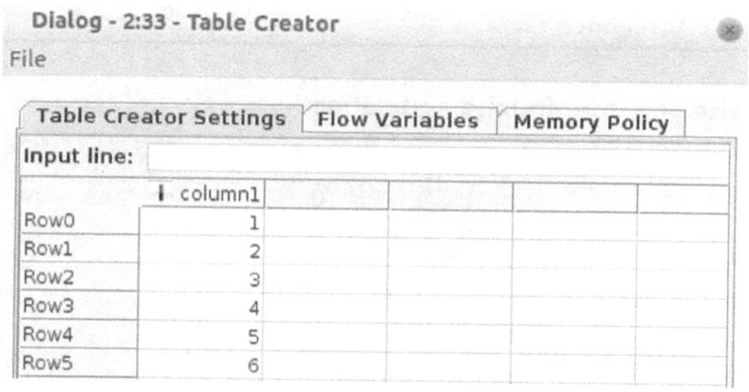

Abb. 1.15: KNIME – Loops 3

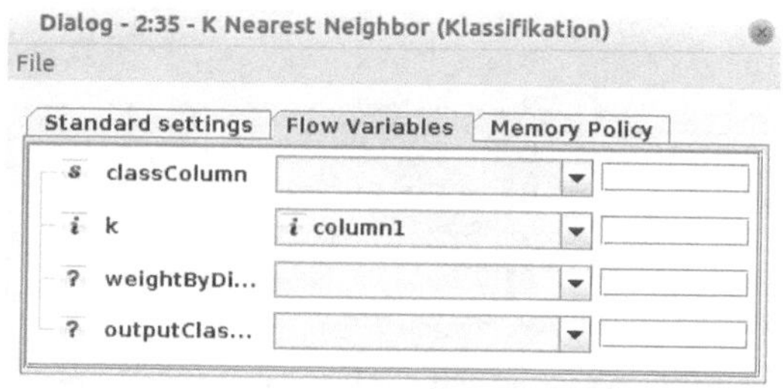

Abb. 1.16: KNIME – Loops 4

Das Protokoll, das wir uns am Schleifenende anzeigen lassen, ist in Tabelle 1.1 dargestellt. In der Spalte Iteration wird dabei nicht das gewählte k angezeigt, sondern die Varianten-Nummer, wobei das Zählen bei 0 beginnt.

Es fällt auf, dass mit allen gewählten k das gleiche Resultat erzielt wird. Die Vorhersage ist immer bis auf einen Datensatz korrekt.

1.6.2 WEKA

WEKA ist ein für nicht kommerzielle Anwendungen frei verfügbares Data-Mining-Tool, entwickelt an der University of Waikato in Neuseeland. WEKA ist eine Abkürzung für *Waikato Environment for Knowledge Analysis*. In WEKA sind viele Algorithmen implementiert, siehe hierzu [Wit+17]. WEKA ist in Java implementiert und läuft somit unter allen Betriebssystemen. Man findet sowohl WEKA als auch etliche Infos unter www.cs.waikato.ac.nz/~ml/weka/index.html. Im Folgenden wird nur ein kurzer Einstieg in den Umgang mit WEKA gegeben.

Man startet WEKA mit `java -jar weka.jar` als Kommandozeile oder mit einem Doppelklick auf die jar-Datei. Es öffnet sich das in Abbildung 1.17 auf der nächsten Seite dargestellte Fenster.

Tab. 1.1: Iris-Daten mit k-Nearest Neighbour (Schleife)

row ID	Iris-setosa	Iris-versicolor	Iris-virginica	Iteration
Iris-setosa#0	10	0	0	0
Iris-versicolor#0	0	10	0	0
Iris-virginica#0	0	1	9	0
Iris-setosa#1	10	0	0	1
Iris-versicolor#1	0	10	0	1
Iris-virginica#1	0	1	9	1
Iris-setosa#2	10	0	0	2
Iris-versicolor#2	0	10	0	2
Iris-virginica#2	0	1	9	2
Iris-setosa#3	10	0	0	3
Iris-versicolor#3	0	10	0	3
Iris-virginica#3	0	1	9	3
Iris-setosa#4	10	0	0	4
Iris-versicolor#4	0	10	0	4
Iris-virginica#4	0	1	9	4
Iris-setosa#5	10	0	0	5
Iris-versicolor#5	0	10	0	5
Iris-virginica#5	0	1	9	5

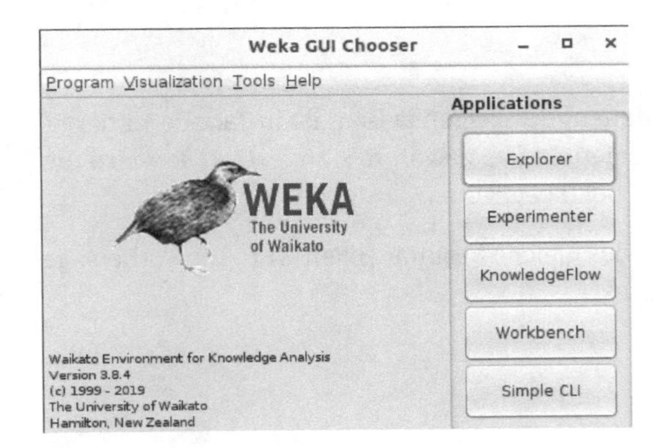

Abb. 1.17: WEKA – Start-Fenster

Wir arbeiten mit dem Explorer, es kann im WEKA-Startfenster aber auch die Experimentierumgebung (Experimenter) und ein Kommandozeilenfenster geöffnet werden.

In einem neuen Fenster öffnet sich der WEKA-Explorer (Abbildung 1.18 auf der nächsten Seite), welcher eine Art Registertabelle mit den Registern *Preprocess*, *Classify*, *Cluster*, *Associate*, *Select attributes* und *Visualize* enthält.

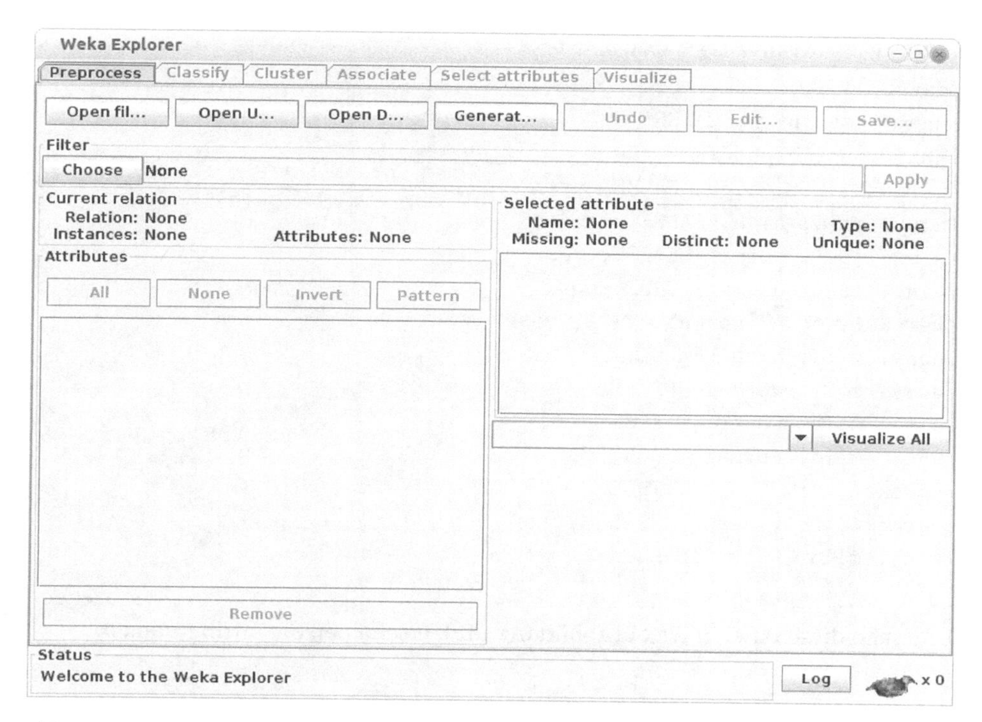

Abb. 1.18: WEKA – Explorer

Im Register *Preprocess* können Einstellungen zu den zu verwendenden Datensätzen vorgenommen werden. Datensätze können aus einer Datei (1), über eine URL (2) oder aus einer Datenbank (3) in das WEKA-System geladen werden (Abbildung 1.18).

Dateien werden in WEKA im ARFF-Format erwartet. ARFF-Dateien bestehen aus einem Kopf und einem Körper. Im Kopf stehen die Schlüsselworte, die mit @ beginnen, wie `@relation`, `@attribute`. Es werden nur nominale und numerische Daten erkannt. Bei nominalen Attributen folgt die Wertemenge in geschweiften Klammern {...}, bei numerischen Attributen folgt das Schlüsselwort `numeric` oder `real`. Zeilen, die mit % beginnen, sind Kommentare. Im Körper (ab `@data`) stehen die Daten. Ein Datensatz steht in einer Zeile, die einzelnen Attribute werden durch Kommata getrennt, fehlende Werte werden durch ? ersetzt.

Beispiel 1.1 (Wetter-Beispiel in WEKA).

```
@relation weather.symbolic
@attribute outlook {sunny, overcast, rainy}
@attribute temperature {hot, mild, cool}
@attribute humidity {high, normal}
@attribute windy {TRUE, FALSE}
```

```
@attribute play {yes, no}
@data
sunny, hot, high, FALSE, no
sunny, hot, high, TRUE, no
overcast, hot, high, FALSE, yes
rainy, mild, high, FALSE, yes
rainy, cool, normal, FALSE, yes
rainy, cool, normal, TRUE, no
overcast, cool, normal, TRUE, yes
sunny, mild, high, FALSE, no
sunny, cool, normal, FALSE, yes
rainy, mild, normal, FALSE, yes
sunny, mild, normal, TRUE, yes
overcast, mild, high, TRUE, yes
overcast, hot, normal, FALSE, yes
rainy, mild, high, TRUE, no
```

Lädt man diese Datei in WEKA (Abbildung 1.19), erscheinen die Attributnamen.

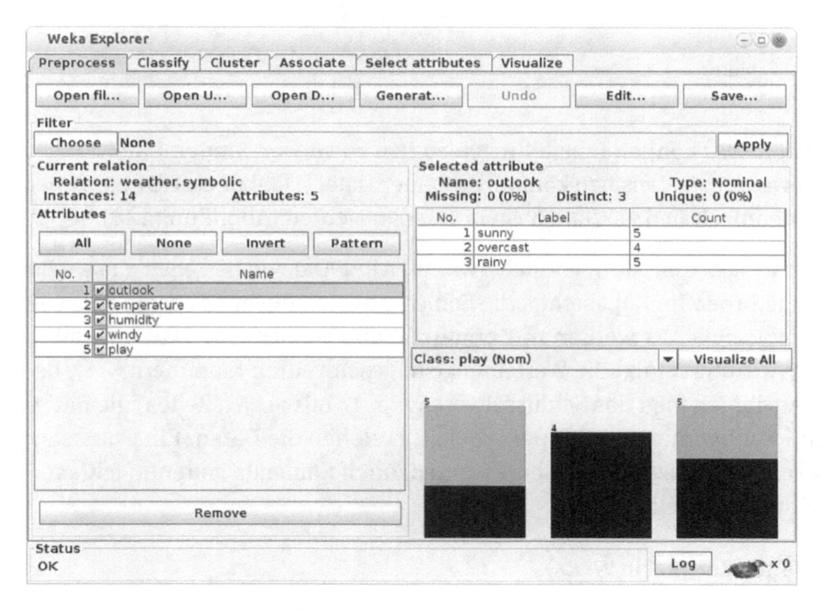

Abb. 1.19: WEKA – Preprocessing

Nun kann ausgewählt werden, welche Attribute im weiteren Verlauf verwendet werden. Im rechten, unteren Teil ist die Verteilung des Zielattributs `play` bezüglich des im linken Fensterteil gewählten Attributs dargestellt.

Weka bietet eine Reihe von Filtern an, mit denen die Daten vorverarbeitet werden können.

Im Programmteil *Classify* sind etliche Klassifizierer implementiert. Wählt man jetzt beispielsweise den ID3-Algorithmus (unter *Choose* > *Trees*) und startet diesen, so bekommt man im rechten Teilfenster das Resultat der Berechnung (Abbildung 1.20).

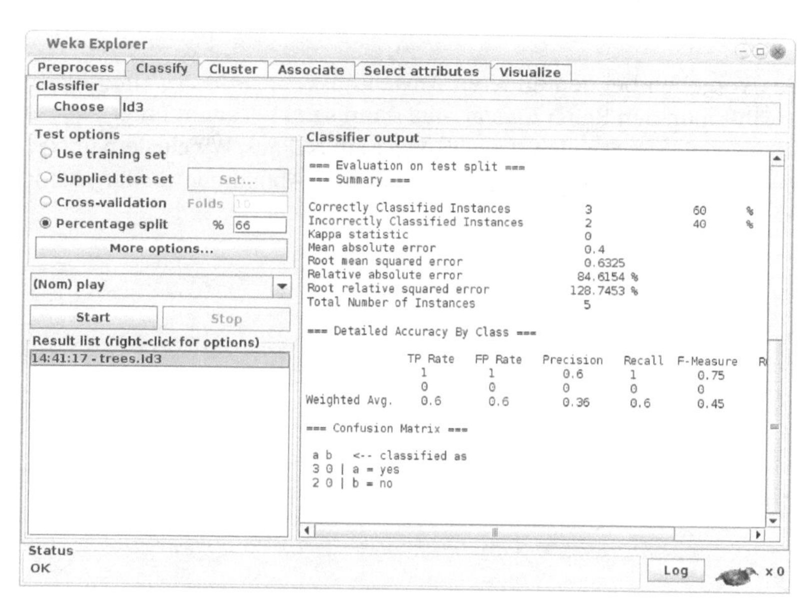

Abb. 1.20: Weka – ID3

Man kann auswählen, auf welchen Daten gelernt werden soll:

Use training set Die gesamte Datenmenge wird zum Lernen benutzt.

Supplied test set Eine separate Datei kann zum Lernen angegeben werden.

Cross validation Die gegebene Menge wird mittels Kreuzvalidierung gesplittet (vgl. Abschnitt 9.4).

Percentage split Die gegebene Menge wird prozentual in Trainings- und Testmenge aufgeteilt.

Für den J48-Algorithmus, eine Variante der Erweiterung des ID3-Algorithmus C4.5, ist eine Visualisierung des Entscheidungsbaums (Abbildung 1.21) verfügbar (rechter Mausklick auf das Resultat, *Weka Node View*).

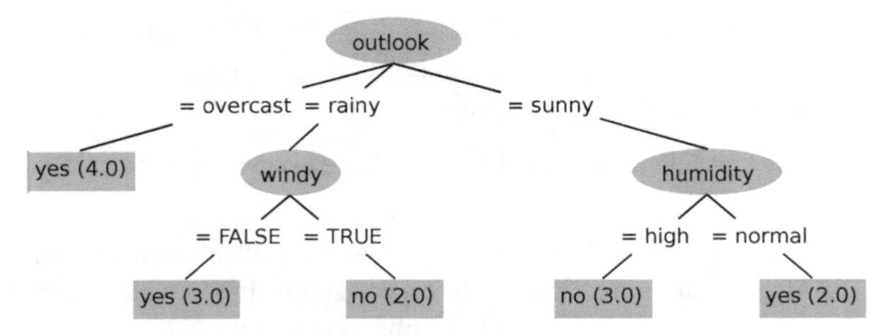

Abb. 1.21: WEKA – Entscheidungsbaum

Analog sieht das Vorgehen bei den anderen Anwendungsklassen aus. Um Cluster zu berechnen, wählt man den Reiter *Cluster* aus. Dann selektiert man unter *Choose* beispielsweise den *SimpleKMeans*-Algorithmus (Abschnitt 6.2) aus. Wir clustern unsere gesamte Beispielmenge (*Use training set*). Das Resultat ist in Abbildung 1.22 dargestellt.

Weka Explorer
Preprocess | Classify | Cluster | Associate | Select attributes | Visualize
Clusterer
Choose SimpleKMeans -N 2 -A "weka.core.EuclideanDistance -R first-last" -I 500 -S 10
Cluster mode
Use training set
Supplied test set Set...
Percentage split % 66
Classes to clusters evaluation
(Nom) play
Store clusters for visualization
Ignore attributes
Start Stop
Result list (right-click for options)
16:31:18 - SimpleKMeans
Clusterer output

```
=== Run information ===

Scheme:weka.clusterers.SimpleKMeans -N 2 -A "weka.core.Euclide
Relation:     weather.symbolic
Instances:    14
Attributes:   5
              outlook
              temperature
              humidity
              windy
              play
Test mode:evaluate on training data

=== Model and evaluation on training set ===


kMeans
======

Number of iterations: 4
Within cluster sum of squared errors: 26.0
Missing values globally replaced with mean/mode

Cluster centroids:
                          Cluster#
Attribute      Full Data        0          1
                    (14)      (10)        (4)
```

Status
OK
Log x 0

Abb. 1.22: WEKA – SimpleKMeans

1.6.3 JavaNNS

In den 90er Jahren wurde an der Universität Stuttgart der *Stuttgarter Neuronale Netze Simulator (SNNS)* entwickelt und später mit einem in Java implementierten Nutzer-Interface versehen, der JAVANNS. Mit dem JAVANNS lassen sich sehr gut die Prinzipien künstlicher neuronaler Netze erarbeiten. Insbesondere seine Möglichkeiten zur Visualisierung helfen, sowohl Architekturen als auch Lernverfahren zu verstehen und so nutzbringend im Data Mining einzusetzen. http://www.ra.cs.uni-tuebingen.de/software/JavaNNS/ (Zugriff 2020-07-13).

Mit dem JAVANNS können verschiedene Arten künstlicher neuronaler Netze entwickelt werden. Anhand der Entwicklung eines vorwärtsgerichteten künstlichen neuronalen Netzes für eine Klassifikationsaufgabe erläutern wir hier die Arbeit mit dem JAVANNS. Als Beispiel dient das Wetter-Problem, siehe Anhang A.3: Wird gespielt? Die Daten sind der Tabelle 1.2 zu entnehmen.

Tab. 1.2: Wetter-Daten

Tag	outlook	temperature	humidity	windy	play
1	sunny	hot	high	false	no
2	sunny	hot	high	true	no
3	overcast	hot	high	false	yes
4	rainy	mild	high	false	yes
5	rainy	cool	normal	false	yes
6	rainy	cool	normal	true	no
7	overcast	cool	normal	true	yes
8	sunny	mild	high	false	no
9	sunny	cool	normal	false	yes
10	rainy	mild	normal	false	yes
11	sunny	mild	normal	true	yes
12	overcast	mild	high	true	yes
13	overcast	hot	normal	false	yes
14	rainy	mild	high	true	no

Für die Arbeit mit einem neuronalen Netz sind die ordinalen Daten in eine binäre Darstellung zu transformieren. Der neuronale Netze-Baustein in KNIME wandelt derartige Daten automatisch um, behandelt dabei ordinale Attribute genauso wie nominale. Die Werte werden in 0-1-Folgen codiert, die so viele Binärwerte aufweisen, wie das Attribut unterschiedliche Werte aufweist. So werden zum Beispiel die Werte des Attributs `outlook` wie folgt codiert:

$$\begin{aligned} \text{rainy} &= (1, 0, 0),\\ \text{overcast} &= (0, 1, 0),\\ \text{sunny} &= (0, 0, 1). \end{aligned}$$

Da dabei aber die Ordnung verloren geht – `sunny` > `overcast` > `rainy` – setzen wir für die Arbeit mit dem JavaNNS die folgende Codierung ein, die die Ordnung berücksichtigt:

outlook:	rainy = (0,0);	overcast = (0,1);	sunny = (1,1);
temperature:	cold = (0,0);	mild = (0,1);	hot = (1,1);
humidity:	normal = 0;	high = 1;	
windy:	false = 0;	true = 1;	
play:	no = 0;	yes = 1;	

Für das Trainieren des Netzes ist eine Muster-Datei *.pat* zu erstellen, die alle Muster in der codierten Form enthält und folgenden Aufbau besitzt:

```
SNNS pattern definition file V3.2
generated at Mon Apr 28 18:08:50 2013

No. of patterns     : 14
No. of input units  : 6
No. of output units : 1

# Input pattern 1:
1 1   1 1   1   0
# Output pattern 1:
0
# Input pattern 2:
1 1   1 1   1   1
# Output pattern 2:
0
# Input pattern 3:
1 1   0 1   1   0
# Output pattern 3:
0
...
```

Mit der Codierung zu beginnen hat den Vorteil, dass sich hieraus sowohl die Größe der Eingabe-Schicht als auch die der Ausgabe-Schicht ergibt: Für das Beispiel wird ein Netz mit sechs Eingabe-Neuronen und einem Ausgabe-Neuron benötigt. Wir werden eine kleine Zwischenschicht aus zwei Neuronen hinzufügen.

Dazu sind nach dem Starten von JavaNNS die folgenden Schritte durchzuführen:

- Anlegen der drei Neuronen-Schichten mittels *Tools > Create > Layers ...*
  - Die erste Schicht von 6 Neuronen kann als 2×3- oder 1×6-Schicht, erzeugt im *Create-Layer*-Fenster, angelegt werden. Der Typ der Neuronen (*Unit Type*) muss auf *Input* gesetzt werden.
  - Die Zwischenschicht wird als 1×2-Schicht ausgelegt und der Typ mit *Hidden* festgelegt. Verändern Sie die *Top-Left-Position* der Schicht, in dem Sie den empfohlenen Wert um 1 erhöhen, damit in der Darstellung ein sichtbarer Abstand zwischen den erzeugten Neuronen-Schichten entsteht.
  - Die Ausgabe-Schicht besteht nur aus einem Neuron (1×1-Schicht). Verändern Sie wieder die *Top-Left-Position* wie vorher angegeben, und setzen Sie den Typ des Neurons auf *Output*.
- Stellen Sie die vorwärtsgerichtete Vernetzung zwischen den Schichten her: *Tools > Create > Connection*
  Wählen Sie *Connect feed-forward* und vergessen Sie nicht, mittels *Connect* die Verbindungen zu erzeugen.
- Speichern Sie dieses Netz.
- Laden Sie die Muster-Datei. Die Datei ist vom Typ *.pat* und muss den oben dargestellten Inhalt aufweisen.

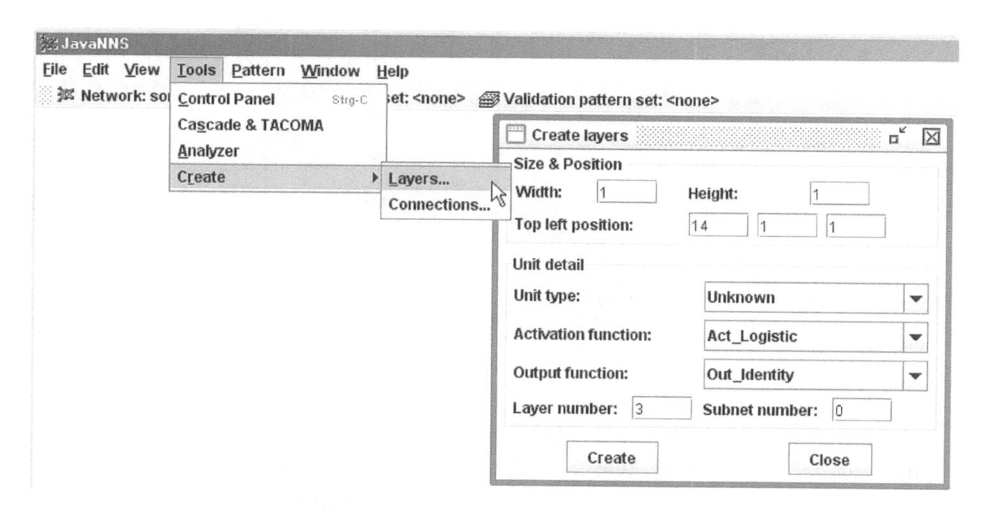

Abb. 1.23: JavaNNS: Erzeugen einer Neuronen-Schicht

Das Netz kann nun noch „verschönert" werden, indem die Ein- sowie Ausgabe-Neuronen angemessene Bezeichnungen erhalten: Dazu markiere man ein Neuron und editiere es entsprechend. Nun kann das künstliche neuronale Netz trainiert und so ein

Klassifikator erzeugt werden. Hierzu wird das *control*-Fenster geöffnet (*Tools > Control*), mit dem der Trainingsprozess gesteuert wird. Für die Kontrolle des Lernerfolgs ist die Anzeige des Netzfehlers sinnvoll: *View > Error graph*.

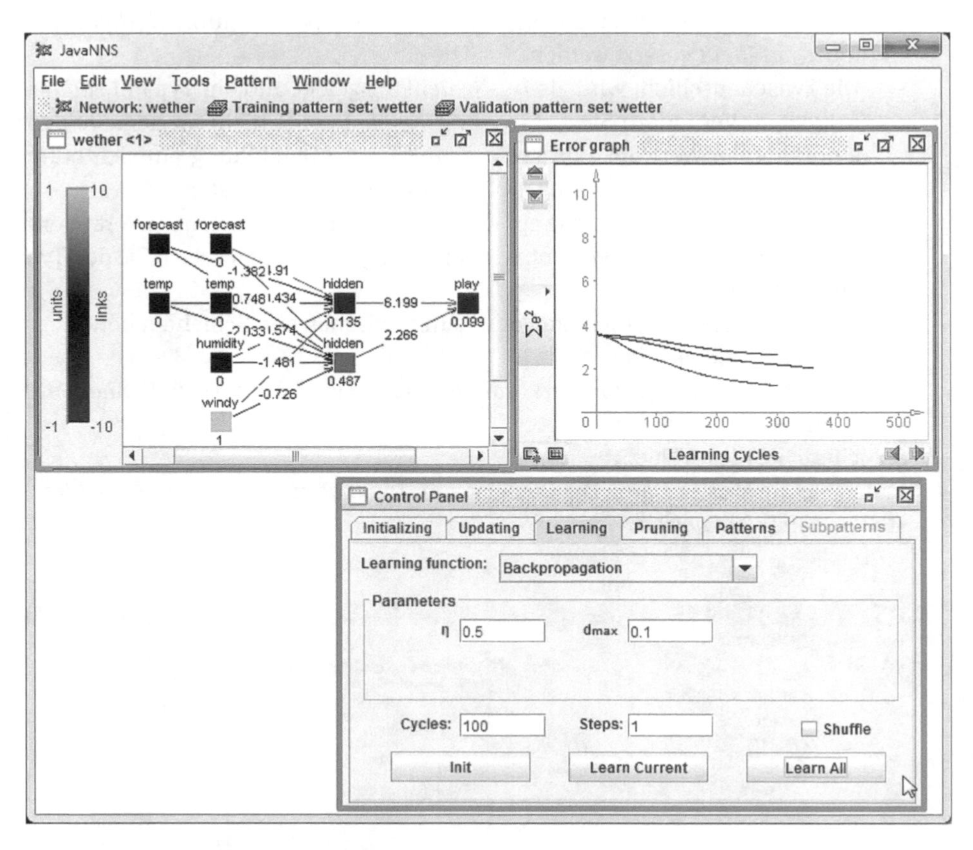

Abb. 1.24: JAVANNS: Trainieren eines Netzes

Die Trainingsumgebung ist in Abbildung 1.24 zu sehen. Nachdem das Netz initialisiert wurde, kann es unter Nutzung der Standardwerte (*Backpropagation-Lernverfahren, Lernparameter 0,2*) trainiert werden. Dazu wird die Zyklenzahl festgelegt und das Training mittels *Learn All* angestoßen. Die Fehlerkurve vermittelt einen Eindruck vom Lernerfolg.

Das Ergebnis kann dann mittels *Save Data* > Auswahl *Result files .res* gespeichert werden (Abbildung 1.25 auf der nächsten Seite).

Die Trainingsausgabe (siehe Abbildung 1.25, „Include output patterns") nimmt man in die Ergebnisdaten mit. Es entsteht eine Text-Datei, die für jedes Muster sowohl den

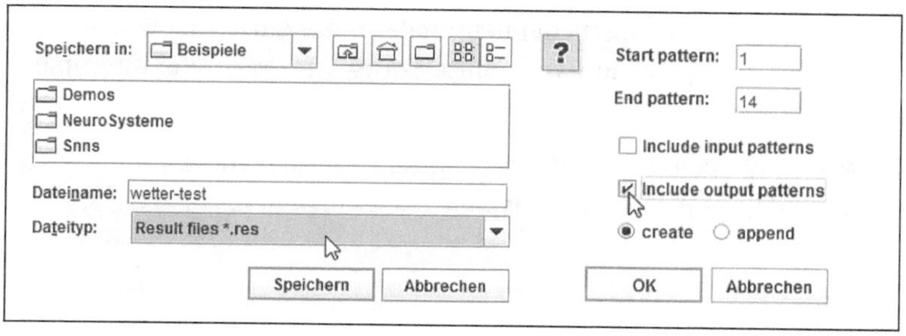

Abb. 1.25: JavaNNS: Speichern des Ergebnisses

Trainingswert als auch den vom Netz berechneten Wert enthält, so dass eine weitere Auswertung, zum Beispiel mittels Tabellenkalkulation vorgenommen werden kann. Das folgende Listing zeigt den Inhalt einer .res-Datei.

```
SNNS result file V1.4-3D
generated at Sun May 05 16:43:13 2013

No. of patterns      : 14
No. of input units   : 6
No. of output units  : 1
startpattern         : 1
endpattern           : 14
teaching output included
#1.1
0
0.20123
#2.1
0
0.01936
#3.1
0
0.9002
#4.1
1
0.78917
#5.1
1
0.94537
```

Der JavaNNS kann für viele Typen künstlicher neuronaler Netze eingesetzt werden, vorzugsweise jedoch für Klassifikationsaufgaben mittels vorwärtsgerichteter neuronaler Netze.

Aufgabe 1.1 (Data-Mining-Werkzeuge). Machen Sie sich mit den vorgestellten Systemen vertraut, indem Sie die vorgestellten Beispiele nachvollziehen.

2 Grundlagen des Data Mining

If you file it, you'll know where it is but you'll never need it. If you don't file it, you'll need it but never know where it is.
Tillis's Organizational Principle

2.1 Grundbegriffe

Data Mining will aus Daten Wissen zu Tage fördern. Was sind Daten? Was ist Wissen? In welchem Zusammenhang stehen die Begriffe *Daten*, *Information* und *Wissen*?

In unserem Buch gehen wir von einer Begriffshierarchie aus, wie sie sich in der Fachliteratur durchgesetzt hat. Die Grundlage der IT-basierten Verarbeitung sind *Daten*. Hat ein Datum, beispielsweise die Zahl −4, eine Bedeutung, dann wird sie zu einer *Information*. Steht die −4 für die Veränderung eines Aktienkurses (in Prozent), so wird die −4 zu einer Information. Haben wir nun eine Regel, die einen Verkauf dieser Aktie auslöst, so handelt es sich um *Wissen*.

In anderen Quellen wird der Begriff *Information* an die Spitze dieser Hierarchie gesetzt. Die Begriffshierarchie kann auch um die Begriffe *Signal* oder *Zeichen* erweitert werden, die dann unterhalb des Begriffs *Daten* einzuordnen sind. In der Wissenstreppe nach North, vgl. [Nor16, S. 40] werden aus einer betriebswirtschaftlichen Sichtweise über dem Begriff *Wissen* die Begriffe *Handeln*, *Kompetenzen* und *Wettbewerbsfähigkeit* angeordnet. Auch wenn mittels Data Mining die Wettbewerbsfähigkeit eines Unternehmens erhöht werden kann, betrachten wir diese Begriffe hier nicht weiter.

Definition 2.1 (Daten). Mit **Daten** bezeichnet man eine Ansammlung von Zeichen mit der dazugehörigen Syntax.

i

Daten ist der Plural des Wortes *Datum*, welches im deutschen Sprachgebrauch eine Kalender- oder Zeitangabe ist. Wir werden hier die weniger gebräuchliche, nichtsdestoweniger aber gültige Interpretation eines Datums als eine *Informationseinheit* verwenden.

Man unterscheidet:

- Unstrukturierte Daten
- Semistrukturierte Daten
- Strukturierte Daten

Typische Beispiele für *unstrukturierte* Daten sind Bilder und Texte. Data Mining auf diesen Daten erweist sich als schwierig, da im Allgemeinen zunächst die unstrukturierten Daten in strukturierte umgewandelt werden müssen.

https://doi.org/10.1515/9783110676273-002

Web-Seiten bestehen zwar überwiegend aus Text, was sie in die Kategorie der unstrukturierten Daten platzieren würde. Allerdings weisen Web-Seiten eine Struktur auf, so dass sie als *semistrukturierte* Daten betrachtet werden.

Schwerpunkt dieses Buchs ist das Data Mining auf *strukturierten* Daten. Unter strukturierten Daten werden relationale Datenbank-Tabellen oder Daten in ähnlich strukturierten Datei-Formaten verstanden. Dazu zählen auch Datei-Formate einer Tabellenkalkulation oder insbesondere auch das Austauschformat CSV (comma-separated values), welches als ASCII-Text direkt mit einem Editor bearbeitet werden kann. Die genannten Formate weisen eine feste Struktur auf: Die in jedem Datensatz enthaltenen Daten haben eine feste Reihenfolge, die Attribute sind definiert, die Datentypen sind festgelegt.

Aus Daten entstehen *Informationen*, indem den Daten eine Bedeutung zugeordnet wird.

i **Definition 2.2** (Information). Eine **Information** ist ein Datum, welches mit einer Bedeutung gekoppelt ist.

Eine Information ist somit die zweckbestimmte Interpretation von Daten. Daten werden zur Information, wenn sie im Kontext betrachtet werden und eine Bedeutung erhalten.

Definition 2.3 (Wissen). Eine Information in Verbindung mit der Fähigkeit, diese zu benutzen, wird als **Wissen** bezeichnet.

Eine Information wird folglich erst dann zu *Wissen*, wenn man mit ihr etwas anzufangen weiß. „Ein System S hat Wissen W, wenn S immer dann – wenn erforderlich – W anwendet.“ ([MN73], zitiert nach [Lau85]).

Nun können wir definieren, was wir unter Data Mining verstehen.

Definition 2.4 (Data Mining). **Data Mining** (Datenschürfen) ist die Extraktion von Wissen aus Daten.

Wir erweitern diese Definition um einige Forderungen: Wir möchten Wissen erhalten, welches bisher unbekannt war. Es handelt sich also um die Extraktion von *verborgenem* Wissen. Dieses Wissen sollte nicht trivial, sondern nützlich sein, wir müssen es also sinnvoll anwenden können. Data Mining sollte auch weitgehend automatisch ablaufen. Wer einige Erfahrung im Data-Mining-Bereich hat, weiß, dass die letzte Forderung bewusst durch das Wort *weitgehend* abgeschwächt wurde. Die eigentliche Datenanalyse wird meistens automatisch ablaufen, aber die Vorbereitung bedarf einer intensiven Unterstützung durch den Analysten.

Nach der Definition des Begriffs *Data Mining* betrachten wir die Teilgebiete des Data Minings. Gemäß der Unterteilung in unstrukturierte, semistrukturierte und strukturierte Daten werden Teilgebiete des Data Minings wie folgt kategorisiert:

- Unstrukturierte Daten → Text Mining
- Semistrukturierte Daten → Web Mining
- Strukturierte Daten → Data Mining im engeren Sinn

Text Mining befasst sich mit der Analyse von Texten, also von unstrukturierten Daten. *Web Mining* arbeitet im Allgemeinen auf den bereits diskutierten semistrukturierten Daten. *Data Mining im engeren Sinn* befasst sich dagegen mit strukturierten Daten. Häufig wird der Begriff Data Mining als Synonym für das Data Mining im engeren Sinn verwendet. Wir werden uns auf das Data Mining im engeren Sinne beschränken und nur vereinzelt auf die anderen beiden Teilgebiete eingehen.

Wir verwenden die Begriffe *Datensatz, Instanz, Objekt* oder *Muster* weitgehend synonym. Damit ist stets *ein* Datensatz in einer Datenbanktabelle gemeint, der ein Objekt oder eine Instanz anhand einer Menge von Merkmalswerten charakterisiert. Den Datensatz

```
sunny, hot, high, false, no
```

kann man mathematisch als Quintupel

```
(sunny, hot, high, false, no)
```

und damit auch als *ein* Objekt auffassen. Dieses Objekt ist zudem eine Instanz der Klasse aller Wetter-Situationen.

2.2 Datentypen

Nach der Diskussion, welche Daten vorliegen können (strukturiert, semistrukturiert oder unstrukturiert), betrachten wir die Datentypen, mit denen Data Mining konfrontiert sein kann.

Daten können sehr unterschiedlich sein: Wir haben täglich mit Zahlen zu tun. Mit Zahlen kann man rechnen. Wir können Mittelwerte berechnen, Zahlen miteinander vergleichen und sie bezüglich ihrer Größe ordnen. Ebenso sind Daten der Form `klein`, `mittelgroß`, `groß`, `sehr groß` möglich. Diese haben – wie die Zahlen – eine Ordnung, man kann sie bezüglich ihrer Größe vergleichen und folglich sortieren. Rechnen können wir mit Daten von diesem Typ nicht. Und dann gibt es Datentypen wie den Datentyp *Farbe*. Hier haben wir leider keine Ordnung. Wir können bei den Farben *braun* und *schwarz* nicht sagen, welche besser, größer oder bunter ist, und ein Rechnen ist hier erst recht nicht möglich.

Mit diesen zwei Kriterien – Ordnung und Rechnen – können wir nun eine erste Kategorisierung von Datentypen vornehmen:

Nominale Daten unterliegen keinerlei Rangfolge. Damit ist ein Vergleich zwischen den Daten nur insofern möglich, dass sie auf Gleichheit geprüft werden können:

Sie sind *gleich* beziehungsweise *nicht gleich*. Rechnen ist mit diesen Daten nicht möglich.

Ordinale Daten haben zumindest eine Ordnungsrelation (wie <). Rechnen kann man mit ihnen aber nicht.

Metrische Daten besitzen alle Ordnungsmerkmale der reellen Zahlen. Man kann mit ihnen rechnen.

Metrische Datentypen können weiter unterteilt werden:

Diskrete Datentypen sind solche, die nur schrittweise größenveränderlich sind. Stückzahlen sind ein solcher Datentyp.

Kontinuierliche Datentypen sind numerische Daten, die jeden beliebigen reellen Zahlenwert innerhalb des Definitionsbereichs annehmen können.

Genau genommen sind auch kontinuierliche Daten im Computer diskret, da sie durch die begrenzte Darstellung auf Computern nicht exakt wiedergegeben werden können. Diese Nuance werden wir aber ignorieren und davon ausgehen, dass solche Daten beliebig genau darstellbar seien.

Kontinuierliche, numerische Datentypen können in diskrete Daten umgewandelt werden, beispielsweise durch Intervallbildung. Man spricht dann von *diskretisierten* Datentypen.

Selbst wenn die Werte an sich numerisch sind, muss es sich nicht zwingend um einen metrischen Datentyp handeln. Kundennummern sind zwar Zahlen, vom Typ her sind sie aber nominale Datentypen. Falls die Kundennummern in einer zeitlichen Reihenfolge vergeben wurden, dann sind die Kundennummern (aus der Sicht der Zeit) zumindest ordinale Daten, da man sie bezüglich der Zeit ordnen kann.

Numerische Datentypen können auch nach dem Kriterium unterteilt werden, welche Skala ihnen zugrunde liegt.

Intervallbasierte Datentypen sind unsere Jahreszahlen. Charakteristisch ist hier, dass der Nullpunkt *willkürlich* festgelegt wurde. Der gregorianische Kalender definiert das Jahr 0 anders als die Unix-Welt, in der die 0 im Jahr 1970 liegt. Ebenso sind unsere Temperaturangaben in Celsius intervallbasiert. Man kann mit diesen Werten aber nur eingeschränkt rechnen. Beispielsweise ist 20°C – physikalisch – eben nicht viermal wärmer als 5°C.

Verhältnisbasierte Datentypen haben einen natürlichen Nullpunkt. Entfernungsangaben erlauben nun neben Addition und Subtraktion auch den relativen Vergleich, 60 km ist doppelt so weit wie 30 km. Verhältnisskalen sind aber abhängig von der jeweilig verwendeten Maßeinheit. 60 bedeutet bei einer Maßeinheit km etwas anderes als bei der Maßeinheit cm.

Absolutskalenbasierte Datentypen unterscheiden sich von den verhältnisbasierten Datentypen dadurch, dass sie von keiner Maßeinheit abhängen. Beispielsweise gehören alle Datentypen, die etwas zählen, dazu.

Beispiel 2.1 (Datentypen). Beispiele für die vorgestellten Datentypen sind:

nominal :
- Geschlecht = {weiblich, männlich}
- Haarfarbe = {blond, dunkelblond, braun, rot, schwarz, grau}
- Familienstand = {ledig, verheiratet, verwitwet, gemeinschaft}

ordinal :
- Schulnoten {1, 2, 3, 4, 5}
- Meinung {stimme zu, stimme teilweise zu, stimme nicht zu}
- Verbale Kategorien {sehr reich, reich, durchschnittlich, arm}
- Gesundheitszustand {gesund, krank}
  Dies ist sicherlich ein Grenzfall, da wir hier berücksichtigen, dass „gesund" besser als „krank" ist. Soll dies nicht berücksichtigt werden, dann ist es ein nominaler Datentyp.

metrisch, Intervallskala :
- Jahreszahlen
- Temperatur in Celsius, Fahrenheit

metrisch, Verhältnisskala :
- Messwerte wie Strom, Windgeschwindigkeit
- Entfernung
- Körpergröße
- Temperatur in Kelvin

metrisch, Absolutskala :
- Lebensjahre
- Zahl der Kinder
- Stückzahlen

Die Grenze zwischen ordinal und metrisch kann durchaus fließend sein. Ordinale Daten sind natürlich nicht metrisch, aber wir können beispielsweise die Schulnoten oder die Erdbebenstärke auch als metrische Attribute interpretieren, indem wir uns von den diskreten Werten lösen und auch Noten wie 1,87 zulassen.

Insbesondere lassen sich ordinale in metrische Daten umwandeln. Betrachten wir ein Attribut mit den Ausprägungen `klein`, `mittelgroß`, `groß`, `sehr groß`, so können wir dies leicht in ein metrisches Attribut umwandeln, indem wir die Werte durch Zahlen ersetzen:

- `klein` → 0
- `mittelgroß` → 0,3
- `groß` → 0,7
- `sehr groß` → 1

Bei der Wahl der Zahlenwerte haben wir Spielräume. Natürlich sollte `klein` auf 0, `sehr groß` auf 1 abgebildet werden. Wie wir die anderen Werte abbilden, ist uns überlassen. Durch die (willkürliche) Wahl der Zahlen wird jedoch der Abstand zwischen den Werten festgelegt und somit eventuell das Resultat beeinflusst.

Auch nominale Attribute können wir in metrische Attribute umwandeln: Binäre Attribute wie Geschlecht transformiert man in ein metrisches Attribut, indem man die beiden Ausprägungen einfach durch 0 und 1 codiert. Bei einem nominalen Attribut mit mehr als zwei Ausprägungen wird für jede Ausprägung eine neues Attribut eingeführt.

Betrachten wir das Attribut `Farbe`. Für jede Haarfarbe, die in unserem Datenbestand vorkommt, führen wir ein weiteres Attribut ein. Es wird eine 1 eingetragen, falls die Haarfarbe exakt dem Attributnamen (also beispielsweise schwarz) entspricht, sonst 0. Dieses Vorgehen funktioniert immer, hat aber den Nachteil, dass wir *ein* Attribut durch *mehrere* ersetzen und somit den Datenbestand vergrößern. Diese Codierung wird *Binärcodierung* genannt. Sie wird häufig bei neuronalen Netzen genutzt.

Können wir metrische Attribute in ordinale überführen? Dies ist möglich, indem man beispielsweise Intervalle bildet und diesen dann Namen gibt: `klein, groß, sehr groß`.

Derartige Umwandlungen sind im Data Mining relevant, da es Verfahren gibt, die entweder nur oder vorzugsweise mit einem bestimmten Datentyp arbeiten. So ist für das Verfahren *k-Nearest Neighbour* (vergleiche Abschnitt 5.1) ein kontinuierliches, metrisches Attribut besonders geeignet. Ordinale und nominale Daten sind nicht ausgeschlossen aber doch eher ungeeignet. Auf die verschiedenen Möglichkeiten zur Datenumwandlung gehen wir ausführlich im Abschnitt 8.2.5 ein.

Welche Vergleichs- und welche Rechenoperatoren sind für die verschiedenen Datentypen verfügbar?

Bei *nominalen* Attributen ist allein ein Vergleich auf *gleich* oder *ungleich* möglich. *Ordinale* Attribute erlauben darüber hinaus auch die Vergleiche *kleiner* und *größer*. Bei *metrischen* Attributen kann mit ihnen zusätzlich gerechnet werden. Metrische Attribute erlauben zumindest Addition und Subtraktion, meist aber alle vier Grundrechenarten. Bei intervallbasierten Datentypen sind jedoch Multiplikation und Division meist nicht sinnvoll.

Aufgabe 2.1 (Datentypen). Ordnen Sie den folgenden Attributen den jeweiligen Datentyp zu:

- Postleitzahlen
- ISB-Nummer
- Kraftstoffverbrauch
- Fahrzeugleistung
- Hausnummer

Aufgabe 2.2 (Datentypen). Finden Sie für alle Datentypen weitere Beispiele.

2.3 Abstands- und Ähnlichkeitsmaße

Viele Anwendungen im Data Mining beruhen darauf, dass Datensätze miteinander verglichen werden. Bei der Bildung von Clustern (siehe Abschnitt 3.1 und Kapitel 6) ist das Ziel, ähnliche Objekte zu einer Gruppe zusammenzufassen. Das setzt aber voraus, dass wir die Ähnlichkeit von 2 Datensätzen quantifizieren können. Dies realisiert man meistens über sogenannte Abstandsmaße, also Maße, welche die „Unähnlichkeit" der Datensätze quantifizieren. Ist ein *Abstandsmaß*

$$\mathbf{dist}(x,y)$$

gegeben, welches den Abstand zweier Datensätze x und y misst, so kann die Ähnlichkeit zweier Datensätze

$$\mathbf{simil}(x,y)$$

in Abhängigkeit von diesem Abstandsmaß **dist** definiert werden. Je größer die Distanz zwischen den Datensätzen, desto geringer ist die Ähnlichkeit:

$$\text{simil}(x,y) = f(\text{dist}(x,y))$$

Eine Abstandsfunktion (auch *Distanzfunktion* genannt) muss folgende Eigenschaften erfüllen:

1. $\text{dist}(x,y) \geq 0$
2. $\text{dist}(x,x) = 0$
3. $\text{dist}(x,y) = \text{dist}(y,x)$
4. $\text{dist}(x,y) \leq \text{dist}(x,z) + \text{dist}(z,y)$

Zunächst darf natürlich der Abstand zwischen 2 Objekten nicht negativ sein. Der Abstand eines Datensatzes x zu sich selbst sollte 0 sein. Man kann diese Forderung verschärfen zu

$$\text{dist}(x,y) = 0 \text{ genau dann, wenn } x = y.$$

Ein Abstandsmaß muss *kommutativ* sein: Der Abstand zwischen x und y ist derselbe wie zwischen y und x. Die vierte Bedingung (*Transitivität*) entspricht der Dreiecksungleichung und fordert, dass der direkte Abstand zwischen x und y kleiner (oder gleich) dem Abstand ist, der sich durch Einbeziehung eines Zwischenpunktes z ergibt.

Wir betrachten einige typische Distanzfunktionen:

Hamming-Distanz $$\mathrm{dist_H}(x,y) = \mathrm{count}_i(x_i \neq y_i) \tag{2.1}$$

Euklidische Distanz $$\mathrm{dist_E}(x,y) = \sqrt{\sum_i (x_i - y_i)^2} \tag{2.2}$$

Manhattan-Distanz $$\mathrm{dist_{Man}}(x,y) = \sum_i |x_i - y_i| \tag{2.3}$$

Maximum-Distanz $$\mathrm{dist_{Max}}(x,y) = \max_i(|x_i - y_i|) \tag{2.4}$$

Die Hamming-Distanz zählt, an wie vielen Positionen sich die Datensätze unterscheiden. Der Abstand zwischen den Datensätzen `(schulze, 1978, bmw)` und `(mueller, 1979, bmw)` beträgt 2, da sich die Datensätze in 2 Positionen unterscheiden. Die Hamming-Distanz erkennt nicht, dass sich die Jahreszahl 1978 von 1979 nur minimal unterscheidet. Dies ist ein Nachteil der Hamming-Distanz. Von Vorteil ist aber, dass die Hamming-Distanz auf beliebige Datentypen anwendbar ist, sowohl auf nominale, ordinale als auch metrische Daten.

Die euklidische Distanz verwenden wir tagtäglich. Sie ist die räumliche Distanz zweier Orte, im verallgemeinerten oder mathematischen Sinne der Abstand zweier Punkte im n-dimensionalen Raum. Sie ist nur auf metrische Daten anwendbar.

Dies gilt auch für die Manhattan-Distanz. Sie hat ihren Namen von der Schachbrettartigen Anordnung der Straßen in Manhattan. Aus Abbildung 2.1 ist ersichtlich, dass jeder Weg von links unten nach rechts oben gleich lang ist. Die Strecke ist immer die Summe der Teilwege in beiden Richtungen.

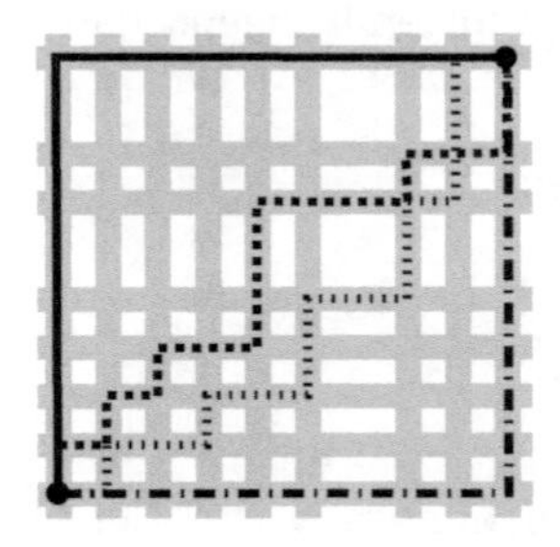

Abb. 2.1: Beispiel Manhattan-Distanz

Die Maximum-Distanz betrachtet ebenso die unterschiedlichen Dimensionen separat und wählt den größten Abstand, der sich über alle Attribute ergibt. Sie wird auch als Tschebyscheff-Distanz bezeichnet.

Abbildung 2.2 zeigt am Beispiel zweier Punkte die vier unterschiedlichen Distanzen, die zwischen den beiden Objekten bestimmt werden kann.

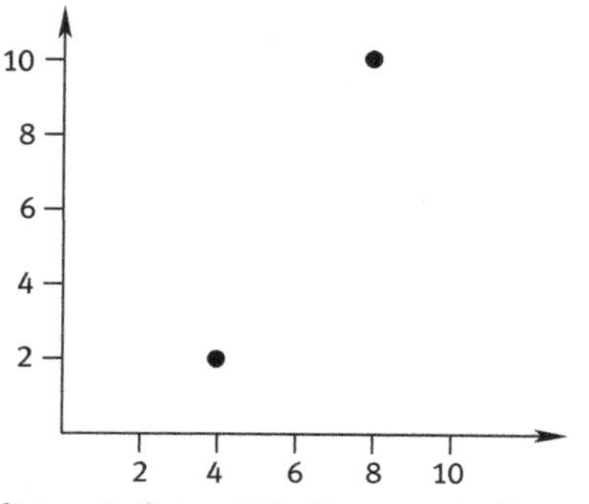

$\text{dist}_{\text{H}} = 2$, $\text{dist}_{\text{E}} \approx 8.9$, $\text{dist}_{\text{Man}} = 12$, $\text{dist}_{\text{Max}} = 8$

Abb. 2.2: Beispiel Distanzen

Es gibt eine Verallgemeinerung der euklidischen Distanz, die *Minkowski-Distanz*:

$$\text{dist}^n_{\text{Minkowski}}(x,y) = \sqrt[n]{\sum_i |x_i - y_i|^n} \tag{2.5}$$

Für den mathematisch interessierten Leser sei darauf verwiesen, dass für $n \to \infty$ die Minkowski-Distanz zur Maximum-Distanz wird.

$$\lim_{n\to\infty} \text{dist}^n_{\text{Minkowski}} = \text{dist}_{\text{Max}} \tag{2.6}$$

Für $n = 1$ dagegen ergibt sich die Manhattan-Distanz:

$$\text{dist}^1_{\text{Minkowski}}(x,y) = \sqrt[1]{\sum_i |x_i - y_i|^1} = \sum_i |x_i - y_i| \tag{2.7}$$

Eine interessante Modifikation der euklidischen Distanz ist die *gewichtete euklidische Distanz*:

$$\text{dist}_{\text{EW}}(x,y) = \sqrt{\sum_i w_i \cdot (x_i - y_i)^2} \tag{2.8}$$

Auch dieses Abstandsmaß ist nur auf numerische Attribute anwendbar. Hierbei können die Attribute durch die Faktoren w_i unterschiedlich gewichtet werden: Je höher das Gewicht, desto größer der Einfluss auf den Abstand. Durch die gewichtete euklidische

Distanz lassen sich Attribute bevorzugen, sie bekommen eine höhere Priorität. Der gleiche Effekt – die Bevorzugung bestimmter Attribute – kann durch eine passende Normalisierung (siehe Abschnitt 8.2.5) erzielt werden.

In den Beispielen verwenden wir für numerische Attribute meistens die euklidische Distanz. Sie können aber auch mit anderen Abstandsmaßen experimentieren. Für numerische Attribute muss nicht zwingend die euklidische Distanz eingesetzt werden.

Bisher haben wir die Ähnlichkeit auf die Distanz, also die Unähnlichkeit zurückgeführt. Je kleiner die Distanz, desto größer die Ähnlichkeit. In [Run15, S. 14 ff.] werden einige Ähnlichkeitsmaße, die nicht auf Distanzmaßen beruhen, behandelt, zum Beispiel die Maße *Cosinus*, *Overlap*, *Dice* und *Jaccard*.

Welche Eigenschaften sollte ein Ähnlichkeitsmaß **simil** erfüllen?

1. $\text{simil}(x,y) \geq 0$
2. $\text{simil}(x,y) = \text{simil}(y,x)$
3. $\text{simil}(x,y) \leq \text{simil}(x,x)$

Ein Ähnlichkeitsmaß heißt normiert, wenn gilt:

$$\text{simil}(x,x) = 1$$

Das Cosinus-Ähnlichkeitsmaß misst die Ähnlichkeit von Vektoren, es setzt somit numerische Attribute voraus. Sind zwei Vektoren identisch (beziehungsweise zeigen sie in die gleiche Richtung), so bilden sie einen Winkel von 0°. Der Cosinus von 0° ist 1. Stehen zwei Vektoren senkrecht aufeinander, ergibt sich 0. Zeigen die Vektoren in die entgegengesetzte Richtung, dann ergibt sich –1.

$$\cos(x,y) = \frac{x \cdot y}{\sqrt{\sum_i x_i{}^2 \cdot \sum_i y_i{}^2}} = \frac{\sum_i x_i \cdot y_i}{\sqrt{\sum_i x_i{}^2 \cdot \sum_i y_i{}^2}} \tag{2.9}$$

Ein Wert nahe 1 drückt die große Ähnlichkeit der Vektoren aus, ein Wert nahe –1 steht für eine große Unähnlichkeit.

Dieses Ähnlichkeitsmaß kann bei den selbstorganisierenden Karten in Abschnitt 6.7 zur Bestimmung des Gewinner-Neurons genutzt werden.

Aktuelle Tools bieten eine gute Auswahl von Distanzen und erlauben sogar die Definition eigener Abstandsmaße. Auch KNIME verfügt über eine Reihe von Knoten für Abstandsmaße.

Aufgabe 2.3 (Abstandsmaß und Schachbrett). Es wird die Zahl der Schritte des Königs auf einem Schachbrett als Distanz wählt. Welchem Distanzbegriff entspricht das? Welchem Distanzmaß entspricht die Anzahl der Felder, die der Turm passiert?

Aufgabe 2.4 (Abstandsmaß). Berechnen Sie paarweise die Distanz zwischen den Punkten $(0, 1, 2)$, $(1, 5, 3)$ und $(4, -2, 3)$. Verwenden Sie alle 4 aufgeführten Distanzfunktionen.

Aufgabe 2.5 (Hamming-Distanz). Begründen Sie, wieso die Hamming-Distanz unempfindlich gegen Ausreißer ist.

Aufgabe 2.6 (Weitere Abstandsmaße). Suchen Sie weitere Abstandsmaße. Für welche Datentypen sind diese geeignet? Was unterscheidet sie von den hier behandelten Abstandsmaßen?

Aufgabe 2.7 (Kombiniertes Abstandsmaß). Wie würden Sie ein Abstandsmaß für Datensätze entwickeln, die heterogen sind, die also gemischte Datentypen – nominal, ordinal und metrisch – enthalten?

2.4 Grundlagen Künstlicher Neuronaler Netze

Ein *künstliches neuronales Netz* ist der Versuch, einen Wissensspeicher zu schaffen, der ähnlich dem leistungsfähigen menschlichen Gehirn funktioniert, um so eine vergleichbare Leistungsfähigkeit zu erzielen. Will man diesem biologischen Vorbild folgen, sind Elemente und Vorgehensweisen in einem natürlichen neuronalen Netz in die Welt des Computers abzubilden.

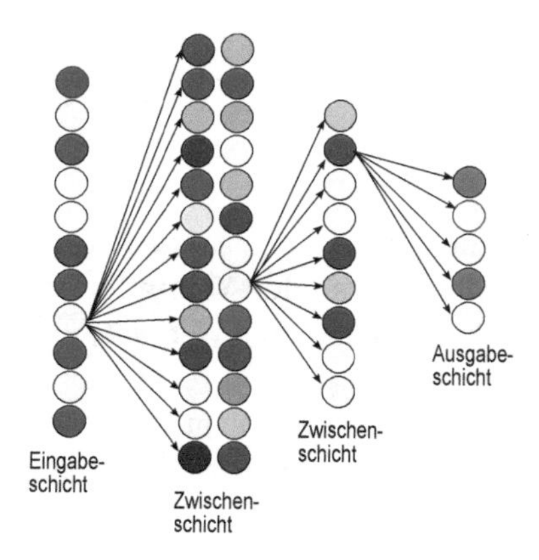

Abb. 2.3: Ein künstliches neuronales Netz

Definition 2.5 (Künstliches Neuronales Netz). Ein **künstliches neuronales Netz** besteht aus einer Menge von Neuronen, die durch gerichtete und gewichtete Verbindungen untereinander verknüpft sind (vergleiche [LC20]).

Die Abbildung 2.3 auf der vorherigen Seite zeigt ein vorwärtsgerichtetes neuronales Netz, bestehend aus einer Eingabe-Schicht, zwei verdeckten Schichten (auch Zwischenschichten genannt) sowie einer Ausgabe-Schicht. Eine Schicht besteht aus einer Menge einzelner künstlicher Neuronen.

Definition 2.6 (Künstliches Neuron). Ein **künstliches Neuron** ist eine Einheit, die

- aus den, über gewichtete Verbindungen, eingehenden Werten
- unter Berücksichtigung eines Schwellwertes
- mittels einfacher mathematischer Funktionen
- einen Erregungswert berechnet und
- diesen an nachfolgende Neuronen weiterleitet.

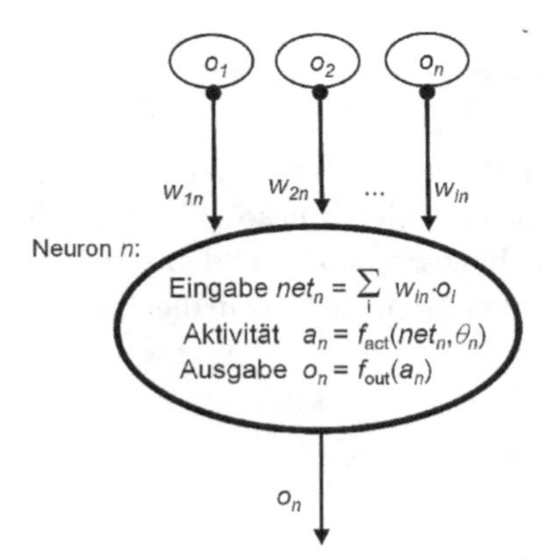

Abb. 2.4: Ein künstliches Neuron

Die *Netzeingabe net* eines Neurons n wird berechnet, indem die Ausgaben der Vorgänger-Neuronen o_i mit den entsprechenden Werten w_{in} an den Verbindungen gewichtet addiert werden. Eine *Aktivierungsfunktion act* benutzt diesen Wert net_n und berechnet unter Berücksichtigung eines *Schwellwertes* θ_n (englisch threshold oder bias) die Aktivierung act_n des Neurons. Eine einstellige Ausgabefunktion mit dem Wert der Aktivierung als Parameter bestimmt dann die Ausgabe o_n des Neurons. Abbildung 2.4 illustriert sowohl den Aufbau eines künstlichen Neurons als auch die in einem künstlichen Neuron stattfindenden Berechnungen.

Betrachten wir die im Neuron eingesetzten Funktionen genauer.

Propagierungsfunktion

Die *Propagierungsfunktion* ermittelt die Netzeingabe eines Neurons: Dazu werden die Ausgaben der Vorgängerneuronen mit den entsprechenden Gewichten an den Verbindungen multipliziert und aufsummiert:

$$net_n = \sum_i w_{in} \cdot o_i \tag{2.10}$$

Aktivierungsfunktion

Als *Aktivierungsfunktion* können unterschiedliche Funktionen mit einem sigmoiden Verhalten eingesetzt werden. Von einem sigmoiden Verhalten wird gesprochen, wenn der Funktionsgraph in der Umgebung eines Punktes stark ansteigt und davor sowie danach keinen oder nur einen sehr schwachen Anstieg aufweist. Sigmoide Funktionen sind somit eine Art Schalter. In einem Neuron schalten sie die Aktivierung des Neurons an oder aus. Sigmoide Funktionen, die in Neuronen zur Berechnung der Aktivierung eingesetzt werden, sind:

- *Schwellwertfunktion,*
- *Logistische Funktion,*
- *Tangens Hyperbolicus.*

Die *Schwellwertfunktion* ist 0 für alle Werte kleiner oder gleich dem Schwellwert $x \leq \theta$, und für alle Werte $x > \theta$ wird das Neuron mit dem Wert 1 aktiviert (Abbildung 2.5). Die Schwellwertfunktion lässt sich für das Delta-Lernverfahren für vorwärtsgerichtete neuronale Netze ohne eine innere Schicht einsetzen. Vorwärtsgerichtete neuronale Netze ohne Zwischenschicht werden als Perzeptron bezeichnet. Eine Schwellwertfunktion

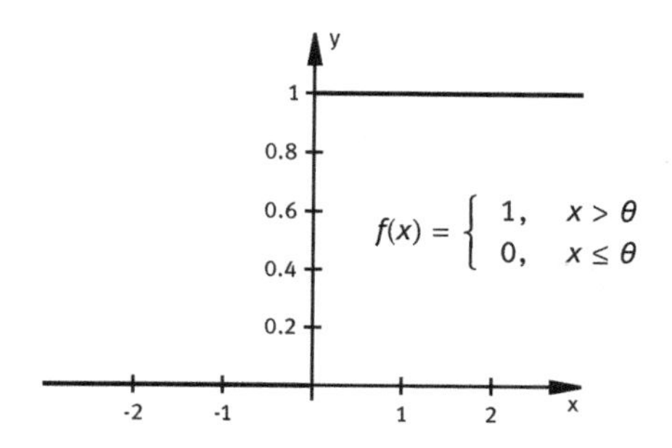

Abb. 2.5: Schwellwertfunktion

ist nicht stetig differenzierbar und kann deshalb nicht für Lernverfahren eingesetzt werden, die auf einem Gradientenabstiegsverfahren basieren.

Die *Logistische Funktion* (Abbildung 2.6) ist stetig differenzierbar und die am häufigsten eingesetzte Aktivierungsfunktion in vorwärtsgerichteten neuronalen Netzen.

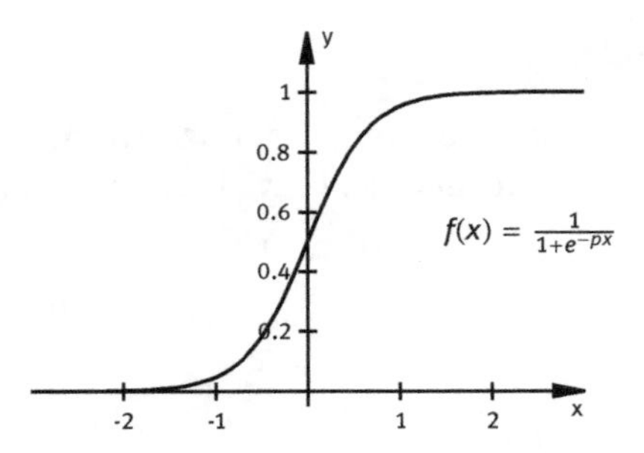

Abb. 2.6: Logistische Funktion

Die logistische Funktion ist einfach differenzierbar und kann in Lernverfahren verwendet werden, die auf einem Gradientenabstiegsverfahren basieren. Mit dem Parameter p kann die Stärke des Anstiegs der Kurve im Bereich des Schaltpunktes, in einem Neuron ist dies der Schwellwert, gesteuert werden. Die bei der Berechnung der Gewichtsänderung benutzte 1. Ableitung der logistischen Funktion lautet:

$$f'_{log}(x) = f_{log}(x) \cdot (1 - f_{log}(x)) \tag{2.11}$$

Der *Tangens Hyperbolicus* wird verwendet, wenn für die Aktivierung des Neurons der Bereich $[-1, +1]$ in Frage kommt. Der *Tangens Hyperbolicus* (siehe Abbildung 2.7) ist ebenso wie die logistische Funktion einfach zu differenzieren und wird insbesondere in den Lernverfahren mehrschichtiger vorwärtsgerichteter neuronaler Netze eingesetzt. Die bei der Berechnung der Gewichtsänderung benutzte 1. Ableitung lautet hier:

$$\tanh'(x) = 1 - \tanh^2(x)$$

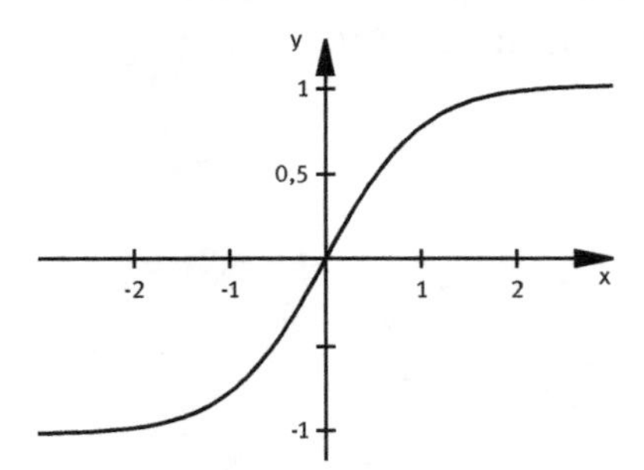

Abb. 2.7: Die Funktion Tangens Hyperbolicus $f(x) = \tanh(x)$

Ausgabefunktion

Als *Ausgabefunktion* wird in vielen Fällen die Identität $f(x) = x$ eingesetzt. Damit ist die Aktivität eines Neurons gleichzeitig sein Ausgabewert $o_n = act_n$. In Data-Mining-Anwendungen kann eine Schwellwertfunktion in der Ausgabeschicht zur Anwendung kommen, die dann eine binäre Ausgabe erzeugt, 0 oder 1. Anstatt die übliche Rundungsfunktion hierfür einzusetzen, kann ein selbst festgelegter Schwellwert (oft deutlich kleiner als 0,5) das Ergebnis entscheidend verbessern.

Beispiel-Neuron

Betrachten wir ein simples „Netz“, bestehend aus nur einem arbeitenden Neuron, welches die logische UND-Funktion simulieren kann (siehe Abbildung 2.8). Die Eingabe-

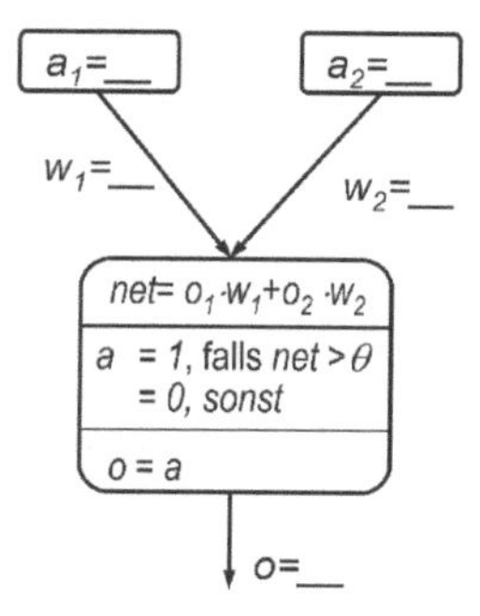

Abb. 2.8: Ein Neuron fungiert als UND-Schalter

Schicht besteht aus zwei Neuronen, die die Netz-Eingabe darstellen. Dabei werden die Aktivierungen von außen gesetzt. Diese Aktivierungen entsprechen den Werten der Eingabe-Muster oder Eingabe-Daten. Sind beide Eingaben 1 (also wahr), so soll die Netzausgabe ebenfalls 1 sein, sonst 0. Dieses Verhalten muss durch das einzelne Neuron der zweiten Schicht erreicht werden. Das Neuron ist somit ein Ausgabe-Neuron.

Im üblichen Einsatzfall neuronaler Netze werden die Gewichte an den Verbindungen sowie die zugehörigen Gewichte durch ein Training gelernt. In diesem Beispiel werden wir diese manuell bestimmen. Die Frage lautet somit:

Welche Werte können wir für w_1, w_2 sowie θ einsetzen, damit das Neuron das gewünschte Verhalten zeigt? Wir gehen davon aus, dass die Ausgabefunktion die identische Funktion, somit $o = act$, ist.

Richtig, es gibt unendlich viele Möglichkeiten. Eine ist: $w_1 = w_2 = 1$ und $\theta = 1{,}2$.

Die in diesem Abschnitt vorgestellten Abläufe und Berechnungen in einem Neuron werden in allen künstlichen neuronalen Netzen zumindest in ähnlicher Form eingesetzt.

2.5 Logik

Wir können hier keine Einführung in die Logik geben. Da aber sehr viele formale Formen der Wissensdarstellung auf *Logik* aufbauen und Data Mining den Anspruch erhebt, Wissen aus Massendaten zu extrahieren, muss ein Grundverständnis der Logik vorhanden sein. Dazu definieren wir hier einige Begriffe der mathematischen Logik.

Die Logik – oder konkreter *logische Formeln* – werden für die Darstellung von Wissen eingesetzt. Was aber ist eine logische Formel?

Wir beantworten diese Frage im Rahmen des sogenannten Prädikatenkalküls 1. Stufe (PK1), welcher ausgangs des 19. Jahrhunderts vom deutschen Mathematiker und Philosophen Gottlob Frege in seiner Begriffsschrift vorgestellt wurde [Fre79]. Eine ausführliche Einführung in diese formale Logik findet man unter anderem in [LC20].

Eine *logische Formel* ist nach diesen Regeln aufgebaut:

i **Definition 2.7** (Logische Formel).

1. Ist p ein n-stelliges Prädikatensymbol und sind $t_1, \dots, t_n$ Terme, dann ist auch $p(t_1, \dots, t_n)$ eine (*atomare*) logische Formel.
2. Sind A und B logische Formeln, dann sind auch folgende Verknüpfungen logische Formeln:
   - *Konjunktion*: A und B $(A \wedge B)$,
   - *Disjunktion*: A oder B $(A \vee B)$,
   - *Negation*: nicht A $(\neg A)$,
   - *Implikation*: Wenn A Dann B $(A \rightarrow B)$ sowie
   - *Äquivalenz*: A genau dann, wenn B $(A \leftrightarrow B)$.
3. Ist x eine Variable und F eine logische Formel, so sind auch folgende sogenannte *Quantifizierungen* logische Formeln:
   - *Allquantifizierung*: Für alle x gilt F $(\forall x\, F)$,
   - *Existenzquantifizierung*: Es existiert ein x, für das F gilt $(\exists x\, F)$.
4. Es gibt keine anderen logischen Formeln.

In der Bildungsvorschrift für logische Formeln wird der Begriff eines *Terms* verwendet, der nun definiert wird.

Definition 2.8 (Term).

1. Jede *Konstante* ist ein Term.
2. Jede *Variable* ist ein Term.
3. Ist f ein n-stelliges Funktionssymbol und sind $t_1, \dots, t_n$ Terme, dann ist auch $f(t_1, \dots, t_n)$ ein Term.
4. Es gibt keine anderen Terme.

Die Wirkung der logischen Verknüpfungen wird in Form einer Wahrheitswerte-Tabelle gezeigt:

Tab. 2.1: Tabelle der Wahrheitswerte der logischen Verknüpfungen

A	B	$A \vee B$	$A \wedge B$	$\neg A$	$A \rightarrow B$	$A \leftrightarrow B$
W	W	W	W	F	W	W
W	F	W	F	F	F	F
F	W	W	F	W	W	F
F	F	F	F	W	W	W

Überlegen Sie sich anhand der Wahrheitswerte, dass die Implikation $A \rightarrow B$ zu folgender Disjunktion äquivalent ist: $\neg A \vee B$.

Wenn A falsch ist, ist die Implikation $A \rightarrow B$ (WENN A DANN B) stets richtig. Oder es gilt B, das heißt, wenn A nicht falsch ist, also gilt, dann *muss* auch B gelten.

Mittels der Prädikatensymbole können Eigenschaften von Objekten oder auch Beziehungen zwischen Objekten formal durch logische Formeln ausgedrückt werden. Hierzu ein paar Beispiele:

```
weiblich(anna).
sterblich(sokrates).
gruen(haus1).
guterKunde(meier).
kind(anna,paul,beate).
klasse(meier,guterKunde).
entfernung(a,b,100).
```

Nicht alle logischen Formeln können wir wirklich als Wissen betrachten. Eine logische Formel wie guterKunde(x) sagt wenig aus:
Gibt es ein x, welches ein guter Kunde ist?
Gibt es kein x?
Sind alle x gute Kunden?

Wird nun das x quantifiziert und sind generell alle Variablen in einer logischen Formel quantifiziert, so können wir dieser Formel einen Wahrheitswert zuordnen:

$$\forall x \text{ guterKunde}(x) \rightarrow \text{rabatt}(x)$$

Für die Darstellung von Wissen sind diese speziellen logischen Formeln von Interesse: die *Aussagen*. Aussagen sind logische Formeln, denen ein Wahrheitswert, *wahr* oder *falsch*, zugeordnet werden kann. Gemäß unserer Definition von Wissen als Information verbunden mit der Fähigkeit diese anzuwenden, ist Wissen immer richtig. Wird Wissen mittels logischer Formeln dargestellt, so sind dies damit offensichtlich nur solche Formeln, denen wir den Wahrheitswert *wahr* zuordnen. Die Aussage „Wenn x ein guter Kunde ist, dann wird dem Kunden x Rabatt gewährt." ist eine solche logische Formel, die als Handlungsanleitung zu verstehen und somit als wahr anzusehen ist.

Sehr häufig werden in diesem Buch Wenn-Dann-Sätze verwendet, siehe Abschnitt 3.2 oder Kapitel 4. Der folgende Satz entstammt Abbildung 3.2 auf Seite 64:

WENN Alter = 31 ... 40 UND Einkommen = hoch DANN Kreditwürdigkeit = sehr gut

Diese Sätze werden als Regeln bezeichnet und sind im Sinne der Prädikatenlogik spezielle logische Formeln:

Definition 2.9 (Regel). Eine *Regel* ist eine logische Formel mit folgenden Eigenschaften:

1. Die Struktur ist:
   $\forall x_1, x_2 \dots x_n \, (A_1 \wedge A_2 \wedge \dots \wedge A_k) \rightarrow (B_1 \wedge B_2 \wedge \dots \wedge B_l)$
2. Es treten keine weiteren Variablen als $x_1, x_2 \dots x_n$ in den A_i oder B_j auf. Somit sind alle Variablen in der Formel allquantifiziert.
3. Die A_i und B_j sind atomare Formeln oder negierte atomare Formeln.

Die oben angeführte Wenn-Dann-Aussage entspricht den Forderungen an eine Regel und kann wie folgt als logische Formel notiert werden:

$$\forall x \, (\text{alter}(x) \geq 31 \wedge \text{alter}(x) \leq 40 \wedge \text{einkommen}(x,\text{hoch})) \\ \rightarrow \text{kreditwürdigkeit}(x,\text{sehrGut})$$

Da eine Regel eine logische Formel ist, in der alle Variablen allquantifiziert sind, wird in der Praxis auf die Darstellung der Quantifizierung verzichtet. Zudem wird aus Gründen der Lesbarkeit statt des Implikationszeichens ($\rightarrow$) die WENN-DANN-Schreibweise verwendet:

$$\textit{WENN} \; \text{alter}(x) \geq 31 \; \textit{UND} \; \text{alter}(x) \leq 40 \; \textit{UND} \; \text{einkommen}(x,\text{hoch}) \\ \textit{DANN} \; \text{kreditwürdigkeit}(x,\text{sehrGut})$$

Eine Menge von Regeln, die eine Klassifikation oder eine Prognose beschreiben, ist ein Ziel des Data Mining. Gelingt die Erarbeitung einer solchen Regelmenge, dann ist das Ziel der Wissensextraktion aus Massendaten erreicht: Das Wissen liegt nun in Regelform vor. Man kann sagen, das Wissen ist als eine Menge logischer Formeln dargestellt. Die Logik ist somit die Grundlage dieser Wissensdarstellung.

Regeln können – wie hier beschrieben – als logische Formeln dargestellt werden, Regeln können aber auch in Form einer Tabelle angegeben werden (Abschnitt 4.1) oder sind in einem Entscheidungsbaum (Abschnitt 4.2) enthalten. In einer Entscheidungstabelle entspricht eine Spalte einer Regel; in einem Entscheidungsbaum stellt jeder Pfad vom Wurzelknoten zu einem Blatt eine Regel dar.

2.6 Überwachtes und unüberwachtes Lernen

Data Mining beginnt mit einer gegebenen Menge von Beispielen. Diese nennt man *Instanzenmenge* oder *Beispielmenge* E. Diese Menge E wird benutzt, um beispielsweise Klassen zu bilden. Auf einer Teilmenge von E wird „gelernt". Dies ist die sogenannte *Trainingsmenge* $T \subset E$. Eine weitere Teilmenge von E (meist $E \setminus T$) wird eingesetzt, um das Gelernte zu prüfen, zu *validieren*. Diese Menge heißt folglich *Testmenge* (oder Validierungsmenge) $V \subset E$. Dieses Vorgehen ist ausführlich im Abschnitt 9.4 erläutert.

Für das Training können die zwei folgenden *Lernstrategien* unterschieden werden:

Unüberwachtes Lernen
: Die zu entdeckenden Muster sind gänzlich unbekannt. Auch Beispiele, die eine Gruppierung oder Klassifikation vorgeben, sind nicht gegeben. Ein Beispiel für nicht-überwachtes Lernen ist die Cluster-Analyse (Abschnitt 3.1 und Kapitel 6). Die Aufgabe ist, Gruppen von ähnlichen Objekten zu finden und diese zu Untermengen, also Clustern zusammenzufassen. Hier ist keine Lösung vorgegeben, wir können also die durch einen Algorithmus entwickelte Lösung nicht mit einer gewünschten Cluster-Menge vergleichen.

Überwachtes Lernen
: Es werden Beispiele vorgegeben, in denen das Resultat gegeben ist. Haben wir zum Beispiel Datensätze für gute und schlechte Kunden, die zum einen Merkmale der Kunden enthalten, zum anderen auch die Klassifizierung in gute und schlechte Kunden, dann wissen wir also, welcher Kunde in welche Kategorie gehört. Nun können wir prüfen, ob unsere Verfahren wirklich eine korrekte Klassenzuordnung liefern (vgl. Klassifikation, Abschnitt 3.2 und Kapitel 5).

Das Vorgehen des überwachten Lernens ist in Abbildung 2.9 illustriert. Zunächst wird auf der Basis der gegebenen Trainingsbeispiele – mit den zugehörigen Trainingsausgaben – ein Modell generiert. Dieses Modell wird nun auf neue Daten angewendet.

Gerade beim überwachten Lernen fällt auf, dass wir stillschweigend etwas voraussetzen: Wir nehmen an, dass die gegebenen Beispieldaten für das Problem repräsentativ sind, dass sich das Problemverhalten in der Zukunft nicht ändert:

Das mit den Daten der Vergangenheit gelernte Verhalten ist auch auf zukünftige Situationen anwendbar.

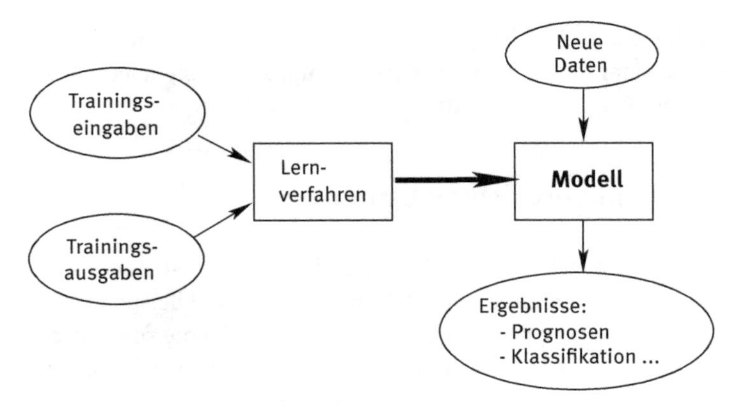

Abb. 2.9: Erzeugen und Anwenden eines Modells

Auf dieser Annahme basiert jedes Verfahren, welches aus der Vergangenheit auf zukünftige Ereignisse schließen möchte. Diese Annahme muss zwar nicht immer gerechtfertigt sein, aber wenn wir diese Annahme nicht als gültig annehmen, sollten wir mit Data Mining gar nicht erst beginnen (vgl. die Ausführungen zur Datenqualität auf Seite 212).

Wie bereits in Abschnitt 1.4 erwähnt, gibt es eine weitere Lernstrategie: das bestärkende (oder verstärkende) Lernen (Reinforcement Learning). Während beim überwachten Lernen zuerst ein Modell generiert und dann eingesetzt wird, erfolgt die Entwicklung eines Modells beim Reinforcement Learning „im laufenden Betrieb“: Zunächst wird ein Modell *überwacht* generiert. Nun wird das Modell eingesetzt und gleichzeitig mittels neuer Anwendungsbeispiele *weiterentwickelt*. Auf Reinforcement Learning wird in diesem Buch nicht weiter eingegangen.

3 Anwendungsklassen

All great discoveries are made by mistake.
Young's Law

Mit dem Data Mining werden unterschiedliche Ziele verfolgt. Eine typische Situation ist, dass eine große Datenmenge vorliegt und es weitgehend unklar ist, wonach gesucht werden kann oder soll. Ein erster Schritt ist dann, Gruppen von ähnlichen Objekten zu bilden. Dies ist *Clustering* (Abschnitt 3.1). Hat man solche Cluster gefunden, so werden diese mit Namen versehen: man bildet Klassen. Liegen die Daten bereits klassifiziert vor – beispielsweise Kundendaten mit einer Einordnung in schlechte, gute oder sehr gute Kunden – so sind Techniken gefragt, die für neue Kunden eine Vorhersage liefern, ob es sich um schlechte, gute oder sehr gute Kunden handeln wird. Mit diesem Problem befassen sich *Klassifikationsverfahren* (Abschnitt 3.2). Ähnlich zur Klassifikation ist die *Vorhersage numerischer Werte* (Abschnitt 3.3).

Es kann auch nach Beziehungen zwischen den Attributen unseres Datenbestandes gefragt werden: Wer Zigaretten kauft, kauft auch Streichhölzer. Hier steht nicht im Vordergrund, ein bestimmtes Zielattribut – auf Basis der Werte anderer Attribute – vorherzusagen, sondern Zusammenhänge zwischen beliebigen Attributen herzustellen. Dies wird als *Assoziationsanalyse* (Abschnitt 3.4) bezeichnet.

Auch Texte oder Web-Seiten können mit Data-Mining-Verfahren analysiert werden. Darauf gehen wir kurz in den Abschnitten 3.5 und 3.6 ein. Auf weitere Anwendungsklassen, wie zum Beispiel Zeitreihenanalyse, gehen wir in diesem Buch nicht ein.

Die Anwendungsklassen können in zwei Kategorien unterteilt werden (siehe auch Seite 12). *Cluster-Bildung* zählt zu den *beschreibenden* Verfahren. Diese erstellen Modelle, die etwas beschreiben beziehungsweise erklären. Beim Clustering wird die Datenmenge so in Untermengen aufgeteilt, dass die Objekte einer Untermenge einander ähnlich sind.

Klassifikation und *numerische Vorhersage* zählen zu den *Vorhersagen*. Diese generieren Modelle, mit deren Hilfe *Vorhersagen* getroffen werden können. Die Assoziationsanalyse generiert *beschreibende Modelle*, sie kann aber auch zur Vorhersage genutzt werden. Gleiches gilt für Web Mining und Text Mining: Beide können sowohl Vorhersagen als auch beschreibende Modelle liefern.

3.1 Cluster-Analyse

Ziel der Cluster-Analyse (kurz: *Clustering* oder *Cluster-Bildung*) ist es, eine gegebene Menge E ($E \subseteq X$) in Teilmengen (*Cluster*) zu zerlegen. Die Objekte innerhalb eines Clusters sollen dabei einander möglichst *ähnlich* sein, wohingegen Objekte verschiedener

https://doi.org/10.1515/9783110676273-003

Cluster einander möglichst *unähnlich* sein sollen. Neben der Instanzenmenge ist für eine Cluster-Analyse folglich eine *Distanz-* oder *Abstandsfunktion* (siehe Abschnitt 2.3) erforderlich, um die Ähnlichkeit der Objekte quantifizieren zu können.

Da verschiedene Cluster-Bildungen möglich sind, wird zusätzlich eine *Qualitätsfunktion* (siehe Kapitel 9) benötigt, die einen Vergleich von Cluster-Bildungen erlaubt.

Gegeben sind:

- X Instanzenraum
- $E \subseteq X$ Instanzenmenge, Beispielmenge
- $\text{dist} : X \times X \to \mathbb{R}^+$ Abstandsfunktion
- $\text{quality} : 2^{2^X} \to \mathbb{R}$ Qualitätsfunktion

Wir suchen eine *Cluster-Menge* $C = \{C_1, \ldots, C_k\}$ mit folgenden Eigenschaften:

- $C_i \subseteq E$
- $\text{quality}(C) \to \max$
- $C_i \cap C_j = \emptyset$
- $C_1 \cup \ldots \cup C_k = E$

Die beiden letzten Restriktionen sagen aus, dass kein Objekt zu mehreren Clustern zugeordnet wird und dass jedes Objekt zu einem Cluster gehört. Beide Forderungen kann man aufgeben. Beispielsweise ist es bei Ausreißern durchaus sinnvoll, sie isoliert, also außerhalb aller Cluster, zu belassen.

Das Ziel einer Cluster-Analyse lässt sich mit Hilfe einer Abstandsfunktion *dist* so formulieren, dass die gegebenen Objekte derart in Teilmengen zerlegt werden, dass der Abstand der Objekte innerhalb eines Clusters kleiner als der Abstand zu den Objekten anderer Cluster ist.

$$\forall\, C_i, C_j \in C\ (i \neq j) : \forall\, x_k, x_l \in C_i, x_m \in C_j : \text{dist}(x_k, x_l) < \text{dist}(x_k, x_m)$$

Diese Forderung ist meistens zu hart, denn bereits aus Abbildung 3.1 auf der nächsten Seite ist ersichtlich, dass ein Objekt am Rande eines Clusters durchaus einen geringeren Abstand zu einem Objekt eines anderen Clusters als zu einigen Objekten desselben Clusters aufweisen kann. Wir werden deshalb fordern, dass die Objekte dem Cluster zugeordnet werden, zu dessen *Repräsentant* sie am nächsten liegen.

Die *Qualitätsfunktion* beschreibt die Güte des Clusterings.

$$\text{quality}(C = \{C_1 \subseteq E, \ldots, C_k \subseteq E\}) \to \mathbb{R}$$

Meistens basiert die Qualitätsfunktion auf der Abstandsfunktion *dist* beziehungsweise auf einem Ähnlichkeitsmaß *simil* (vergleiche Abschnitt 2.3 sowie Kapitel 9). In Abbildung 3.1 sind zwei unterschiedliche Cluster-Bildungen dargestellt. Offensichtlich

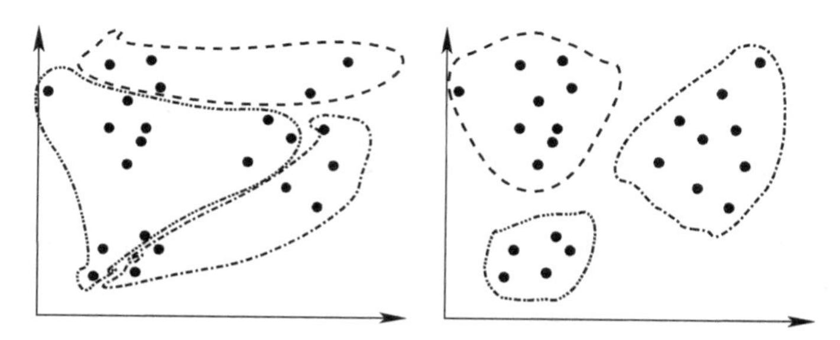

Abb. 3.1: Schlechtes und gutes Clustering

ist die Cluster-Bildung im rechten Teilbild besser als die im linken. Wie kann eine Qualitätsfunktion das, was wir Menschen sofort sehen, auch erkennen?

Wozu benötigt man Cluster? Wie sehen erfolgreiche Anwendungen einer Cluster-Analyse aus? Beispielsweise können wir mittels Cluster-Analyse *homogene Kundengruppen* suchen, um auf den jeweiligen Kundentyp angepasste Angebote zu erstellen. Die Cluster-Analyse wird häufig auch als *Klassenbildung* bezeichnet, da nach bisher unbekannten Klassen von ähnlichen Objekten gesucht wird. Cluster-Bildung gehört zum unüberwachten Lernen.

Auch im Bereich der Zeichenerkennung, des Optical Character Recognition (OCR), findet Clustering Anwendung. Mittels Cluster-Techniken sucht man ähnliche Buchstaben und fasst diese zu Buchstabengruppen zusammen, um im nächsten Schritt spezialisierte Klassifikatoren für die Zeichenerkennung zu entwickeln.

Welche Cluster-Verfahren behandeln wir?

- Der klassische **k-Means-Algorithmus** wird in Abschnitt 6.2 behandelt.
- Eine Fuzzy-Variante (**Fuzzy c-Means**) betrachten wir in Abschnitt 6.10.
- Sowohl das **k-Medoid-Verfahren** und zwei spezielle Varianten dieser Verfahrensklasse – **PAM** und **CLARANS** – diskutieren wir in Abschnitt 6.3.
- Der Ansatz der **Erwartungsmaximierung** wird in Abschnitt 6.4 dargestellt.
- Einige Varianten der **agglomerativen Cluster-Bildung** – als Variante der hierarchischen Cluster-Bildung – werden im Abschnitt 6.5 vorgestellt.
- Auf **dichtebasierte Cluster-Bildung**, insbesondere den DBSCAN-Algorithmus gehen wir im Abschnitt 6.6 ein.
- Einige Architekturen **künstlicher neuronaler Netze** können für die Cluster-Bildung eingesetzt werden:
  - **Selbstorganisierende Karten** im Abschnitt 6.7,
  - **Neuronale Gase** im Abschnitt 6.8 sowie
  - **Adaptive Resonanz Theorie** (ART-Netze) im Abschnitt 6.9.

3.2 Klassifikation

Ziel der *Klassifikation* ist die Einordnung neuer Datensätze in existierende *Klassen*. So können Kunden anhand ihrer Daten in die Klasse der Kunden mit normaler Kreditwürdigkeit oder in die Klasse derer mit sehr guter Kreditwürdigkeit eingeteilt werden. Anhand einer vorgegebenen Trainingsmenge von Kundendaten – Datensätze, bei denen das Klassifikationsmerkmal `Kreditwürdigkeit` bekannt ist – wird ein Modell (siehe Abbildung 3.2) entwickelt.

Trainingsproben

Name	Alter	Ein-kommen	Kredit-würdigkeit
Adam	≤ 30	niedrig	normal
Beate	≤ 30	niedrig	sehr gut
Clemens	31...40	hoch	sehr gut
Diana	> 40	mittel	normal
Egon	> 40	mittel	normal
Frank	31...40	hoch	sehr gut
...	...	...	...

⟹ **Klassifikations-algorithmus**

⇓

Klassifikations-regeln (z.B.)
WENN Alter = 31...40 UND Einkommen = hoch DANN Kreditwürdigkeit = sehr gut

Abb. 3.2: Klassifikation – Lernphase

Dieses Modell wird dann an Testdaten geprüft (Tabelle 3.1) und gegebenenfalls korrigiert, bis es für die Testdaten nur noch eine geringe, akzeptable Fehlerrate aufweist. Um diesen Fehler bestimmen zu können, muss auch für die Testmenge die Klassifikation für die Testdaten bekannt sein.

Für diesen Lernprozess sind somit sowohl die Klassen als auch die Zugehörigkeit der Trainings- sowie Test-Objekte zu einer dieser Klassen vorher bekannt. Man spricht daher von *überwachtem Lernen.*

Tab. 3.1: Klassifikation – Testphase

Testproben

Name	Alter	Ein-kommen	Kredit-würdigkeit	Bewertung durch Regeln
Gerda	31...40	hoch	sehr gut	sehr gut
Hanno	31...40	hoch	*normal*	*sehr gut*
Inge	> 40	hoch	sehr gut	...
...	...	...	...	...

Ist das erlernte Klassifikationsmodell gut genug, kann dieses dann auch neue Datensätze, für die noch keine Klassenzugehörigkeit bekannt ist, in die Klassen einordnen, siehe Tabelle 3.2. Dies ist dann die *Anwendungsphase.*

Tab. 3.2: Klassifikation – Anwendungsphase

Neue Daten				
Name	Alter	Einkommen	Kreditwürdigkeit	Bewertung durch Regeln
Jochen	31...40	hoch	?	sehr gut
Karl	...	...	...	...
...	...	...	...	...

Die Rolle des Lernverfahrens besteht darin zu erkennen, wie die gegebenen Eigenschaften (Alter, Einkommen) die Klasseneinordnung (Kreditwürdigkeit) beeinflussen.

Ein eindeutiges Ergebnis der Klassifikation, eine eindeutige Klassenzuordnung, muss nicht in jedem Fall gegeben oder gewünscht sein. Oftmals ist auch die *Wahrscheinlichkeit* für die Zugehörigkeit zu einer Klasse von Interesse. Ein Objekt gehört dann durchaus – mit unterschiedlichen Wahrscheinlichkeiten – zu mehreren Klassen.

Klassifikation ist wohl die am meisten eingesetzte Anwendung. Es gibt eine Vielzahl von Anwendungen, die das zukünftige Verhalten von Kunden auf der Basis von alten Daten vorhersagen. Wird der Kunde auf eine Werbeaktion reagieren, oder kann man die Versandkosten sparen? Kann man die Kreditwürdigkeit vorhersagen? Auch bei der bereits angesprochenen Zeichenerkennung handelt es sich um eine Klassifikation: Ist das vorliegende Zeichen ein A?

Welche Klassifikationsverfahren werden in diesem Buch behandelt?

- Das **k-Nearest-Neighbour-Verfahren** (kNN), ein instanzenbasiertes Verfahren, wird in Abschnitt 5.1 behandelt.
- Die Generierung von **Entscheidungsbäumen**, insbesondere der ID3- und C4.5-Algorithmus, wird in Abschnitt 5.2 vorgestellt.
- Auf ein wahrscheinlichkeitsbasiertes Verfahren, den **Naive-Bayes-Algorithmus**, gehen wir in Abschnitt 5.3 ein.
- Auch künstliche neuronale Netze, die **vorwärtsgerichteten neuronalen Netze** eignen sich zur Klassifikation (Abschnitt 5.4).
- Das Grundprinzip der **Support Vector Machines** wird in Abschnitt 5.5 vorgestellt.

Verfahren der Assoziationsanalyse (Abschnitt 3.4) können durchaus auch zur Klassifikation verwendet werden. Man schränkt die Assoziationsregeln dann derart ein, dass auf der rechten Seite der Wenn-Dann-Regeln immer das Ziel-, also das Klassifikationsmerkmal steht. Man spricht dann von Klassifikationsregeln (siehe Kapitel 7, Abschnitt 4.3 und Seite 200).

3.3 Numerische Vorhersage

Während bei einer Klassifikation für ein Objekt oder einen Datensatz die zutreffende Klasse vorhergesagt wird, zielt die *numerische Vorhersage* darauf ab, einen beliebigen numerischen Wert zu prognostizieren.

Numerische Vorhersage geschieht normalerweise durch die *Approximation* einer Funktion anhand von Beispieldaten. Dabei werden auf der Basis von Trainingsdaten – bestehend aus Datensätzen und den zugehörigen Funktionswerten – die Werte zukünftiger Datensätze berechnet. Die vorliegenden Daten werden genutzt, um eine Funktion zu berechnen, die den tatsächlichen Verlauf der Daten approximiert. Mit dieser Funktion kann dann für neue Datensätze ein entsprechender Vorhersagewert berechnet werden.

Von einer Funktion $y = f(x)$ ist lediglich eine Instanzenmenge E bekannt, die aus gegebenen Datensätzen $X = \{x_1, \ldots, x_n\}$ sowie zugehörigen Zielwerten $Y = \{y_1, \ldots, y_n\}$ besteht. Gesucht ist nun eine Funktion $y' = h(x)$, welche die Zusammenhänge zwischen den Instanzen und Zielwerten – also die unbekannte Funktion f – möglichst genau widerspiegelt. Der Fehler $\text{error}(f(x), h(x))$ zwischen berechnetem und tatsächlichem Wert soll minimiert werden.

Genau genommen fallen Klassifikation und numerische Vorhersage in *eine* Kategorie; beide wollen etwas vorhersagen. Der Unterschied zwischen beiden besteht darin, dass eine Klassifikation diskrete Werte vorhersagt, beispielsweise *guter* oder *schlechter* Kunde. Es gibt somit nur endlich viele Werte, in der Praxis eher wenige Werte, die das Zielattribut annehmen kann. Bei der numerischen Vorhersage werden dagegen Zahlen vorhergesagt, die aus einem großen (unendlichen) numerischen Wertebereich stammen.

In der Praxis begegnet uns eine numerische Vorhersage häufig. Beispiele sind die Vorhersage von Verkaufszahlen zur Lageroptimierung, die Temperatur-Prognose oder die Vorhersage von Aktienkursen.

Verfahren zur numerischen Vorhersage sind beispielsweise:

Lineare Regression
Regressionsbäume
Vorwärtsgerichtetes Neuronales Netz (Abschnitt 5.4)
k-Nearest Neighbour (Abschnitt 5.1, reellwertige Funktionen)

Die numerische Vorhersage behandeln wir in diesem Buch nicht in einem eigenen Kapitel. Im Zusammenhang mit neuronalen Netzen oder auch bei der Klassifikation gehen wir auf die numerische Vorhersage ein.

Klassifikationsverfahren können auch für die numerische Vorhersage eingesetzt werden, falls die Zahl der Ausprägungen des numerischen Zielattributs nicht zu groß ist. Einzig der linearen Regression ist ein eigener Abschnitt gewidmet, da diese nicht nur als Data-Mining-Verfahren, sondern auch in der Datenvorverarbeitung zum Erkennen von Zusammenhängen eingesetzt werden kann.

Lineare Regression

Eine Regressionsfunktion beschreibt den *Trend* beziehungsweise den durchschnittlichen Zusammenhang zwischen *numerischen Attributen*.

Die lineare Regression geht davon aus, dass zwischen den Daten und den zugehörigen Funktionswerten ein linearer Zusammenhang besteht, dass der Zusammenhang zwischen den x- und y-Werten *linear* ist, dass dieser sich also durch eine Gerade beschreiben lässt.

Gegeben sind Beispieldatensätze, die aus den Datensätzen X und den davon abhängigen Zielwerten Y bestehen: $E \subset X \times Y$. Der Zusammenhang zwischen diesen lässt sich nun mit Hilfe der Regressionsfunktion $\hat{y} = f(x)$ beschreiben. Ziel ist es, den Fehler zwischen dem tatsächlichen Zielwert und dem berechneten Wert zu minimieren. Damit sich positive und negative Abweichungen nicht kompensieren, wird der quadratische Fehler untersucht:

$$\text{error} = \sum (y_i - \hat{y}_i)^2 \rightarrow min \tag{3.1}$$

Betrachten wir ein einfaches Beispiel. Seien diese (x,y)-Werte gegeben: (0,3), (1,7), (2,6), (3,10). Mittels linearer Regression wird eine lineare Funktion berechnet, deren Gerade in Abbildung 3.3 auf der nächsten Seite zu sehen ist. Für weitere x-Werte wie 4, 5... wird nun der Vorhersagewert aus der Geradengleichung berechnet.

Die Verfahren für die Berechnung der Regressionsgeraden sind in den Data-Mining-Werkzeugen und auch in Tabellenkalkulationsprogrammen enthalten.

3.4 Assoziationsanalyse

Bei einer Assoziationsanalyse werden Beziehungen herausgearbeitet: Beziehungen zwischen den gegebenen Attributen. Ein klassischer Anwendungsfall ist eine Warenkorbanalyse: Was wird zusammen gekauft? Oder genauer: Welches Produkt wird häufig gemeinsam mit einem anderen Produkt gekauft? Man protokolliert die Verkaufsdaten und sucht dann nach Aussagen der Form:

Wer Produkt A kauft, kauft häufig auch Produkt B.

Das Unternehmen bietet dann in Zukunft automatisch beim Kauf von A auch das Produkt B an. Viele Anbieter im Internet praktizieren dies. Aber auch in einem Supermarkt ist eine solche Analyse interessant, lassen sich doch die Waren entsprechend anordnen.

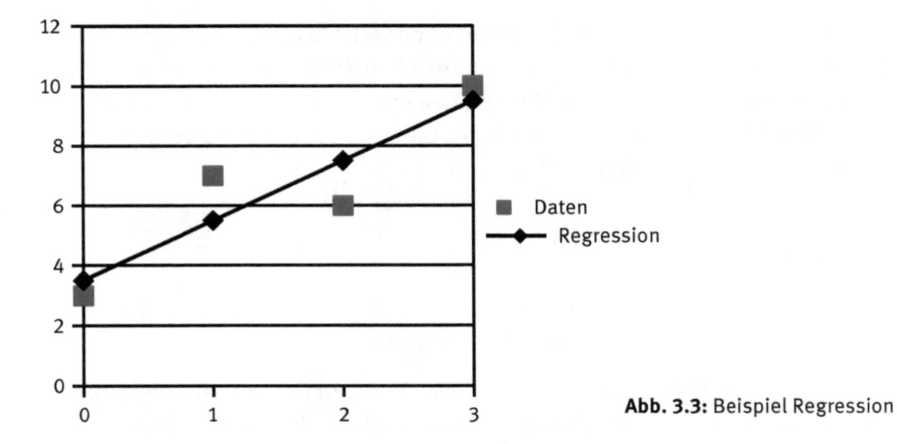

Abb. 3.3: Beispiel Regression

Beispiel 3.1 (Warenkorbanalyse). Wir betrachten einen Ausschnitt einer fiktiven Warenkorbdatei.

Kauf	Milch	Brot	Wasser	Butter
1	x	x	x	x
2		x		x
3		x	x	x
4		x	x	

Bei diesen 4 Einkäufen sieht man, dass gemeinsam mit Brot meistens auch Butter gekauft wurde, und zwar in 75 % der Fälle. Umgekehrt wird gemeinsam mit Butter immer Brot gekauft.

Wir sehen, dass Assoziationsregeln nicht zwingend *immer* zu 100 % korrekt sein müssen, wir werden Ausnahmen zulassen. Falls Artikel A gekauft wird, besteht eine Wahrscheinlichkeit von X %, dass auch Artikel B gekauft wird. Diese Regel trifft auf Y % der Einkäufe zu. Formal notiert:

$$A \to B \quad [\text{supp} : Y\,\%]\ [\text{conf} : X\,\%]$$

Mit Hilfe der Assoziationsanalyse können Zusammenhänge zwischen verschiedenen Waren erkannt und das Kundenverhalten analysiert werden. Die Assoziationsanalyse ist ein vorhersagendes Data-Mining-Verfahren. Es analysiert die Daten, um Regelmäßigkeiten zu identifizieren und das Verhalten neuer Datensätze vorherzusagen. Die relative Häufigkeit einer Assoziationsregel wird als Support *supp* bezeichnet, die sogenannte Konfidenz *conf* wird als ein Maß für das Vertrauen in eine Regel eingeführt (Abschnitt 9.2.1).

Seit dem Aufkommen der Barcodetechnik ist es möglich geworden, das Kaufverhalten von Kunden ohne eine unangemessene Steigerung des Arbeitsaufwands zu dokumentieren. Die RFID-Technik wird hier zudem weitere Möglichkeiten eröffnen. Große

Datenmengen fallen an. Diese Daten gilt es zu analysieren, um Antworten auf Fragen wie: „Wie ordne ich meine Waren optimal an?“, „In welche Kategorien lässt sich die Kundschaft einordnen?“ oder „Welche Artikel sollten aus dem Sortiment genommen werden?“ zu finden.

Ziel einer Warenkorbanalyse ist natürlich die Gewinnsteigerung, der Weg dahin kann auch über eine Erhöhung der Kundenzufriedenheit führen.

Mit der Anwendung in anderen Bereichen entwickelte sich die Warenkorbanalyse schließlich zur *Assoziationsanalyse*. Diese ist der Versuch, Regionen beziehungsweise Datenbereiche in einer Datenbank zu identifizieren und zu beschreiben, in denen mit hoher Wahrscheinlichkeit mehrere Werte *gemeinsam* auftreten.

Die Assoziationsanalyse ist somit als Verallgemeinerung der Warenkorbanalyse zu sehen. Denkbare Anwendungsmöglichkeiten sind beispielsweise die Risikoabschätzung in der Versicherungsbranche oder die Analyse der Spielweise einer gegnerischen Fußballmannschaft.

Die Assoziationsanalyse kann auch zur Klassifikation (Abschnitt 3.2) eingesetzt werden, wobei dann nur Abhängigkeiten berücksichtigt werden, die eine Aussage über das Klassifikationsattribut enthalten.

Welche Verfahren zur Assoziationsanalyse werden in diesem Buch behandelt?

A-Priori-Verfahren (Abschnitt 7.1)
Frequent Pattern Growth (Abschnitt 7.2)

3.5 Text Mining

Text Mining befasst sich mit der *Analyse von Textdokumenten*. Texte sind im Gegensatz zu Datenbanken und Web-Seiten *unstrukturiert*. Texte genügen natürlich auch Strukturvorgaben wie einer Grammatik, aber im Sinne unserer Begriffsdefinition im Abschnitt 2.1 sind sie unstrukturiert.

Häufig ist man an einer Klassifizierung eines Dokuments, beispielsweise nach Themengebiet oder fachlichem Niveau, interessiert. Ein Ansatz ist, zunächst relevante Begriffe aus dem Dokument zu extrahieren, um anhand dieser das Dokument einzuordnen. Eine zweite mögliche Anwendung ist die Quantifizierung der Ähnlichkeit von Dokumenten.

Text Mining läuft analog den Data-Mining-Vorgehensmodellen in Abschnitt 1.2 ab. Da die Daten nur unstrukturiert vorliegen, ist der erste Schritt das Extrahieren der interessanten Informationen aus den Textdokumenten. Dies können beispielsweise Schlüsselwörter, die Häufigkeitsverteilung von Begriffen oder eine erste Kategorisierung oder hierarchische Gruppierung sein. Irrelevante Wörter (stop words) müssen herausgefiltert und Abkürzungen erkannt werden.

Auch eine Vorstrukturierung durch die Teilung eines Dokuments in seine Bestandteile (Titel, Kapitel, Abschnitt, Satz) kann sinnvoll sein. Meistens wird die Groß- und Kleinschreibung sofort ignoriert.

Ein weiteres Problem stellt die Vielfalt von Wortvarianten dar, die gemäß der deutschen Grammatik gebildet werden können. Das sogenannte *Stemming* reduziert die Wörter auf ihren Wortstamm und ermöglicht somit eine zusammenfassende Betrachtung von Wortvarianten. Auch eine semantische Gleichheit unterschiedlicher Begriffe (Synonyme) kann und muss erkannt werden. Sonnabend hat dieselbe Bedeutung wie Samstag.

Das Resultat dieser Vorverarbeitung ist eine reduzierte Menge von Wörtern (bag of words), die zusätzlich noch gewichtet werden können. Auf der Basis dieser Wortmengen findet dann die eigentliche Datenanalyse statt.

Häufig wird eine feste Menge von Schlüsselwörtern vorgegeben und gezählt, wie oft diese Schlüsselwörter (nach dem Stemming) im Dokument vorkommen. Ein Dokument kann dann durch einen Vektor repräsentiert werden: $(n_1, n_2, \ldots n_k)$. n_i ist die Anzahl der Vorkommen des Schlüsselworts i im Dokument.

Jetzt liegt eine gut strukturierte Repräsentation vor, die den Einsatz von Abstandsmaßen ermöglicht und damit das Anwenden unserer Verfahren erlaubt.

Text Mining ist ein eigenständiges Gebiet, welches viele spezifische Vorgehensweisen und Verfahren hervorgebracht hat. Für eine vertiefende Auseinandersetzung mit dem Thema *Text Mining* verweisen wir auf die Literatur wie beispielsweise [FS07] und [Jo19].

3.6 Web Mining

Anwendungen des Data Minings, die das Internet als Datenquelle für die Mustererkennung heranziehen, werden unter dem Themengebiet des *Web Minings* zusammengefasst. In Abhängigkeit von der inhalts- oder nutzungsorientierten Analyse des World Wide Web (WWW) lassen sich die Teilgebiete *Web Content Mining*, *Web Structure Mining* und *Web Usage Mining* voneinander abgrenzen.

Web Content Mining befasst sich mit der Analyse von den im WWW befindlichen Daten. Dazu gehören textuelle und multimediale Informationen jeglichen Formats. Beispielsweise kann man analysieren, welches Thema auf einer Webseite behandelt wird oder auch welche politischen Ansichten ein Nutzer (ermittelt aus Forenbeiträgen) vertritt.

Web Structure Mining untersucht Links und Link-Strukturen. Dadurch können wichtige beziehungsweise populäre Seiten gefunden werden. Suchmaschinen nutzen die Ergebnisse des Web Structure Minings. Indem untersucht wird, ob Personen auf die gleichen Seiten verlinken, kann die Ähnlichkeit von Personen bestimmt werden.

Web Usage Mining dagegen befasst sich mit dem Verhalten von Internet-Nutzern. Bei dieser Form des Web Mining werden Data-Mining-Methoden auf die Protokolldateien des Webservers angewandt, um Aufschlüsse über Verhaltensmuster und Interessen der Online-Nutzer zu erhalten. Eine Ausprägungsform des Web Usage Mining, bei der sich die Analyse ausschließlich auf die Protokolldateien des Web-Servers beschränkt, wird als *Web Log Mining* bezeichnet. Sofern neben den Protokolldateien noch weitere Datenbestände in den Mustererkennungsprozess einfließen, wird diese Ausprägung als *Integrated Web Usage Mining* bezeichnet.

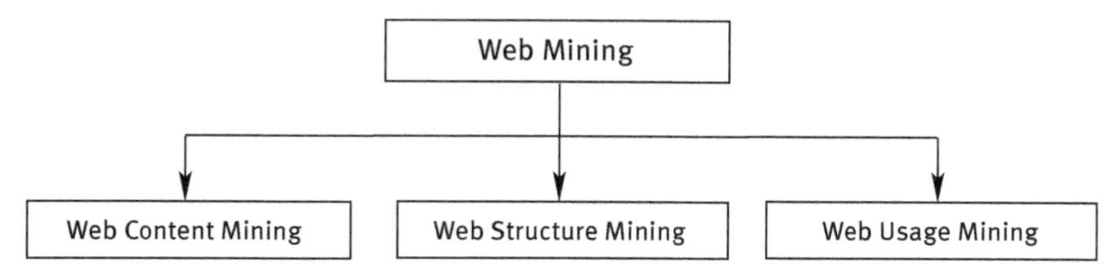

Abb. 3.4: Web Mining

Insbesondere das Web Log Mining hat aufgrund des hohen Stellenwerts des Internets für Unternehmen an Bedeutung gewonnen. Mit einem ansprechenden Web-Auftritt kann sich ein Unternehmen entscheidende Wettbewerbsvorteile gegenüber Mitbewerbern am Markt verschaffen. Unternehmen sammeln Nutzungsdaten in Logdateien über die Besuche (potentieller) Kunden auf ihren Web-Seiten. Die hierbei anfallenden Daten werden häufig nur unzureichend verwertet. Da sich die Nutzungsdaten aus betriebswirtschaftlicher Sicht auf das Verhalten von Marktpartnern beziehen, sind sie zur Unterstützung wirtschaftlicher Entscheidungen von Bedeutung. Das Management muss wissen, wer die WWW-Seite besucht und – noch wichtiger – wer die Seite besucht und etwas kauft beziehungsweise an welcher Stelle potenzielle Kunden die Web-Seiten verlassen.

Web-Auftritte werden heute als Investition gesehen und müssen ihre Notwendigkeit, wie jede andere Marketinginvestition, begründen. Je mehr darüber bekannt ist, wie viele Kunden die Web-Seiten besuchen, wer sie sind und für welche Bereiche sie sich interessieren, desto mehr wird der Web-Auftritt davon profitieren. Die Ergebnisse des Web Minings, insbesondere des Web Usage Minings, können dazu beitragen, den Web-Auftritt zu verbessern und so – verbunden mit anderen Marketingaktionen – den Umsatz zu steigern.

Web Log Mining umfasst Data-Mining-Verfahren zur Auswertung von internetbasierten Nutzungsdaten (Logdateien) und deren Nutzen zur Unterstützung unternehmerischer Entscheidungen für die kontinuierliche Verbesserung von Web-Auftritten und Internet-Angeboten.

Für eine eingehende Betrachtung des Web Minings verweisen wir auf die Literatur, zum Beispiel [LB01], [Liu11] und [Hon12].

4 Wissensrepräsentation

Quality is inversely proportional to the time left for completion of the project.
Wright's first law of quality.

Nachdem wir im vorherigen Kapitel die Aufgabenbereiche des Data Minings vorgestellt haben, werden wir nun diskutieren, in welcher Form das extrahierte Wissen *repräsentiert* werden kann. Erst danach werden die Verfahren des Data Mining behandelt.

Wissen kann unterschiedlich dargestellt werden, zum Beispiel explizit als Regel oder implizit als neuronales Netz.

Regeln selbst treten uns wiederum auf verschiedene Art und Weise entgegen, beispielsweise als Entscheidungsbaum, als Tabelle oder als logische Formel. Im Abschnitt 3.3 über die numerische Vorhersage haben wir eine weitere Variante der Wissensrepräsentation kennengelernt: Das Resultat einer linearen Regression ist eine Geradengleichung. Diese repräsentiert das Wissen, hier den funktionalen Zusammenhang zwischen den Daten.

Die nachfolgenden Abschnitte führen in die Wissensdarstellung mittels Entscheidungstabellen, Entscheidungsbäumen sowie mittels Regeln ein. Zudem werden Möglichkeiten zur Repräsentation von Clustern sowie die Rolle einzelner Objekte als Wissensrepräsentanten besprochen.

4.1 Entscheidungstabelle

Entscheidungstabellen sind eine Repräsentationsform für Regeln, die in unterschiedlichen Situationen, die eine Entscheidung erfordern, eingesetzt werden kann: Ein Programmierer kann mittels einer Entscheidungstabelle sein Vorgehen spezifizieren, ein Mitarbeiter kann so die Behandlung einer Beschwerde oder einer Bestellung festlegen.

Eine Entscheidungstabelle besitzt vier Bereiche, siehe Abbildung 4.1 auf der nächsten Seite. Im linken oberen Bereich werden die *Bedingungen* aufgezählt. Im oberen rechten Bereich sind die Werte beziehungsweise die Kombinationen von Werten der Bedingungen angegeben, für die dann Aktionen definiert werden. Mögliche Aktionen werden im linken unteren Bereich aufgeführt. Im Bereich rechts unten werden die Aktionen markiert, die bei einer bestimmten Kombination von Bedingungen auszuführen sind. Eine Spalte in einer Entscheidungstabelle kann als eine *Regel* betrachtet werden. Interpretiert man die Spalte R6 in der Tabelle 4.1 auf der nächsten Seite (siehe Wetter-Beispiel Anhang A.3), so erhält man die Regel:

WENN overcast UND hot UND humid DANN wird gespielt.

https://doi.org/10.1515/9783110676273-004

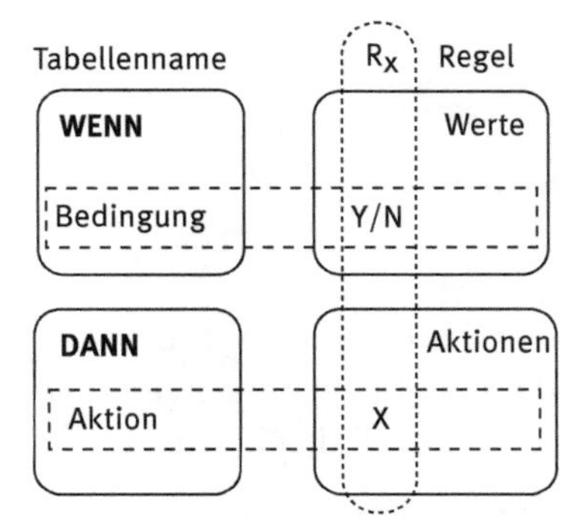

Abb. 4.1: Die Quadranten einer Entscheidungstabelle

Tab. 4.1: Entscheidungstabelle für das Wetter-Beispiel

Weather	R1	R2	R3	R4	R5	R6	R7	R8	R9	R10	R11	R12	R13	R14
sunny	Y	Y	Y	Y	Y	N	N	N	N	N	N	N	N	N
overcast	N	N	N	N	N	Y	Y	Y	Y	N	N	N	N	N
rainy	N	N	N	N	N	N	N	N	N	Y	Y	Y	Y	Y
hot	Y	Y	N	N	N	Y	Y	N	N	N	N	N	N	N
mild	N	N	Y	Y	N	N	N	Y	N	Y	Y	Y	N	N
cool	N	N	N	N	Y	N	N	N	Y	N	N	N	Y	Y
humid	Y	Y	Y	N	N	Y	N	Y	N	Y	N	Y	N	N
windy	N	Y	N	Y	N	N	N	Y	Y	N	N	Y	N	Y
Play				X	X	X	X	X	X	X	X		X	
No play	X	X	X									X		X

In der Ursprungsform werden Bedingungen aufgezählt, die nur erfüllt oder nicht erfüllt sein können. Der obere rechte Teil besteht somit nur aus den Werten Ja, Nein beziehungsweise Yes, No.

In der erweiterten Form werden die Attribute angegeben und im oberen rechten Bereich die Werte dieser Attribute. Entscheidungstabellen decken in der Regel nicht alle möglichen Fälle ab. Es werden die Fälle abgebildet, denen Aktionen zugeordnet werden können; Fälle, für die Wissen vorhanden ist. Entscheidungstabellen sind ein Mittel, um komplexe Sachverhalte durch mehrere, einfacher zu behandelnde Situationen (Spalten) beschreiben zu können.

Eine Entscheidungstabelle im Data Mining ist die tabellarische Darstellung der gegebenen Datensätze, deren Bedingungen (Eingaben) sowie des zugehörigen Ergebnisses (Ausgabe). Diese Entscheidungstabelle kann dann für eine Klassifikation eingesetzt werden, zumindest für die Fälle, die in der Entscheidungstabelle erfasst wurden.

Tab. 4.2: Erweiterte Entscheidungstabelle für das Wetter-Beispiel

Weather	R1	R2	R3	R4	R5	R6	R7	R8	R9
outlook	sunny	sunny	sunny	sunny	overcast	rainy	rainy	rainy	rainy
temperature	hot	mild	mild	cool	–	mild	mild	cool	cool
humidity	high	high	normal	normal	–	–	high	normal	normal
windy	–	false	true	false	–	false	true	false	true
play	no	no	yes	yes	yes	yes	no	yes	no

Beispiel 4.1 (Wetter-Beispiel). Die Entscheidungstabelle 4.3 für das *Wetter-Beispiel* ist eine alternative Darstellung für die Entscheidungstabellen 4.1 und 4.2. Wann wird gespielt?
Wie aus dem Beispiel ersichtlich, deckt eine Entscheidungstabelle nicht zwingend jeden Fall ab. So gibt es keine Vorhersage für die Situation (sunny, cool, high, false).

Tab. 4.3: Data-Mining-Entscheidungstabelle für das Wetter-Beispiel

outlook	temperature	humidity	windy	play
sunny	hot	high	false	no
sunny	hot	high	true	no
sunny	mild	high	false	no
sunny	mild	normal	true	yes
sunny	cool	normal	false	yes
overcast	hot	high	false	yes
overcast	hot	normal	false	yes
overcast	mild	high	true	yes
overcast	cool	normal	true	yes
rainy	mild	high	false	yes
rainy	mild	normal	false	yes
rainy	mild	high	true	no
rainy	cool	normal	false	yes
rainy	cool	normal	true	no

4.2 Entscheidungsbäume

Ein *Entscheidungsbaum* ist eine Repräsentationsform, bei der die Ergebnisse einer Bedingung verzweigt dargestellt werden. Diese Verzweigungen können wiederum andere Verzweigungen generieren. Entscheidungsbäume visualisieren sehr gut den Weg bis zu einer Vorhersage oder Entscheidung. Die graphische Darstellung erleichtert das Verstehen von Entscheidungen, und der Weg liefert gleichzeitig die Begründung für diese Entscheidung.

Entscheidungsbäume können leicht in Regeln (Abschnitt 4.3) umgewandelt werden. Wird der Weg vom obersten Knoten, der Wurzel oder dem Wurzel-Knoten, bis zu einem Ergebnis, einem Blatt-Knoten, gegangen, so erhält man ähnlich wie in einer Entscheidungstabelle eine Regel. Aus Abbildung 4.2, in der ein Entscheidungsbaum für das

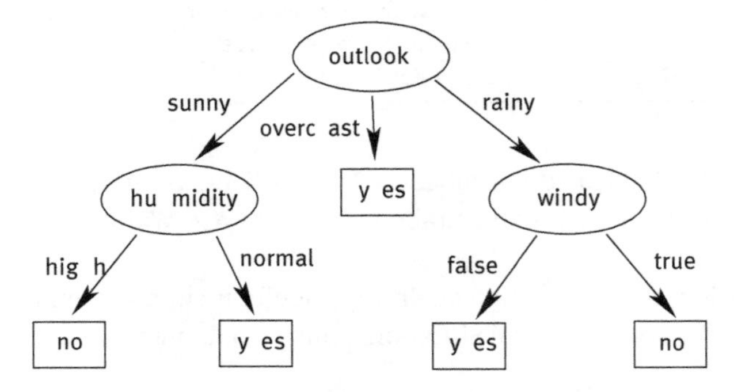

Abb. 4.2: Entscheidungsbaum Wetter-Beispiel

Wetter-Beispiel (siehe Anhang A.3) dargestellt ist, kann so folgende Regel abgelesen werden:

WENN outlook=sunny UND humidity=high DANN play=no

WEKA verwendet diese Repräsentationsform für die Darstellung des Ergebnisses des J48-Algorithmus. Mit diesem Algorithmus generiert WEKA den in Abbildung 4.3 dargestellten Entscheidungsbaum für das Wetter-Beispiel.

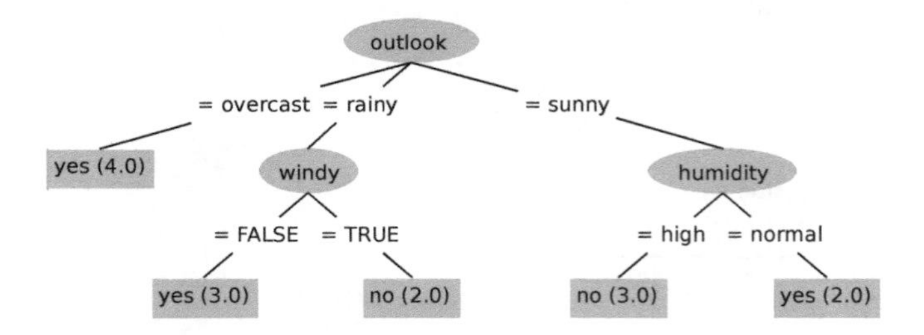

Abb. 4.3: WEKA-Entscheidungsbaum Wetter-Beispiel

4.3 Regeln

Die Wissensdarstellung mittels Logik und insbesondere mittels Regeln ist eine *explizite* Wissensdarstellung, die einfach zu verstehen ist und gleichzeitig auch zu Dokumentations- und Visualisierungszwecken verwendet werden kann. Regeln, wie im Abschnitt 2.5 erläutert, sind logische Formeln der Art:

WENN Bedingung DANN Folgerung

Regeln können als ein Wunschergebnis eines Data-Mining-Prozesses angesehen werden. Wir können dabei Klassifikationsregeln und Assoziationsregeln unterscheiden. Eine *Klassifikationsregel* beschreibt, unter welchen Bedingungen eine bestimmte Klasse zugeordnet wird:

WENN outlook=rainy UND windy DANN play=no

Eine Klassifikationsregel definiert, in welche Klasse ein Datensatz eingeordnet wird. Der in der Definition von *Wissen* geforderte Anwendungsbezug wird in einer Regel besonders deutlich: Wenn die Bedingungen zutreffen, dann wird eine Handlung – hier eine Zuordnung in eine bestimmte Klasse – vorgenommen.

Beispiel 4.2 (Wetter-Beispiel). Aus den Daten des Wetter-Beispiels können folgende Regeln herausgearbeitet werden, die dann das extrahierte Wissen repräsentieren:

WENN outlook = sunny UND humidity = high DANN play = no
WENN outlook = rainy UND windy = true DANN play = no
WENN outlook = overcast DANN play = yes
WENN humidity = normal UND windy = false DANN play = yes
WENN none of the above *DANN play = yes*

Im Beispiel 4.2 wird die erste Regel, die „passt“, angewendet. Wenn also Regel 4 probiert wird, dann waren die Bedingungen der Regeln 1-3 nicht erfüllt.

Klassifikationsregeln enthalten im Schlussfolgerungsteil einer Regel stets das Zielattribut. Im Unterschied dazu beschreiben *Assoziationsregeln* Zusammenhänge zwischen beliebigen Attributen. Zudem werden diese Regeln oft mit Zusatzangaben ausgestattet, die angeben, in welchem Maße dieser Assoziationsregel vertraut werden kann. Aufgrund der speziellen Art der Assoziationsregeln widmen wir dieser Regelform einen eigenen Abschnitt.

4.4 Assoziationsregeln

Eine Assoziationsregel ist eine Regel, die – wie bereits erwähnt – Beziehungen zwischen beliebigen Attributen herstellt. Ein typisches Beispiel ist die Analyse des Kaufverhaltens von Kunden.

Beispiel 4.3 (Warenkorbanalyse). In einem Supermarkt (vergleiche Beispiel 3.1 auf Seite 68) werden an der Kasse die Warenkörbe aller Kunden erfasst. Mit Hilfe von Assoziationsregeln lassen sich nun Zusammenhänge zwischen den einzelnen Artikeln darstellen. Ein Ergebnis könnte folgende Erkenntnisse enthalten:

- Wenn Waschpulver gekauft wird, wird auch Weichspüler gekauft:
  WENN waschpulver DANN weichspüler
- Wenn Fisch gekauft wird, wird kein Fleisch gekauft:
  WENN fisch DANN NICHT fleisch
- Wenn Sekt gekauft wird, werden auch Pralinen gekauft:
  WENN sekt DANN pralinen

Gegeben ist also eine Menge von *Transaktionen* T und eine Menge von sogenannten *Items* I. Die Items können als die Artikel angesehen werden, die in einem Supermarkt verkauft werden. Eine Transaktion ist in diesem Fall ein Einkauf oder ein Warenkorb.

Die Struktur von Assoziationsregeln lässt sich folgendermaßen beschreiben: Eine Assoziationsregel besteht aus einer Prämisse M und einer Konsequenz N. M und N sind jeweils Konjunktionen (durch UND verknüpft) von Items, die ihrerseits die Waren des Supermarkts darstellen. Die Regel hat dann die Form

$$M \rightarrow N$$

mit beispielsweise $M = \{I_1, I_2, I_3\}$ und $N = \{I_7\}$. Die Schnittmenge von M und N muss leer sein. Die Darstellung

{bier, chips} → {tvzeitung}

ist somit als eine abkürzende Schreibweise für die Regel

WENN bier=yes UND chips=yes DANN tvzeitung=yes

zu verstehen.

Beispiel 4.4 (Wetter-Beispiel). Assoziationsregeln für das Wetter-Beispiel enthalten nicht immer das Zielattribut *play*. Man kann aber Klassifikationsregeln als Assoziationsregeln auffassen, die im Schlussfolgerungsteil das Zielattribut enthalten.

WENN temperature = cool DANN humidity = normal
WENN humidity = normal UND windy = false DANN play = yes
WENN outlook = sunny UND play = no DANN humidity = high
WENN windy = false UND play = no DANN outlook = sunny UND humidity = high

Meistens erhalten diese Implikationen Angaben über die Häufigkeit ihres Auftretens. Assoziationsregeln sind sehr selten zu 100 % korrekt: Nicht *alle* Kunden entsprechen der Regel und kaufen

{bier, chips} → {tvzeitung}

ein, sondern nur eine bestimmter Prozentsatz. So kaufen im Beispiel 3.1 auf Seite 68 nur 75 % der Kunden, die Brot kaufen, auch Butter.

Folglich benötigen wir Interessantheitsmaße, welche die Qualität einer Assoziationsregel bestimmen. Auf Interessantheitsmaße für Assoziationsregeln gehen wir im Abschnitt 9.2 ausführlich ein. Da diese aber für das Verständnis der Assoziationsregeln notwendig sind, gehen wir hier auf die Interessantheitsmaße Support und Konfidenz näher ein, die bereits im Abschnitt 3.4 skizziert wurden.

Der *Support* eines Items oder einer Menge von Items (Itemset) ist die Anzahl der Transaktionen, die das Item beziehungsweise das Itemset als Teilmenge enthalten, im Verhältnis zur Gesamtzahl der Transaktionen der Menge T. Der Support einer Assoziationsregel ist gleich dem Support der Vereinigung von Prämisse und Konsequenz der Regel ($M \cup N$).

$$\text{supp}(M \rightarrow N) = P(M \cup N) \tag{4.1}$$

Man zählt, wie viele Datensätze *alle* Attribute aus $M \cup N$ enthalten, und teilt dies durch die Gesamtanzahl aller Datensätze.

Eine Beobachtung ist, dass $P(M \cup N)$ nicht größer als $P(M)$ und $P(N)$ sein kann. Die Mengenvereinigung $\cup$ sorgt nicht für eine Vereinigung der Menge, die M erfüllt, mit der Menge, die N erfüllt. Vielmehr werden die *Restriktionen*, die die Menge erfüllen muss, vereint. $P(\{bier\})$ ist die relative Häufigkeit des Einkaufs von *bier*. $P(\{bier\} \cup \{chips\})$ dagegen ist die relative Häufigkeit, wie oft *bier* und *chips* gemeinsam gekauft wurden. $M \cup N$ enthält offensichtlich mindestens so viele Restriktionen wie M beziehungsweise N. Folglich kann $P(M \cup N)$ maximal so groß wie $P(M)$ oder $P(N)$ sein.

Das zweite Interessantheitsmaß ist die *Konfidenz*. Die *Konfidenz* einer Assoziationsregel berechnet sich aus dem Verhältnis zwischen den Transaktionen, die sowohl Prämisse als auch Konsequenz enthalten, und den Transaktionen, die nur die Prämisse enthalten. Die Konfidenz misst, wie oft die Regel wirklich zutrifft, in Relation zur Anzahl, wie oft sie hätte zutreffen müssen.

$$\text{conf}(M \rightarrow N) = \frac{\text{supp}(M \rightarrow N)}{\text{supp}(M)} \tag{4.2}$$

Beispiel 4.5 (Konfidenz und Support). Wie hoch sind Support und Konfidenz der Regel

WENN temperature=cool DANN humidity=normal

in Beispiel 4.1, Seite 75?

$$\text{supp}(\textit{temperature=cool} \rightarrow \textit{humidity=normal}) = P(M \cup N) = \frac{4}{14}$$
$$\text{supp}(\textit{temperature=cool}) = P(M) = \frac{4}{14}$$
$$\text{conf}(M \rightarrow N) = \frac{\text{supp}(M \rightarrow N)}{\text{supp}(M)} = \frac{\frac{4}{14}}{\frac{4}{14}} = 1$$

Die Konfidenz der Regel ist 1, die Regel ist absolut sicher. Der Support der Regel ist $\frac{2}{7}$.

Schwellwerte

Um die wertvollen von den weniger wertvollen Assoziationsregeln zu trennen, werden Schwellwerte für Konfidenz und Support eingeführt, die bei einer Assoziationsregel nicht unterschritten werden dürfen. Diese seien als conf_{min} und supp_{min} bezeichnet. Die Festlegung dieser Werte erfolgt in der Regel durch den Nutzer.

Meistens gilt: Je größer Support und Konfidenz, umso wertvoller ist die Assoziationsregel. Hier kann es zu Ausnahmen kommen, so haben beispielsweise Regeln wie

$$\{\text{Person lebt}\} \rightarrow \{\text{Person atmet}\}$$

trivialerweise eine hohe Konfidenz und sind trotzdem uninteressant.

Arten von Assoziationsregeln

Neben den ursprünglichen Assoziationsregeln – auch *boolesche Assoziationsregeln* genannt – wurden eine Reihe von Variationen entwickelt, um bestimmte Nachteile zu beseitigen. Folgende Formen stellen wir vor:

- *hierarchische* Assoziationsregeln (Taxonomien)
- *temporale* Assoziationsregeln (Sequenzanalyse)
- *quantitative* Assoziationsregeln
- *unscharfe* Assoziationsregeln

Wieso betrachtet man weitere Formen von Assoziationsregeln? Zum einen möchte man die Aussagekraft von Regeln erhöhen. Zum anderen gibt es bei numerischen Attributen häufig das Problem, dass ein Wert knapp außerhalb eines Intervalls liegt und damit nicht als zu diesem Intervall zugehörig betrachtet wird, was mathematisch zwar korrekt, praktisch aber häufig unsinnig ist.

Hierarchische Assoziationsregeln

Bei *hierarchischen Assoziationsregeln* werden mehrere Begriffe (Items) zu einem Oberbegriff zusammengefasst (beispielsweise einzelne Produkte zu Warengruppen oder Kategorien). Es ist dabei möglich, dass ein Begriff mehrere Oberbegriffe hat. Zum Beispiel kann ein Begriff zusätzlich zum Oberbegriff *Sonderangebot* gehören.

Der Vorteil der hierarchischen Assoziationsregeln ist, dass sich durch das Zusammenfassen von Begriffen der Support der Regel erhöht und mehr interessante Regeln gefunden werden. Man findet nun Regeln auf einer abstrakteren Stufe.

Beispiel 4.6 (Zusammenfassung von Items). Um hierarchische Assoziationsregeln aufzustellen, werden einzelne Items zu einer Gruppe zusammengefasst. Statt viele Regeln mit den Items der linken Tabellenseite zu erzeugen, genügen nun einige wenige.

Items	Oberbegriff
{Messer, Gabel, Löffel}	Besteck
{Brot, Milch, Käse}	Lebensmittel
{Doppelpass, Flanke}	Angriff
...	...

Quantitative Assoziationsregeln

Einfache und hierarchische Assoziationsregeln geben keine Auskunft über die Quantität eines Begriffs. Es wird nur angegeben, ob der Begriff in der Transaktion auftritt. *Quantitative Assoziationsregeln* berücksichtigen auch die Quantität des Begriffs und ermöglichen eine genauere Unterscheidung. Sinnvoll ist dies bei numerischen Begriffen wie Anzahl, Alter oder Preis. Man geht dabei folgendermaßen vor:

1. Einteilung des Wertebereichs in *Intervalle*.
2. Für jedes Intervall wird ein *neuer Begriff* geschaffen.
3. Die originalen Begriffe werden durch die neuen ersetzt.

Beispiel 4.7 (Intervallbildung). Gegeben sei folgende Datenbasis:

Alter	Anzahl Kinder	Einkommen
23	0	2000
28	1	2500
34	0	4500
45	2	3500
65	5	4000

Der Begriff `Alter` wird in 3 Intervalle unterteilt: `unter 30`, `30 bis 50`, `über 50`. Der Begriff `Anzahl Kinder` wird in 2 Intervalle eingeteilt: `kein oder 1 Kind`, `mehr als 1 Kind`. Das Einkommen wird ebenfalls in 2 Intervalle eingeteilt: `bis 3000`, `mehr als 3000` (siehe Binärcodierung in Abschnitt 8.2.5). Anhand dieser Daten wird eine neue Datenbasis erstellt.

Alter1	Alter2	Alter3	Kinder1	Kinder2	Einkommen1	Einkommen2
1	0	0	1	0	1	0
1	0	0	1	0	1	0
0	1	0	1	0	0	1
0	1	0	0	1	0	1
0	0	1	0	1	0	1

Eine mögliche quantitative Regel sieht dann wie folgt aus:

$$\textit{WENN Alter} \in [0, 29] \textit{ UND Einkommen} \in [0, 2999] \textit{ DANN Kinder} = 0/1$$

Unscharfe Assoziationsregeln

Die *unscharfen Assoziationsregeln* – auch *fuzzy association rules* genannt – sind eine Weiterentwicklung der quantitativen Assoziationsregeln. Die Intervallgrenzen sind nun nicht starr, sondern fließend. Zum Beispiel wird der Begriff Alter in `jung`, `mittel` und `alt` eingeteilt. Bis 25 gehört man zu `jung`, ab 35 zu `mittel` und dazwischen gehört man zu beiden Gruppen.

Durch die fließenden Intervallgrenzen ist der Support einer Regel größer als bei quantitativen Assoziationsregeln, da nun auch Begriffe, die bei den quantitativen Assoziationsregeln knapp außerhalb der Intervallgrenzen lagen, berücksichtigt werden.

Unscharfe Regeln eignen sich besonders für Datenanalysen, bei denen mit Ausreißern oder Messfehlern gearbeitet wird, wie zum Beispiel in der Physik.

Beispiel 4.8 (Quantitative Assoziationsregeln). Ein Call-Center plant, Daten der eingehenden Anrufe zu speichern. Zu diesen Daten zählt unter anderem auch der Zeitpunkt, an dem der Anruf angenommen wurde. Angenommen, die Leitung des Centers möchte die Anrufe nach Tageszeiten sortieren. Das Vorgehen nach dem quantitativen Schema teilt die 24 Stunden des Tages in Intervalle auf, beispielsweise in `Nacht`, `Morgen`, `Nachmittag` und `Abend`. Das Intervall `Nacht` endet um 6 Uhr, ihm folgt das Intervall `Morgen`. Der `Morgen` endet um 12 Uhr und geht in den `Nachmittag` über usw.

Das Charakteristische dieser Vorgehensweise ist, dass es zu Überschneidungen kommen kann. So kann es eine Gruppe von Anrufern geben, die morgens zwischen 6 und 12 anrufen, um beispielsweise Brötchen zu bestellen. Eine Regel der Form

WENN Zeit=Morgen DANN Bestellung=Brötchen

ist die Folge.

Der Nachteil dieser Vorgehensweise liegt darin, dass es Kunden geben kann, die kurz vor 6 Uhr oder kurz nach 12 Uhr anrufen, um Brötchen zu bestellen. Da der Zeitpunkt dieser Anrufe nicht mehr in dem vorgegebenen Intervall liegt, gehören diese Anrufe auch nicht mehr zur Kundengruppe `Morgen`, auch wenn sie sonst alle Eigenschaften dieser Gruppe erfüllen. Der Support der obigen Regel sinkt.

Unscharfe Regeln wirken diesem Verhalten entgegen. Anstelle von festen Intervallen wird mit Zugehörigkeitsgraden gearbeitet. Ein Anruf um 11 Uhr kann sowohl der Gruppe `Morgen` als auch der Gruppe `Nachmittag` zugeordnet werden. Die Zuordnung geschieht mit Methoden aus der Fuzzy-Logik (siehe [LC20]). Der wesentliche Unterschied zwischen Fuzzy und quantitativen Assoziationsregeln liegt in der Art der Erzeugung von Regeln, im weiteren Verhalten sind sich beide Formen ähnlich.

Temporale Assoziationsregeln

Bei den *temporalen Assoziationsregeln* beziehungsweise bei der *Sequenzanalyse* wird neben der Information, dass ein Begriff in einer Transaktion auftrat, auch der Zeitpunkt beziehungsweise die Reihenfolge erfasst. Damit ist die Sequenzanalyse im Gegensatz zur normalen Assoziationsanalyse eine Zeitraumanalyse.

Ziel der Sequenzanalyse ist es, Sequenzen zu finden, die einen Mindestsupport aufweisen. Werden beispielsweise jeden Freitag viele Kästen Bier gekauft, und am nächsten Tag schnellen die Verkaufszahlen für Kopfschmerztabletten in die Höhe, so besteht ein temporaler Zusammenhang, der berücksichtigt werden sollte. In temporalen Datenbanken sind Daten in einem zeitlichen Kontext gespeichert. Die Assoziationsregeln können als *Schnappschüsse* der sich verändernden Zusammenhänge zwischen den Daten aufgefasst werden. Dadurch ist es möglich, Veränderungen und Fluktuationen dieser Zusammenhänge zu betrachten und zu erforschen.

Ein typisches Einsatzgebiet für die Sequenzanalysen sind die Logfile-Analysen, bei denen das Verhalten von Besuchern einer Webseite untersucht wird.

4.5 Instanzenbasierte Darstellung

Bei der *instanzenbasierten Darstellung* werden einfach alle Datensätze der Trainingsmenge gespeichert und als Darstellung des Wissens angesehen. Wir können diese Trainingsmenge deshalb als *Wissen* ansehen, weil sie als eine Entscheidungstabelle (siehe 4.1 auf Seite 73) interpretiert werden kann; jeder Datensatz verkörpert eine Regel:

> Wenn die Attributwerte den Werten eines vorhandenen Beispiels entsprechen,
> dann entspricht die zuzuordnende Klasse der Klasse dieses Datensatzes.

Alle gegebenen Datensätze als Wissensdarstellung zu verwenden, entspricht in gewisser Weise dem Auswendiglernen: Es werden keine Regeln abgeleitet, die allgemein gelten, sondern alle Objekte einzeln gemerkt, das heißt gespeichert.

4.6 Repräsentation von Clustern

Wird eine Grundgesamtheit in Teilmengen zerlegt, deren Objekte zueinander ähnlicher als zu den Objekten der anderen Teilmengen sind, bezeichnet man diese Teilmengen als *Cluster*. Darstellen lässt sich ein Cluster

- als *Menge* der ihm zugeordneten Objekte,
- als *Vektor der Mittelwerte* der Attributwerte seiner Objekte (Centroid),
- durch *einen typischen Vertreter* der Cluster-Elemente (Medoid) oder
- über *Wahrscheinlichkeiten*.

Bei Verwendung von Wahrscheinlichkeiten geben diese an, welchem Cluster ein Individuum mit welcher Wahrscheinlichkeit zuzuordnen ist.

In Abbildung 4.4 sind für einen Beispiel-Cluster sowohl der *Centroid* – der Mittelwert

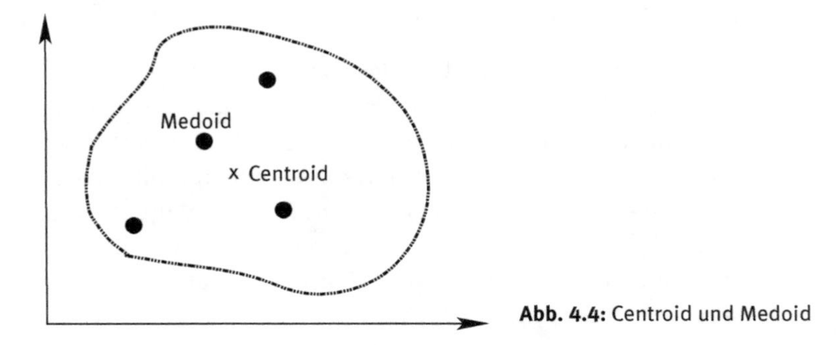

Abb. 4.4: Centroid und Medoid

oder Schwerpunkt – als auch ein möglicher Medoid dargestellt. Der Centroid kann eine künstlich geschaffene Instanz sein, sie muss nicht in der Datenmenge vorkommen. Hingegen ist ein *Medoid* stets ein Element aus der Datenmenge. Als Medoid kann man beispielsweise den Datensatz, der am nächsten zum Centroid liegt, wählen.

Mit dem k-Means-Algorithmus (Abschnitt 6.2) erreicht WEKA für das Wetter-Beispiel die in Abbildung 4.5 dargestellten Cluster.

```
kMeans
======
Number of iterations: 4
Within cluster sum of squared errors: 26.0

Cluster centroids:
Cluster 0   Mean/Mode:  sunny mild high FALSE yes
            Std Devs:   N/A   N/A   N/A   N/A   N/A
Cluster 1   Mean/Mode:  overcast cool normal TRUE yes
            Std Devs:   N/A   N/A   N/A   N/A   N/A

Clustered Instances
0      10 ( 71%)          1       4 ( 29%)
```

Abb. 4.5: Cluster für das Wetter-Beispiel

Anstelle des Centroids oder Medoids kann auch der *Median* als Repräsentant (siehe Abschnitt 6.3, Seite 166) verwendet werden.

4.7 Neuronale Netze als Wissensspeicher

Betrachtet man den Aufbau eines Neurons sowie eines neuronalen Netzes (siehe Abschnitt 2.4 auf Seite 51), so stellt sich die Frage:

Wo wird das Wissen in einem künstlichen neuronalen Netz gespeichert?

Als Antwort darauf schaut man sich an (zum Beispiel in Abbildung 4.6), welche Größen in einem künstlichen neuronalen Netz variabel sind. Im Zuge des Trainingsprozesses

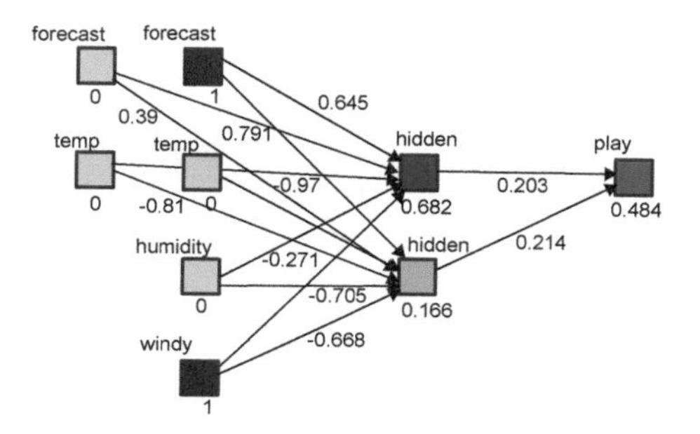

Abb. 4.6: Wissensspeicher künstliches neuronales Netz

werden *Verbindungsgewichte* und *Schwellwerte* verändert. Die Menge der Verbindungsgewichte und Schwellwerte bestimmt das Verhalten des Netzes. Dies ist das Wissen, welches im Trainingsprozess, somit durch das Verarbeiten der Trainingsdaten, erworben wird und so das Verhalten des Netzes bestimmt.

Ein künstliches neuronales Netz repräsentiert daneben auch Wissen des Entwicklers, der die Netzarchitektur festlegt:

- Anzahl der Neuronen in der Eingabe-Schicht,
- Anzahl der Neuronen in der Ausgabe-Schicht,
- Anzahl und Größe der verdeckten Schichten sowie
- die Anzahl und Art der Verbindungen zwischen den Neuronen.

Ein neuronales Netz repräsentiert das Wissen *implizit*, analog zur Wissensspeicherung im natürlichen neuronalen Netz: Wir können nicht darlegen, somit explizit beschreiben, wie wir Objekte erkennen, wie wir unser Gleichgewicht halten, wie wir gehen, schwimmen oder Fahrrad fahren. All dies sind Beispiele für menschliche Fähigkeiten, die wir im Laufe unseres Lebens erworben und verinnerlicht haben. Wir tun dies „automatisch", ohne zu überlegen, und vertrauen tagtäglich auf unsere einmal erworbenen Fähigkeiten.

Ebenso müssen wir beim Einsatz eines künstlichen neuronalen Netzes darauf vertrauen, dass das erworbene Verhalten die gewünschten Ergebnisse liefert. Eine Begründung für Entscheidungen eines künstlichen neuronalen Netzes können wir nicht erwarten. Abbildung 4.6 auf der vorherigen Seite stellt das trainierte Netz für das Wetter-Beispiel dar.

Nachdem wir uns die Anwendungsklassen und die Möglichkeiten der Repräsentation auf einem Computer angeschaut haben, kommen wir nun zum eigentlichen Kern, den Data-Mining-Verfahren.

5 Klassifikation

A carelessly planned project takes three times longer to complete than expected; a carefully planned project takes only twice as long.
Golub's Second Law of Computerdom

Klassifikation ist wohl *die* Anwendung im Data Mining. Die Klassifikation gehört zum *überwachten* Lernen (Abschnitt 2.6): Anhand von gegebenen Beispielen, deren Klassenzugehörigkeit gegeben ist, wird eine Klassifikation neuer Datensätze, deren Klassenzugehörigkeit unbekannt ist, vorgenommen (siehe Abschnitt 3.2).

Es gibt zwei grundsätzliche Vorgehensweisen: Bei den *instanzenbasierten Verfahren* werden neue Datensätze direkt unter Verwendung der gegebenen Beispieldatensätze klassifiziert. Diese Verfahren entwickeln kein Modell und werden folglich als *Lazy Learner* bezeichnet. Die instanzenbasierten Verfahren sind meistens recht simpel. Alle Objekte der Trainingsmenge werden gespeichert. Zur Klassifikation eines unbekannten Objekts wird dann beispielsweise das ähnlichste Objekt der bekannten Menge gesucht und dessen Klasse vorhergesagt. Eine zweite Verfahrensklasse berechnet auf der Basis der Beispieldatensätze ein *Modell*. Die Klassifizierung neuer Datensätze erfolgt nur mit Hilfe des neu entwickelten Modells; die gegebenen Beispieldatensätze werden nicht mehr benötigt. Diese Verfahren lernen „eifrig": *Eager Learner*.

Einige in diesem Kapitel vorgestellten Workflows zum Erarbeiten der Modelle sowie die zugehörigen Daten stellen wir zum Download auf der WWW-Seite www.wi.hs-wismar.de/dm-buch zur Verfügung.

5.1 K-Nearest Neighbour

Das k-Nearest-Neighbour-Verfahren (kNN-Verfahren) ist ein instanzenbasiertes Verfahren. Es setzt voraus, dass für die zu klassifizierenden Daten ein Abstandsmaß existiert.

Die meisten Implementierungen setzen reellwertige Attribute voraus. Dies ist nicht zwingend erforderlich. Auch mit nominalen oder ordinalen Attributen kann unter Verwendung geeigneter Abstandsmaße gearbeitet werden.

Der Lernschritt des Verfahrens ist einfach: Es werden lediglich alle Beispielobjekte gespeichert. Unbekannte Objekte werden klassifiziert, indem die *Ähnlichkeit* (siehe Abschnitt 2.3) ihrer beschreibenden Attributwerte zu denen der bereits gespeicherten Objekte berechnet wird. Die k Objekte, die zu dem neuen Objekt am ähnlichsten sind, werden zur Vorhersage der Klasse des neuen Objekts herangezogen. Es wird die unter den k nächsten Nachbarn am häufigsten auftretende Klasse für das zu klassifizierende Objekt vorhergesagt.

https://doi.org/10.1515/9783110676273-005

In Abbildung 5.1 ist das Vorgehen veranschaulicht. Seien zweidimensionale Datensätze als Punkte gegeben, die zu zwei unterschiedlichen Klassen gehören. Die mit ⊕

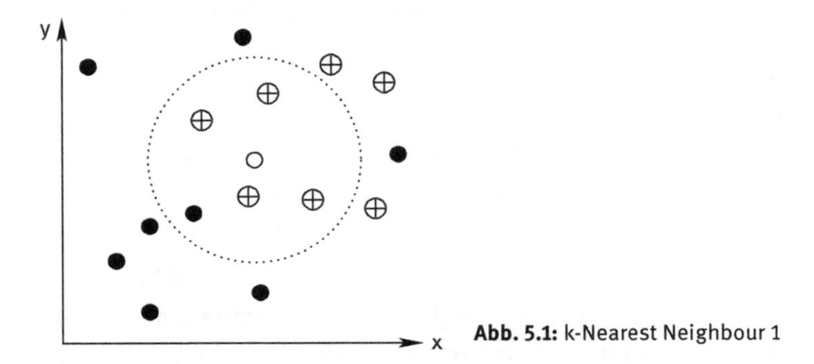

Abb. 5.1: k-Nearest Neighbour 1

gekennzeichneten Objekte gehören zu *einer* Klasse, Objekte der *anderen* Klasse sind mitt einem • markiert. Für das Objekt ∘ ist keine Klassenzugehörigkeit bekannt. Anhand der Klassenzugehörigkeit der anderen Objekte soll das neue Objekt einer dieser beiden Klassen zugeordnet werden. Nimmt man die 5 nächsten Nachbarn und wählt als Abstandsmaß die euklidische Distanz, so ergibt sich die Klasse ⊕, da ⊕ gegen • mit 4:1 gewinnt.

Allerdings können hierbei Probleme auftreten. Zur Illustration ändern wir die Anordnung der Punkte (Abbildung 5.2). Bei $k = 1$, veranschaulicht mittels der durchgezoge-

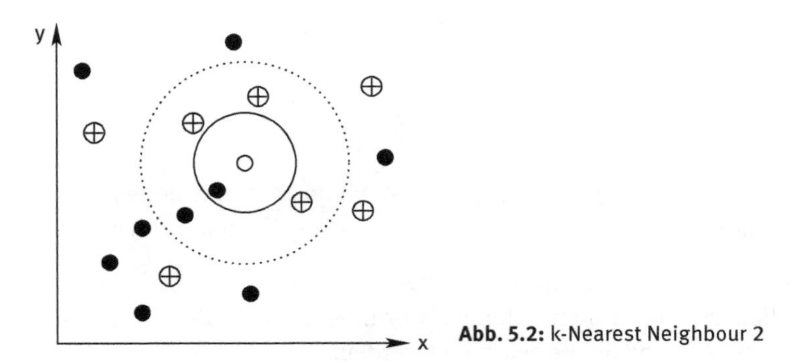

Abb. 5.2: k-Nearest Neighbour 2

nen Kreisbahn, gilt klasse(∘) = •, bei $k = 5$ (gestrichelter Kreis) hingegen ergibt sich klasse(∘) = ⊕.

Entscheidend für das Resultat kann also die Wahl von k sein. In der Praxis rechnet man deshalb meistens mehrere Varianten mit unterschiedlichen k und vergleicht die jeweils vorhergesagten Klassen.

Die Komplexität des Verfahrens wird weniger durch den Lernschritt, als vielmehr durch den Klassifikationsschritt bestimmt. Sie wird durch die Berechnung der Abstände zwischen den Beispieldatensätzen und dem zu klassifizierenden Objekt bestimmt.

Das kNN-Verfahren generiert kein Modell, sondern klassifiziert direkt mithilfe der gegebenen Beispieldatensätze: kNN ist ein *Lazy Learner*. Das kNN-Verfahren ist ein Verwandter des fallbasierten Schließens sowie der lokal gewichteten Regression.

Die Annahme, dass ein geringer Abstand zweier Punkte eine gleichartige Klassifikation rechtfertigt, kann durchaus problematisch sein. Im Folgenden werden wir dies aber voraussetzen: Die Ähnlichkeit zweier Objekte lässt sich durch den Abstand messen.

5.1.1 K-Nearest-Neighbour-Algorithmus

Der Lernschritt beim k-Nearest-Neighbour-Lernen ist einfach (f sei der gesuchte Klassifikator):

Listing 5.1 (k-Nearest Neighbour – Lernschritt).
Speichere jedes Trainingsbeispiel $(x,f(x))$ in einer Liste *Trainingsbeispiele*.

Für einen neuen Datensatz x' ist nun der Funktionswert $f(x')$ zu ermitteln. Je nach vorliegenden Datentypen für x sowie $f(x)$ können verschiedene Arten von Funktionen f unterschieden werden, deren Klassifikationsschritte leicht voneinander abweichen.

5.1.1.1 Diskrete Funktionen

Sei $V = \{v_1, v_2, \ldots, v_m\}$ die endliche Menge der Werte, die das Zielattribut annehmen kann, und $f : \mathbb{R}^n \rightarrow V$ die zu erlernende *diskrete*[1] Funktion. Sei y das zu klassifizierende Beispiel. Dann hat der k-Nearest-Neighbour-Algorithmus die folgende Form:

Listing 5.2 (k-Nearest Neighbour – Klassifikationsschritt, diskret).

1. Für alle x_i in der Menge der *Trainingsbeispiele* berechne die Ähnlichkeit zu y.
2. Wähle diejenigen k Beispiele $x_1, x_2, \ldots, x_k$ aus, die zu y *am ähnlichsten* sind.
3. Die Klasse für y ergibt sich aus:

$$\text{klasse}(y) = \max_{v \in V} \sum_{p=1}^{k} \delta(v, f(x_p)) \quad \text{mit } \delta(a,b) = \begin{cases} 1, \text{ falls a=b} \\ 0, \text{ sonst} \end{cases} \tag{5.1}$$

Die Funktion `klasse` berechnet die Klasse, die unter den k Trainingsbeispielen am häufigsten vorkommt. Das heißt y wird der Klasse zugeordnet, die unter den k ähnlichsten Beispielen *am häufigsten* vertreten ist.

1 eine Funktion mit endlichem Wertebereich

Wir dürfen in der Definition der Funktion `klasse` $f(x_p)$ verwenden, obwohl wir die Funktion f nicht kennen. Wir kennen jedoch sehr wohl den Wert $f(x_p)$, denn dieser ist ja durch die Beispielmenge $\{(x_i, f(x_i)) \mid i = 1, \ldots, k\}$ gegeben.

Beispiel 5.1 (k-Nearest Neighbour – Einkommen, reelle Werte). Die in Tabelle 5.1 gegebenen Datensätze über die Lebensumstände von 8 Personen werden untersucht. Sei

Tab. 5.1: Einkommen-Tabelle

Nr	Alter	verheiratet	Eigenheim	Akademiker	Einkommen
neu	26	1	0	1	?
1	59	1	1	1	hoch
2	55	1	0	0	gering
3	40	0	0	0	gering
4	37	1	1	1	hoch
5	26	0	0	0	gering
6	24	1	0	0	mittel
7	22	1	1	1	mittel
8	53	0	1	0	hoch

das vorherzusagende Attribut das `Einkommen`: `hoch`, `mittel`, `gering`. Vorhergesagt werden soll das Einkommen für einen

- *26-Jährigen,*
- *verheirateten* (1)
- *Akademiker* (1)
- *ohne Eigenheim* (0).

Zunächst werden die zum gegebenen Datensatz k ähnlichsten Datensätze bestimmt. Wir wählen k=2 und ermitteln die 2 ähnlichsten Datensätze, ohne das Attribut `Einkommen` dabei zu beachten. Als Distanzmaß wird der euklidische Abstand genutzt.

Das k-Nearest-Neighbour-Verfahren sollten wir hier nicht ohne eine Datenvorverarbeitung anwenden, da sonst der euklidische Abstand der Altersangaben alle anderen Attribute dominiert. Wir normalisieren daher zuerst die Werte des Attributs `Alter` (vgl. Normalisierung auf Seite 233). Dann werden die Abstände der Datensätze 1–8 vom Datensatz *neu* berechnet (Tabelle 5.2). Die Datensätze 6 und 7 sind die nächsten Nachbarn. Also sagen wir ein *mittleres* Einkommen voraus. KNIME berechnet korrekt die Klasse `mittel` (siehe Abbildungen 5.3 und 5.4).

Eine Normalisierung auf ein anderes Intervall, zum Beispiel [0,2], ist ebenso möglich. Dann ändert sich der Einfluss des Attributs `Alter`. Je größer das Intervall, desto größer werden die Abstände und desto größer wird der Einfluss des Attributs (vgl. Seite 232).

Tab. 5.2: Einkommen-Tabelle – normalisiert

Nr	Alter	verheiratet	Eigenheim	Akademiker	Einkommen	Distanz zu *neu*
neu	0,11	1	0	1	?	–
1	1,0	1	1	1	hoch	1,34
2	0,89	1	0	0	gering	1,27
3	0,49	0	0	0	gering	1,464
4	0,41	1	1	1	hoch	1,043
5	0,11	0	0	0	gering	1,414
6	0,05	1	0	0	mittel	**1,001**
7	0,0	1	1	1	mittel	**1,006**
8	0,84	0	1	0	hoch	1,879

Abb. 5.3: Beispiel Einkommen – k-Nearest Neighbour Workflow

Table "default" - Rows: 1 | Spec - Columns: 6 | Properties | Flow Variables

Row ID	D Alter	I verheiratet	I Eigenheim	I Akademiker	S Einko...	S Cla...
9	0.108	1	0	1		mittel

Abb. 5.4: Beispiel Einkommen – k-Nearest Neighbour Resultat

Im nächsten Beispiel zeigen wir, dass das k-Nearest-Neighbour-Verfahren auch mit nominalen Daten arbeiten kann.

Beispiel 5.2 (k-Nearest Neighbour – Einkommen, nominale Werte). Wir betrachten wieder Datensätze über die Lebensumstände der 8 Personen, nun aber mit nominalen Attributen (Tabelle 5.3). Sei das vorherzusagende Attribut wieder die `Gehaltsgruppe`: `hoch`, `mittel`, `gering`. Wir möchten das Einkommen für einen *jungen, verheirateten Akademiker ohne Eigenheim* prognostizieren. Zunächst bestimmen wir die zum gegebenen Datensatz k ähnlichsten Datensätze. Wir nehmen k=2 und ermitteln die 2 ähnlichsten Datensätze, wieder ohne das Attribut `Einkommen` zu beachten.

Für das k-Nearest-Neighbour-Verfahren wurde eingangs gefordert, dass mit Ausnahme des Zielattributs nur metrische Attribute vorliegen. Nun liegen hier aber nominale Daten vor. Aber auch mit diesen können wir arbeiten; als Abstandsmaß benutzen wir einfach die Hamming-Distanz (siehe Abschnitt 2.3), die die Zahl der *unterschiedlichen* Attributwerte zählt (Tabelle 5.4). In den 2 ähnlichsten Datensätzen (6 und 7) wird

Tab. 5.3: Einkommen-Tabelle – nominal

Nr	Alter	verheiratet	Eigenheim	Akademiker	Einkommen
1	alt	ja	ja	ja	hoch
2	alt	ja	nein	nein	gering
3	mittel	nein	nein	nein	gering
4	mittel	ja	ja	ja	hoch
5	jung	nein	nein	nein	gering
6	jung	ja	nein	nein	mittel
7	jung	ja	ja	ja	mittel
8	alt	nein	ja	nein	hoch

Tab. 5.4: Einkommen-Tabelle – Hamming-Distanz

Nr	Alter	verheiratet	Eigenheim	Akademiker	Abstand
neu	jung	ja	nein	ja	
1	alt	ja	ja	ja	2
2	alt	ja	nein	nein	2
3	mittel	nein	nein	nein	3
4	mittel	ja	ja	ja	2
5	jung	nein	nein	nein	2
6	jung	ja	nein	nein	**1**
7	jung	ja	ja	ja	**1**
8	alt	nein	ja	nein	4

„gezählt“, welche Gehaltsgruppe am häufigsten vertreten ist: Dies ist wiederum die Gehaltsgruppe `mittel`.

5.1.1.2 Reellwertige Funktionen

Was ändert sich, wenn wir es nicht mit diskreten Klassen zu tun haben, sondern mit einem reellwertigen Zielattribut? Für reellwertige Funktionen $f : \mathbb{R}^n \to \mathbb{R}$ unterscheidet sich der k-Nearest-Neighbour-Algorithmus vom diskreten Fall nur darin, dass nun der Mittelwert der Zielattributwerte der ausgewählten k Beispiele zurückgegeben wird.

Listing 5.3 (k-Nearest Neighbour – Klassifikationsschritt, reellwertig).

1. Für alle x_i in der Menge der *Trainingsbeispiele* berechne die Ähnlichkeit zu y.
2. Wähle diejenigen k Beispiele $x_1, x_2, \ldots, x_k$ aus, die zu y *am ähnlichsten* sind.
3. Der Zielattributwert für y ergibt sich aus:

$$f'(y) = \frac{\sum_{p=1}^{k} f(x_p)}{k} \tag{5.2}$$

Genau genommen verlassen wir mit dieser Variante des k-Nearest-Neighbour das Gebiet der Klassifikation und betreiben numerische Vorhersage (Abschnitt 3.3).

Beispiel 5.3 (k-Nearest Neighbour – Einkommen, reelles Zielattribut). Wir ändern in Beispiel 5.2 die Einkommen-Spalte und tragen dort Zahlen ein.

Nr	Alter	verheiratet	Eigenheim	Akademiker	Einkommen
1	alt	ja	ja	ja	4050
2	alt	ja	nein	nein	950
3	mittel	nein	nein	nein	1005
4	mittel	ja	ja	ja	3890
5	jung	nein	nein	nein	800
6	jung	ja	nein	nein	2300
7	jung	ja	ja	ja	2700
8	alt	nein	ja	nein	3780

Sei k=2. Wir möchten wieder das Einkommen für einen *jungen, verheirateten Akademiker ohne Eigenheim* vorhersagen. Was ändert sich bei der Bestimmung der 2 ähnlichsten Datensätze? Nichts, denn der Abstand hat nichts mit dem Zielattribut zu tun. Die zwei ähnlichsten Datensätze bleiben folglich die Datensätze 6 und 7. Deren Einkommen werden gemittelt, und wir erhalten 2500.

5.1.2 Ein verfeinerter Algorithmus

Den in Abbildung 5.2 auf Seite 88 dargestellten Unwägbarkeiten – den möglichen Schwankungen im Ergebnis bei unterschiedlichen k – lässt sich entgegenwirken, indem man den k-Nearest-Neighbour-Algorithmus verfeinert.

Eine Schwäche des bisher diskutierten k-Nearest-Neighbour-Algorithmus besteht darin, dass alle k nächsten Nachbarn zu gleichen Teilen zum Ergebnis der Klassifikation beitragen. Sollte jedoch die grundsätzliche Annahme, dass ein *geringer Abstand* eine *hohe Ähnlichkeit* impliziert, ihre Berechtigung haben, dann erscheint es sinnvoll, jedem einzelnen Datensatz gemäß seinem Abstand zum neuen Datensatz ein Gewicht zuzuordnen. Eine derartige Vorgehensweise ermöglicht auch, alle Trainingsbeispiele zur Ermittlung des Ergebnisses heranzuziehen, weil solche mit hohem Abstand kaum noch zum Resultat beitragen. Dieses Vorgehen bezeichnet man als *Shepard's method*. Allerdings impliziert diese Methode einen höheren Rechenaufwand im Klassifikationsschritt.

5.1.2.1 Diskrete Funktionen

Sei wieder $V = \{v_1, v_2, \ldots, v_m\}$ die endliche Menge der Werte, die das Zielattribut annehmen kann, und $f : \mathbb{R}^n \to V$ die zu erlernende Funktion.

Als Gewicht wird das Inverse des Quadrats der Distanz zwischen Trainings- und neuem Datensatz gewählt. Dann lautet der durch Distanzgewichtung verfeinerte Klassifikationsschritt wie folgt:

Listing 5.4 (Shepard's Method – Klassifikationsschritt, diskret).

1. Für alle x_i in der Menge der *Trainingsbeispiele* berechne die Ähnlichkeit zu y.
2. Wähle diejenigen k Beispiele $x_1, x_2, \ldots, x_k$ aus, die zu y *am ähnlichsten* sind.
3. Die Klasse für y ergibt sich aus:

$$\text{klasse}(y) = \begin{cases} f(x_i) & \text{falls } y = x_i \text{ für ein } i \\ \max\limits_{v \in V} \sum\limits_{p=1}^{k} w_p \cdot \delta(v, f(x_p)) & \text{sonst} \end{cases} \tag{5.3}$$

$$\text{mit } \delta(a,b) = \begin{cases} 1, & \text{falls } a=b \\ 0, & \text{sonst} \end{cases} \quad \text{und} \quad w_p = \frac{1}{\text{dist}(y, x_p)^2}.$$

In diesem Algorithmus haben wir schon den Sonderfall berücksichtigt, dass unser neuer Datensatz y bereits in der gegebenen Beispielmenge als x_i enthalten ist. Ist $y = x_i$, so ist die Distanz zwischen y und x_i natürlich Null und das Gewicht w_i dann undefiniert. In diesem Fall sagen wir für den Datensatz y die Klasse von x_i vorher.

5.1.2.2 Reellwertige Funktionen

Was ändert sich, wenn wir es nicht mit diskreten Klassen zu tun haben, sondern mit einem reellwertigen Zielattribut? In diesem Fall können wir wieder die numerischen Werte mitteln, nun natürlich gewichtet.

Listing 5.5 (Shepard's Method – Klassifikationsschritt, reellwertig).

1. Für alle x_i in der Menge der *Trainingsbeispiele* berechne die Ähnlichkeit zu y.
2. Wähle diejenigen k Beispiele $x_1, x_2, \ldots, x_k$ aus, die zu y am *ähnlichsten* sind.
3. Der Zielattributwert für y ergibt sich aus:

$$f'(y) = \begin{cases} f(x_i) & \text{falls } y = x_i \text{ für ein } i \\ \frac{\sum_{p=1}^{k} w_p \cdot f(x_p)}{\sum_{p=1}^{k} w_p} & \text{sonst} \end{cases} \tag{5.4}$$

$$\text{mit } w_p = \frac{1}{\text{dist}(y, x_p)^2}.$$

Anmerkungen

Der kNN-Algorithmus hat den Vorteil, dass er sehr einfach ist. Falls die Menge der Daten jedoch sehr groß ist, können Laufzeitprobleme auftreten, da der Abstand des zu klassifizierenden Datensatzes zu *allen* Daten berechnet werden muss.

Bei großen k ($k \gg 1$) arbeitet der k-Nearest-Neighbour-Algorithmus auch bei verrauschten Trainingsdaten – also reellwertigen Daten mit einer gewissen Streuung – sehr gut.

Im Gegensatz beispielsweise zum Entscheidungsbaum werden *alle* Attribute in die Berechnung einbezogen. Dies bedeutet, dass der Algorithmus stark an Zuverlässigkeit verliert, wenn einige der Attribute für die Bestimmung der Ähnlichkeit irrelevant sind. Dieses Problem lässt sich dadurch abmildern, dass den Attributen Gewichte zugewiesen werden. Dies kann man durch ein Abstandsmaß erreichen, in welches die Attribute *gewichtet* eingehen. Das Problem lässt sich auch dadurch umgehen, dass wahrscheinlich irrelevante Attribute von vornherein ausgeschlossen werden.

Die Auswahl der Trainingsdaten verdient einige Beachtung. Diese sollten den Lösungsraum möglichst gleichmäßig aufspannen.

Aufgabe 5.1 (K-Nearest Neighbour – Restaurantbeispiel). Betrachten Sie die in Tabelle 5.5 (vgl. Aufgabe 5.5) gegebenen Datensätze. Klassifizieren Sie die letzten 3 Datensätze auf Basis der gegebenen 12 Datensätze mittels k-Nearest Neighbour. Testen Sie das Verfahren mit unterschiedlichen k. Welche Distanzfunktion schlagen Sie vor?

Die Tabelle enthält Datensätze mit diesen Attributen:

- Alternative: Gibt es in der Nähe ein geeignetes anderes Restaurant? {ja, nein}
- Fr/Sa: Ist Freitag oder Samstag? {ja, nein}
- Hungrig: Bin ich hungrig? {ja, nein}
- Gäste: Wie viele Leute sind im Restaurant? {keine, einige, voll}
- Reservierung: Habe ich reserviert? {ja, nein}
- Typ: Um welchem Restauranttyp handelt es sich? {Franzose, Chinese, Italiener, Burger}
- Wartezeit: Welche Wartezeit wird vom Restaurant geschätzt? {0–10, 10–30, 30–60, >60}
- Warten (*Zielattribut*): Warte ich, wenn alle Tische besetzt sind? {ja, nein}

Aufgabe 5.2 (K-Nearest Neighbour – Wetter-Beispiel 1). Wenden Sie das k-Nearest-Neighbour-Verfahren auf das Wetter-Beispiel (Anhang A.3, nominale Variante) an und sagen Sie vorher, ob in folgenden Situationen gespielt wird oder nicht.

```
outlook=sunny, temperature=mild, humidity=normal, windy=false
outlook=sunny, temperature=mild, humidity=normal, windy=true
outlook=rainy, temperature=hot, humidity=normal, windy=false
```

Welches Abstandsmaß wählen Sie?
Wenden Sie das Verfahren mit unterschiedlichen k an.

Tab. 5.5: Restaurant-Beispiel

Alternative	Fr/Sa	Hungrig	Gäste	Reservierung	Typ	Zeit	Warten
ja	nein	ja	einige	ja	Franz.	0–10	ja
ja	nein	ja	voll	nein	Chin.	30–60	nein
nein	nein	nein	einige	nein	Burger	0–10	ja
ja	ja	ja	voll	nein	Chin.	10–30	ja
ja	ja	nein	voll	ja	Franz.	>60	nein
nein	nein	ja	einige	ja	Ital.	0–10	ja
nein	nein	nein	keine	nein	Burger	0–10	nein
nein	nein	ja	einige	ja	Chin.	0–10	ja
nein	ja	nein	voll	nein	Burger	>60	nein
ja	ja	ja	voll	ja	Ital.	10–30	nein
nein	nein	nein	keine	nein	Chin.	0–10	nein
ja	ja	ja	voll	nein	Burger	30–60	ja
ja	nein	ja	einige	nein	Franz.	30–60	
ja	ja	ja	voll	ja	Chin.	10–30	
nein	nein	nein	keine	nein	Burger	0–10	

Aufgabe 5.3 (K-Nearest Neighbour – Wetter-Beispiel 2). Wenden Sie das k-Nearest-Neighbour-Verfahren auf das Wetter-Beispiel (Anhang A.3, numerische Variante) an und sagen Sie vorher, ob in folgenden Situationen gespielt wird oder nicht.

```
outlook=sunny, temperature=78, humidity=83, windy=false
outlook=rainy, temperature=69, humidity=94, windy=true
```

Welches Abstandsmaß wählen Sie? Können Sie die Daten im Originalformat verwenden, oder müssen Sie die Daten anders codieren?
Wenden Sie das Verfahren mit unterschiedlichen k an.

5.2 Entscheidungsbaumlernen

5.2.1 Erzeugen eines Entscheidungsbaums

In Abbildung 4.2 (Seite 76) haben wir bereits einen Entscheidungsbaum gesehen. In einem Entscheidungsbaum wird zu Beginn nach der Ausprägung *eines* Attributs gefragt. In Abbildung 4.2 ist das die Frage nach `outlook`. Je nach Ausprägung des Attributs wird dann entweder direkt die Klasse vorhergesagt, wie dies für `outlook=overcast` geschieht, oder nach weiteren Attributen gefragt.

Um einen Entscheidungsbaum zu generieren, muss daher – ausgehend von der Attributmenge A und der Beispielmenge E – zunächst ein Attribut $a \in A$ als Wurzel ausgewählt werden. Sei ω_a die Menge aller Werte, die das Attribut a annehmen kann. Für jede Ausprägung $\omega \in \omega_a$ dieses Attributs wird die Menge $E^\omega \subseteq E$ gebildet, für die gilt $\forall e \in E^\omega : \omega_a(e) = \omega$. Des Weiteren wird eine mit dieser Ausprägung markierte Kante an die Wurzel gelegt. Ist $E^\omega = \emptyset$, beendet man die Kante mit *NIL*. Sind *alle* Beispiele aus E^ω in der *derselben* Klasse, wird die Kante mit einem Blatt abgeschlossen, welches mit der entsprechenden Klasse markiert ist. In jedem anderen Fall wird ein weiterer Entscheidungsbaum generiert, dessen Wurzel als Knoten an das Ende der Kante gehängt wird. Dieser neue Teilbaum wird nun analog erzeugt. Es werden aber die reduzierte Attributmenge $A' = A \setminus \{a\}$ sowie die reduzierte Beispielmenge E^ω zur Bildung des Teilbaums herangezogen.

Wir betrachten zur Erläuterung erneut die Daten des Wetter-Beispiels (Tabelle 5.6).

Tab. 5.6: Daten Wetter-Beispiel

Tag	outlook	temperature	humidity	windy	play
1	sunny	hot	high	false	no
2	sunny	hot	high	true	no
3	overcast	hot	high	false	yes
4	rainy	mild	high	false	yes
5	rainy	cool	normal	false	yes
6	rainy	cool	normal	true	no
7	overcast	cool	normal	true	yes
8	sunny	mild	high	false	no
9	sunny	cool	normal	false	yes
10	rainy	mild	normal	false	yes
11	sunny	mild	normal	true	yes
12	overcast	mild	high	true	yes
13	overcast	hot	normal	false	yes
14	rainy	mild	high	true	no

Der Entscheidungsbaum in Abbildung 5.5 auf der nächsten Seite verdeutlicht das Vorgehen: Als oberster Knoten wurde `outlook` gewählt. Dieses Attribut besitzt 3 Ausprägungen, und so werden 3 Kanten erzeugt: `sunny`, `overcast`, `rainy`. Nun werden für jede Ausprägung diejenigen Datensätze aus der ursprünglichen Trainingsmenge selektiert, die als Attributwert für `outlook` genau diesen Wert aufweisen: `sunny`, `overcast` oder `rainy`. Für `overcast` können wir sofort `yes` eintragen, da in allen Datensätzen, in denen der Attributwert `overcast` ist, gespielt wird: `play=yes`. Für die beiden anderen Fälle muss das Verfahren mit den jeweiligen Teilmengen der Trainingsmenge fortgesetzt werden.

Dieses Vorgehen wirdt als *Top down induction of decision trees* (TDIDT-Verfahren) bezeichnet.

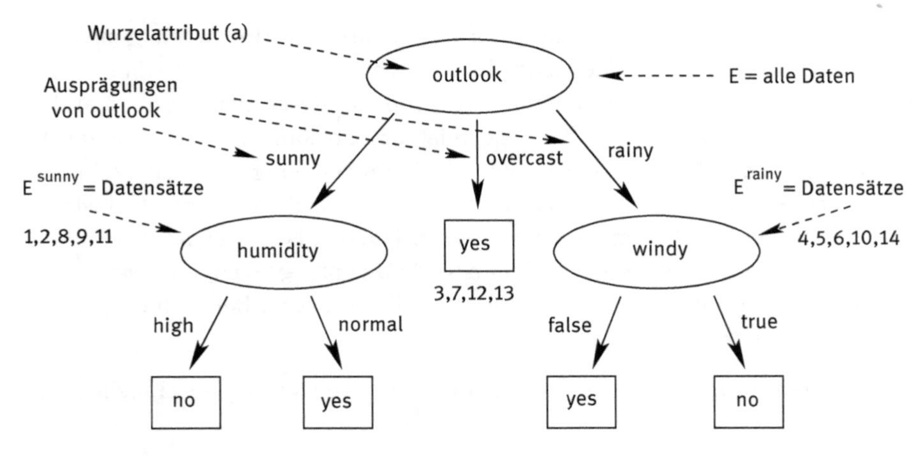

Abb. 5.5: Entscheidungsbaum Wetter-Beispiel

Die in diesem Abschnitt behandelten Verfahren erzeugen einen *univariaten* Baum: An jedem Knoten wird genau *ein* Attribut abgefragt. Es gibt Verfahren, die *multivariate* Entscheidungsbäume generieren. In diesen Bäumen können in einem Knoten mehrere Attribute genutzt werden, beispielsweise als Linearkombination von Attributen:

$$\text{Gewicht} + 2 \cdot \text{Größe} < 70$$

Univariate Bäume zerlegen den mehrdimensionalen Merkmalsraum mit achsenparallelen Schnitten, während multivariate Bäume mit einer Linearkombination von Attributen immer noch lineare, aber keine achsenparallele Schnitte generieren. Man kann auch nichtlineare Ausdrücke abfragen:

$$\frac{\text{Gewicht}}{\text{Größe} \cdot \text{Größe}} < 25$$

Nun sind die Schnitte im Merkmalsraum nicht mehr linear.

Multivariate Bäume haben den Vorteil, dass sie meist genauer und kleiner sind. Schwerer wiegt allerdings der Nachteil, dass sie komplizierter aufzubauen sind. Zudem sind multivariate Bäume schwieriger zu interpretieren.

Man könnte als Abfragen an den Knoten auch logische Kombinationen von Attributwerten zulassen, beispielsweise `outlook=sunny UND Windy=false`. Das ist aber unnötig, da dies auch durch hintereinander angeordnete Knoten realisiert werden kann.

5.2.2 Auswahl eines Attributs

Ein Entscheidungsbaum ist durch seine Knoten, somit durch die Anordnung der Attribute im Baum gekennzeichnet. Die Attributknoten können aber weitgehend beliebig angeordnet sein. Es gibt demzufolge nicht den einen, einzig richtigen Entscheidungsbaum für die Lösung eines Klassifikationsproblems, sondern eine Menge möglicher Entscheidungsbäume. Welchen Baum sollten wir anstreben? Natürlich möchten wir einen solchen Baum generieren, der möglichst kompakt ist, der uns nach wenigen Fragen ein Ergebnis, eine Klassenzuordnung liefert. Unter Beachtung des Aufwands ist es jedoch unmöglich, bei einer großen Anzahl von Attributen alle diese Bäume zu generieren und zu vergleichen.

Wie findet man nun geeignete Attribute, die schnell zu einer Vorhersage führen? Es gibt drei prinzipielle Möglichkeiten, ein geeignetes (nächstes) Attribut für den Entscheidungsbaum auszuwählen.

manuell
: Das auszuwählende Attribut wird vom Benutzer manuell vorgegeben. Dies kann nur bei kleinen Attributmengen eine sinnvolle Lösung sein.

zufällig
: Eine einfache Alternative zur manuellen Attributwahl ist der Zufallsgenerator. Dabei können aber auch Bäume mit sehr langen Pfaden entstehen, die unübersichtlich und somit schlecht interpretierbar sind.

berechnet
: Bei dieser Form der Attributauswahl wird automatisch nach einem Attribut gesucht, welches einen Baum mit geringem Umfang erzeugt. Ein Algorithmus wählt ein Attribut aus und garantiert idealerweise, dass ein Baum mit geringem Umfang entsteht.

Variante 3 ist unsere Wunschvariante. Dazu benötigen wir ein Kriterium, nach dem die Attribute miteinander verglichen werden können, und ein Verfahren, welches das optimale Attribut auswählt.

Beispiel 5.4 (Attributauswahl). Man kann ein geeignetes Attribut beispielsweise unter der Maßgabe suchen, dass dieses *lokal* die Klassifikationsleistung am meisten verbessert. Dazu wird probeweise jedes Attribut a als Wurzel angenommen. Anhand der Ausprägungen ω_a des Attributs a teilt man die Beispielmenge. Für jede dieser Teilmengen wird nun die in der Teilmenge häufigste Klasse vorhergesagt. Dann ermittelt man für jede Ausprägung $x \in \omega_a$ die Fehlerrate error(x).

$$\text{error}(x) = \frac{\text{falsch klassifizierte Beispiele}}{\text{alle Beispiele}}$$

„Alle Beispiele" umfasst alle Daten, bei denen das Attribut a die Ausprägung x hat. Diese Zahl wird mit $|A_x|$ bezeichnet, $|A|$ ist die Anzahl aller Datensätze.

Die Fehlerrate error_a des Attributs wird als Summe der mit der relativen Häufigkeit gewichteten Fehlerraten seiner Ausprägungen berechnet.

$$\text{error}_a = \sum_{x \in \omega_a} \left(\frac{|A_x|}{|A|} \cdot \text{error}(x)\right) \rightarrow min \tag{5.5}$$

Für die Wurzel des Entscheidungsbaums wählt man nun das Attribut mit der *geringsten* Fehlerrate.

Wir nehmen ein Attribut und bauen den Entscheidungsbaum mit diesem Attribut als Wurzelattribut auf. Allerdings muss das Verfahren bereits auf der nächsten Ebene eine Klassifikation vornehmen. In Abbildung 5.5 zwingen wir das Verfahren bereits im Zweig `outlook=sunny` zu einer Klassifikationsentscheidung, die hier 3:2 für `no` ausgeht. Hier würden also 2 Fehlerpunkte entstehen. Bei `outlook=overcast` sagen wir `yes` vorher (4:0, kein Fehler). Bei `outlook=rainy` würde das Verfahren `yes` vorhersagen (3:2) und so 2 weitere Fehler erzeugen.

Das führen wir für die anderen Attribute ebenso durch. Für das Wetter-Beispiel (Abbildung 5.6) ergeben sich für die Attribute `outlook`, `temperature`, `humidity`, `windy` die folgenden lokalen Klassifikationsleistungen. Es ergibt sich für `outlook` eine Fehlerrate von:

$$\text{error}(\text{outlook}) = \frac{4}{14}$$

Analog ergeben sich für die anderen 3 Attribute folgende Fehlerraten:

$$\text{error}(\text{temperature}) = \frac{5}{14}$$

Für `temperature=hot` entsteht eine Pattsituation, da je zweimal gespielt und nicht gespielt wird. Aber egal, was wir nun vorhersagen, wir bekommen 2 Fehlerfälle.

$$\text{error}(\text{humidity}) = \frac{4}{14}$$

Für `windy` ergibt sich diese Fehlerrate:

$$\text{error}(\text{windy}) = \frac{5}{14}$$

Wir können gemäß den lokalen Fehlerraten zwischen `outlook` und `humidity` wählen.

Das Prinzip der lokal besten Klassifikation hat sich nicht durchgesetzt, da die entstehenden Entscheidungsbäume meistens nur eine mäßige Qualität, sprich keine gute Klassifikation erzielen.

Metrische Attribute

Das Konzept des Entscheidungsbaums kann leider nicht ohne weiteres auf metrische Werte angewendet werden. Bei metrischen Attributen, insbesondere bei großen Wertebereichen, ist es häufig nicht nur unangebracht, sondern sogar unmöglich, für jede Ausprägung eine einzelne Kante anzulegen, beispielsweise bei reellwertigen Attributen wie dem Jahresgehalt oder der Körpergröße. Zur Lösung dieses Problems gibt es zwei Möglichkeiten, die beide die metrischen Attribute diskretisieren:

Gruppierung
Es werden die Ausprägungen in Intervallen zusammengefasst, vgl. Kapitel 8 (Datenvorbereitung) und Abschnitt 4.4 (Quantitative Assoziationsregeln). Für jedes der Intervalle wird nun eine eigene Kante angelegt.

Schwellwerte
Es werden genau zwei Kanten erzeugt, die sich dadurch unterscheiden, dass die Attribute einen bestimmten Zahlenwert unter- oder überschreiten. Es ist bei diesem Vorgehen möglich, innerhalb eines Pfads des Baums ein Attribut mehrfach mit verschiedenen Schwellwerten zu untersuchen.

5.2.3 Der ID3-Algorithmus zur Erzeugung eines Entscheidungsbaums

Doch nun kommen wir auf unsere Wunschvariante für das Finden eines geeigneten Attributs, die automatische Generierung, zurück.

Seien die in Tabelle 5.7 dargestellten Daten zur Bewertung des Kreditrisikos gegeben. Das Zielattribut ist hier `Risiko`. Es soll eine Vorhersage des Risikos auf der Basis der

Tab. 5.7: Kreditrisiko

Nr.	Kredit-historie	Verschul-dung	Sicher-heiten	Ein-kommen	Zielattribut Risiko
1	schlecht	hoch	keine	0 bis 15	hoch
2	unbekannt	hoch	keine	15 bis 35	hoch
3	unbekannt	niedrig	keine	15 bis 35	mittel
4	unbekannt	niedrig	keine	0 bis 15	hoch
5	unbekannt	niedrig	keine	über 35	niedrig
6	unbekannt	niedrig	angemessen	über 35	niedrig
7	schlecht	niedrig	keine	0 bis 15	hoch
8	schlecht	niedrig	angemessen	über 35	mittel
9	gut	niedrig	keine	über 35	niedrig
10	gut	hoch	angemessen	über 35	niedrig
11	gut	hoch	keine	0 bis 15	hoch
12	gut	hoch	keine	15 bis 35	mittel
13	gut	hoch	keine	über 35	niedrig
14	schlecht	hoch	keine	15 bis 35	hoch

anderen gegebenen Attribute erfolgen.

Wie generiert man aus diesen Daten einen Entscheidungsbaum, der uns bei der Entscheidung hilft, ob aus der Sicht der Bank das Risiko einer Kreditvergabe hoch, mittel oder niedrig ist? Dieser Entscheidungsbaum soll uns insbesondere auch bei Fällen, die in der obigen Tabelle nicht vorkommen, helfen.

In Abbildung 5.6 ist ein Entscheidungsbaum dargestellt, der alle Beispiele der Tabelle 5.7 erfasst. Es sind hier maximal vier Fragen zu stellen, bis eine Vorhersage getroffen wird.

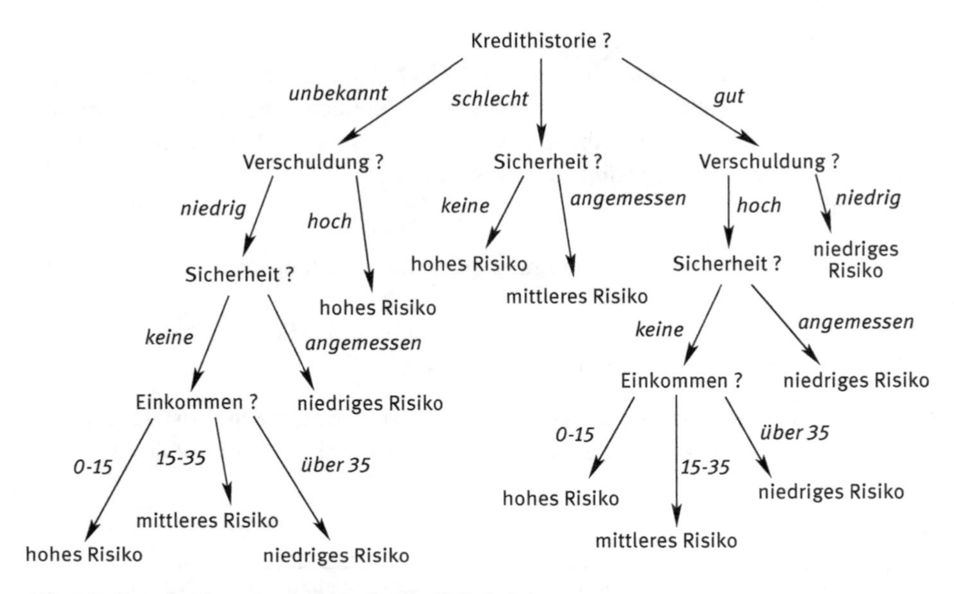

Abb. 5.6: Entscheidungsbaum 1 für das Kredit-Beispiel

Fast immer hängt die Größe des Entscheidungsbaums davon ab, in welcher Reihenfolge die Eigenschaften (Attribute) für die Fallunterscheidung benutzt werden. In Abbildung 5.7 auf der nächsten Seite ist ein kleinerer Entscheidungsbaum dargestellt. In diesem Baum sind nur maximal drei Fragen bis zur Vorhersage erforderlich.

Welcher Baum ist für die Klassifikation der unbekannten Datensätze optimal? Der ID3-Algorithmus unterstellt, dass dies der *einfachste Baum* ist (siehe Abschnitt 9.1). Das Ziel ist also ein möglichst kompakter, kleiner Baum. Listing 5.6 zeigt den Algorithmus zur Generierung eines Entscheidungsbaums.

Listing 5.6 (Entscheidungsbaumlernen ID3).

```
FUNCTION induce_tree(Beispielmenge Ex, Attribute Attr)
    IF alle Einträge aus Ex gehoeren zur gleichen Klasse
        THEN RETURN Blattknoten mit Beschriftung dieser Klasse
        ELSE
            Wähle ein Attribut A aus Attr
            Setze A als Wurzel für den aktuellen Baum
            Lösche A aus Attr
            FOREACH Wert AV von A
```

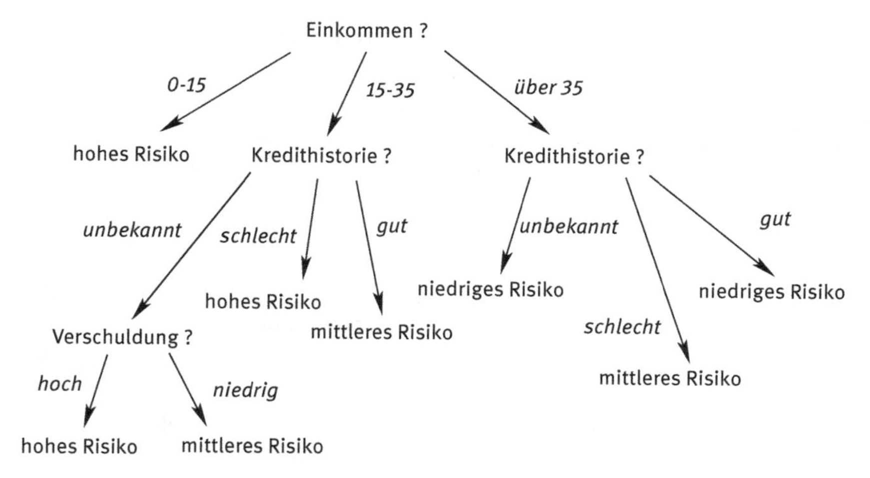

Abb. 5.7: Entscheidungsbaum 2 für das Kredit-Beispiel

```
            Erstelle Kante im Baum mit Kantenbeschriftung AV
            Seien Ex_AV alle Elemente von Beispielmenge Ex,
                die als Wert für A gerade AV haben
            Ergebnis der Kante AV := induce_tree(Ex_AV,Attr)
        END FOREACH
    END IF
END.
```

Dieser Algorithmus lässt noch die Auswahl eines Attributs offen. Wie wählt der ID3-Algorithmus ein geeignetes Attribut aus? Das hier vorgestellte Verfahren wurde 1979 von Quinlan [Qui86] entwickelt und benutzt den Begriff der *Entropie* von Shannon. Grundlage ist die Informationstheorie. Gewählt wird das Attribut, welches den größten Informationsgewinn liefert. Wir definieren zuerst den Begriff des *Informationsgehalts* eines Attributs, auf dem der *Informationsgewinn* aufbaut.

Definition 5.7 (Informationsgehalt). Der *Informationsgehalt* eines Attributs B wird gemessen als:

$$I(B) = \sum_{i=1}^{k} -p(b_i) \cdot \log_2(p(b_i)) \tag{5.6}$$

Dabei sind:

- die b_i die möglichen Werte des Attributs B,
- k die Anzahl der Ausprägungen des Attributs B,
- p die Wahrscheinlichkeit (besser: relative Häufigkeit) für das Eintreffen von b_i in der Trainingsmenge.

Ist $p(b_i) = 0$, so setzen wir den gesamten Summanden $-p(b_i) \cdot \log_2(p(b_i))$ auf 0.

Der Informationsgehalt bezieht sich immer auf *ein* Attribut und eine Menge von gegebenen Datensätzen. In der obigen Definition wird auf die relative Häufigkeit einer Ausprägung b_i des Attributs B Bezug genommen. Dazu muss natürlich die Bezugsmenge definiert sein. Da der Informationsgehalt sich immer auf das Zielattribut bezieht, lassen wir das Zielattribut weg und schreiben statt $I_{\text{Zielattribut}}(\text{Tabelle})$ vereinfacht $I(\text{Tabelle})$.

Man kann sich den Informationsgehalt besser veranschaulichen, wenn man ihn als Unreinheit, als Unordnung einer Menge interpretiert. Der Informationsgehalt (Entropie) misst die Unordnung in einer Menge. Je größer der Informationsgehalt, desto größer ist die Unordnung und umgekehrt. Betrachten wir eine Beispielmenge mit 2 Klassen. Kommt in einer Teilmenge nur noch *eine* Klasse vor, dann ergibt sich gemäß der Definition des Informationsgehalts für diese Teilmenge der Wert 0. Dies entspricht unserer Vorstellung, denn diese Teilmenge enthält bezüglich des Zielattributs keinerlei Unordnung, da alle Daten dieser Teilmenge zur selben Klasse gehören.

Wie groß ist der Informationsgehalt – die Unreinheit – der Tabelle in Tabelle 5.7 auf Seite 101? Dazu benötigen wir zunächst die relativen Häufigkeiten der Ausprägungen des Zielattributs.

- $p(\text{Risiko hoch}) = \frac{6}{14}$
- $p(\text{Risiko mittel}) = \frac{3}{14}$
- $p(\text{Risiko niedrig}) = \frac{5}{14}$

Folglich ist der Informationsgehalt der gesamten Tabelle

$$I(\text{Tab}) = I_{\text{Risiko}}(\text{Tab}) = -\frac{6}{14} \cdot \log_2(\frac{6}{14}) - \frac{3}{14} \cdot \log_2(\frac{3}{14}) - \frac{5}{14} \cdot \log_2(\frac{5}{14}) = 1{,}531$$

Nun wählt man das Attribut aus, das den *maximalen Informationsgewinn* erzielt, beziehungsweise für die größte Reduzierung der Unreinheit sorgt. Dazu berechnet man die Differenz aus $I(\text{Tabelle})$ und der Unreinheit, die sich für die nächste Ebene ergibt (Abbildung 5.8).

Sei eine Beispielmenge E – die komplette Trainingsmenge – gegeben. Wählt man nun beispielsweise das Attribut B mit n Werten aus, so wird E in n Teilmengen (Teiltabellen) zerlegt: $\{E_1, \ldots, E_n\}$.

Nachdem B als Wurzel des Baums festgesetzt wurde, ergibt sich die verbleibende Unreinheit des Entscheidungsbaums aus der gewichteten Summe der Unreinheiten (Informationsgehalte) $I(E_j)$:

$$G(B) = \sum_{j=1}^{n} \frac{|E_j|}{|E|} \cdot I(E_j) \tag{5.7}$$

G (gain) ist die entsprechend der relativen Häufigkeit gewichtete Summe der Informationsgehalte (Unreinheiten) der sich durch B ergebenden Teil- oder Unterbäume.

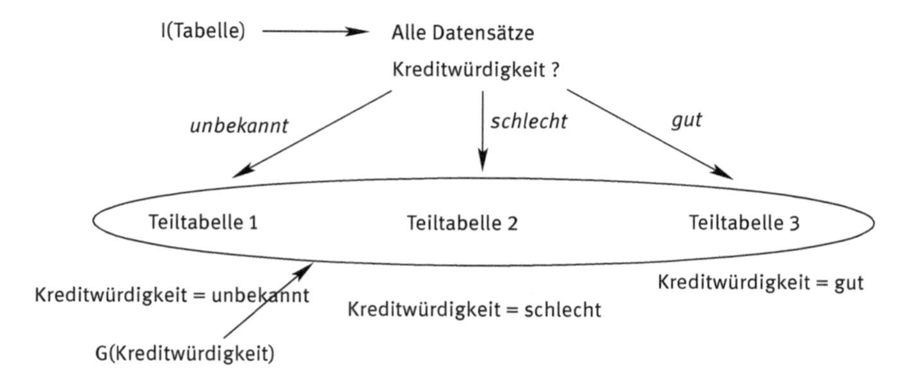

Abb. 5.8: Informationsgewinn

Der *Gewinn an Information* wird dann berechnet als:

$$\text{gewinn}(B) = I(E) - G(B) \tag{5.8}$$

Es gilt, „gewinn" zu maximieren. Dazu führt man die obige Berechnung für *alle* Attribute durch und wählt jenes Attribut aus, das den *maximalen Gewinn* gewinn(B) liefert. Für das Beispiel wählen wir zunächst `Kredithistorie` als Attribut. Das Attribut `Kredithistorie` besitzt 3 Ausprägungen: `unbekannt`, `schlecht`, `gut`. Für jeden dieser Werte zählen wir, wie oft diese in den Datensätzen mit welchem Risiko verknüpft sind:

Wert	hohes Risiko	mittleres Risiko	niedriges Risiko
unbekannt	2	1	2
schlecht	3	1	0
gut	1	1	3

Es ergibt sich:

- $I(\text{Kredithistorie\_unbekannt}) = -\frac{2}{5} \cdot \log_2(\frac{2}{5}) - \frac{1}{5} \cdot \log_2(\frac{1}{5}) - \frac{2}{5} \cdot \log_2(\frac{2}{5}) = 1{,}52$
- $I(\text{Kredithistorie\_schlecht}) = -\frac{3}{4} \cdot \log_2(\frac{3}{4}) - \frac{1}{4} \cdot \log_2(\frac{1}{4}) = 0{,}81$
- $I(\text{Kredithistorie\_gut}) = -\frac{1}{5} \cdot \log_2(\frac{1}{5}) - \frac{1}{5} \cdot \log_2(\frac{1}{5}) - \frac{3}{5} \cdot \log_2(\frac{3}{5}) = 1{,}37$

Somit erhalten wir bei Nutzung des Attributs `Kredithistorie`:

$$G(\text{Kredithistorie}) = \sum_{j=1}^{n} \frac{|E_j|}{|E|} I(E_j) = \frac{5}{14} \cdot 1{,}52 + \frac{4}{14} \cdot 0{,}8113 + \frac{5}{14} \cdot 1{,}37095 = 1{,}265$$

In Abbildung 5.9 auf der nächsten Seite ist das Vorgehen dargestellt.

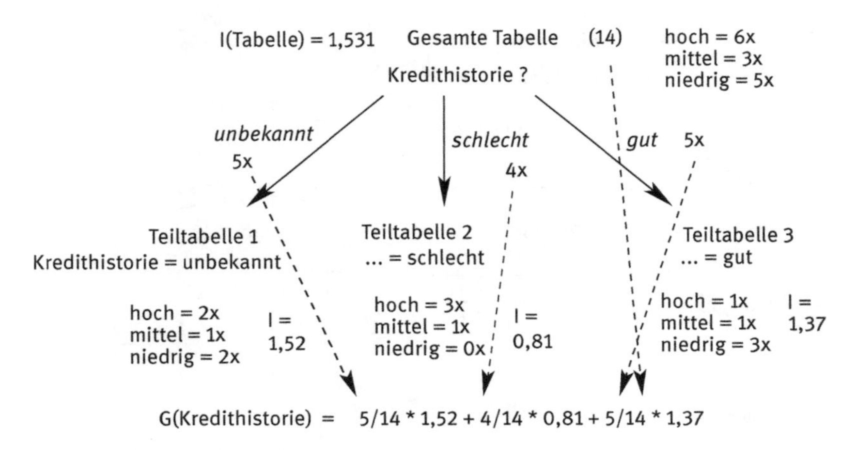

Abb. 5.9: Gain-Berechnung

Diese Berechnung führen wir für alle vier Attribute durch und erhalten:

$$\begin{aligned} \text{gewinn(Kredithistorie)} &= 1{,}531 - 1{,}265 &= 0{,}266 \\ \text{gewinn(Einkommen)} &= 1{,}531 - 0{,}564 &= 0{,}967 \\ \text{gewinn(Verschuldung)} &= 1{,}531 - 1{,}468 &= 0{,}063 \\ \text{gewinn(Sicherheiten)} &= 1{,}531 - 1{,}325 &= 0{,}206 \end{aligned}$$

Man erkennt, dass der Gewinn für das Attribut *Einkommen* am größten ist und wählt dieses Attribut als Wurzelknoten. Danach wird das Verfahren rekursiv fortgesetzt: Für jede Teilmenge, die einem Knoten zugeordnet ist, wird wieder ein Baum erzeugt.

Wir erzeugen den Teilbaum exemplarisch für den Zweig: `Einkommen=15 bis 35`. Wichtig ist, dass wir jetzt nicht mehr über die gesamte Tabelle nachdenken müssen, sondern nur noch über die Datensätze, in denen `Einkommen=15 bis 35` gilt. Wir können daher in der Tabelle 5.7 etliche Datensätze löschen und erhalten Tabelle 5.8. Die Spalte `Einkommen` kann komplett gestrichen werden, dieses Merkmal wurde ja schon bearbeitet.

Welches Attribut wählen wir als nächstes für den Zweig `Einkommen=15 bis 35`? Dazu berechnen wir zunächst den Informationsgehalt der Tabelle 5.8.

- $p(\text{Risiko hoch}) = \frac{2}{4}$
- $p(\text{Risiko mittel}) = \frac{2}{4}$
- $p(\text{Risiko niedrig}) = \frac{0}{4}$

Folglich ist

$$I(\text{Tabelle2}) = I(\text{Risiko}) = -\frac{2}{4} \cdot \log_2(\frac{2}{4}) - \frac{2}{4} \cdot \log_2(\frac{2}{4}) - \frac{0}{4} \cdot \log_2(\frac{0}{4}) = 1$$

Tab. 5.8: Kreditrisiko

Nr.	Kredit-historie	Verschul-dung	Sicher-heiten	Ein-kommen	Zielattribut Risiko
2	unbekannt	hoch	keine	15 bis 35	hoch
3	unbekannt	niedrig	keine	15 bis 35	mittel
12	gut	hoch	keine	15 bis 35	mittel
14	schlecht	hoch	keine	15 bis 35	hoch

Nun wählt man wieder das Attribut aus, welches den *maximalen Informationsgewinn* erzielt. Man berechnet erneut die Differenz aus $I(\text{Tabelle2})$ und der Unreinheit, die sich für die nächste Ebene ergibt.

Wählen wir zunächst `Kredithistorie` als Attribut. Kredithistorie hat 3 Ausprägungen: `unbekannt`, `schlecht`, `gut`. Für jeden dieser Werte zählen wir, wie oft welches Risiko vorkommt:

Wert	hohes Risiko	mittleres Risiko	niedriges Risiko
unbekannt	1	1	0
schlecht	1	0	0
gut	0	1	0

Es ergibt sich:

$$I(\text{Kredithistorie\_unbekannt}) = -\frac{1}{2} \cdot \log_2(\frac{1}{2}) - \frac{1}{2} \cdot \log_2(\frac{1}{2}) - \frac{0}{2} \cdot \log_2(\frac{0}{2}) = 1$$

$$I(\text{Kredithistorie\_schlecht}) = -\frac{1}{1} \cdot \log_2(\frac{1}{1}) - \frac{0}{1} \cdot \log_2(\frac{0}{1}) - \frac{0}{1} \cdot \log_2(\frac{0}{1}) = 0$$

$$I(\text{Kredithistorie\_gut}) = -\frac{0}{1} \cdot \log_2(\frac{0}{1}) - \frac{1}{1} \cdot \log_2(\frac{1}{1}) - \frac{0}{1} \cdot \log_2(\frac{0}{1}) = 0$$

Also ist

$$G(\text{Kredithistorie}) = \sum_{j=1}^{n} \frac{|E_j|}{|E|} I(E_j) = \frac{2}{4} \cdot 1 + \frac{1}{4} \cdot 0 + \frac{1}{4} \cdot 0 = 0{,}5$$

Diese Berechnung führen wir auch für die anderen beiden Attribute durch und erhalten:

- gewinn(Kredithistorie) = 1 − 0,5 = 0,5
- gewinn(Verschuldung) = 1 − 0,6887 = 0,3113
- gewinn(Sicherheiten) = 1 − 1 = 0

Man wählt `Kredithistorie` als nächsten Knoten, da der Gewinn dort am größten ist.

In den Abbildungen 5.10 und 5.11 sind der KNIME-Workflow und der Entscheidungsbaum dargestellt, der von WEKA (in KNIME) generiert wird. Wir haben anstelle des ID3-Algorithmus den J48-Algorithmus – eine Variante des C4.5-Algorithmus (Abschnitt 5.2.6) – ausgewählt, da für diesen Algorithmus der Entscheidungsbaum graphisch etwas schöner dargestellt wird.

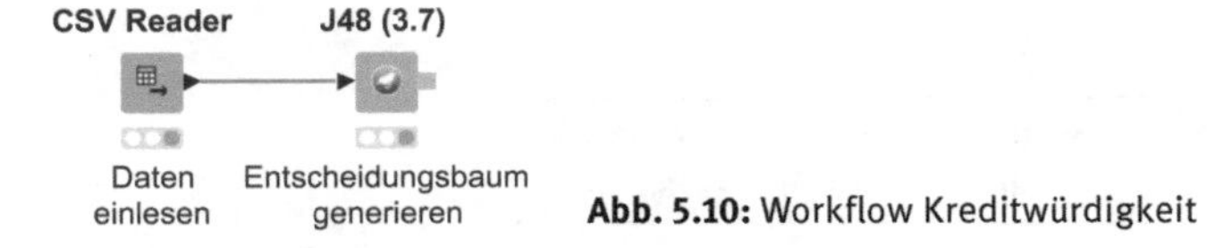

Abb. 5.10: Workflow Kreditwürdigkeit

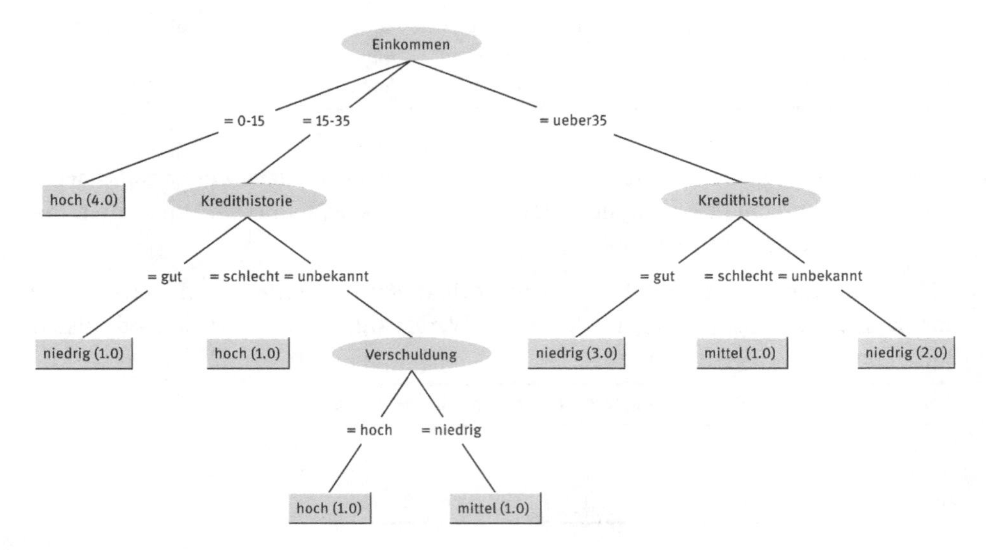

Abb. 5.11: Entscheidungsbaum Kreditwürdigkeit

5.2.4 Entropie

Wir kommen nochmal zurück zum Begriff des *Informationsgehalts*. Wir haben die Formel für den Informationsgehalt in Definition 5.7 auf Seite 103 bisher einfach benutzt. Für ein besseres Verständnis ist es hilfreich, sich einmal den Hintergrund dieser Formel anzuschauen.

5.2.4.1 Variante 1

Die erste Variante lehnt sich an [Blu07] an.

Sei E ein Ereignis, das mit der Wahrscheinlichkeit $p(E) > 0$ eintritt. Man sagt, dass die Mitteilung, dass das Ereignis E eingetreten ist,

$$I(E) = \log_2 \frac{1}{p(E)}$$

Informationseinheiten enthält. Ist $p(E) = 1$, so haben wir es mit dem sicheren Ereignis zu tun. Dann steckt darin keinerlei Information: Das Ereignis tritt ja sicher (immer) ein. Es gilt $I(E) = 0$, was dies korrekt widerspiegelt. Wann erreichen wir $I(E) = 1$? Wenn $p(E) = \frac{1}{2}$ ist, das heißt wenn wir zwei gleichwahrscheinliche Ereignisse haben. Je unwahrscheinlicher das Ereignis wird, desto größer wird $I(E)$. Auch dies entspricht unserer Intuition: *Je unwahrscheinlicher ein Ereignis, desto größer der Informationsgehalt, falls es eintritt.*

Nun betrachten wir ein Zufallsexperiment: k Ereignisse $a_1, a_2, a_3, \ldots, a_k$ sind möglich, und zwar mit den Wahrscheinlichkeiten $p_1, p_2, p_3, \ldots, p_k$. Dabei setzen wir voraus:

$$\sum_{i=1}^{k} p_i = 1, \qquad p_i \geq 0$$

Falls das Ereignis a_i eintritt, dann erhalten wir $I(a_i) = \log_2 \frac{1}{p_i}$ Bits an Informationen. Das Ereignis tritt mit einer Wahrscheinlichkeit von p_i ein. Folglich ist die mittlere Informationsgröße, die man erhält:

$$\sum_{i=1}^{k} p_i \cdot I(a_i) = \sum_{i=1}^{k} p_i \cdot \log_2 \frac{1}{p_i}$$

Auf dieser Basis können wir nun die *Entropie* definieren:

Definition 5.8 (Entropie). Die Entropie ist definiert als:

$$H_k := H_k(p_1, p_2, \ldots, p_k) = -\sum_{i=1}^{k} p_i \cdot \log_2(p_i)$$

Im Fall $p_i = 0$ setzen wir den Summanden auf 0.

Wir können $I(a_i)$ als diejenige Information interpretieren, die nötig ist, um zu spezifizieren, dass a_i eintritt. H_k kann als mittlere Informationsgröße pro Ausgang des Zufallsexperiments aufgefasst werden. Man kann H aber auch als mittlere Unsicherheit interpretieren, die ein Zuschauer *vor* dem Experiment hat.

5.2.4.2 Variante 2

Die zweite Variante der Herleitung des Entropiebegriffs stammt aus der Kryptografie und entwickelt den Entropiebegriff auf der Basis von Codierungen [PM17, S. 280].

Ein Bit ist eine binäre Zahl. Es kann 2 Informationen darstellen, also 2 Dinge voneinander unterscheiden. Mit 2 Bits können 4 Dinge codiert werden (00, 01, 10, 11), mit 3 analog 8. Allgemein können mit k Bits 2^k Fälle unterschieden werden. Umgekehrt können wir daher k unterschiedliche Dinge mit $\log_2(k)$ Bits darstellen.

Wenn wir aber die Wahrscheinlichkeiten für das Auftreten eines Ereignisses in Betracht ziehen, dann können wir dies sogar verbessern. Wir möchten die Elemente der Menge {a, b, c, d, e} unterscheiden und betrachten dafür folgende Binärcodierung:

a	0	b	10	c	110	d	1110	e	1111

Die Wahrscheinlichkeiten für das Auftreten der Elemente seien: $p(a) = \frac{1}{2}$, $p(b) = \frac{1}{4}$, $p(c) = \frac{1}{8}$, $p(d) = \frac{1}{16}$, $p(e) = \frac{1}{16}$.

Diese Codierung nutzt also manchmal 1 Bit (a), manchmal 2 und 3 oder sogar 4 Bits (d und e). Im Mittel nutzt diese Codierung – jetzt müssen wir die Wahrscheinlichkeiten für das Auftreten des jeweiligen Elements berücksichtigen – diese Bit-Anzahl:

$$\begin{aligned} p(a) \cdot 1 + p(b) \cdot 2 + p(c) \cdot 3 + p(d) \cdot 4 + p(e) \cdot 4 = \\ = \tfrac{1}{2} \cdot 1 + \tfrac{1}{4} \cdot 2 + \tfrac{1}{8} \cdot 3 + \tfrac{1}{16} \cdot 4 + \tfrac{1}{16} \cdot 4 \\ = \tfrac{1}{2} + \tfrac{2}{4} + \tfrac{3}{8} + \tfrac{4}{16} + \tfrac{4}{16} = \tfrac{15}{8} = 1{,}875 \end{aligned}$$

Und dies ist natürlich besser als eine Codierung mittels 3 Bit, die gemäß aufgerundetem Logarithmus $\log_2(5)$ für 5 Elemente erforderlich wäre.

Mit dieser Codierung benötigen wir daher 1 Bit, um a von den anderen zu unterscheiden. Das ist $-\log_2(p(a)) = 1$. Es werden 4 Bits eingesetzt, um d und e von den anderen Elementen zu unterscheiden. Das ist $-\log_2(p(d)) = 4$.

Wir bauen nun eine Codierung, die für die Codierung von x genau $-\log_2(p(x))$ Bits (beziehungsweise die nächstgrößere natürliche Zahl) nutzt. Und nun ist klar, dass eine Informationsübertragung im Durchschnitt

$$\sum_{i=1}^{k} -p_i \cdot \log_2(p_i)$$

Bits erfordert. Dies ist genau die Entropie.

Auf diesem Ansatz basiert auch die Huffman-Codierung, die in der Kryptografie benutzt wird.

5.2.5 Der Gini-Index

Alternativ kann anstelle des Informationsgehalts und des Gains auch der sogenannte *Gini-Index* verwendet werden. Der Gini-Index geht auf den italienischen Statistiker Corrado Gini (1884-1965) zurück.

Der *Gini-Index* ist das Äquivalent zum Informationsgehalt einer Tabelle bezüglich eines Zielattributs B; er wird gemessen als:

$$\text{gini}_B(E) = 1 - \sum_{i=1}^{k} p(b_i)^2 \tag{5.9}$$

Dabei stellen die b_i die möglichen Werte des Attributs B dar. p ist die Wahrscheinlichkeit (die relative Häufigkeit) für das Eintreffen von b_i.

Analog zum Gain definiert man dann

$$\text{GINI}(B) = \sum_{j=1}^{n} \frac{|E_j|}{|E|} \cdot \text{gini}(E_j) \tag{5.10}$$

Anstelle des Gains (Seite 104) wird der GINI für die Auswahl des besten Attributs gewählt.

Der Gewinn berechnet sich nun wie folgt:

$$\text{gewinn}(B) = \text{gini}(E) - \text{GINI}(B) \tag{5.11}$$

Man wählt wieder das Attribut B, welches die maximale Verbesserung, also den maximalen Gewinn liefert.

5.2.6 Der C4.5-Algorithmus

Ein Nachteil des ID3-Algorithmus ist, dass er nur mit nominalen bzw. ordinalen Attributen arbeitet, numerische Attribute dagegen nicht behandeln kann. Dies kann der Nachfolger des ID3, der C4.5-Algorithmus [Qui93]. Der C4.5-Algorithmus unterteilt numerische Attribute in *Intervalle* und wandelt diese somit in ordinale Attribute um. Hat ein Attribut A n Ausprägungen $A_1, \ldots, A_n$, so werden für jedes $i = 1 \ldots n-1$ die Intervalle $[a|a \leq A_i]$ und $[a|a > A_i]$ gebildet. Diese 2 Intervalle werden als neue Ausprägungen des Attributs A betrachtet. Es wird *diejenige* Intervallbildung gewählt, die den größten Gewinn liefert.

Der ID3-Algorithmus hat einen weiteren Nachteil: Die Sortierung der Attribute (wie oben dargestellt) favorisiert Attribute mit *vielen* verschiedenen Ausprägungen (Attribute mit vielen *unterschiedlichen* Werten). Deshalb normalisiert C4.5 den Informationsgewinn. B sei wieder das Attribut, dessen Gewinn wir ausrechnen möchten. Sei:

$$ISplit(B) = -\sum_{j=1}^{n} \frac{|E_j|}{|E|} \cdot \log_2(\frac{|E_j|}{|E|}) \tag{5.12}$$

Der *Gewinn an Information* wird dann normalisiert:

$$\text{gewinn'}(B) = \frac{\text{gewinn}(B)}{ISplit(B)} \tag{5.13}$$

Beispiel 5.5 (ISplit). Betrachten wir einen Ausschnitt aus einer Kino-Besuch-Datentabelle. Wir konzentrieren uns dabei auf nur *zwei* Attribute, den *Kartenpreis* und das Zielattribut *Kino besucht*.

Preis	4	9	5	4	8	8	4	5	9	8	9	8
Kino besucht	j	n	j	j	n	n	j	n	n	j	n	n

Wir betrachten zwei mögliche Umwandlungen des Preisattributs in Ordinalattribute. Variante 1:

- 4 und 5 werden zu *billig*: 5 Ausprägungen.
- 8 und 9 werden zu *teuer*: 7 Ausprägungen.

Variante 2:

- 4 wird zu *billig*: 3 Ausprägung.
- 5 wird zu *moderat*: 2 Ausprägungen.
- 8 wird zu *teuer*: 4 Ausprägungen.
- 9 wird zu *sehr teuer*: 3 Ausprägungen.

Für Variante 1 ergibt sich ein Gain von 0,44, für Variante 2 ein Wert von 0,65. Damit ist klar, dass der Gewinn bei Variante 2 größer ist: Der Informationsgehalt der gesamten Tabelle ist: $I(E) = 0{,}98$. Also ist der Gewinn bei Variante 2: $0{,}54$, bei Variante 1 nur $0{,}33$.

Dies ist ein typischer Effekt, Attribute mit vielen Ausprägungen werden bevorzugt. Um dies auszugleichen, wird der Informationsgewinn durch den ISplit geteilt.

Man erhält für Variante 1 einen ISplit von 0,98, für Variante 2 einen ISplit von 1,96. Der größere ISplit reduziert den Gewinn für Variante 2 stärker als den Gewinn bei Variante 1, womit der Bevorzugungseffekt reduziert wird.

Mit dem ISplit ergibt sich für Variante 1 ein Gewinn von $\frac{0{,}33}{0{,}98} = 0{,}34$ und für Variante 2 nur noch: $\frac{0{,}54}{1{,}96} = 0{,}28$.

Da das C4.5-Verfahren mit numerischen Werten umgehen kann, ist es nun möglich, einen Entscheidungsbaum für die IRIS-Daten (siehe Anhang A.1) zu generieren. In Abbildung 5.12 ist der von WEKA erzeugte Entscheidungsbaum dargestellt. Dieser wurde mittels des J48-Algorithmus – der WEKA-Variante des C4.5 – berechnet.

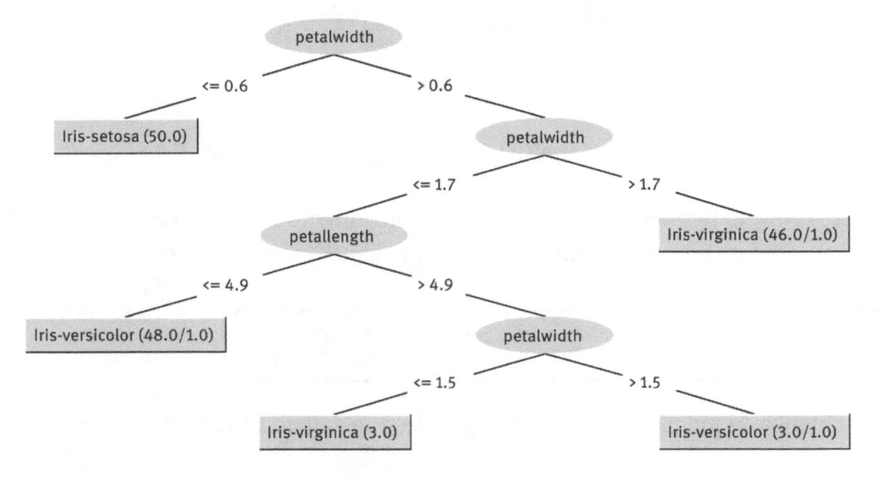

Abb. 5.12: Entscheidungsbaum für Iris-Daten

5.2.7 Probleme beim Entscheidungsbaumlernen

Beim Generieren eines Entscheidungsbaums kann es passieren, dass der Entscheidungsbaum die Trainingsdaten auswendig lernt. Er wird dann *alle* Trainingsdaten korrekt klassifizieren. Allerdings hat sich gezeigt, dass ein solcher Entscheidungsbaum häufig auf den Testdaten nicht gut funktioniert, da er ja alle Trainingsdaten nur *auswendig* gelernt hat. Man bezeichnet dies als *Overfitting*. Man versucht, dies zu verhindern, und zwar durch ein künstliches Verkürzen der Bäume. Es gibt zwei einfache Ansätze:

1. Man fordert, dass jeder Unterbaum eine Mindestanzahl von Datensätzen enthält. Es werden keine weiteren Unterbäume erzeugt, falls eine bestimmte Anzahl von Trainingsdaten unterschritten wird.
2. Man kann aber auch zunächst den kompletten Entscheidungsbaum generieren und erst hinterher generierte Unterbäume durch *ein* Blatt ersetzen.

Beide Vorgehen gehören zum sogenannten *Pruning*. Es gibt es eine Reihe von weiteren Pruning-Techniken. Beispielsweise kann man fordern, dass die Verbesserung des Informationsgehalts (also der Unordnung) nicht zu gering ausfallen darf.

Wir geben damit den Wunsch auf, dass unser Entscheidungsbaum die Trainingsdaten zu 100 % korrekt vorhersagt. Dies kann ohnehin passieren, falls wir widersprüchliche Daten haben. Es kann durchaus zwei Kunden mit identischem Profil geben. Der eine Kunde ist aber ein guter, der andere ein schlechter Kunde. Dann kann unser Entscheidungsbaum auf den Trainingsdaten nicht zu 100 % korrekt arbeiten.

Ein mittels Pruning gekürzter Entscheidungsbaum kann in der späteren Anwendung deutlich bessere Ergebnisse erzielen als ein Entscheidungsbaum, der auf allen Trainingsdaten vollständig korrekt arbeitet. Mit dem Abschneiden (Pruning) zwingen wir den entstehenden Entscheidungsbaum zu verallgemeinern. Ein solcher Entscheidungsbaum funktioniert auf neuen Daten oft wesentlich besser. Im Entscheidungsbaum für die Iris-Daten (Abbildung 5.12) haben wir Pruning eingesetzt und somit bewusst Fehler zugelassen.

Trotz dieses (generellen) Problems erfreuen sich Entscheidungsbäume großer Beliebtheit. Dies liegt zum einen daran, dass sie gut zu interpretieren sind. Zum anderen sind auch die Entscheidungsbaumverfahren nicht kompliziert und somit leicht zu implementieren.

Ein Nachteil der Entscheidungsbaumverfahren ist, dass sie nicht inkrementell weiterentwickelt werden können. Wurde ein Entscheidungsbaum generiert, dann kann dieser generierte Baum nicht einfach modifiziert werden, falls neue Daten hinzukommen. Statt dessen muss man im allgemeinen einen neuen Entscheidungsbaum generieren.

Neben den hier vorgestellten Verfahren gibt es weitere Entscheidungsbaumverfahren, wie NewID, ID5R, CHAID, CLS, LCLRD, AQ15. Bezüglich dieser Verfahren verweisen wir auf die Literatur.

Das Generieren eines guten Entscheidungsbaums hängt häufig von der guten Auswahl der Trainingsmenge, also der Teilmenge der gegebenen Daten, mit denen man den Entscheidunsgbaum generiert, ab.

Diesem Problem können wir durch einen Ansatz begegnen, der eine Art demokratisches Vorgehen darstellt. Wir generieren mehrere Entscheidungsbäume und treffen bei den Vorhersagen schlicht und einfach Mehrheitsentscheide. Dieses Vorgehen heißt *Random Forest*. Dieser Ansatz gehört in die Kategorie *Ensemble Learning*. Man wählt eine Reihe von unterschiedlichen Verfahren und führt die Resultate zu *einer* Entscheidung zusammen (siehe Abschnitt 5.6).

5.2.8 Entscheidungsbaum und Regeln

Wollen wir unser Data-Mining-Modell zur Entscheidungsunterstützung verwenden, so ist dafür eine maschinenlesbare Darstellung erforderlich. Der Entscheidungsbaum ist hierfür in seiner graphischen Repräsentation ungeeignet. Wir können aber leicht aus einem Entscheidungsbaum *Regeln* (vgl. Abschnitt 4.3) generieren. Aus dem in Abbildung 5.11 auf Seite 108 dargestellten Entscheidungsbaum lassen sich problemlos Regeln extrahieren, die den kompletten Baum repräsentieren, beispielsweise

Einkommen = ueber35 UND Kreditwuerdigkeit = unbekannt DANN Risiko= niedrig
Einkommen = 0–15 DANN Risiko= niedrig
...

Zur Generierung von Regeln gibt es etliche Verfahren, die nicht auf Entscheidungsbäumen basieren. Neben den im Kapitel 7 über Assoziationsanalysen vorgestellten Verfahren, die ohne weiteres auch auf Klassifikationsaufgaben angewandt werden können, gibt es weitere wie beispielsweise AQ15, CN2 und LCLR [Pet05].

Aufgabe 5.4 (Entscheidungsbaum – Wetter-Beispiel). Wir betrachten erneut das Wetter-Beispiel, nun aber mit den ursprünglichen numerischen Werten für Temperatur und Luftfeuchtigkeit, siehe Anhang A.3. Bestimmen Sie aus den in Tabelle 5.9 auf der nächsten Seite gegebenen Daten einen Entscheidungsbaum für das Attribut `Play?`, welches angibt, ob unter den gegebenen Witterungsbedingungen gespielt wird. Wählen Sie bei gleicher Güte zweier Attribute das in der Tabelle weiter links stehende. Wie gehen Sie mit den numerischen Werten um?

Aufgabe 5.5 (Entscheidungsbaum – Restaurant). Die Tabelle 5.10 auf Seite 116 (vgl. Aufgabe 5.1 auf Seite 95) enthält 12 Datensätze mit diesen Attributen:

- Alternative: Gibt es in der Nähe ein geeignetes anderes Restaurant? {ja, nein}
- Fr/Sa: Ist Freitag oder Samstag? {ja, nein}
- Hungrig: Bin ich hungrig? {ja, nein}

Tab. 5.9: Daten Wetter-Beispiel

Outlook	Temp (°F)	Humidity (%)	Windy?	Play?
sunny	85	85	false	no
sunny	80	90	true	no
overcast	83	78	false	yes
rainy	70	96	false	yes
rainy	68	80	false	yes
rainy	65	70	true	no
overcast	64	65	true	yes
sunny	72	95	false	no
sunny	69	70	false	yes
rainy	75	80	false	yes
sunny	75	70	true	yes
overcast	72	90	true	yes
overcast	81	75	false	yes
rainy	71	80	true	no

- Gäste: Wie viele Leute sind im Restaurant? {keine, einige, voll}
- Reservierung: Habe ich reserviert? {ja, nein}
- Typ: Um welchem Restauranttyp handelt es sich? {Franzose, Chinese, Italiener, Burger}
- Wartezeit: Welche Wartezeit wird vom Restaurant geschätzt? {0–10, 10–30, 30–60, >60}
- Warten (*Zielattribut*): Warte ich, wenn alle Tische besetzt sind? {ja, nein}

Generieren Sie einen Entscheidungsbaum und klassifizieren Sie die letzten 3 Datensätze der Tabelle.

Aufgabe 5.6 (Entscheidungsbaum – Kontaktlinsen-Beispiel). Finden Sie für das Kontaktlinsen-Beispiel, welches im Anhang A.4 erläutert wird, einen Entscheidungsbaum.

Aufgabe 5.7. Die Tabelle 5.11 enthält Datensätze mit diesen Attributen:

- Entf: Entfernung bis zum nächsten Schneegebiet (mehr/weniger als 100km)
- Sonne: (ja/nein)
- WoEnde: Ist es ein Wochenende? (ja/nein)
- Skifahren (**Zielattribut**): Ich werde skifahren. (ja/nein)

Generieren Sie mittels ID3 einen Entscheidungsbaum zur Vorhersage, ob man skifahren wird.

Tab. 5.10: Daten Restaurantbeispiel

Alternative	Fr/Sa	Hungrig	Gäste	Reservierung	Typ	Zeit	Warten
ja	nein	ja	einige	ja	Franz.	0–10	ja
ja	nein	ja	voll	nein	Chin.	30–60	nein
nein	nein	nein	einige	nein	Burger	0–10	ja
ja	ja	ja	voll	nein	Chin.	10–30	ja
ja	ja	nein	voll	ja	Franz.	>60	nein
nein	nein	ja	einige	ja	Ital.	0–10	ja
nein	nein	nein	keine	nein	Burger	0–10	nein
nein	nein	ja	einige	ja	Chin.	0–10	ja
nein	ja	nein	voll	nein	Burger	>60	nein
ja	ja	ja	voll	ja	Ital.	10–30	nein
nein	nein	nein	keine	nein	Chin.	0–10	nein
ja	ja	ja	voll	nein	Burger	30–60	ja
ja	nein	ja	einige	nein	Franz.	30–60	
ja	ja	ja	voll	ja	Chin.	10–30	
nein	nein	nein	keine	nein	Burger	0–10	

Tab. 5.11: Skifahren-Beispiel

Tag	Entf	WoEnde	Sonne	Skifahren
1	w	j	j	j
2	w	j	j	j
3	w	j	n	j
4	w	n	j	j
5	m	j	j	j
6	m	j	j	j
7	m	j	j	n
8	m	j	n	n
9	m	n	j	n
10	m	n	j	n
11	m	n	n	n

5.3 Naive Bayes

Der Naive-Bayes-Algorithmus ist ein wahrscheinlichkeitsbasiertes Verfahren. Das Ziel ist die Vorhersage der *wahrscheinlichsten Klasse*. Es findet kein Training eines Modells statt. Die Vorhersage wird direkt aus den Trainingsdaten berechnet. Dabei gehen wir von einer grundlegenden Annahme aus: Alle Attribute sind voneinander *unabhängig*.

Der Naive-Bayes-Algorithmus basiert auf der *Bayesschen Formel*, die in Berechnungen mit bedingten Wahrscheinlichkeiten ein Vertauschen der abhängigen Ereignisse erlaubt.

5.3.1 Bayessche Formel

Sei Y ein Ereignis mit $P(Y) > 0$. Dann heißt

$$P(X|Y) = \frac{P(X \wedge Y)}{P(Y)} \tag{5.14}$$

bedingte Wahrscheinlichkeit von X unter der Bedingung Y. Falls $P(Y) = 0$, so ist die bedingte Wahrscheinlichkeit nicht definiert.

Stellt man die Formel für die bedingte Wahrscheinlichkeit um, so erhält man:

$$P(X \wedge Y) = P(Y) \cdot P(X|Y)$$

Betrachtet man die bedingte Wahrscheinlichkeit von Y bezüglich X, so ergibt sich analog:

$$P(Y \wedge X) = P(X) \cdot P(Y|X)$$

Da das logische Und kommutativ ist, gilt:

$$P(Y) \cdot P(X|Y) = P(X) \cdot P(Y|X)$$

Somit erhält man die *Bayessche Formel*:

$$P(X|Y) = \frac{P(Y|X) \cdot P(X)}{P(Y)} \tag{5.15}$$

Diese Formel ist bei vielen Problemen sehr nützlich, da sie die Berechnung von $P(X|Y)$ mittels $P(Y|X)$ erlaubt. Häufig ist nur eine der beiden bedingten Wahrscheinlichkeiten verfügbar. Mit der Bayesschen Formel lässt sich somit die umgekehrte bedingte Wahrscheinlichkeit berechnen.

5.3.2 Der Naive-Bayes-Algorithmus

Wir beziehen uns wieder auf das Wetter-Beispiel aus Anhang A.3.

Sei $A = \{a_1, \ldots, a_n\}$ eine Menge von Attributwerten, zum Beispiel $\{sunny, hot\}$. Wir möchten nun berechnen, ob gespielt wird, wenn es *sunny* und *hot* ist.

Mit der Bayesschen Formel erhalten wir:

$$P(yes|[sunny,hot]) = \frac{P([sunny,hot]|yes) \cdot P(yes)}{P([sunny,hot])}$$

Analog berechnen wir

$$P(no|[sunny,hot]) = \frac{P([sunny,hot]|no) \cdot P(no)}{P([sunny,hot])}$$

Wir sagen dann *yes* vorher, wenn $P(yes|[sunny,hot])$ größer als $P(no|[sunny,hot])$ ist, sonst *no*.

Wir sehen, dass in beiden Formeln im Nenner der Term $P([sunny,hot])$ vorkommt. Da dieser für beide Ausdrücke gleich ist und wir ja nur bezüglich der Größe vergleichen, können wir diesen weglassen. Wir reden aber nun nicht mehr von der Wahrscheinlichkeit P, sondern von der sogenannten *Likelihood* L:

$$L(yes|[sunny,hot]) = P([sunny,hot]|yes) \cdot P(yes)$$
$$L(no|[sunny,hot]) = P([sunny,hot]|no) \cdot P(no)$$

Der Naive-Bayes-Algorithmus geht von der Unabhängigkeit der Attribute aus und ersetzt:

$$P([sunny,hot]|yes) = P(sunny|yes) \cdot P(hot|yes)$$

Die Vorhersage einer Klasse erfolgt somit über die folgenden Größen:

1. **Relative Häufigkeit** $h[a,k]$ des Attributs a in der Klasse k
2. **Likelihood** $L[k](A) = \prod_{i=1}^{n} h[a_i,k] \cdot h[k]$
3. **Wahrscheinlichkeit** $P[k_j](A) = \frac{L[k_j](A)}{\sum_i L[k_i](A)}$
4. **Vorhersage** $k_m : P[k_m](A) = \max_j(P[k_j](A))$

Die relative Häufigkeit $h[a,k]$ ist exakt unser $P(a|k)$. Wir ersetzen aber $P(a|k)$ durch die relative Häufigkeit $h[a,k]$, da die Information über die *Wahrscheinlichkeit* genau genommen nicht vorliegt, sondern nur eine kleine Menge von gegebenen Beispieldaten. Die *Likelihood* hatten wir oben bereits eingeführt.

Die *Likelihoods* vergleichen wir miteinander und nehmen davon den größten Wert. Um wieder Wahrscheinlichkeitswerte zu erhalten, normalisieren wir unsere *Likelihoods*, so dass deren Summe 1 ergibt. Dies erreichen wir dadurch, dass wir alle *Likelihoods* durch die Gesamtsumme *aller Likelihoods* dividieren: $\sum_i L[k_i](A)$.

Genau genommen verwenden wir das Symbol P hier unterschiedlich. Bei den einführenden Ausführungen zur Wahrscheinlichkeit verwenden wir das Symbol P korrekt als Bezeichnung für die Wahrscheinlichkeit. Bei der eigentlichen Vorhersage müssten wir jedoch einen anderen Namen vergeben, denn die normalisierte Likelihood ist nicht die Wahrscheinlichkeit, sondern nur eine Art Wahrscheinlichkeitsersatz.

Wir erläutern das Vorgehen am Wetter-Beispiel, Tabelle 5.12. Wird an einem Tag mit folgenden Eigenschaften gespielt?

outlook	=	sunny	humidity	=	normal
temperature	=	hot	windy	=	true

Tab. 5.12: Wetter-Daten

Tag	outlook	temperature	humidity	windy	play
1	sunny	hot	high	false	no
2	sunny	hot	high	true	no
3	overcast	hot	high	false	yes
4	rainy	mild	high	false	yes
5	rainy	cool	normal	false	yes
6	rainy	cool	normal	true	no
7	overcast	cool	normal	true	yes
8	sunny	mild	high	false	no
9	sunny	cool	normal	false	yes
10	rainy	mild	normal	false	yes
11	sunny	mild	normal	true	yes
12	overcast	mild	high	true	yes
13	overcast	hot	normal	false	yes
14	rainy	mild	high	true	no

Schritt 1

Wir ermitteln zunächst die *relativen Häufigkeiten*. Es ergibt sich:

$$h[sunny, yes] = \frac{2}{9}$$

weil

- es 9 Tage gibt, an denen gespielt wurde (*play=yes*), und
- an 2 dieser Tage *outlook=sunny* war.

Die weiteren relativen Häufigkeiten, die wir benötigen, sind in Tabelle 5.13 fett markiert.

Schritt 2

Nun erfolgt die Berechnung der *Likelihoods*.

$$\begin{aligned} &L[yes](sunny, hot, normal, true) \\ &\quad = h[sunny, yes] \cdot h[hot, yes] \cdot h[normal, yes] \cdot h[true, yes] \cdot h[yes] \\ &\quad = 2/9 \cdot 2/9 \cdot 6/9 \cdot 3/9 \cdot 9/14 \\ &\quad = 0{,}007055 \\ &L[no](sunny, hot, normal, true) \\ &\quad = h[sunny, no] \cdot h[hot, no] \cdot h[normal, no] \cdot h[true, no] \cdot h[no] \\ &\quad = 3/5 \cdot 2/5 \cdot 1/5 \cdot 3/5 \cdot 5/14 \\ &\quad = 0{,}010286 \end{aligned}$$

Tab. 5.13: Relative Häufigkeiten

		play	
		yes	**no**
outlook	sunny	**2/9**	**3/5**
	overcast	4/9	0/5
	rainy	3/9	2/5
temperature	hot	**2/9**	**2/5**
	mild	4/9	2/5
	cool	3/9	1/5
humidity	high	3/9	4/5
	normal	**6/9**	**1/5**
windy	true	**3/9**	**3/5**
	false	6/9	2/5

Schritt 3

Jetzt werden die *Wahrscheinlichkeiten* berechnet, wobei wir *sunny, hot, normal, true* mit A abkürzen.

$$\begin{aligned} P[yes](A) &= L[yes](A) \;/\; (L[yes](A) + L[no](A)) \\ &= 0{,}007055 \;/\; (0{,}007055 + 0{,}010286) \\ &= 0{,}406835 \\ P[no](A) &= L[no](A) \;/\; (L[yes](A) + L[no](A)) \\ &= 0{,}010286 \;/\; (0{,}007055 + 0{,}010286) \\ &= 0{,}593165 \end{aligned}$$

Schritt 4

Nun kann die Klasse vorhergesagt werden. Wir sagen *die* Klasse vorher, die die größte Wahrscheinlichkeit liefert.

$$(P[yes](A) = 40{,}68\%) < (P[no](A) = 59{,}32\%) \quad \Rightarrow NO$$

An einem sonnigen, heißen, aber stürmischen Tag mit normaler Luftfeuchtigkeit wird somit mit einer Wahrscheinlichkeit von etwa 41 % gespielt, mit einer Wahrscheinlichkeit von 59 % wird nicht gespielt. Also spielen wir lieber nicht.

In Abbildung 5.13 ist der KNIME-Workflow, in Abbildung 5.14 auf der nächsten Seite das Resultat dargestellt.

Bisher sind wir stillschweigend davon ausgegangen, dass die Daten nominal oder ordinal vorliegen. Dies ist auch sinnvoll, da die Anwendung von Naive Bayes auf metrische Daten unsinnig ist. Betrachten wir dazu das Wetterbeispiel (Tabelle 5.14 auf der nächsten Seite) in der Originalversion mit den ursprünglichen numerischen Werten für Temperatur und Luftfeuchtigkeit, siehe Anhang A.3.

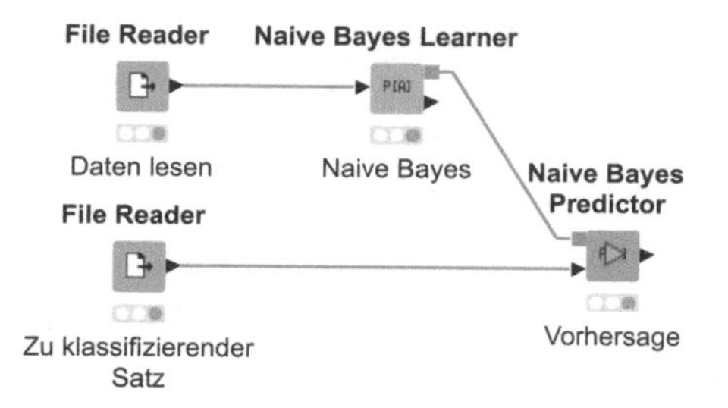

Abb. 5.13: Naive Bayes – Wetter-Beispiel

Classified Test data - 2:16 - Weka Predictor (3.7)

File

Table "default" - Rows: 1 | Spec - Columns: 7 | Properties | Flow Variables

Row ID	S Outlook	S Temp...	S Humidity	S Windy	D P (Play=no)	D P (Play=yes)	S Predic...
1	sunny	hot	normal	true	0.559	0.441	no

Abb. 5.14: Naive Bayes – Resultat

Tab. 5.14: Daten Wetter-Beispiel

Outlook	Temp (°F)	Humidity (%)	Windy?	Play?
sunny	85	85	false	no
sunny	80	90	true	no
overcast	83	78	false	yes
rainy	70	96	false	yes
rainy	68	80	false	yes
rainy	65	70	true	no
overcast	64	65	true	yes
sunny	72	95	false	no
sunny	69	70	false	yes
rainy	75	80	false	yes
sunny	75	70	true	yes
overcast	72	90	true	yes
overcast	81	75	false	yes
rainy	71	80	true	no

Wenn wir auf diese Daten Naive Bayes anwenden wollen, haben wir zwei Probleme:

1. Die Temperaturen 64°F und 65°F werden vom Verfahren als unterschiedliche Ausprägungen angesehen, obwohl sie fast gleich sind. Da Naive Bayes die relativen Häufigkeiten zählt, werden kleine Zahlen entstehen.
2. Das Verfahren scheitert, wenn eine Vorhersage für eine Temperatur von 63°F getroffen werden soll.

Die Lösung für dieses Problem ist, dass vorab Intervalle gebildet werden. Dies ist in Tabelle 5.12 auf Seite 119 offensichtlich schon geschehen. Man kann geeignete Intervalle „per Hand“ bilden, bei großen Datenmengen sollte man jedoch auf automatische Verfahren zurückgreifen. Hierfür eignet sich beispielsweise das im Kapitel 8 erläuterte Binning (Seite 220 und 230).

Das Naive-Bayes-Verfahren zeichnet sich durch seine Effizienz aus. Die Trainingsmenge muss zur Bestimmung der relativen Häufigkeiten nur einmal durchlaufen werden.

Ein Nachteil ist, dass das Verfahren von der Unabhängigkeit der Attribute ausgeht. Diese ist aber meistens nicht gegeben.

Ein weiterer Nachteil ist, dass Null-Werte eine Art Veto-Recht besitzen. Wir betrachten die in Tabelle 5.15 dargestellten Kinobesuch-Daten. An Attributen liegen uns vor: Lag der Tag am Wochenende? War es ein Hollywoodfilm? Wie viele Karten sind bereits verkauft? Weiterhin sind Daten zum Wetter, zum Genre des Films sowie die Filmlänge bekannt. Die relativen Häufigkeiten sind in Tabelle 5.16 dargestellt. Betrachten wir den

Tab. 5.15: Kinobesuche

Wochenende	Hollywood	Karten	Wetter	Genre	Länge	Kinobesuch
ja	nein	einige	gut	Romanze	xxl	ja
nein	ja	90 %	gut	Action	lang	nein
ja	nein	einige	gut	Krimi	kurz	ja
nein	ja	90 %	gut	Action	normal	nein
nein	nein	90 %	gut	Romanze	xxl	nein
ja	nein	einige	schlecht	Drama	kurz	ja
nein	nein	keine	schlecht	Krimi	kurz	ja
nein	ja	einige	schlecht	Action	kurz	ja
ja	nein	90 %	schlecht	Krimi	lang	nein
ja	ja	90 %	gut	Drama	normal	nein
nein	nein	keine	gut	Action	kurz	nein
ja	ja	90 %	gut	Krimi	lang	ja

folgenden Datensatz und die zugehörigen relativen Häufigkeiten:

	WoEnde nein	Hollywood ja	Karten einige	Wetter gut	Genre Action	Länge lang
ja	0,33	0,33	0,67	0,5	0,17	0,17
nein	0,67	0,5	0	0,83	0,5	0,33

Der Nullwert für $h[einige, nein]$ sorgt dafür, dass die Likelihood

$$L[nein](nein, ja, einige, gut, Action, lang)$$

Tab. 5.16: Relative Häufigkeiten – Kinobesuch

		Besuch ja	Besuch nein
WoEnde	ja	4 / 6	2 / 6
	nein	2 / 6	4 / 6
Hollywood	ja	2 / 6	3 / 6
	nein	4 / 6	3 / 6
Karten	keine	1 / 6	1 / 6
	einige	4 / 6	0 / 6
	90 %	1 / 6	5 / 6
Wetter	schlecht	3 / 6	1 / 6
	gut	3 / 6	5 / 6

		Besuch ja	Besuch nein
Genre	Romanze	1 / 6	1 / 6
	Action	1 / 6	3 / 6
	Krimi	3 / 6	1 / 6
	Drama	1 / 6	1 / 6
Filmlänge	kurz	4 / 6	1 / 6
	normal	0 / 6	2 / 6
	lang	1 / 6	2 / 6
	xxl	1 / 6	1 / 6

den Wert 0 bekommt. Dies ist mathematisch sicherlich korrekt, erscheint uns aber korrekturbedürftig, denn die Vorhersage *ja* gewinnt, obwohl alle anderen relativen Häufigkeiten für *nein* größer sind als für *ja*.

Wir können die Situation sogar noch zuspitzen. Dazu betrachten wir das folgende Beispiel und die zugehörigen relativen Häufigkeiten.

	WoEnde nein	Hollywood ja	Karten einige	Wetter gut	Genre Action	Länge normal
ja	0,33	0,33	0,67	0,5	0,17	0
nein	0,67	0,5	0	0,83	0,5	0,33

Nun ist gar keine Vorhersage möglich, da sowohl für den Fall *ja* als auch für den Fall *no* eine der relativen Häufigkeiten 0 ergibt, so dass beide Likelihoods 0 werden.

Wie kann man dem entgegen wirken? Wir addieren bei den relativen Häufigkeiten immer eine 1 dazu. Dadurch werden die Nullwerte zu positiven, aber immer noch kleinen Werten. Beachten Sie, dass wir natürlich den jeweiligen Nenner genau um die Anzahl der Ausprägungen erhöhen müssen. Es ergeben sich die in Tabelle 5.17 auf der nächsten Seite dargestellten relativen Häufigkeiten.

Für die Daten *nein/ja/einige/gut/Action/normal* bekommen wir nun eine Vorhersage. Es gewinnt *no* mit 80 %. Diese Technik geht auf Laplace zurück. Sie ist in WEKA im Naive-Bayes-Verfahren implementiert. Natürlich muss nicht zwingend eine zusätzliche 1 addiert werden. Man kann auch eine beliebige positive Zahl x hinzufügen. Der Nenner muss dann um $n \times x$ erhöht werden, wobei n die Anzahl der Ausprägungen des Attributs ist. Auch eine gewichtete Variante, also unterschiedliche Gewichte bei den Ausprägungen, ist möglich.

Tab. 5.17: Relative Häufigkeiten – Kinobesuch

		Besuch ja	Besuch nein
WoEnde	ja	5 / 8	3 / 8
	nein	3 / 8	5 / 8
Hollywood	ja	3 / 8	4 / 8
	nein	5 / 8	4 / 8
Karten	keine	2 / 9	2 / 9
	einige	5 / 9	1 / 9
	90 %	2 / 9	6 / 9
Wetter	schlecht	4 / 8	2 / 8
	gut	4 / 8	6 / 8

		Besuch ja	Besuch nein
Genre	Romanze	2 / 10	2 / 10
	Action	2 / 10	4 / 10
	Krimi	4 / 10	2 / 10
	Drama	2 / 10	2 / 10
Filmlänge	kurz	5 / 10	2 / 10
	normal	1 / 10	3 / 10
	lang	2 / 10	3 / 10
	xxl	2 / 10	2 / 10

Aufgabe 5.8 (Naive Bayes – Restaurantdaten). Tabelle 5.18 (vgl. Aufgabe 5.5) enthält 12 Datensätze mit diesen Attributen:

- Alternative: Gibt es in der Nähe ein geeignetes anderes Restaurant? {ja, nein}
- Fr/Sa: Ist Freitag oder Samstag? {ja, nein}
- Hungrig: Bin ich hungrig? {ja, nein}
- Gäste: Wie viele Leute sind im Restaurant? {keine, einige, voll}
- Reservierung: Habe ich reserviert? {ja, nein}
- Typ: Um welchem Restauranttyp handelt es sich? {Franzose, Chinese, Italiener, Burger}
- Wartezeit: Welche Wartezeit wird vom Restaurant geschätzt? {0–10, 10–30, 30–60, >60}
- Warten (*Zielattribut*): Warte ich, wenn alle Tische besetzt sind? {ja, nein}

Berechnen Sie mit Naive Bayes, ob wir in den letzten 3 Fällen, die in der Tabelle 5.18 angegeben sind, warten.

Aufgabe 5.9 (Naive Bayes – Wohnsituation). Sei eine Menge von Datensätze gegeben, die Werte mit dieser Bedeutung enthalten: a=angestellt, s=selbständig, v=verheiratet, l=ledig, M=Miete, E=Eigentum:

Beruf	a	a	a	a	s	s	s	s
Fam.st.	v	l	v	v	l	l	v	v
Kinder	j	n	n	j	j	n	j	n
Wohnung	M	E	M	E	E	M	E	E

Wo lebt ein lediger Angestellter mit Kindern?

Tab. 5.18: Restaurant-Daten

Alternative	Fr/Sa	Hungrig	Gäste	Reservierung	Typ	Zeit	Warten
ja	nein	ja	einige	ja	Franz.	0–10	ja
ja	nein	ja	voll	nein	Chin.	30–60	nein
nein	nein	nein	einige	nein	Burger	0–10	ja
ja	ja	ja	voll	nein	Chin.	10–30	ja
ja	ja	nein	voll	ja	Franz.	>60	nein
nein	nein	ja	einige	ja	Ital.	0–10	ja
nein	nein	nein	keine	nein	Burger	0–10	nein
nein	nein	ja	einige	ja	Chin.	0–10	ja
nein	ja	nein	voll	nein	Burger	>60	nein
ja	ja	ja	voll	ja	Ital.	10–30	nein
nein	nein	nein	keine	nein	Chin.	0–10	nein
ja	ja	ja	voll	nein	Burger	30–60	ja
ja	nein	ja	einige	nein	Franz.	30–60	
ja	ja	ja	voll	ja	Chin.	10–30	
nein	nein	nein	keine	nein	Burger	0–10	

5.4 Vorwärtsgerichtete Neuronale Netze

Klassifikationsaufgaben können auch mit Hilfe *künstlicher neuronaler Netze* gelöst werden. Es werden dabei *vorwärtsgerichtete neuronale Netze* eingesetzt. Diese werden auch als *Backpropagation-Netze* oder *Multilayer Perceptrons* (MLP) bezeichnet. Die Entwicklung eines künstlichen neuronalen Netzes erfordert einerseits die Festlegung der Netzstruktur und andererseits beeinflusst das Training entscheidend das Verhalten eines Netzes. Wir betrachten zuerst die Netzarchitektur und diskutieren danach mögliche Lernverfahren.

5.4.1 Architektur

Um ein künstliches neuronales Netz für eine Klassifikation einsetzen zu können, muss zuerst die Struktur des Netzes, die Netzarchitektur entwickelt werden. Das betrifft die Anzahl der Neuronen in der Eingabe-Schicht, in der Ausgabe-Schicht, Anzahl und Größe der verdeckten Schichten sowie die Verbindungen zwischen den Neuronen (Abbildung 5.15).

Beginnen wir mit der Ausgabe-Schicht. Hier muss das Klassifikationsergebnis für einen Datensatz ablesbar sein. Entscheidend für die Struktur der Ausgabe-Schicht ist die Art der Codierung des Klassifikationsattributs. Im einfachen Fall erfolgt die Einordnung in zwei Klassen. Dafür kann ein Neuron ausreichend sein: *aktiviert* entspricht der einen Klasse, *nicht aktiviert* der anderen. Eine Ausgabe-Schicht aus zwei Neuronen ist

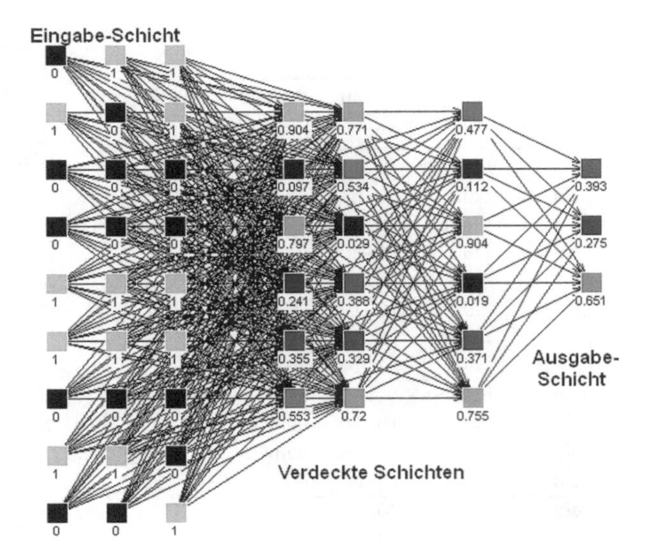

Abb. 5.15: Ein vorwärtsgerichtetes mehrschichtiges neuronales Netz

ebenso möglich: Die Aktivierung eines Neurons signalisiert die Zugehörigkeit zu der jeweiligen Klasse. Dieser Ansatz kann verallgemeinert werden: Ist eine Klassifikation in n Klassen vorzunehmen, wird eine Ausgabe-Schicht aus n Neuronen aufgebaut, wobei die Aktivierung eines Neurons dann ein Maß für die Zugehörigkeit zur jeweiligen Klasse ausdrückt. Die Klasse, dessen Neuron am stärksten aktiviert ist, wird dann vorausgesagt.

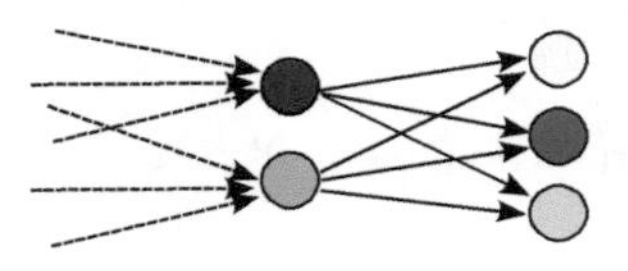

Abb. 5.16: Letzte trainierbare Verbindungsschicht und Ausgabe-Schicht

Wird die Größe der Eingabe- sowie der Ausgabe-Schicht von der Codierung der Daten bestimmt, so beeinflusst die Wahl der Aktivierungsfunktion die Codierung:

- Wird die logistische Funktion eingesetzt, sollten die Daten aus dem Bereich [0,+1] sein. Werte außerhalb dieses Bereiches sind nicht sinnvoll.
- Der Wertebereich [–1,+1] kann für die Codierung verwendet werden, wenn der Tangens Hyperbolicus als Aktivierungsfunktion zum Einsatz kommt.

Nominale Daten werden üblicherweise durch eine Menge von Neuronen verarbeitet. Für jeden möglichen Wert wird ein Neuron verwendet: Ein Wert wird dann durch genau eine 1 und entsprechend viele Nullen dargestellt.

Betrachten wir als Beispiel den Typ eines Artikels. Mögliche Werte seien CD, DVD, Blu-Ray, Buch, mp3-Download. 5 unterschiedliche Werte erfordern 5 Neuronen. Diese Werte werden dann entsprechend ihrer Reihenfolge codiert als:

$$\begin{aligned}
\text{code(CD)} &= (1\,0\,0\,0\,0),\\
\text{code(DVD)} &= (0\,1\,0\,0\,0),\\
\text{code(Blu-Ray)} &= (0\,0\,1\,0\,0),\\
\text{code(Buch)} &= (0\,0\,0\,1\,0),\\
\text{code(mp3)} &= (0\,0\,0\,0\,1).
\end{aligned}$$

In analoger Weise können auch ordinale Werte codiert werden, wobei sich für diese die sogenannte *unäre* Codierung anbietet: Zahlen von 1 bis 5 werden dann als Folgen von Einsen codiert. Als Beispiel diene ein Attribut Schulnote. Es wird dabei codiert, dass eine 1 besser als eine 2 und diese besser als eine 3 usw. ist: $1 > 2 > 3 > 4 > 5$.

$$\begin{aligned}
\text{code}(1) &= (1\,1\,1\,1),\\
\text{code}(2) &= (1\,1\,1\,0),\\
\text{code}(3) &= (1\,1\,0\,0),\\
\text{code}(4) &= (1\,0\,0\,0),\\
\text{code}(5) &= (0\,0\,0\,0).
\end{aligned}$$

Reelle Zahlen bedürfen einer besonderen Betrachtung. Möglich ist eine Intervallbildung. Die Zugehörigkeit zu einem Intervall wird dann wie ein ordinaler Wert codiert. Reelle Werte können ebenso normalisiert und so auf den Bereich [0,1] abgebildet werden (siehe auch Abschnitt 8.2.5). Damit wird jedes Attribut durch genau ein Eingabe-Neuron verarbeitet. Kritisch ist zu untersuchen, ob nicht die Unterschiede zwischen den einzelnen Werten dabei zu sehr verwischen.

Beispiel 5.6 (Neuronen für Attribut Körpergröße). Es ist für das Attribut Körpergröße eine Eingabe für ein künstliches neuronales Netz zu entwickeln. Die Werte seien aus dem Bereich 150...200.

Es gibt viele Möglichkeiten, die Daten so vorzubereiten, dass ein künstliches neuronales Netz damit arbeiten kann. Zwei Varianten stellen wir hier vor:

- Die Werte werden normiert: Es wird 1 Neuron verwendet. Der Wert 150 wird dann als 0,0 und der maximale Wert 200 als 1,0 codiert. Der Wert 180 liegt dann codiert als 0,6 vor.
- Es werden 5 Intervalle gebildet und diese mittels 4 Neuronen codiert: Werte von 150...159 werden als (0 0 0 0) dargestellt. Die Belegung der Neuronen mit den Werten (1 1 0 0) repräsentiert dann eine Körpergröße aus dem Intervall 170...179.

Die Bestimmung der Zwischenschicht(en) ist schwierig. Während es für Ein- und Ausgabe-Schicht durch die zu verarbeitenden Daten klare Vorgaben gibt, ist dies für die verdeckten Schichten nicht der Fall. Hier gilt es, mehrere Varianten auszuprobieren: ein oder zwei verdeckte Schichten mit unterschiedlichen Größen. Einige Empfehlungen aus den Erfahrungen der Autoren hierzu: eine verdeckte Schicht mit etwa der halben Größe der Eingabe-Schicht. Falls die Ergebnisse nicht zufriedenstellend sind, vergrößere man die innere Schicht bis auf die Größe der Eingabe-Schicht. Sind die Ergebnisse immer noch nicht wie gewünscht, experimentiere man mit einer zweiten inneren Schicht. Mehr als zwei innere Schichten sind theoretisch nicht nötig (vgl. [Zel97]).

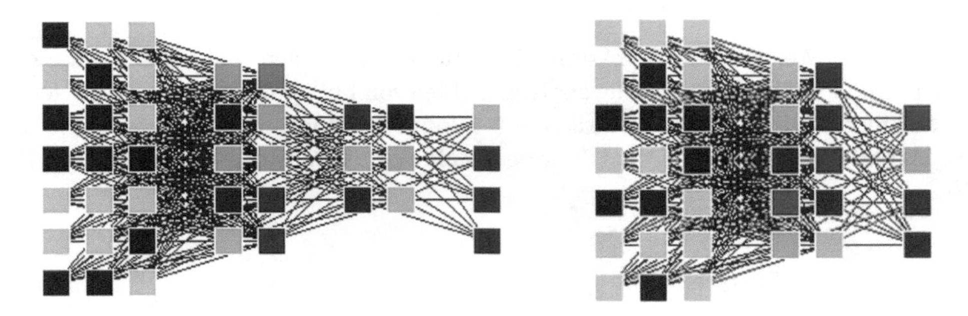

Abb. 5.17: Unterschiedliche Zwischenschichten für eine Aufgabe

5.4.2 Das Backpropagation-of-Error-Lernverfahren

Ist die Architektur eines neuronalen Netzes festgelegt, sind die Trainingsdaten entsprechend zu codieren. Die Anzahl der Werte pro Datensatz müssen mit der Anzahl der Neuronen in der Eingabe-Schicht übereinstimmen. Die Codierung des Klassifikationsattributs muss mit der Ausgabe-Schicht darstellbar sein. Für das Trainieren eines Klassifikators sind neben den Eingabedaten auch die gewünschten Ergebnisse für die Trainingsdaten erforderlich. Man spricht vom *überwachten Lernen* eines künstlichen neuronalen Netzes. Ist das Ergebnis bekannt, kann der Fehler bestimmt werden, den ein neuronales Netz in seinem Verhalten aufweist. Dieser Fehler wird dann benutzt, um das künstliche neuronale Netz zu verändern. Auf diese Art und Weise lernt das neuronale Netz das gewünschte Klassifikationsverhalten.

Vorwärtsgerichtete neuronale Netze werden mit einem *Backpropagation-of-error-Algorithmus* trainiert. Ein vorwärtsgerichtetes neuronales Netz besteht aus einer Eingabe-Schicht, ein oder mehreren Schichten verdeckter Neuronen sowie aus einer Ausgabe-Schicht. Abbildung 5.18 auf der nächsten Seite zeigt den Aufbau. Die Neuronen einer Schicht sind üblicherweise mit allen Neuronen der nachfolgenden Schicht verbunden. Dabei bestehen Verbindungen nur von der Eingabe-Schicht zur ersten Zwischenschicht, von dort eventuell zu einer nachfolgenden Zwischenschicht und dann von der letzten

Zwischenschicht zur Ausgabe-Schicht. Daher leitet sich der Name ab: *vorwärtsgerichtetes neuronales Netz* (englisch feed-forward network). Die einzelnen Schichten bestehen dabei aus mehreren (vielen) künstlichen Neuronen.

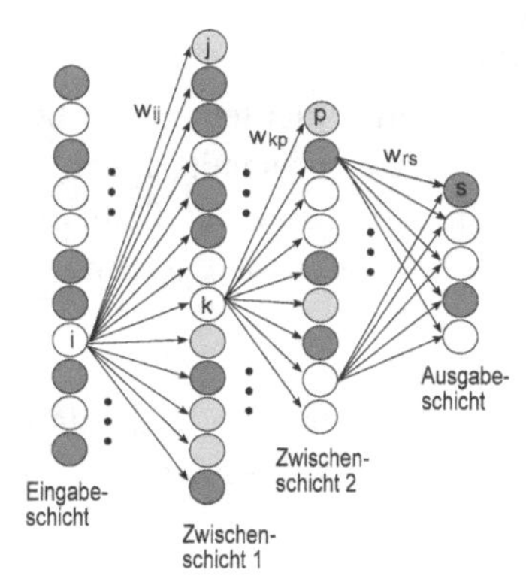

Abb. 5.18: Schichten in einem vorwärtsgerichteten neuronalen Netz

Wie bei Klassifikationsaufgaben üblich, wird das Netz mittels einer Menge von Trainingsdaten trainiert. Die „Kraft" eines Netzes, das gespeicherte Wissen, verbirgt sich in den Gewichten der Verbindungen sowie in den Schwellwerten der Neuronen. Das Trainieren oder auch Lernen besteht somit aus einer Veränderung der Gewichte und Schwellwerte. Im Ergebnis wird der *Fehler* des neuronalen Netzes verkleinert. Der *Netzfehler* wird aus der Abweichung zwischen den Ausgabewerten der Ausgabe-Neuronen o_k und den erwarteten Trainingswerten t_k bestimmt.

$$err = \sum_k (o_k - t_k)^2 \tag{5.16}$$

Man kann sich nun vorstellen, dass die Gewichte der Verbindungen zu den Ausgabe-Neuronen entsprechend dem berechneten Netzfehler verändert werden können. Betrachten wir vereinfacht binäre Werte:

Nehmen wir an, es wird ein Wert 1 erwartet, aber das entsprechende Ausgabe-Neuron ist nicht aktiv (Ausgabe ist 0). Dann sind die Verbindungsgewichte zu diesem Neuron zu erhöhen, damit die Netzeingabe des Ausgabe-Neurons größer wird und somit die Chance steigt, dass das Neuron aktiviert wird. Umgekehrt ist der Gewichtswert zu verringern, falls das Ausgabe-Neuron aktiviert wurde, aber ein Wert 0 erwartet wird.

Die genaue Herleitung und mathematische Begründung kann in [Zel97] oder in [LC20] nachgelesen werden. Die Änderung eines Gewichts w_{ij} wird nach folgender Formel vorgenommen:

$$\Delta w_{ij} = \lambda \cdot o_i \cdot \delta_j \tag{5.17}$$

Dabei ist:

- λ: Der *Lernfaktor* bestimmt, wie stark der Fehler die Gewichte verändert. Die Wahl des Lernfaktors kann den Lernerfolg entscheidend beeinflussen. Typischerweise wird ein Lernfaktor aus dem Bereich 0,1 bis 0,8 gewählt: $0{,}1 \leq \lambda \leq 0{,}8$.
- o_i: Ausgabewert des Vorgängerneurons der Verbindung zum Neuron j.
- δ_j: Das Fehlersignal wird für die Neuronen der verdeckten Schichten anders bestimmt als für Neuronen der Ausgabe-Schicht. Da die Ausgabe und somit der Fehler eines Neurons zudem von der gewählten Aktivierungsfunktion abhängt, fließt die Aktivierungsfunktion, beziehungsweise deren erste Ableitung, in die Berechnung des Fehlersignals ein.

Die Veränderung der Gewichte ist abhängig von der gewählten Aktivierungsfunktion: Wird die logistische Funktion eingesetzt, so ergibt sich für das Fehlersignal eines Ausgabe-Neurons j:

$$\delta_j = o_j \cdot (1 - o_j) \cdot (t_j - o_j)$$

Das Fehlersignal wird dabei nicht nur aus der Differenz aus berechneter Ausgabe o_j und gewünschter Ausgabe, dem Trainingswert t_j bestimmt. Die Aktivierungsfunktion beeinflusst maßgeblich die Ausgabe eines Neurons und somit auch den entstehenden Fehler. Vereinfacht dargestellt wird nun der Anstieg der Fehlerkurve bei der Berechnung des Fehlersignals berücksichtigt. Der Anstieg einer Kurve in einem Punkt wird durch die erste Ableitung berechnet und so fließt die erste Ableitung der logistischen Funktion in die Berechnung ein.

Aufgabe 5.10 (Logistische Aktivierungsfunktion). Vergewissern Sie sich, dass die erste Ableitung der logistischen Aktivierungsfunktion wie folgt aussieht:
$f'_{act}(x) = f_{act}(x) \cdot (1 - f_{act}(x))$

Das Fehlersignal eines Neurons einer verdeckten Schicht ist nicht so einfach zu bestimmen, da für ein verdecktes Neuron kein erwarteter Wert, kein Trainingswert, vorhanden ist. Somit kann kein Fehler aus der Differenz eines berechneten und eines erwarteten Wertes ermittelt werden.

Wie können nun die Gewichte in den Verbindungsschichten zu den verdeckten Neuronen-Schichten sowie die Schwellwerte dieser verdeckten Neuronen dennoch angepasst werden? Man überlege sich, wie der Fehler in der Ausgabeschicht entsteht. Natürlich entsteht der Fehler durch „falsche" Aktivierungen der Ausgabe-Neuronen. Dieser Wert wird aber berechnet aus der Netzeingabe eines Neurons, die wiederum aus den Ausgaben der Vorgängerneuronen multipliziert mit den jeweiligen Verbindungsgewichten entsteht. Gemäß dieser Überlegung wird das Fehlersignal eines Neurons j einer verdeckten Schicht unter Berücksichtigung aller Verbindungen w_{jk} zu nachfolgenden Neuronen k und deren Fehlersignalen δ_k bestimmt.

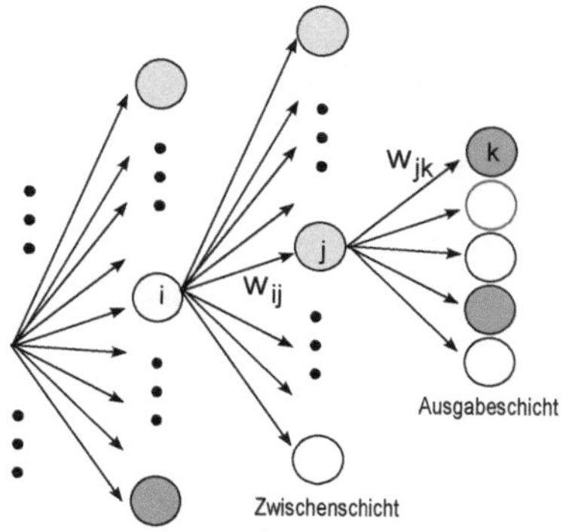

Abb. 5.19: Einfluss nachfolgender Neuronen auf das Fehlersignal

$$\delta_j = \begin{cases} o_j \cdot (1 - o_j) \cdot (t_j - o_j) & \text{falls } j \text{ Ausgabe-Neuron} \\ o_j \cdot (1 - o_j) \cdot \sum\limits_k \delta_k \cdot w_{jk} & \text{falls } j \text{ inneres Neuron} \end{cases} \tag{5.18}$$

Der Einfluss der Aktivierungsfunktion auf das Fehlersignal ist für beide Arten von Neuronen gleich. Das Fehlersignal eines Neurons wird nun für die Veränderung des Gewichtes einer Verbindung zum Neuron j benutzt:

$$w'_{ij} = w_{ij} + \lambda \cdot o_i \cdot \delta_j \tag{5.19}$$

Zuerst kann nur das Fehlersignal für die Neuronen der Ausgabe-Schicht berechnet werden. Sind die Fehlersignale der Neuronen der Ausgabe-Schicht bekannt, können die Fehlersignale der letzten verdeckten Schicht berechnet werden und so weiter bis zur ersten verdeckten Schicht. Daher der Name des Lernalgorithmus: *Backpropagation of error*.

Listing 5.9 (Backpropagation-Algorithmus).

PROCEDURE Backpropagation of Error
  nZyklen := 0
  REPEAT
    fehler := 0
    nZyklen := nZyklen + 1
    Muster i anlegen;
    // Bestimme das Fehlersignal $fsig_j$ jedes Ausgabeneurons j:
    FOR j := 1... AnzahlNeuronen(Ausgabeschicht) **DO**
      Bestimme Ausgabewert o_j
      Bestimme Fehlerwert $f_j := t_j - o_j$
      Bestimme Fehlersignal $fsig_j := o_j \cdot (1 - o_j) \cdot f_j$
      fehler := fehler + f_j^2
    END FOR
    // Gehe Schicht für Schicht von hinten nach vorne:

FOR s := Ausgabeschicht-1 **DOWNTO** ErsteSchicht **DO**
// Bestimme das Fehlersignal $fsig_{sm}$ des Neurons k der Schicht s:
FOR k:=1... AnzahlNeuronen(Schicht$_s$) **DO**
// Bilde gewichtete Summe aus
// Fehlersignalen der nachfolgenden Neuronen der Schicht $s + 1$
$fsum := 0$
FOR m:=1... AnzahlNeuronen(Schicht$_{(s+1)}$) **DO**
$fsum := fsum + w_{km} \cdot fsig_{(s+1)m}$
END FOR
// Fehlersignal $Neuron_{sk}$ aus Ableitung der Aktivierungsfunktion
// und gewichteter Summe der Fehlersignale der Nachfolger berechnet:
$fsig_{sk} := o_{sk} \cdot (1 - o_{sk}) \cdot fsum$
// Anpassung der Gewichte zu den nachfolgenden Neuronen:
FOR m:=1... AnzahlNeuronen(Schicht$_{(s+1)}$) **DO**
$w_{km} := w_{km} +$ Lernrate $\cdot\, o_{sk} \cdot fsig_{(s+1)m}$
END FOR
END FOR
END FOR
UNTIL fehler $<$ tolerierbarerFehler **OR** Zyklenzahl erreicht
END Backpropagation of Error

5.4.3 Modifikationen des Backpropagation-Algorithmus

Betrachtet man die Architektur eines neuronalen Netzes als weitgehend fest, hängt das Ergebnis, die Qualität des Netzes, vom Trainingsprozess ab. Der Trainingsprozess wird beeinflusst von dem verwendeten Verfahren und den dabei zum Einsatz kommenden Parameterwerten. Beim einfachen Backpropagation-Algorithmus können verschiedene Werte für den Lernparameter λ probiert werden. Ziel dabei ist es, den Netzfehler zu verringern oder die Zahl der Lernschritte zu verringern, die zum Erreichen dieses minimalen Fehlers erforderlich sind.

Da der Backpropagation-Algorithmus ein Gradientenabstiegsverfahren ist, können Situationen eintreten, die die Netzanpasssung verzögern oder gar verhindern. Betrachten wir vereinfacht den Netzfehler als Funktion eines einzelnen Verbindungsgewichtes, so lassen sich die Probleme graphisch darstellen, siehe Abbildung 5.20 auf der nächsten Seite.

Die Fehlerkurve ist jedoch nicht bekannt und so kann die Größe der Anpassungsschritte mittels des Lernparameters nur durch Experimente bestimmt werden.

Ist der *Lernparameter klein* (nahe 0) und es liegt ein Plateau der Fehlerkurve vor, so wird der Lernprozess erheblich verzögert. Es kann sogar dazu führen, dass das Lernen abgebrochen wird, da eine Verkleinerung des Netzfehlers nicht mehr erwartet wird.

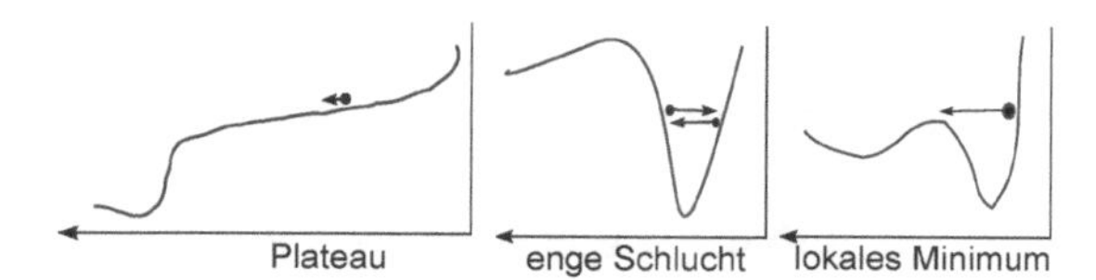

Abb. 5.20: Schwierige Situationen im Lernverfahren

Wählt man einen *großen Lernparameter* (nahe 1), so kann dies dazu führen, dass in engen Schluchten der Fehlerkurve ein Oszillieren eintritt: Bildlich springt der Fehlerwert von einer Wand zur anderen und zurück: Ein Einschwingen in das Minimum erfolgt nicht.

Ebenso kann eine große Schrittweite dazu führen, dass – wie im rechten Bild angedeutet – das globale Minimum übersprungen und nur ein lokales Minimum erreicht wird.

Diese Probleme haben zur Entwicklung mehrerer Modifikationen des Backpropagation-Algorithmus geführt, von denen wir drei häufig verwendete vorstellen:

Backpropagation mit Momentum

Das neue Verbindungsgewicht zwischen zwei Neuronen zum Zeitpunkt $t+1$ ergibt sich aus dem aktuellen Gewicht zum Zeitpunkt t unter Berücksichtigung der sich gemäß Backpropagation ergebenden Veränderung. Zusätzlich wird die vorherige Änderung zum Zeitpunkt $t-1$ mit hinzugezogen.

$$\Delta w_{ij}(t) = \lambda \cdot o_i \cdot \delta_j \tag{5.20}$$

$$w_{ij}(t+1) = w_{ij}(t) + \lambda \cdot \Delta w_{ij}(t-1) + \lambda \cdot \Delta w_{ij}(t-1) \tag{5.21}$$

QuickProp

Graphisch veranschaulicht bestimmt das Backpropagation-Verfahren als Gradientenabstiegsverfahren das neue Gewicht, indem eine Tangente, eine Gerade, an den Punkt der Fehlerkurve angelegt wird. QuickProp versucht, durch die Bestimmung einer quadratischen Kurve schneller das Fehler-Minimum zu erreichen. Zur Bestimmung der Parabel werden die beiden letzten Gewichtswerte $w_{ij}(t-2)$ sowie $w_{ij}(t-1)$ benutzt. QuickProp erzeugt im Lernprozess oft eine oszillierende Fehlerkurve.

Resilient Propagation (RPROP)

Resilient Propagation verzichtet gänzlich auf eine direkte Bestimmung der Gewichtsänderung aus dem berechneten Fehler, sondern stellt die Richtung des Fehlers in den Mittelpunkt. Betrag der Änderung und Richtung der Änderung werden dabei getrennt berechnet:

- Weisen die letzten beiden Änderungen dasselbe Vorzeichen auf, dann wird mit diesem Vorzeichen ein großer Anpassungsschritt vorgenommen: Faktor $1 < \eta^+$, häufig $\eta^+ = 1{,}2$.
- Werden unterschiedliche Richtungen für die vorletzte sowie letzte Änderung berechnet, so wird die letzte Änderung rückgängig gemacht und ein betragsmäßig kleiner Anpassungsschritt vorgenommen: Faktor $\eta^- < 1$, häufig $\eta^- = 0{,}5$.

Resilient Propagation wird im MLP-Knoten[2] von KNIME verwendet.

In praktischen Anwendungen hat vielfach das einfache Backpropagation-Verfahren, auch als *Vanilla Backpropagation* bezeichnet, die besten Ergebnisse geliefert. Mehr zu den mathematischen Grundlagen des Backpropagation-Algorithmus und den verschiedenen Modifikationen findet man in [LC20] und insbesondere in [Zel97].

5.4.4 Ein Beispiel

Bei der Vorstellung der Software JAVANNS wird im Abschnitt 1.6.3 bereits ein Beispiel beschrieben. Während in KNIME das Lernverfahren RPROP voreingestellt ist, können mit dem JAVANNS alle im vorherigen Abschnitt beschriebenen Lernverfahren eingesetzt und ausprobiert werden. Hier stellen wir in einem Beispiel die Arbeit mit dem neuronalen Netz in den Vordergrund, weniger das Data-Mining-Problem allgemein. Aus der

Tab. 5.19: Ein Datensatz für die Klassifikation

```
0 0 1 0 0 1 1 0 0 0 1 0 0 0 1 0 0 0 1 0 0 0 1 0 0 1 1 1 1
0 1 1 0 1 0 0 1 0 0 0 1 0 1 1 0 1 0 0 0 1 0 0 0 1 1 1 1 2
0 1 1 0 1 0 0 1 0 0 0 1 0 0 1 0 0 0 0 1 1 0 0 1 0 1 1 0 3
1 0 0 0 1 0 0 0 1 0 0 0 1 0 1 0 1 1 1 1 0 0 1 0 0 0 1 0 4
1 1 1 1 1 0 0 0 1 0 0 0 1 1 1 0 0 0 0 1 0 0 0 1 1 1 1 1 5
0 1 1 0 1 0 0 1 1 0 0 0 1 1 1 0 1 0 0 1 1 0 0 1 1 1 1 1 6
1 1 1 1 0 0 0 1 0 0 0 1 0 0 1 0 0 1 0 0 0 1 0 0 0 1 0 0 7
0 1 1 0 1 0 0 1 1 0 0 1 0 1 1 0 1 0 0 1 1 0 0 1 0 1 1 0 8
0 1 1 0 1 0 0 1 1 0 0 1 0 1 1 1 0 0 0 1 1 0 0 1 0 1 1 0 9
0 1 1 0 1 0 0 1 1 0 0 1 1 0 0 1 1 0 0 1 1 0 0 1 0 1 1 0 0
```

Tabelle 5.19 ist wohl kaum erkennbar, welcher Art die Klassifikation ist. Gegeben sind 28 binäre Eingabewerte und ein ganzzahliges Klassifikationsmerkmal. Gruppiert man jedoch jeweils eine Zeile als eine 4×7-Matrix, so sind die Eingaben als Pixel-Darstellungen der 10 Ziffern leicht zu erkennen (Abbildung 5.21).

---

2 MLP: Multilayer Perceptron

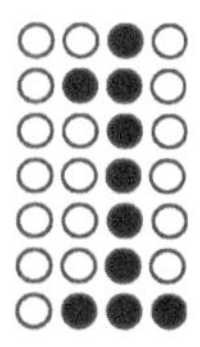

Abb. 5.21: Eingabe-Muster: Ziffer 1 in Pixeldarstellung

Wir setzen das neuronale Netz für die Zeichenerkennung ein. Zeichenerkennung ist ebenso Mustererkennung, wie im Data Mining, nur dass wir Menschen hier das Muster kennen und so das Ergebnis der Klassifikation schnell überblicken können.

Nun ist auch hier das Ziel, nicht nur die Trainingsdaten zu erkennen, sondern neue, unbekannte Daten ebenso zu klassifizieren. Dazu haben wir die Ziffernmuster etwas „zerstört", verrauscht. Diese verrauschten Muster muss das Netz dann ebenso erkennen können, dann ist die Klassifikationsaufgabe erfolgreich bearbeitet.

Es wird ein Netz aus 4×7 Eingabe-Neuronen erstellt, und aus den 10 Klassen des Klassifizierungsmerkmals ergeben sich 10 Ausgabe-Neuronen. Erwartet wird, dass stets genau ein Neuron aktiviert ist und dies somit die zum Muster gehörige Klasse anzeigt. Als Zwischenschicht probieren wir es mit einer Anzahl von fünf verdeckten Neuronen. Die Muster-Datei wird, wie in Abschnitt 1.6.3 beschrieben, erstellt und eine Kopie dieser Muster-Datei mit entsprechend verrauschten Eingaben erzeugt.

Nachdem das Netz angelegt und die Muster-Dateien geladen wurden, kann das Trainieren des Netzes beginnen. Im JavaNNS kann der Netzfehler für die Muster der Trainingsdatei einfach mit dem Netzfehler für die Muster der Testdatei verglichen werden. Hierzu ist im *control panel* im Reiter *Pattern* die jeweilige Datei als *Training Set* beziehungsweise *Validation Set* zu definieren. Das Ergebnis kann im Fehler-Graph-Fenster während des Trainings verfolgt werden.

Aus der Abbildung 5.22 auf der nächsten Seite ist sowohl die Netzarchitektur als auch der Trainingsprozess erkennbar. Es wurde mit den Standard-Parametern für den Backpropagation-Algorithmus trainiert. Anhand der Fehlerkurve sieht man, dass ein Trainieren mittels der Trainingsmenge auch zum Verringern des Fehlers bei der Test-Menge führt. Ein weiteres Trainieren führt dann dazu, dass zwar der Fehler für die Trainingsmenge weiter sinkt, jedoch der Fehler für die Testmenge steigt. Dies ist ein klares Zeichen für ein zu starkes Lernen, im Englischen *Overfitting* genannt. In unserem Beispiel werden nicht alle verrauschten Muster der Test-Menge korrekt erkannt. Dies ist bei 10 % fehlerhaften Pixeln in einer 4×7-Matrix auch nicht verwunderlich. Ist das Muster in Abbildung 5.23 nun eine etwas verrauschte 6 oder eine 8?

Diese fehlerhafte Klassifikation des Musters ist im Sinne des Data Minings eine typische Erscheinung. Trotz guter Vorarbeit wird man selten alle zukünftig auftretenden Datensätze eindeutig und korrekt klassifizieren können. Für das kleine Beispiel ist das entwickelte vorwärtsgerichtete neuronale Netz nicht nur in der Lage, die fehlerfreien

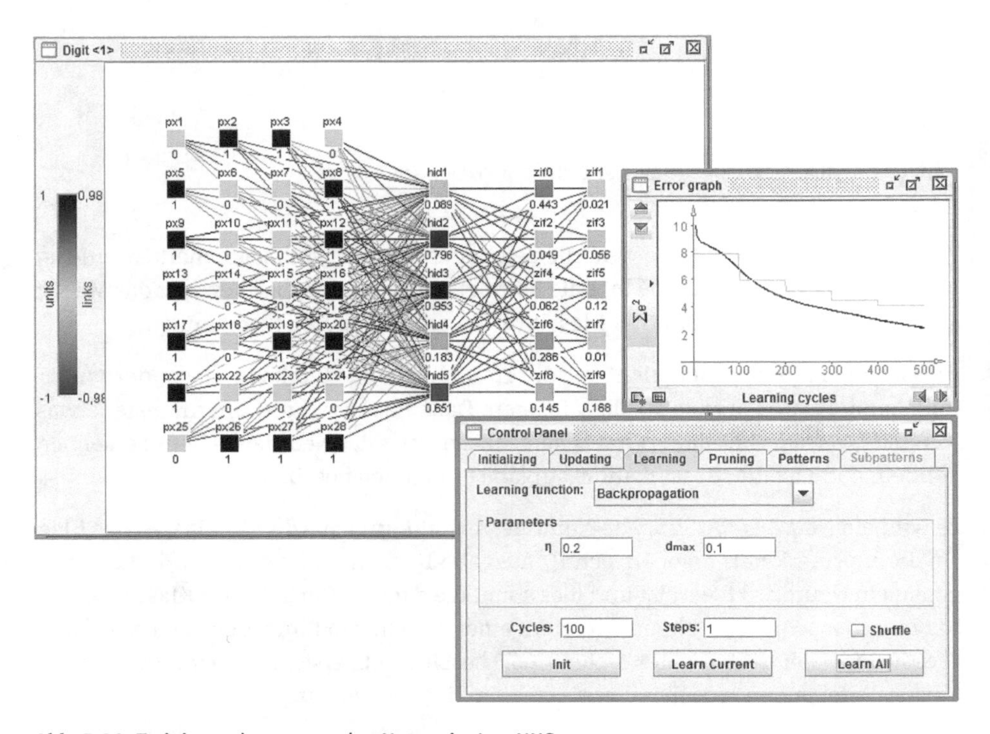

Abb. 5.22: Trainieren des neuronalen Netzes im JAVANNS

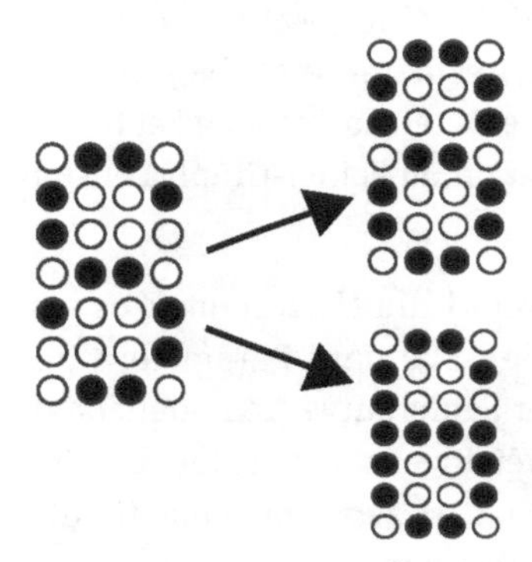

Abb. 5.23: Zuordnung eines verrauschten Musters

Zifferndarstellungen zu erkennen, sondern es kann eine ganze Reihe leicht verrauschter Pixeldarstellungen ebenso korrekt in die entsprechende Klasse einordnen.

Aufgabe 5.11 (Zeichenerkennung). Entwickeln Sie ein vorwärtsgerichtetes neuronales Netz, welches in der Lage ist, Ziffern in Pixeldarstellung zu erkennen. Sie können dabei das Beispiel des JAVANNS zur Erkennung von Großbuchstaben als Vorbild nehmen.

Aufgabe 5.12 (Künstliche neuronale Netze für den Restaurantbesuch). Entwickeln Sie ein vorwärtsgerichtetes neuronales Netz für die Entscheidung, ob wir auf einen freien Tisch im Restaurant warten. Verwenden Sie die Daten der Tabelle 5.18 auf Seite 125.

- Welche Vorverarbeitung der Daten ist nötig?
- Legen Sie die Architektur des Netzes fest. Probieren Sie unterschiedlich große innere Schichten.
- Benutzen Sie KNIME und auch den JAVANNS und trainieren Sie das Netz.
- Welche Antwort gibt das trainierte Netz auf diese Situationen?

Alternative	Fr/Sa	Hungrig	Gäste	Reservierung	Typ	Zeit	Warten
ja	nein	ja	einige	nein	Franz.	30–60	
ja	ja	ja	voll	ja	Chin.	10–30	
nein	nein	nein	keine	nein	Burger	0–10	

Aufgabe 5.13 (Iris-Klassifikation mittels vorwärtsgerichteter neuronaler Netze). Entwickeln Sie ein künstliches neuronales Netz, welches die Iris-Daten klassifizieren kann. Die Aufgabe und die Daten sind im Anhang A.1 beschrieben.

5.4.5 Convolutional Neural Networks

Convolutional Neural Networks (CNN) sind eine besondere Form vorwärtsgerichteter neuronaler Netze, die insbesondere bei der Erkennung von Objekten in Bildern eingesetzt werden. Wird ein Bild pixelweise mit Farbinformation auf Neuronen abgebildet, entstehen sehr große Schichten. Sind diese voll miteinander vernetzt, ergeben sich Millionen von Verbindungen: Nehmen wir ein kleines Bild der Größe von 30x30 Bildpunkten an, wobei für jedes Pixel noch die Farbinformation in drei Werten gespeichert ist, so ergibt sich eine Größe der Schicht von $30 \times 30 \times 3 = 2700$ Neuronen. Nehmen wir nun nur eine Zwischenschicht von 400 Neuronen und eine Klassifikationsschicht von 10 Neuronen an, so entstehen mehr als eine Million Verbindungsgewichte.

Dies führt einerseits zu langen Rechenzeiten beim Training und, viel entscheidender, andererseits zu einem Netz mit sehr hoher Speicherkapazität: Das Netz lernt auswendig, es ist dann übertrainiert (overfitted). Ein solches Netz lernt zwar die Trainingsdaten sehr gut, ist dann aber nicht in der Lage, neue unbekannte Muster richtig zu verarbeiten.

In einem CNN werden nun sogenannte Faltungen (Convolution) durchgeführt. Dabei wird eine kleine Matrix, ein sogenannter Filter schrittweise über das Bild geführt und das Ergebnis in einer neuen Schicht gespeichert. Anschließend erfolgt eine Dimensionsreduktion mittels eines Pooling-Filters, meist ein Max-Pooling, mitunter auch ein

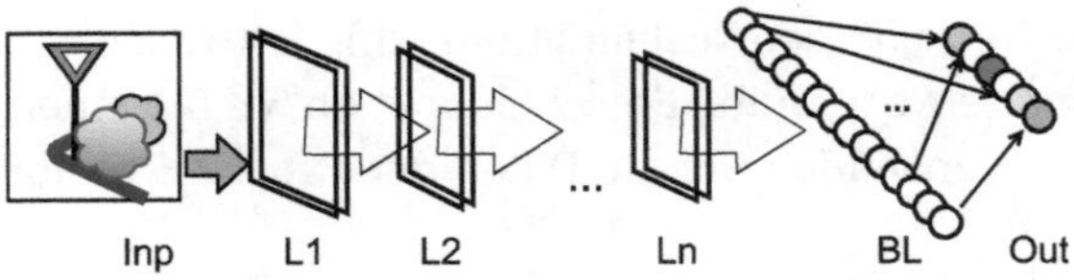

Abb. 5.24: Architektur eines Convolutional Neural Networks

Average-Pooling. Diese beiden Schritte können zu einer Schicht (siehe Schichten L_i in Abbildung 5.24) zusammengefasst werden. Werden mehrere oder sogar viele solcher Schichten hintereinandergeschaltet, dann spricht man von *Deep Learning*. Als letzte Verarbeitungsschicht wird ein voll vernetztes Backpropagation-Netz (siehe Schicht BL in Abbildung 5.24) angefügt, welches dann in der Ausgabe die Klassifikation anzeigt. Für die Identifikation der Klasse wird ein Softmax-Algorithmus eingesetzt. Vorhergesagt wird die Klasse, die dem Neuron mit der höchsten Aktivierung zugeordnet ist.

Eine genauere Darstellung der Architektur sowie des Lernprozesses für den Einsatz von CNN in der Bilderkennung kann in der Literatur nachgelesen werden, zum Beispiel [SS19], [LC20] oder [Cho17].

5.5 Support Vector Machines

5.5.1 Grundprinzip

Support Vector Machines (SVM) sind leistungsstarke Werkzeuge zur Klassifikation. Die Idee lässt sich an einem zweidimensionalen Beispiel gut illustrieren. Wir betrachten die in Abbildung 5.25 dargestellte Punktemenge. Die Punkte gehören zu zwei Klassen, die durch unterschiedliche Grauwerte gekennzeichnet sind.

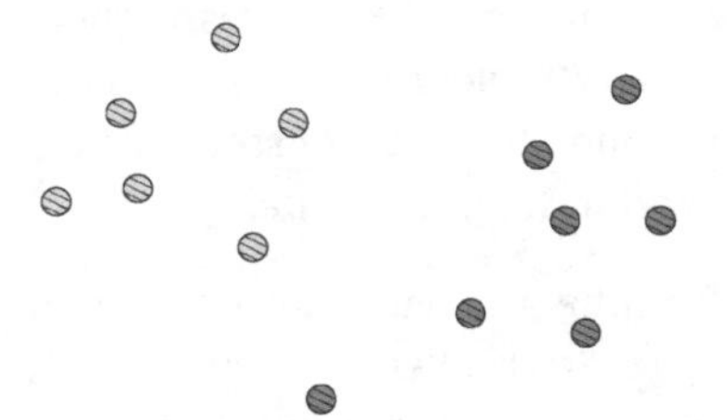

Abb. 5.25: Beispiel – Klassifikation

Wie lässt sich aus einem derartigen Beispiel ein Klassifikator generieren? Die Support Vector Machine trennt die gegebenen Punkte, wie in Abbildung 5.26 dargestellt, durch eine Gerade. Sollen nun neue Daten klassifiziert werden, dann prüft man einfach, auf welcher „Seite" der Geraden diese Daten liegen.

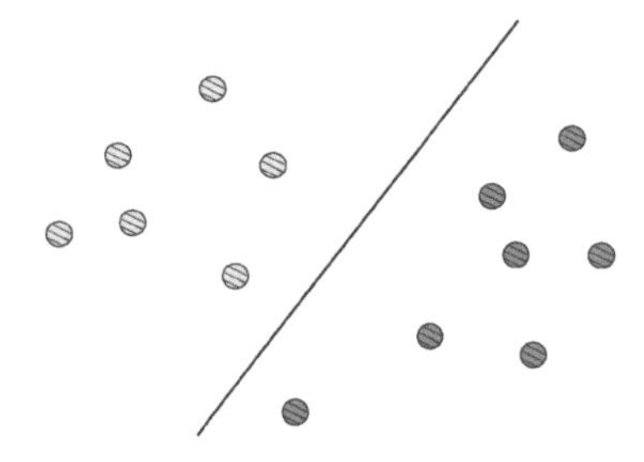

Abb. 5.26: SVM in der Ebene

Mit welchen Datentypen kann eine SVM umgehen? Offensichtlich lassen sich nur metrische Daten verarbeiten.

Nun haben wir im Allgemeinen nicht nur Beispiele mit 2 Attributen, also Punkte in der Ebene, sondern es sind mehrere, oft sogar deutlich mehr als zwei Attribute. Wie kann das Konzept der SVM auf den n-dimensionalen Raum $\mathbb{R}^n$ verallgemeinert werden? Dazu betrachten wir zunächst, wie eine SVM im dreidimensionalen Raum agiert. Sind Punkte im $\mathbb{R}^3$ gegeben, dann wollen wir diese wieder gemäß ihrer Klassenzugehörigkeit trennen. Dies geht nicht mehr durch eine Gerade, hierzu wird eine Ebene benötigt (Abbildung 5.27).

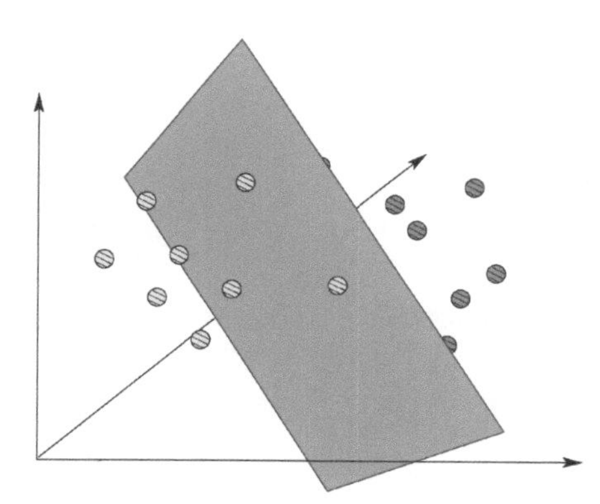

Abb. 5.27: SVM im dreidimensionalen Raum

Dieses Prinzip kann auf den mehrdimensionalen Raum mit n Attributen $\mathbb{R}^n$ verallgemeinert werden. Im n-dimensionalen Raum teilt man die gegebene Punktmenge durch eine sogenannte *Hyperebene*, eine n-1-dimensionale Ebene. Zur Veranschaulichung konzentrieren wir uns aber auf Beispiele im zwei- oder dreidimensionalen Raum.

Eine SVM in der hier vorgestellten Variante behandelt Klassifikationsaufgaben mit genau zwei Klassen.

5.5.2 Formale Darstellung von Support Vector Machines

Gegeben ist eine Trainingsmenge

$$\{(x_1, k_1), (x_2, k_2), \ldots (x_m, k_m)\}$$

wobei $x_i \in \mathbb{R}^n$ und $k_i \in \{1, -1\}$.

Die gegebenen x_i sind n-Tupel, die zwei unterschiedlichen Klassen zugeordnet sind, die wir hier durch −1 sowie 1 codieren.

Ziel der SVM ist es, eine Hyperebene zu finden, die die beiden Klassen am besten voneinander trennt. Was bedeutet hierbei „am besten"? Wir suchen die Hyperebene, deren minimaler Abstand zu den Elementen der beiden Klassen maximal wird.

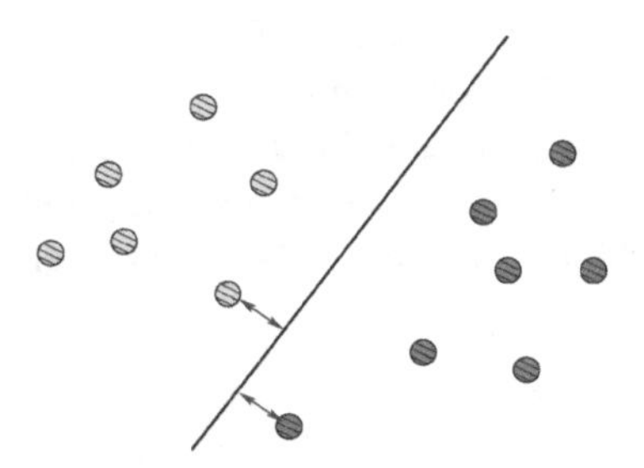

Abb. 5.28: SVM – optimale Hyperebene

Eine solche Hyperebene kann man wie folgt beschreiben:

$$w^T \cdot x + b = 0 \tag{5.22}$$

w ist ein Vektor, der senkrecht auf der Hyperebene steht. $w^T \cdot x$ ist das Skalarprodukt von zwei Vektoren, also

$$\sum_{i=1}^{n} w_i \cdot x_i \tag{5.23}$$

Die obige Darstellung $w^T \cdot x + b = 0$ ist äquivalent zur sogenannten Punkt-Normalform:

$$w^T \cdot (x - x_0) = 0 \tag{5.24}$$

x_0 ist dabei ein Punkt auf der Hyperebene. Alle anderen Punkte x auf der Hyperebene erfüllen die Bedingung, dass das Skalarprodukt, gebildet aus dem Vektor $x - x_0$ und dem Vektor w, gerade Null ergibt, da diese offensichtlich senkrecht aufeinander stehen. Der Vektor w wird auch als Stützvektor bezeichnet, englisch *support vector*. Von diesem hat das Verfahren seinen Namen erhalten. Hat man eine solche, optimale Hyperebene gefunden, dann wird die Klasse eines neuen Punkts x ganz einfach dadurch ermittelt, dass man das Vorzeichen des Terms $w^T \cdot x + b$ bestimmt. Ist das Vorzeichen positiv,

$$w^T \cdot x + b > 0$$

so wird x die Klasse 1 zugewiesen, sonst die Klasse -1. Das Vorzeichen von $w^T \cdot x + b$ bestimmt also die Klassenzuordnung:

$$\text{klasse}(x) = \begin{cases} 1 & \text{falls } w^T \cdot x + b > 0 \\ -1 & \text{falls } w^T \cdot x + b < 0 \end{cases} \tag{5.25}$$

Oder kürzer:

$$\text{klasse}(x) = \text{sgn}(w^T \cdot x + b) \tag{5.26}$$

Offensichtlich können wir damit für Punkte, die auf der Hyperebene liegen, keine Vorhersage treffen.

Bemerkung 5.10 (Lineare Separierbarkeit). Wir sind bisher stillschweigend davon ausgegangen, dass eine Hyperebene existiert, die alle gegebenen Beispiele akkurat trennt. Ist das der Fall, spricht man von linearer Separierbarkeit.

Wie bestimmt man nun einen optimalen Stützvektor w? Im Fall der linearen Separierbarkeit wählt man den Stützvektor derart, dass die quadratische Norm $||w||$ minimal wird unter der Restriktion, dass für alle $i = 1 \ldots m$ gilt:

$$k_i \cdot (w^T \cdot x_i + b) \geq 1 \tag{5.27}$$

Meistens ist die lineare Separierbarkeit nicht gegeben. Dies kann unterschiedliche Gründe haben. Zum einen können unsere Daten verrauscht sein, sie sind also nicht exakt. Zum anderen kann es sein, dass die Klassen sich überlappen. Für diesen Fall muss man zulassen, dass die Restriktionen verletzt werden. Die Verletzung der Restriktionen sollte aber natürlich möglichst gering sein. Man führt deshalb für jede der m Restriktion eine positive Schlupfvariable ζ_i ein.

$$k_i \cdot (w^T \cdot x_i + b) \geq 1 - \zeta_i \quad \text{für alle } 1 \leq i \leq m \tag{5.28}$$

An dieser Stelle wird nicht detailliert darauf eingegangen, wie dieses Optimierungsproblem gelöst wird. Die SVM wandelt das Optimierungsproblem in ein duales Problem um, und zwar mit Hilfe der Lagrange-Multiplikatoren und der Karush-Kuhn-Tucker-Bedingungen, und löst dann dieses.

Es gibt Erweiterungen der Support Vector Machines, die sich von den oben dargestellten linearen Funktionen lösen. Solche nichtlineare Erweiterungen transformieren die gegebenen Daten in höherdimensionale Daten und verwenden sogenannte Kernelfunktionen. Den interessierten Lesern empfehlen wir dieses Buch über Support Vector Machines: [CST00].

Ein Beispiel

Wir betrachten den in Tabelle 5.20 dargestellten Ausschnitt aus einer Personaldatenbank. Die Umwandlung in numerische Daten ist bereits erfolgt. Wir überlassen die Interpretation der Daten dem Leser. Diese Daten lesen wir mit Hilfe des csv-Readers in

Tab. 5.20: Personaldaten

Geschlecht	Alter	Jahres-gehalt	Betriebs-zugehörigkeit	Position	Bildungs-abschluss
0	45	32	10	0	0
1	57	35	25	1	1
0	52	40	5	2	1
0	28	27	6	0	0
0	57	45	25	2	1
1	26	27	8	0	0
0	39	39	4	2	1
0	38	32	3	0	0
0	42	31	15	0	0
1	37	30	10	1	1
0	45	32	8	0	0
1	35	30	15	1	1

KNIME ein. Anschließend wandeln wir das Zielattribut `Bildungsabschluss` in eine Zeichenkette um. Nachdem wir die Daten im Verhältnis 70:30 in Trainings- und Testmenge aufgeteilt haben, wird der SVM-Learner auf die Trainingsmenge angewendet.

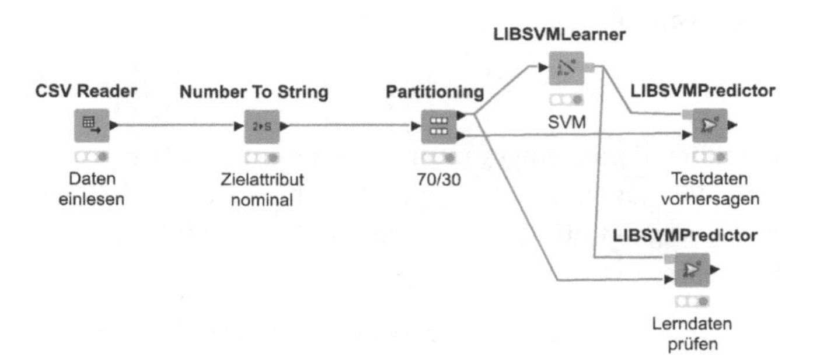

Abb. 5.29: SVM – Beispiel-Workflow

Das von der SVM generierte Modell klassifiziert nun die Daten der Testmenge. Das Resultat ist zwar nicht zu 100 % korrekt, aber die Vorhersage ist akzeptabel, siehe Abbildung 5.30.

Table "default" - Rows: 4 | Spec - Columns: 9 | Properties | Flow Variables

Row ID	Geschlecht	Alter	Jahres...	Betrie...	Position	Bildung...	Prob_0	Prob_1	LIBSV...
Row3	0	28	27	6	0	0			0
Row4	0	57	45	25	2	1			1
Row7	0	38	32	3	0	0			0
Row11	1	35	30	15	1	1			0

Abb. 5.30: SVM – Vorhersage auf den Testdaten

Um zu prüfen, wie gut die Separierung erfolgt ist, wird die Vorhersage auch auf die Trainingsdaten angewendet. Auf diesen Daten ist die Vorhersage perfekt, wenngleich die in Abbildung 5.31 angegebenen Wahrscheinlichkeiten belegen, dass die Separierung nicht vollständig gelang.

Table "default" - Rows: 8 | Spec - Columns: 9 | Properties | Flow Variables

Row ID	Geschlecht	Alter	Jahres...	Betrie...	Position	Bildun...	Prob_0	Prob_1	LIBSV...
Row0	0	45	32	10	0	0			0
Row1	1	57	35	25	1	1			1
Row2	0	52	40	5	2	1			1
Row5	1	26	27	8	0	0			0
Row6	0	39	39	4	2	1			1
Row8	0	42	31	15	0	0			0
Row9	1	37	30	10	1	1			0
Row10	0	45	32	8	0	0			0

Abb. 5.31: SVM – Vorhersage auf den Trainingsdaten

Aufgabe 5.14 (SVM – Wetter-Beispiel). Finden Sie eine SVM für das Wetter-Beispiel (Anhang A.3, numerische Variante). Wird in folgenden Situationen gespielt?

outlook = sunny, temperature = 78, humidity = 83, windy = false

outlook = rainy, temperature = 69, humidity = 94, windy = true

Können Sie die Daten in dieser Form benutzen oder falls nicht, wie müssen diese codiert werden?

Aufgabe 5.15 (SVM – Kontaktlinsen). Finden Sie eine Support Vector Machine für die Kontaktlinsen-Daten (Anhang A.4). Können Sie die Daten in dieser Form benutzen oder falls nicht, wie müssen diese codiert werden?

Aufgabe 5.16 (SVM – Pflanzenarten). Eine Gruppe von Bauern möchte ihre Ernte gemeinschaftlich verbessern. Dazu wurden von mehreren Pflanzenarten die Standortbedingungen der Felder aller Bauern gesammelt (Tabelle 5.21). Finden Sie eine Support Vector Machine für die Vorhersage der Klasse (`wächst`, `wächst nicht`). Was müssen Sie in der Datenvorverarbeitung tun, um das SVM-Verfahren anwenden zu können? In welche Klasse fällt der Beispiel-Datensatz `(feucht, neutral, 6)`?

Tab. 5.21: Ertragsdaten

ID	Feuchte	Säure	Temp. (Celsius)	Klasse
1	trocken	basisch	7	wächst
2	feucht	neutral	8	wächst nicht
3	trocken	sauer	9	wächst
4	feucht	sauer	5	wächst nicht
5	trocken	neutral	6	wächst
6	feucht	basisch	7	wächst nicht
7	feucht	basisch	7	wächst nicht
8	feucht	neutral	10	wächst

5.6 Ensemble Learning

Das Generieren von guten Vorhersagen hängt von der guten Auswahl der Trainingsmenge – also der Teilmenge der gegebenen Daten, mit denen ein Modell generiert wird – und vom gewählten Klassifikationsverfahren ab. Diesem Problem der Zufälligkeit von Klassifikationsvorhersagen können wir durch ein demokratisches Vorgehen begegnen: Wir generieren mehrere Vorhersagemodelle – Neuronale Netze, Entscheidungsbaum, Naive Bayes etc. – und treffen bei den Vorhersagen schlicht und einfach Mehrheitsentscheide. Wir können die Verfahren mit der gleichen Trainingsmenge oder aber auch mit variierenden Trainingsmengen füttern. Auch die Anwendung eines einzigen Verfahrens auf unterschiedliche Trainingsmengen ist möglich. Dieser Ansatz wird als *Ensemble Learning* bezeichnet. Man generiert – auf der Basis bestimmter Verfahren und Trainingsmengen – verschiedene Modelle und generiert per Mehrheitsentscheid *eine* Vorhersage für neue Daten. Das Vorgehen ist in Abbildung 5.32 dargestellt.

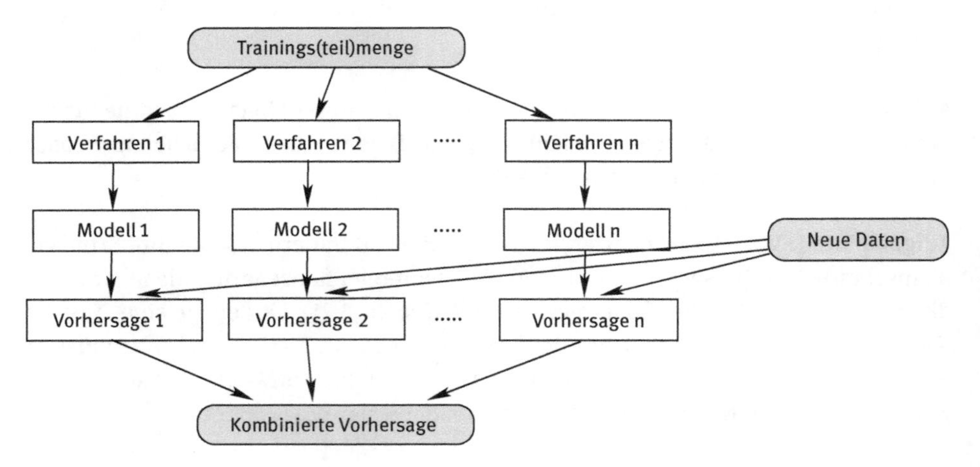

Abb. 5.32: Ensemble Learning

Der Mehrheitsentscheid liefert im Idealfall eine Einstimmigkeit. Bei einem Klassifikationsproblem mit nur 2 Klassen läuft der Entscheid auf eine absolute Mehrheit hinaus. Hat man mehrere Klassen, dann erfolgt die Entscheidung mittels der relativen Mehrheit: Die Klasse mit den meisten Vorhersagen gewinnt. Es gibt mehrere Formen des Ensemble Learnings, auf die wir im Folgenden eingehen.

5.6.1 Bagging

Der Begriff *Bagging* ist aus dem Englischen abgeleitet: *Bootstrap aggregating*. Bagging geht auf Leo Breiman zurück, der dieses Vorgehen in einem Forschungsbericht vorschlug [Bre96]. Das prinzipielle Vorgehen ist in Abbildung 5.33 dargestellt.

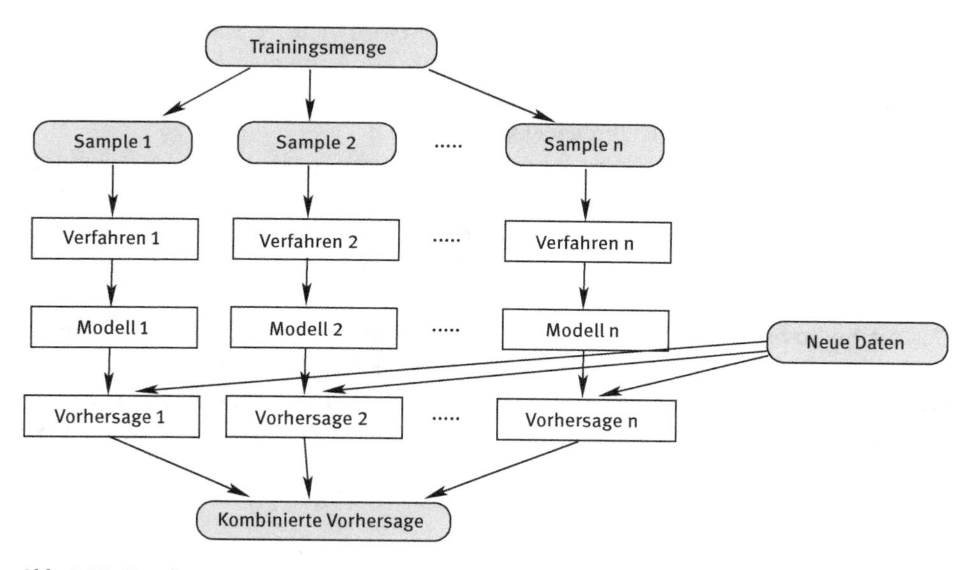

Abb. 5.33: Bagging

Beim Bagging wird mit unterschiedlichen Trainingsmengen gearbeitet. Die Trainingsmengen (Sample) werden mit Zufallsgeneratoren gebildet. Eine Mehrfachauswahl von Daten innerhalb einer Trainingsmenge ist durchaus zulässig. Beim Bagging ist der Einsatz unterschiedlicher Verfahren zulässig.

5.6.2 Boosting

Eine weitere Ensemble-Methode ist *Boosting* (vgl. [Sch90]). Boosting (englisch: Verstärken) folgt dem Vorgehen aus Abbildung 5.32, nun aber iterativ.

1. Mit einer zufälligen Stichprobe wird ein Klassifizierer K_1 generiert.
2. Man generiert eine neue Stichprobe, fügt aber 50 % der im ersten Durchlauf falsch klassifizierten Beispiele hinzu. Mit diesen Daten generiert man den nächsten Klassifizierer K_2.
3. Die dritte Stichprobe enthält diejenigen Beispiele, die von K_1 und K_2 unterschiedlich klassifiziert wurden. Es wird der dritte Klassifizierer K_3 berechnet.
4. Mittels Mehrheitsentscheid erfolgt eine Klassifikation mittels K_1, K_2, K_3.

Die gebräuchlichste Implementierung des Boostings ist AdaBoost (Adaptive Boosting). AdaBoost arbeitet mit Gewichten. Wir verzichten hier auf mathematische Details und stellen nur das Prinzip vor:

- Jeder Datensatz, sprich jedes Beispiel, bekommt ein bestimmtes Gewicht. Dies ist zunächst für alle Datenzeilen gleich. Dieses Gewicht bestimmt, mit welcher Wahrscheinlichkeit es in die Trainingsmenge aufgenommen wird. Ein höheres Gewicht erhöht die Wahrscheinlichkeit, dass der Zufallsgenerator dieses Element der Beispielmenge als Trainingsbeispiel auswählt.
- Boosting arbeitet mit verschiedenen Klassifizierern. Die Mehrheitsentscheidung erfolgt hier jedoch gewichtet. Klassifizierer, die eine hohe Korrektheit der Vorhersage gezeigt haben, bekommen ein höheres Gewicht als die fehlerhaften. Gestartet wird natürlich mit gleichen Gewichten für alle Klassifizierer.

Gestartet wird mit einer beliebigen Beispielmenge. In Auswertung des ersten Durchlaufs bekommen alle Datensätze, für die ein falsches Resultat berechnet wurde, ein höheres Gewicht. Die Gewichte der korrekt klassifizierten Datensätze werden reduziert. Damit erreicht man, dass im nächsten Durchlauf eher falsch klassifizierte Beispiele in unsere Trainingsmenge kommen. Parallel dazu werden die Gewichte der Klassifikatoren angepasst. Hat ein Verfahren korrekt klassifiziert, wird das Gewicht erhöht, sonst reduziert. Dies wird iterativ fortgesetzt.

5.6.3 Random Forest

Random Forest ist eine Form des Baggings, und zwar auf der Basis von Entscheidungsbäumen. Auch dieses Verfahren geht auf Leo Breiman zurück [Bre01]. Es werden wie beim Bagging verschiedene Klassifikationsmodelle – hier Entscheidungsbäume – generiert. Die Trainingsmengen können auch hier variieren. Die Mehrfachaufnahme von Daten in *eine* Trainingsmenge – wie beim klassischen Bagging – ist zulässig.

Zusätzlich kann man Teilmengen der verfügbaren Attribute bilden und nur auf deren Basis Entscheidungsbäume generieren. Die Klassifikation erfolgt wieder per Mehrheitsentscheid.

6 Cluster-Analyse

The probability of winning the lottery is slightly greater if you buy a ticket.
Yellin's Law

In diesem Kapitel befassen wir uns mit Verfahren, die Objekte zu geeigneten Mengen (*Clustern*) zusammenfassen, vgl. die Abschnitte 3.1 sowie 4.6. Die Cluster-Analyse gehört zum *unüberwachten* Lernen, siehe Abschnitt 2.6. Die Grundannahme dabei ist, dass ähnliche Objekte sich durch einen geringeren Abstand als unähnliche auszeichnen. Wir werden folglich ein Abstandsmaß voraussetzen, mit dessen Hilfe wir die Ähnlichkeit von Objekten quantifizieren können. Abstandsmaße wurden im Abschnitt 2.3 behandelt.

6.1 Arten der Cluster-Analyse

Cluster-Verfahren lassen sich in vier Unterklassen einteilen:
- Partitionierende Cluster-Bildung
- Hierarchische Cluster-Bildung
- Dichtebasierte Cluster-Bildung
- Cluster-Bildung mit Neuronalen Netzen

Auf Cluster-Verfahren, die nicht in diese Kategorien passen, wie beispielsweise Graph-basierte Verfahren, gehen wir hier nicht ein.

6.1.1 Partitionierende Cluster-Bildung

Partitionierendes Clustern hat zum Ziel, die Menge von Objekten in k Cluster zu zerlegen. Bei der partitionierenden Cluster-Bildung wählt man eine (beliebige) Anfangspartitionierung von k Clustern. Man kann diese durch den Medoid oder Centroid, vgl. Abschnitt 4.6, repräsentieren. Aus dieser Anfangspartitionierung werden nun die Objekte schrittweise so zwischen den Clustern umgeordnet, dass sich die Güte der Gruppierung – die wir noch definieren müssen – immer weiter verbessert. Dazu wird in jedem Rechendurchlauf für jeden Cluster beispielsweise der Centroid berechnet. Anschließend werden alle Objekte demjenigen Cluster zugeordnet, dessen Repräsentanten sie am nächsten sind. Das Verfahren endet, wenn kein Objekt mehr einem anderen Cluster zugeordnet wird, wenn also die Güte der Partitionierung sich nicht weiter verbessert.

Partitionierende Clusterverfahren teilen die Eingabedaten in *disjunkte Cluster* ein:

- Jeder Cluster besteht aus mindestens einem Objekt.
- Jedes Objekt ist höchstens in einem Cluster enthalten.

https://doi.org/10.1515/9783110676273-006

Listing 6.1 (Algorithmus für das partitionierende Clustern).

```
PROCEDURE Partitionierendes Clustern
  Erzeuge (zufällig) k Anfangscluster C_i
              //Alle Objekte x werden (zufällig) einem Cluster zugeordnet
  REPEAT
    Tausch_erfolgt := false
    Bestimme die Repräsentanten x̄_1, x̄_2, ..., x̄_k der Cluster
    Berechne neue Zuordnung aller x aus den Eingabedaten zu den Clustern C_i
    IF ein x wird einem anderen Cluster zugewiesen THEN Tausch_erfolgt := true
  UNTIL NOT Tausch_erfolgt
END Partitionierendes Clustern
```

Dazu werden zwei Verfahren – k-Means (Abschnitt 6.2) sowie k-Medoid (Abschnitt 6.3) – vorgestellt. Beide gehören zur Klasse der Mittelpunkt-Verfahren. Beide Verfahren ordnen jedes Objekt genau *einem* Cluster zu.

Es gibt partitionierende Verfahren, die wahrscheinlichkeitsbasiert arbeiten und die obigen Forderungen aufweichen. Jedes Objekt kann verschiedenen Clustern zugeordnet sein, jeweils mit einer gewissen Wahrscheinlichkeit (Abschnitte 6.4 und 6.10).

6.1.2 Hierarchische Cluster-Bildung

Bei der hierarchischen Cluster-Bildung wird eine Hierarchie von Clustern derart aufgebaut, dass immer die Cluster mit minimaler Distanz, also größter Ähnlichkeit, verschmolzen werden. Es können beispielsweise übergeordnete Cluster durch Vereinigung bereits bestehender Cluster gebildet werden.

Der Ablauf dieses Verfahrens lässt sich in einer Baumstruktur (Dendrogramm) darstellen (Abbildung 6.1). Ein *Dendrogramm* ist ein Baum, dessen Knoten jeweils einen Cluster repräsentieren und der folgende Eigenschaften besitzt:

- Die *Wurzel* repräsentiert die gesamte Datenmenge.
- Ein innerer *Knoten* repräsentiert die Vereinigung aller Objekte, die in den darunterliegenden Teilbäumen enthalten sind.
- Die *Blätter* repräsentieren einzelne Objekte.

Die hierarchische Cluster-Analyse unterteilt sich in zwei Verfahrensklassen:

Agglomerative Cluster-Bildung

Bei der agglomerativen Cluster-Bildung (Abschnitt 6.5) wird mit der kleinsten Auflösung von Clustern angefangen, den einzelnen Objekten selbst. Anfangs enthält jeder

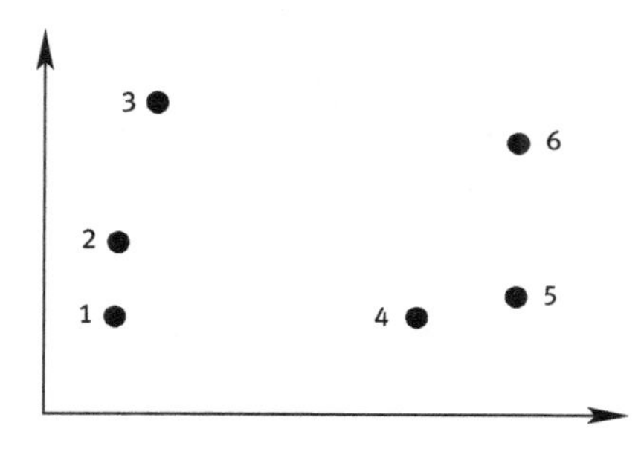

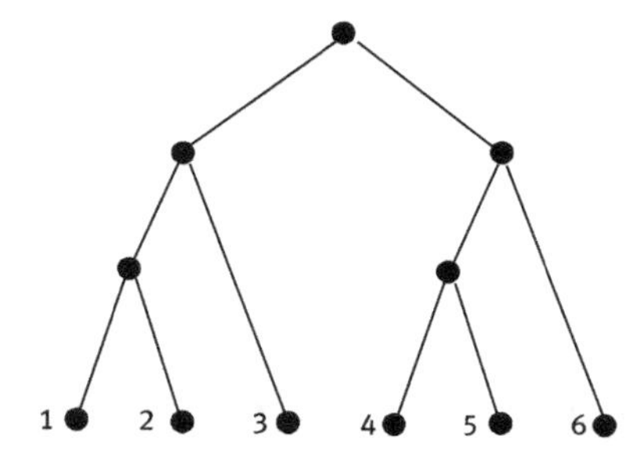

Abb. 6.1: Hierarchische Cluster-Bildung

Cluster genau *ein* Objekt. Die zwei jeweils ähnlichsten Cluster werden dann zu einem hierarchisch höheren Cluster verschmolzen. Dieser Vorgang wird wiederholt, bis nur noch ein Cluster vorhanden ist.

Divisive Cluster-Bildung

Die divisive Cluster-Bildung baut eine Hierarchie in umgekehrter Reihenfolge auf. Es behandelt die gesamte Datenmenge anfangs als einen großen Cluster und teilt sie in kleinere, hierarchisch tiefere Cluster ein. Dies erfolgt solange, bis in jedem Cluster genau ein Objekt vorhanden ist.

Da hier offensichtlich eine ganze Palette an Cluster-Bildungen – von *nur einem* Cluster bis zu *n* Einzel-Clustern – vorliegt, bleibt die Frage, welche Cluster-Bildung gewählt wird. Eine Option ist, den agglomerativen oder divisiven Algorithmus abzubrechen, wenn alle Cluster eine bestimmte Distanz beziehungsweise Ähnlichkeit zueinander über- oder unterschreiten. Man kann auch stoppen, wenn eine bestimmte Cluster-Anzahl unter- oder überschritten wird.

Nachteilig ist bei beiden Vorgehensmodellen, dass einmal gebildete Cluster – frühe Verschmelzungs- oder Aufteilungsentscheidungen – nicht wieder aufgelöst werden können. Der *Vorteil* dieser Verfahren ist, dass die Anzahl der Cluster nicht vorgegeben werden muss.

Hierarchische Verfahren eignen sich besonders dann gut, wenn man an den Verbindungen zwischen den Clustern interessiert ist. Aufgrund der nötigen paarweisen Distanzbildung für alle Objekte sind hierarchische Verfahren schlecht skalierbar und in der Praxis auf wenige tausend Elemente beschränkt. Weiterhin haben hierarchische Verfahren Probleme mit Ausreißern.

6.1.3 Dichtebasierte Cluster-Bildung

Die meisten Clusterverfahren versuchen, Gruppen von Objekten zusammenzufassen, die sich ähnlich sind, die also einen geringen Abstand zueinander haben. Partitionierende Verfahren, wie beispielsweise das im Abschnitt 6.2 vorgestellte Verfahren *k-Means*, führen zu konvexen Clustern. Diese Verfahren scheitern folglich, wenn die Objekte eben gerade nicht konvexe Gruppen bilden, sondern beispielsweise wie in Abbildung 6.2 dargestellt angeordnet sind.

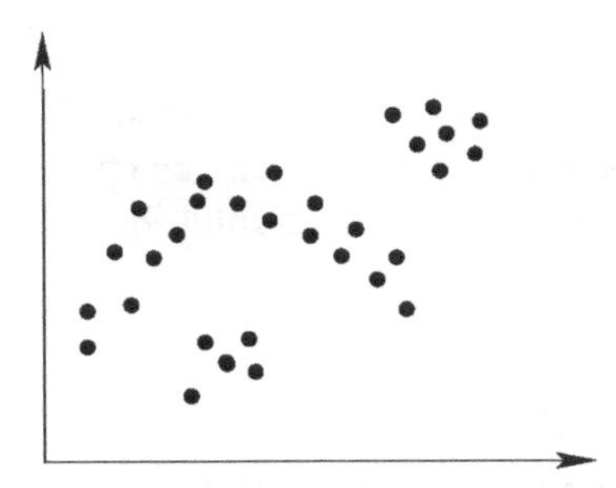

Abb. 6.2: Nichtkonvexe Gruppen

Wir hätten gern eine Cluster-Bildung, wie sie in Abbildung 6.3 dargestellt ist. Diese werden wir aber mittels dem k-Means-Verfahren nicht bekommen.

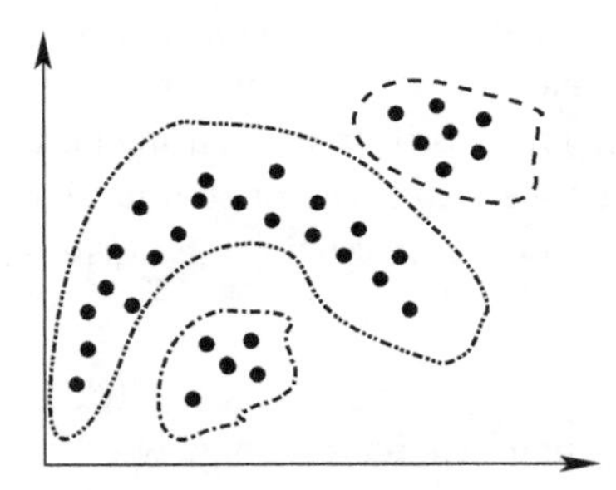

Abb. 6.3: Cluster-Bildung auf nichtkonvexen Gruppen

Hier setzen dichtebasierte Verfahren an (Abschnitt 6.6). Die Grundidee ist, Cluster zu bilden, so dass innerhalb *eines* Clusters in der Nachbarschaft eines jeden Objektes eine minimale Anzahl von weiteren Objekten liegt. Die Dichte der Punkte innerhalb eines Clusters muss somit einen gewissen Schwellwert übersteigen.

6.1.4 Cluster-Analyse mit Neuronalen Netzen

Werden neuronale Netze für die Bildung von Cluster eingesetzt (Abschnitte 6.7 bis 6.9), dann werden diese neuronalen Netze *nicht überwacht* trainiert. Verfahren des *nicht überwachten Lernens* verwenden das *Wettbewerbslernen*. Ein Neuron des neuronalen Netzes gewinnt den Wettbewerb gemäß der Frage: Welches Neuron ist der Eingabe am ähnlichsten? Dazu sind alle Eingabe-Neuronen mit allen anderen Neuronen verbunden. Jedes Neuron besitzt somit genau so viele eingehende Verbindungen, wie es Eingabe-Neuronen gibt. Der Vektor der eingehenden Verbindungen eines Neurons W_j hat somit dieselbe Dimension wie die Eingabe X. Unter Nutzung eines Ähnlichkeitsmaßes werden die Abstände aller Neuronen zur Eingabe berechnet, und das Neuron mit dem geringsten Abstand gewinnt. Je nach Verfahren werden dann die Gewichte an den eingehenden Verbindungen des Neurons oder auch der benachbarten Neuronen verändert. So entstehen dann Gebiete von Neuronen ähnlich starker Erregung für zueinander ähnliche Eingaben. Diese Gebiete repräsentieren dann die Cluster.

6.2 Der k-Means-Algorithmus

Der *k-Means-Algorithmus* ist ein einfaches und populäres partitionierendes Verfahren zur Cluster-Analyse. Der Begriff *k-Means* stammt von MacQueen [Mac67].

Beim k-Means-Verfahren wird die Anzahl der gesuchten Cluster vorgegeben. Die Zentren der Cluster werden zunächst zufällig festgelegt und später iterativ verändert. Ein Cluster wird dabei durch seinen *Centroiden* (Schwerpunkt) repräsentiert.

Wir betrachten zunächst eine einfache Variante des k-Means-Algorithmus. In den Abbildungen 6.4 - 6.7 ist das Vorgehen dargestellt.

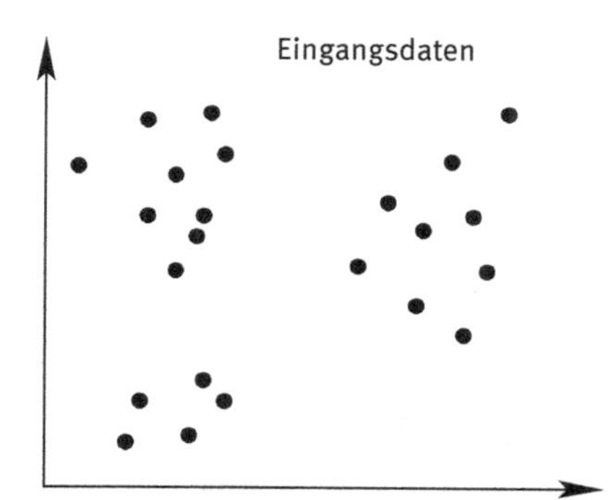

Abb. 6.4: Clustering mit k-Means – Ausgangsdaten

Zunächst generiert man initiale Cluster, siehe Abbildung 6.5 auf der nächsten Seite. Diese initialen Cluster können beispielsweise mittels eines Zufallsgenerators erzeugt werden. In unserem Beispiel wurden die initialen Cluster derart generiert, dass man sie auch gut darstellen kann. Im Schritt 2 werden die Centroide berechnet, dargestellt durch X (Abbildung 6.5). Im zweidimensionalen, reellen Raum ergibt sich der Centroid durch die jeweiligen Mittelwerte der x- und y-Koordinaten aller Objekte.

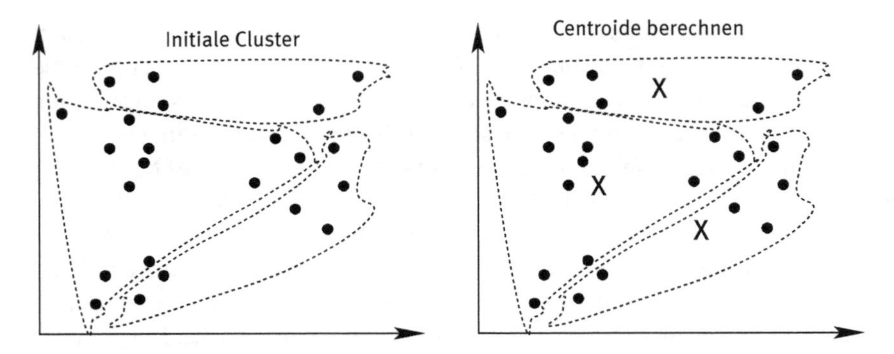

Abb. 6.5: Clustering mit k-Means – Schritte 1 und 2

Im nächsten Schritt erfolgt eine neue Zuordnung aller Punkte zu den Clustern. Man berechnet dazu die Abstände aller Punkte zu den 3 Centroiden, die jeweils einen Cluster repräsentieren. Als Abstandsmaß wird die euklidische Distanz eingesetzt. Es ist erkennbar, dass der obere Cluster einige Punkte auf seiner rechten Seite verliert. Die Neuberechnung der Centroide – die alten Clustercentroide sind durch x, die neuen durch X dargestellt – zeigt eine deutliche Verschiebung (Abbildung 6.6).

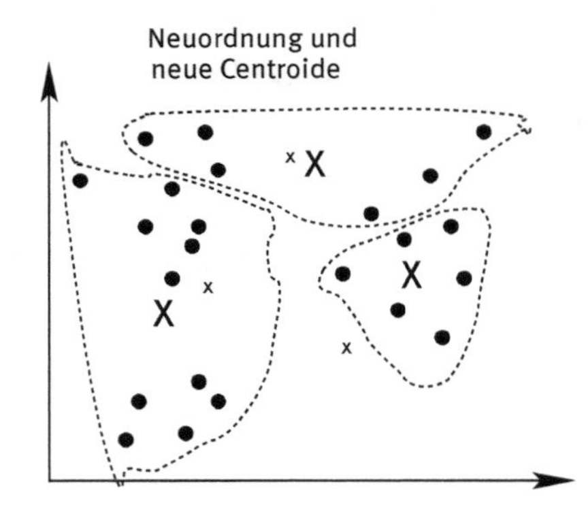

Abb. 6.6: Clustering mit k-Means – Schritt 3

Dieses Vorgehen setzt sich nun iterativ fort. Es erfolgt in jedem Durchlauf eine Neuzuordnung der Knoten zu den Clustern und eine erneute Berechnung der Centroide. Für unser Beispiel sind die nächsten Schritte in Abbildung 6.7 auf der nächsten Seite dargestellt. Der obere Cluster nimmt dem linken, unteren Cluster nach und nach dessen obere Punkte ab. Das Verfahren endet, wenn kein Punkt mehr seinen Cluster wechselt.

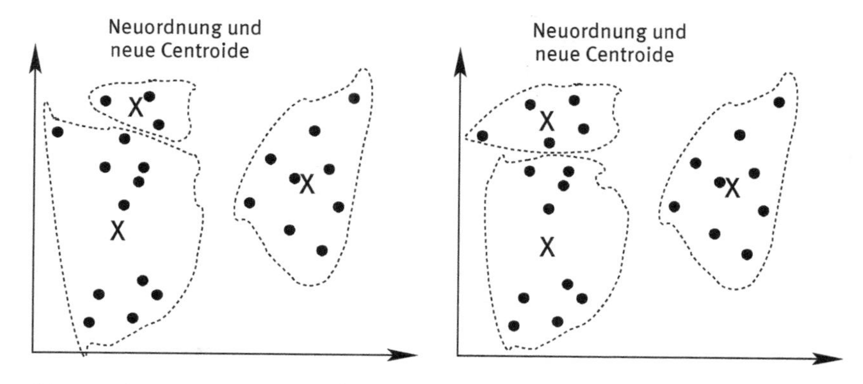

Abb. 6.7: Clustering mit k-Means – Schritte 4 und 5

Der k-Means-Algorithmus arbeitet in seiner Grundvariante also wie folgt:

Listing 6.2 (k-Means – Basis-Variante).

PROCEDURE k-Means
  Erzeuge (zufällig) k Anfangscluster C_i
    //Alle Objekte x werden (zufällig) einem Cluster zugeordnet
  REPEAT
    Tausch_erfolgt := false
    Bestimme die Centroide $\overline{x_1}, \overline{x_2}, \ldots, \overline{x_k}$ der Cluster
    Für alle x aus den Eingabedaten: Weise x demjenigen Cluster C_i zu,
      zu dessen Centroiden $\overline{x_i}$ x die geringste Distanz hat
    IF ein x wird einem anderen Cluster zugewiesen **THEN** Tausch_erfolgt := true
  UNTIL NOT Tausch_erfolgt
END k-Means

Was sind die *Vorteile* des k-Means-Verfahrens? Man kann vermuten, dass das Verfahren viele Iterationen benötigt, um stabile Cluster zu erzeugen. Die Erfahrung zeigt aber, dass dies meistens nicht der Fall ist. Häufig wird nach wenigen Iterationen eine stabile Verteilung erreicht.
Das Verfahren lässt sich leicht implementieren, denn genau genommen besteht das Verfahren nur aus Abstandsberechnungen und Neuzuordnungen. Weiterhin ist das Vorgehen recht anschaulich und deshalb so populär.

Nachteile des k-Means-Verfahrens sind die Abhängigkeit von der Qualität der initialen Zerlegung. Ist die initiale Zerlegung ungünstig, kann sich dies durchaus negativ auf das Resultat und auch auf die Anzahl der Iterationen auswirken. Gute initiale Cluster zu finden, ist folglich für dieses Verfahren von großer Bedeutung. Das Verfahren kann gegen Rauschen und Ausreißer empfindlich sein, da alle Objekte in die Berechnung des Centroiden eingehen. Ein Ausreißer zieht den Centroiden in seine Richtung und kann einen Cluster somit verzerren. Weiterhin ist der Aufwand hoch, da in jedem Schritt alle Distanzen neu berechnet werden. Das Laufzeitverhalten kann insbesondere bei sehr großen Datenmengen deutlich ansteigen.

Der k-Means-Algorithmus erwartet numerische Werte. Nominale und ordinale Attribute sind in numerische Werte umzuwandeln.

Der k-Means-Algorithmus liefert nur konvexe Cluster. Hat man Cluster, die sich beispielsweise wie ein Schlauch im n-dimensionalen Raum zwischen anderen Clustern befinden, dann kann k-Means diese nicht finden.

Was ist die optimale Clusteranzahl? Diese Frage beantwortet das k-Means-Verfahren nicht. Dies muss der Nutzer entscheiden. Es gibt Ansätze für das Bestimmen eines optimalen k, auf die hier nicht eingegangen wird.

Trotz der Nachteile dieses Verfahrens ist der k-Means-Algorithmus ein leistungsfähiger Algorithmus für die Cluster-Analyse.

Betrachten wir ein Beispiel genauer. In Abbildung 6.8 sind zweidimensionale Daten gegeben, die wir in Cluster zerlegen wollen. Wir verwenden die euklidische Distanz.

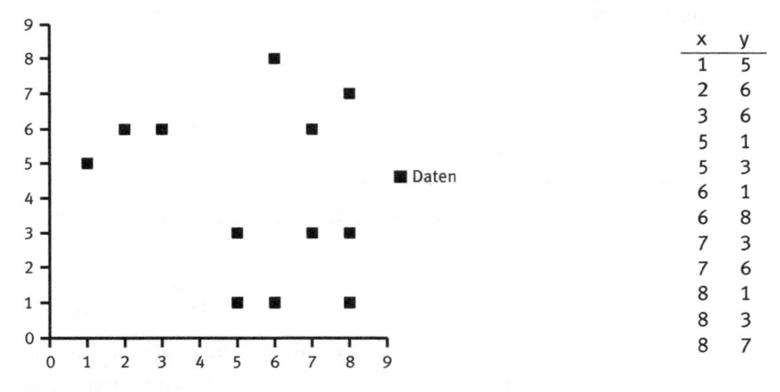

x	y
1	5
2	6
3	6
5	1
5	3
6	1
6	8
7	3
7	6
8	1
8	3
8	7

Abb. 6.8: k-Means – Ausgangssituation

Wir möchten 3 Cluster bilden und benötigen folglich 3 initiale Cluster. Dies lösen wir ganz einfach, indem wir (willkürlich) die Punkte (1, 5), (2, 6), (3, 6) als Clustermittelpunkte unserer initialen Cluster festlegen. Nun starten wir das k-Means-Verfahren. Die initialen Cluster sind unglücklich gewählt, so dass die Punkte (1, 5) und (2, 6) zunächst „allein“ bleiben. Alle anderen Punkte werden dem Cluster (3, 6) zugeordnet, da ihre euklidische Distanz zu (3, 6) geringer ist als zu (1, 5) und (2, 6).

Im nächsten Schritt wandert der Punkt (3, 6) zum Cluster (2, 6), da sein Abstand zu (2, 6) geringer als zum Clustermittelpunkt (6.3, 3.9) ist. Der Clustermittelpunkt des Clusters wird zu (2.5, 6) (Abbildung 6.9).

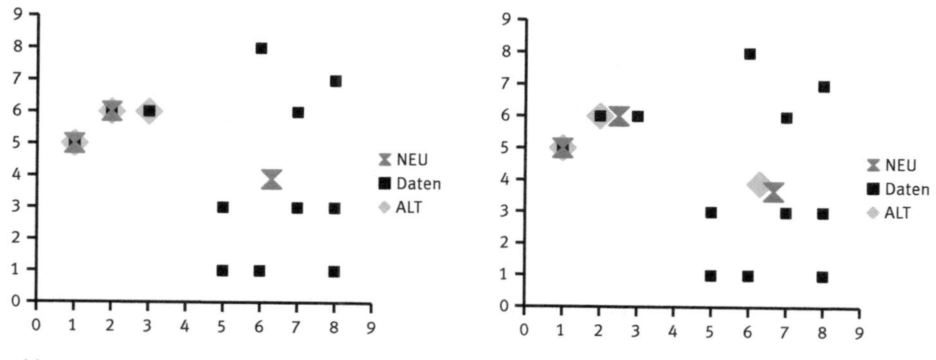

Abb. 6.9: k-Means – Schritte 1 und 2

Im Schritt 3 setzt sich der Trend fort, dass der Cluster (2.5,6) weitere Punkte vom rechten Cluster übernimmt. Dadurch verschieben sich die Mittelpunkte.

Im 4. Schritt wird nun auch der Cluster (1,5) aktiv. Der Punkt (2,6) wird dem Cluster (1,5) zugeordnet (Abbildung 6.10).

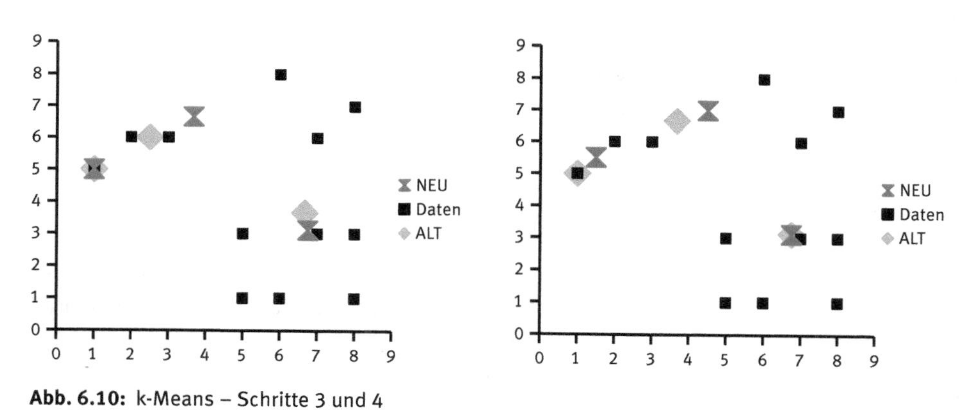

Abb. 6.10: k-Means – Schritte 3 und 4

Im 5. Schritt erhalten wir nun endlich die Cluster, die wir erwartet haben. Im Schritt 6 ändert sich nichts mehr, so dass das Verfahren beendet wird (Abbildung 6.11).

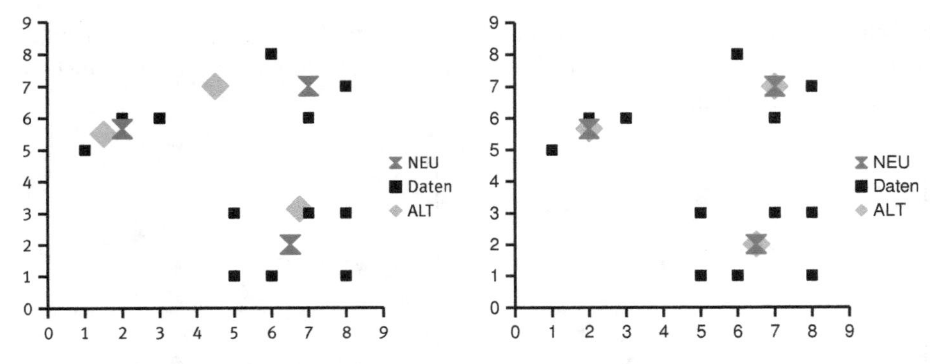

Abb. 6.11: k-Means – Schritte 5 und 6

Betrachten wir ein weiteres Beispiel: Die Daten der nachfolgenden Tabelle sollen in zwei Cluster eingeteilt werden.

Alter	verheiratet	Eigenheim	Akademiker	Einkommen
alt	ja	ja	ja	hoch
alt	ja	nein	nein	gering
mittel	nein	nein	nein	gering
mittel	ja	ja	ja	hoch
jung	nein	nein	nein	gering
jung	ja	nein	nein	mittel
jung	ja	ja	ja	mittel
alt	nein	ja	nein	hoch

Können wir k-Means sofort anwenden? Nein, denn wir haben zwar mit der Hamming-Distanz ein Abstandsmaß, um die Abstände berechnen zu können, aber beim Berechnen der Mittelpunkte der Cluster scheitern wir, da bei nominalen oder ordinalen Werten kein arithmetisches Mittel berechnet werden kann. Eine Alternative ist das in Abschnitt 6.3 vorgestellte k-Medoid-Verfahren, wir wollen aber doch zunächst versuchen, das k-Means-Verfahren anzuwenden. K-Means verlangt numerische Werte, die wir jedoch nicht vorliegen haben. Die binären Attribute können wir in 0 und 1 umwandeln. Bei den Attributen *Alter* und *Einkommen* stellen wir fest, dass dies ordinale Attribute sind. Wir können die Werte – unter Beachtung der Ordnung – in Zahlen umwandeln: 0/0,5/1. Mit der Tabelle 6.1 könnten wir nun k-Means starten.

Die beiden ordinalen Attribute lassen sich auch mittels 0/1/2 codieren. Dabei steigt aber der Einfluss dieser beiden Attribute da die Abstände zwischen diesen Attributwerten größer werden. Auf dieses Problem gehen wir im Kapitel 8 ein.

Beim k-Means-Verfahren spielt die Initialisierung – das Bilden initialer Cluster – eine maßgebliche Rolle. Es gibt mehrere Varianten, möglichst gute initiale Cluster zu erhalten. Wie bereits erwähnt, ist eine zufällige Zuordnung der Punkte zu den Clustern möglich – ein sehr einfacher Ansatz. Alternativ können am Anfang gute Centroide

Tab. 6.1: Einkommen-Tabelle

Alter	verheiratet	Eigenheim	Akademiker	Einkommen
1	1	1	1	1
1	1	0	0	0
0,5	0	0	0	0
0,5	1	1	1	1
0	0	0	0	0
0	1	0	0	0,5
0	1	1	1	0,5
1	0	1	0	1

bestimmt werden. Auch dieses kann durch eine zufällige Auswahl geschehen. Man kann aber auch Objekte als Centroide wählen, die möglichst unähnlich sind, somit weit auseinander liegen.

Das k-Means-Verfahren sucht eine Zerlegung in k Cluster, die in einem gewissen Sinn optimal ist: Die Summe aller Abstände der Objekte zu ihren Cluster-Mittelpunkten soll minimal sein, vgl. Abschnitt 9.5.

Die Kosten (Kompaktheit) des Clusters C_i werden gemessen durch:

$$\text{Kosten}(C_i) = \sum_{x \in C_i} \text{dist}(\overline{x_i}, x) \tag{6.1}$$

Die Gesamtkosten ergeben sich dann als Summe aller Clusterkosten:

$$\text{Kosten} = \sum_{i=1}^{k} \text{Kosten}(C_i) \tag{6.2}$$

Diese Kosten gilt es zu minimieren.

Aufgrund des hohen Aufwands des k-Means-Verfahrens – in jedem Schritt müssen alle Abstände neu berechnet werden – wurde nach Verbesserungen gesucht, um ein günstigeres Laufzeitverhalten des Verfahrens zu erreichen. Eine einfache Modifikation sieht vor, dass die Centroide der neuen Cluster nicht erst nach der Umordnung *aller* Punkte, sondern bei *jeder* Umordnung angepasst werden. Wird also *ein* Objekt gefunden, welches den Cluster wechseln muss, erfolgt dieser Wechsel *sofort*, siehe Listing 6.3 auf der nächsten Seite. Die Neuberechnung der Centroide muss nun nur für 2 Cluster erfolgen, für den Cluster C_j, den x verlässt, und für C_i, zu welchem x wechselt.

Zu klären ist noch, wann das Verfahren beendet wird. Dies wird meist dadurch realisiert, dass man nach einer bestimmten Anzahl von Versuchen, in denen kein Objekte x gefunden wird, welches den Cluster wechselt, aufhört. Bei kleinen Mengen werden wieder alle Objekte betrachtet. Wenn kein Objekt den Cluster wechselt, dann ist die entstandene Cluster-Bildung abgeschlossen.

Listing 6.3 (k-Means – modifiziert).

```
PROCEDURE k-Means modifiziert
  Erzeuge (zufällig) k Anfangscluster C_i
                  //Alle Objekte x werden (zufällig) einem Cluster zugeordnet
  REPEAT
    Tausch_erfolgt := false
    Bestimme die Centroide x̄_1, x̄_2, ..., x̄_k der Cluster
    IF Es existiert ein x, welches zu einem anderen Clustermittelpunkt x̄_i
       näher als zu seinem aktuellen Cluster C_j (Centroid x̄_j) liegt
    THEN
      Ordne x dem Cluster C_i zu
      Tausch_erfolgt := true
    END IF
  UNTIL NOT Tausch_erfolgt
END k-Means modifiziert
```

Der Vorteil des Verfahrens ist, dass in jedem Schritt nur eine eingeschränkte Anzahl von Abständen neu berechnet werden muss. Nachteilig ist, dass die Geschwindigkeit des Verfahrens meistens – stärker als bei der Basis-Variante – von einer guten Anfangspartitionierung und die Konvergenz von der Reihenfolge der gewählten x abhängen kann.

Beispiel 6.1 (Cluster-Analyse – Schwertlilien). Wir betrachten die Iris-Daten (siehe Anhang A.1). Es sind hierbei die drei Schwertlilienarten zu erkennen:

- Iris Setosa,
- Iris Virginica,
- Iris Versicolor.

Gegeben sind die Attribute Länge und Breite des Kelchblattes (Sepalum) sowie Länge und Breite des Kronblatts (Petalum).

1. sepal length in cm
2. sepal width in cm
3. petal length in cm
4. petal width in cm
5. class Iris Setosa, Iris Versicolor, Iris Virginica

```
5.1 , 3.5 , 1.4 , 0.2 , Iris-setosa
4.9 , 3.0 , 1.4 , 0.2 , Iris-setosa
4.7 , 3.2 , 1.3 , 0.2 , Iris-setosa
4.6 , 3.1 , 1.5 , 0.2 , Iris-setosa
........
```

Auch wenn wir es hier mit einem Klassifikationsproblem zu tun haben, so möchten wir auf diese Daten den k-Means-Algorithmus anwenden. Dabei lassen wir natürlich das Klassen-Attribut heraus und vergleichen dann, ob die Cluster-Bildung die Einteilung in die richtigen Klassen erreicht, sprich: ob die vom k-Means-Algorithmus gebildeten Cluster mit den vorgegebenen Klassen im Datensatz übereinstimmen.

In Abbildung 6.12 sind die mit k-Means berechneten Cluster dargestellt, aus Gründen der Übersichtlichkeit nur bezüglich der Attribute *sepal length, petal length.*

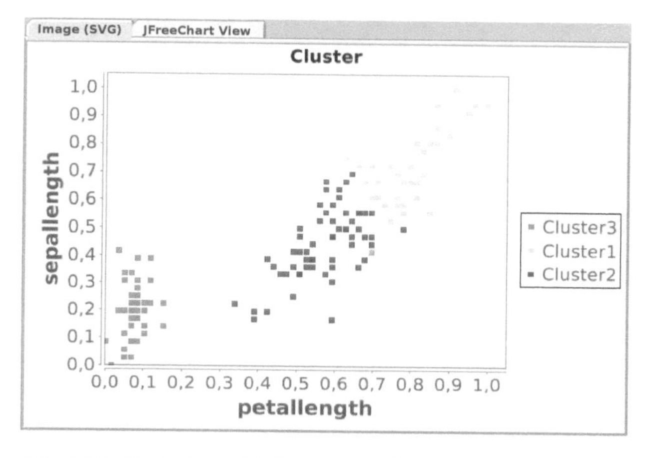

Abb. 6.12: Clustering mit k-Means – Iris-Daten

Vergleichen wir diese Cluster mit den Originalklassen (Abbildung 6.13), so sehen wir, dass die Cluster-Bildung nur eine der drei Klassen vollständig erkannt hat. Die anderen beiden Klassen werden zwar nicht hundertprozentig korrekt erkannt, es sind aber nur wenige Fehler auszumachen. Zudem zeigt auch die Originalklassifikation einige Ausreißer, die von einem Cluster-Bildungs-Verfahren nicht erkannt werden können.

Die Werte wurden dabei auf den Wertebereich $[0, 1]$ normalisiert, siehe Abschnitt 8.2.5, um eine unterschiedliche Gewichtung der Attribute im Abstandsmaß zu vermeiden, vgl. Abbildung 6.14.

Wir hatten bereits darauf hingewiesen, dass der k-Means-Algorithmus metrische Werte voraussetzt, da die Berechnung des Centroiden bei nominalen und ordinalen Daten nicht möglich ist. Ordinale Daten lassen sich meistens in metrische Daten umwandeln. Bei nominalen Attributen lässt sich durch Binarisierung eine Umwandlung in numerische Werte erreichen, siehe Kapitel 8. Es gibt Modifikationen des k-Means-Verfahrens, die nominale Attribute erlauben, beispielsweise das k-Modes-Verfahren.

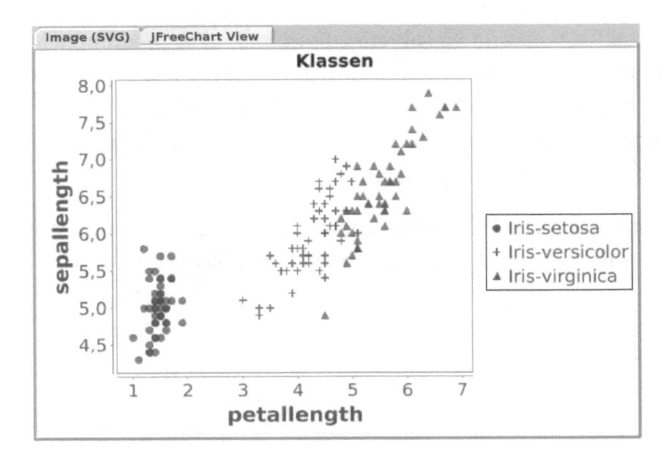

Abb. 6.13: Originalklassen – Iris-Daten

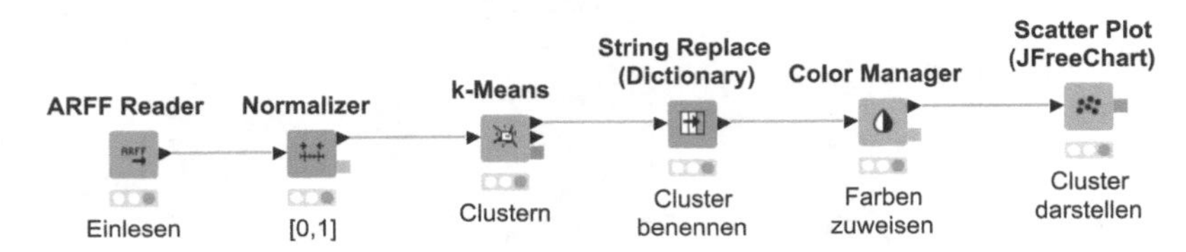

Abb. 6.14: Workflow – Iris-Daten

Aufgabe 6.1 (K-Means). Gegeben seien die folgenden, zweidimensionalen Datensätze:

x	3	6	8	1	2	2	6	6	7	7	8	8
y	5	2	3	5	4	6	1	8	3	6	1	7

Finden Sie für diese Datensätze 3 Cluster mittels k-Means! Verwenden Sie die ersten drei Datentupel als *Anfangszentren* der Cluster. Berechnen Sie dann die Zugehörigkeit aller Datensätze zu einem der 3 Cluster. Nun berechnen Sie auf Basis der gefunden Cluster den Centroid neu. Dann ordnen Sie wieder alle Datensätze erneut den Clustern zu usw. Verfolgen Sie die Wanderung der Centroide.

Aufgabe 6.2 (K-Means – Centroid). Erläutern Sie, wie das k-Means-Verfahren den Centroid berechnet.

Aufgabe 6.3 (K-Means – Pflanzenarten). Eine Gruppe von Bauern möchte ihre Ernte gemeinschaftlich verbessern. Dazu wurden von mehreren Pflanzenarten die Standortbedingungen der Felder aller Bauern gesammelt.

Generieren Sie 2 Cluster mittels des k-Means-Verfahrens. Bilden Sie die Cluster ohne das Zielattribut *klasse* und prüfen Sie, ob die entstandenen Cluster den Klassen *wächst / wächst nicht* entsprechen. Was müssen Sie in der Datenvorverarbeitung tun, um das k-Means-Verfahren anwenden zu können?

ID	Feuchte	Säure	Temp. (Celsius)	Klasse
1	trocken	basisch	7	wächst
2	feucht	neutral	8	wächst nicht
3	trocken	sauer	9	wächst
4	feucht	sauer	5	wächst nicht
5	trocken	neutral	6	wächst
6	feucht	basisch	7	wächst nicht
7	feucht	basisch	7	wächst nicht
8	feucht	neutral	10	wächst

6.3 Der k-Medoid-Algorithmus

Ein Verfahren, das dem k-Means-Verfahren sehr ähnlich ist, ist das k-Medoid-Verfahren [KR87]. Der Unterschied zu k-Means ist, dass als Repräsentant des Clusters nicht der Schwerpunkt (Centroid), sondern der sogenannte *Medoid* verwendet wird. Im Unterschied zum Centroid muss der Medoid ein Element der Eingabedatenmenge sein. Der Medoid kann beispielsweise als derjenige Punkt der Eingabedaten gewählt werden, der die geringste Entfernung zum Centroid hat.

Für nominale oder ordinale Attribute ist die Berechnung des Centroids nicht möglich: Was ist der Durchschnitt zwischen 2 männlichen und einer weiblichen Person? Deshalb können wir den k-Means-Algorithmus nicht einfach nur dahingehend ändern, dass der Medoid als der dem Centroid nächstgelegene reale Datensatz berechnet wird und sich die Neuordnung am Medoid orientiert. Stattdessen werden *bessere* Medoide durch Tauschen gesucht: In jedem Schritt tauschen ein Nichtmedoid und ein Medoid ihren aktuellen Status. Der Medoid wird zum Nichtmedoid, der Nichtmedoid wird zum Medoid. Der Tausch wird aber nur dann ausgeführt, wenn sich die Qualität der Cluster-Bildung durch den Tausch verbessert, siehe Listing 6.4.

Der Tausch im THEN-Zweig ist eigentlich unnötig, da für das Überprüfen, ob sich die Qualität verbessert hat, der Tausch ja temporär schon durchgeführt wurde. Im THEN-Zweig ersetzt dieser temporäre Tausch die letzte gültige Cluster-Bildung.

Die Verwendung des Medoids hat den Vorteil, dass das Verfahren – im Vergleich mit k-Means – im Allgemeinen unempfindlicher gegenüber Ausreißern ist, da im Gegensatz zum k-Means-Verfahren nicht der Schwerpunkt, der ja kein echter Datensatz ist, genommen wird, sondern ein *realer* Datensatz. Ein Ausreißer kann somit den Repräsentanten nicht mehr in seine Richtung „ziehen“, wenn der Repräsentant aus der Hauptgruppe des Clusters genommen wird.

Listing 6.4 (Medoid-basiertes Clustern).

```
PROCEDURE k-Medoid
  Wähle k Objekte m_1 ... m_k als Clusterrepräsentanten
  Ordne alle Objekte gemäß Distanzfunktion einem Cluster m_i zu
  REPEAT
    Tausch_erfolgt := false
    IF Es existiert ein x (kein Medoid) und m_i (Medoid), bei deren Tausch
        (x wird Medoid, m_i wird Nicht-Medoid)
        sich die Cluster-Qualität verbessert
    THEN
      Führe Tausch durch und berechne Clusterzuordnung neu
      Tausch_erfolgt := true
    END IF
  UNTIL NOT Tausch_erfolgt
END k-Medoid
```

Im Algorithmus 6.4 wird ein neuer Medoid nur dann akzeptiert, wenn sich die Qualität der Cluster-Bildung verbessert. Die Qualität einer Cluster-Bildung kann wieder über die bereits eingeführten Kosten definiert werden:

$$\text{Kosten}(C_i) = \sum_{x \in C_i} \text{dist}(\overline{x_i}, x) \tag{6.3}$$

Die Gesamtkosten (Summe aller Clusterkosten)

$$\text{Kosten} = \sum_{i=1}^{k} \text{Kosten}(C_i) \tag{6.4}$$

gilt es zu minimieren. Der Algorithmus akzeptiert nur dann einen neuen Medoid, wenn die Gesamtkosten kleiner werden.

Einer der ersten k-Medoid-Algorithmen war *PAM*: *Partitioning Around Medoids* [KR90]. Der PAM-Algorithmus führt eine vollständige Suche nach einem besten neuen Medoid durch.

Listing 6.5 (PAM).

```
PROCEDURE PAM
  Wähle k Objekte m_1 ... m_k als Clusterrepräsentanten
  Ordne alle Objekte gemäß Distanzfunktion einem Cluster m_i zu
  REPEAT
    Tausch_erfolgt := false
    Kand := { (x, m) | m ist Medoid, x ist Nicht-Medoid,
                 durch einen Tausch ergäbe sich eine Verbesserung}
```

```
    IF Kand ≠ ∅
    THEN
      Finde (x, m) ∈ Kand mit der maximalen Verbesserung
      Tausche x und m
      Tausch_erfolgt := true
    END IF
  UNTIL NOT Tausch_erfolgt
END PAM
```

Die Schritte vor der REPEAT-Anweisung werden als *Build*-Phase bezeichnet, die restlichen Schritte als *Swap*-Phase. Der PAM-Algorithmus berechnet eine komplette Matrix, in der die Distanzen zwischen den Punkten gespeichert sind.

Beispiel 6.2 (PAM).

Wir betrachten diese Punkte im zweidimensionalen Raum:

Nr.	x	y
1	2	5
2	4	2
3	5	3
4	1	5
5	3	4
6	3	6
7	5	1
8	6	8
9	7	5
10	7	6

Wir möchten 2 Cluster bilden. Am Anfang wählen wir die ersten beiden Punkte als die Medoide zweier Cluster. Als Abstandsmaß verwenden wir die euklidische Distanz. Zunächst werden die Punkte den Clustern zugeordnet und die Kosten berechnet (Tabelle 6.2). Die Kosten betragen 20,9.
Nun tauscht PAM einen Nicht-Medoid mit einem Medoid. Wird beispielsweise der Medoid 2 mit dem Objekt 8 – die neuen Centroiden wären somit Punkt 1 und Punkt 8 – vertauscht, so ergeben sich die in Tabelle 6.3 dargestellten Kosten.

Tab. 6.2: PAM – Schritt 1: Zuordnung

Nr.	x	y	$dist_1$	$dist_2$	Kosten	Cluster
1	2	5	0	3,61	0	1
2	4	2	3,61	0	0	2
3	5	3	3,61	1,41	1,41	2
4	1	5	1	4,24	1	1
5	3	4	1,41	2,24	1,41	1
6	3	6	1,41	4,12	1,41	1
7	5	1	5	1,41	1,41	2
8	6	8	5	6,32	5	1
9	7	5	5	4,24	4,24	2
10	7	6	5,1	5	5	2
					20,9	

Die Kosten werden größer, womit dieser Tausch nicht in Frage kommt.

Wird dagegen statt Datensatz 2 der Punkt 3 als Medoid eingesetzt, so ergeben sich geringere Kosten. Die Qualität der Cluster steigt (Tabelle 6.3).

Tab. 6.3: PAM – Tausch von 1 und 8

Nr.	x	y	$dist_1$	$dist_2$	Kosten	Cluster
1	2	5	0	5	0	1
2	4	2	3,61	6,32	3,61	1
3	5	3	3,61	5,1	3,61	1
4	1	5	1	5,83	1	1
5	3	4	1,41	5	1,41	1
6	3	6	1,41	3,61	1,41	1
7	5	1	5	7,07	5	1
8	6	8	5	0	0	2
9	7	5	5	3,16	3,16	2
10	7	6	5,1	2,24	2,24	2
					21,44	

Tausch von 2 und 3

Nr.	x	y	$dist_1$	$dist_2$	Kosten	Cluster
1	2	5	0	3,61	0	1
2	4	2	3,61	1,41	1,41	2
3	5	3	3,61	0	0	2
4	1	5	1	4,47	1	1
5	3	4	1,41	2,24	1,41	1
6	3	6	1,41	3,61	1,41	1
7	5	1	5	2	2	2
8	6	8	5	5,1	5	1
9	7	5	5	2,83	2,83	2
10	7	6	5,1	3,61	3,61	2
					18,68	

PAM probiert nun alle Varianten und wählt den Tausch mit der größten Verbesserung. Anschließend wird nach dem nächsten, möglichen Tausch gesucht.

Der PAM-Algorithmus bewertet die Güteverbesserung der Cluster-Bildung für alle möglichen Vertauschungen von Medoid und Nicht-Medoid. Dies sorgt zwar meistens dafür, dass gute Cluster gefunden werden, die Laufzeit allerdings mit der Anzahl der Eingabeobjekte sehr stark ansteigt und PAM daher nur für kleinere Mengen geeignet ist.

Eine weniger gründliche Suche führt das Verfahren *Clustering Large Applications based on RANdomized Search (CLARANS)* [NH94] durch, bei der man nicht den kompletten Eingaberaum absucht, sondern zufallsbasiert nur einen Teil der Daten berücksichtigt. Dadurch ist das Verfahren viel effizienter, ohne dabei in der Praxis wesentlich schlechtere Ergebnisse als PAM zu liefern.

Die Vorstufe zu CLARANS war CLARA (Clustering LARge Applications). CLARA arbeitet nicht auf der gesamten Beispielmenge, um Cluster zu bilden, sondern wählt eine Teilmenge aus. Auf diese wird nun der PAM-Algorithmus angewendet. Dieses Verfahren findet nicht unbedingt die optimale Cluster-Bildung, da es ja passieren kann, dass ein Medoid einer besten Cluster-Bildung überhaupt nicht in der Beispielmenge vorkommt. Um nicht von einer unglücklichen Wahl der Teilmenge abhängig zu sein, wird das gesamte Procedere folglich mehrfach wiederholt. Ausgewählt wird die Cluster-Bildung, die bezüglich der obigen Kosten minimal ist.

Während CLARA mit einer festen Teilmenge arbeitet, löst CLARANS sich wieder von dieser festen Teilmenge. Der CLARANS-Algorithmus benötigt 2 Parameter: `numLocal` legt fest, wie oft nach einer guten Cluster-Bildung gesucht wird, `maxNeighbours` legt fest, wie viele Versuche des Vertauschens eines Medoid mit einem Nichtmedoid erlaubt sind, ohne dass eine Verbesserung eintritt.

Listing 6.6 (CLARANS).

```
PROCEDURE CLARANS
  j := 1
  CB := Generiere_Cluster_Bildung
  REPEAT
    j := j+1
    CB_j := Generiere_Cluster_Bildung
    IF CB_j ist besser als CB THEN CB := CB_j
  UNTIL j = numLocal
END CLARANS

FUNCTION Generiere_Cluster_Bildung
  CB := Initialisiere die k Medoide
  REPEAT
    i := 0
    Weise jeden Punkt seinem besten Medoid zu
    Tausch_erfolgt := false
    WHILE i < maxNeighbours AND NOT Tausch_erfolgt
    DO
      Suche zufällige Tauschpartner Medoid / Nichtmedoid
      IF Cluster-Qualität verbessert sich
      THEN
        Führe Tausch durch        // CB wird geändert
        Tausch_erfolgt := true
      ELSE
        i:=i+1
      END IF
    END WHILE
  UNTIL NOT Tausch_erfolgt
  RETURN CB
END Generiere_Cluster_Bildung
```

CLARANS unterscheidet sich von PAM und CLARA in folgenden Punkten:

- Höchstens `maxNeighbours` Versuche des Tauschens von Medoid und Nichtmedoid werden unternommen, um eine Verbesserung zu finden.
- Die *erste* Ersetzung, die eine Verbesserung erzielt, wird auch durchgeführt.
- Die Suche nach k „optimalen“ Medoiden wird nur `numLocal` Mal wiederholt.

CLARANS verzichtet auf die Vollständigkeit, ist dadurch aber schneller. Die praktische Komplexität liegt bei PAM bei n^3, bei CLARANS bei n^2.

Man kann anstelle des Centroids oder Medoids auch den *Median* verwenden. Dies führt zum *k-Median-Algorithmus*. Der Unterschied ist, dass ein Kompromiss zwischen dem Centroid, also einem fiktiven Punkt, der in den gegebenen Datensätzen nicht vorkommen muss, und dem Medoid, einem realen Datensatz gesucht wird. Dieser Kompromiss sieht so aus, dass in jeder Komponente der Median berechnet wird. Der Repräsentant muss nun kein existierender Datensatz sein, aber jede Komponente muss zumindest einen existierenden Wert haben.

Betrachten wir die 3 Datensätze (0,4), (2,0), (5,2), so ergibt sich:

Centroid (2.3,2)
Medoid (2,0)
Median (2,2)

Der Medoid ist ein existierender Datensatz, der Centroid ein fiktiver Punkt. Der Median existiert zwar möglicherweise auch nicht, aber der Wert in beiden Komponenten kommt in mindestens einem Datensatz vor.

Aufgabe 6.4 (K-Medoid – Pflanzenarten). Eine Gruppe von Bauern möchte ihre Ernte gemeinschaftlich verbessern. Dazu wurden von mehreren Pflanzenarten die Standortbedingungen der Felder aller Bauern gesammelt.

Generieren Sie 2 Cluster mittels des k-Medoid-Verfahrens. Bilden Sie die Cluster ohne das Zielattribut *klasse* und prüfen Sie, ob die entstandenen Cluster den Klassen *wächst / wächst nicht* entsprechen.

Was müssen Sie in der Datenvorverarbeitung tun, um das k-Medoid-Verfahren anwenden zu können?

ID	Feuchte	Säure	Temp. (Celsius)	Klasse
1	trocken	basisch	7	wächst
2	feucht	neutral	8	wächst nicht
3	trocken	sauer	9	wächst
4	feucht	sauer	5	wächst nicht
5	trocken	neutral	6	wächst
6	feucht	basisch	7	wächst nicht
7	feucht	basisch	7	wächst nicht
8	feucht	neutral	10	wächst

6.4 Erwartungsmaximierung

Erwartungsmaximierung [DLR77] gehört zur Kategorie der partitionierenden Verfahren. Im Gegensatz zu den vorherigen Methoden werden beim Clustering nach Erwartungsmaximierung (EM) die Objekte nicht bestimmten Clustern eindeutig zugeordnet. Objekte können zu mehreren Clustern gehören, jeweils mit einer bestimmten Wahrscheinlichkeit.

Eine Wahrscheinlichkeitsverteilung ist eine Abbildung, die jedem möglichen Ausgang eines Zufallsexperiments eine Wahrscheinlichkeit zuordnet. Beim Clustering durch Erwartungsmaximierung nimmt man also an, dass die Daten aus einem Zufallsexperiment entstanden sind, und approximiert die Cluster durch Gaußverteilungen.

Eine Gaußverteilung ist eine symmetrische Wahrscheinlichkeitsverteilung, die einen Graphen in Glockenform induziert. Gaußverteilungen werden benutzt, weil sich – durch eine Mischung dieser – beliebige andere Verteilungen approximieren lassen. Man nimmt nun an, dass die Eingabedaten aus einer Mischung von k *Gaußverteilungen* entstanden sind. Das Ziel des EM-Algorithmus ist es daher, die k Gaußverteilungen zu finden, für die die Wahrscheinlichkeit, dass die gegebenen Daten aus ihnen entstanden sind, maximal ist. Ähnlich wie die k-Means- und k-Medoid-Verfahren beginnt auch das EM-Verfahren mit beliebigen Startwerten und verbessert die Cluster-Verteilung iterativ.

Der Algorithmus startet mit k zufällig gewählten Gauß-Verteilungen. Nun werden die *Wahrscheinlichkeiten* berechnet, mit denen

- ein Punkt x (Objekt) aus einer
- der k Gaußverteilungen C_i $(i = 1, \ldots, k)$ entstanden ist.

$$P(x|C_i) = \frac{1}{\sqrt{(2\pi)^k |\sum_{C_i}|}} \cdot e^{-\frac{1}{2}(x-\mu_{C_i})^T (\sum_{C_i})^{-1}(x-\mu_{C_i})} \tag{6.5}$$

Dabei ist:

- k die *Anzahl der Cluster*
- $\sum_{C_i}$ die *Kovarianzmatrix* für die Punkte im Cluster C_i
- μ_{C_i} der Vektor des *Mittelpunkts* des Clusters i

Jetzt berechnet man die *Gesamt-Wahrscheinlichkeitsdichte* für x:

$$P(x) = \sum_{i=1}^{k} W_i \cdot P(x|C_i) \tag{6.6}$$

W_i ist dabei die Anzahl der Objekte im Cluster C_i, geteilt durch die Anzahl aller Objekte, also eine Gewichtung entsprechend der Größe des Clusters (relative Häufigkeit).

Die Wahrscheinlichkeit, mit der ein bestimmtes Objekt x zu einem Cluster C_i gehört, ist (Satz von Bayes, vgl. Abschnitt 5.3.1):

$$P(C_i|x) = W_i \cdot \frac{P(x|C_i)}{P(x)} \tag{6.7}$$

Um zu prüfen, ob die gegebenen Daten mit maximaler Wahrscheinlichkeit aus den errechneten Gaußverteilungen entstanden sind, werden alle (für alle Objekte) Wahrscheinlichkeitsdichten zu *einer Gesamt-Wahrscheinlichkeitsdichte* summiert:

$$E = \sum_x \log(P(x)) \tag{6.8}$$

E soll *maximiert* werden.

1. Der iterative Algorithmus berechnet zu den initialen Belegungen die Wahrscheinlichkeiten $P(x_i)$, $P(x_j|C_i)$ und $P(C_i|x_j)$.
2. Dann werden aus diesen Werten neue Mittelwerte der k Cluster bestimmt.
3. Dazu werden W_i, μ_{C_i} und $\sum_{C_i}$ neu berechnet.
4. Aus denen ergeben sich dann wiederum neue Wahrscheinlichkeiten.
5. Dies wird solange wiederholt, bis E nicht mehr erhöht werden kann.

Rechnerisch kann nun ein Objekt mehreren Clustern angehören, und zwar denen, für die $P(C_i|x_j) > 0$ ist. Um der Einschränkung des partitionierenden Clustering zu genügen, dass ein Objekt höchstens einem Cluster angehört, werden die Objekte demjenigen Cluster C_i zugeordnet, für den $P(C_i|x_j)$ maximal ist.

Clustering nach Erwartungsmaximierung hat ebenso wie die Verfahren nach Mittelpunktbestimmung Probleme, Cluster zu finden, die bestimmte Eigenschaften aufweisen. So können beispielsweise Cluster, die stark unterschiedliche räumliche Strukturen besitzen, schlecht von solchen Verfahren erkannt werden. Für solche Cluster bietet sich das dichtebasierte Clustering (Abschnitt 6.6) an.

6.5 Agglomeratives Clustern

Agglomeratives Clustern ist den hierarchischen Cluster-Verfahren zuzuordnen. Der Algorithmus ist in Listing 6.7 dargestellt. Das Vorgehen wird wieder an einem Beispiel erläutert.

Listing 6.7 (Agglomeratives Clustern).

PROCEDURE AgglomerativesClustern
  Erzeuge zu jedem Objekt einen eigenen Cluster
    // Jedes Objekt x aus den Eingabedaten bildet einen eigenen Cluster
  n := Anzahl der Objekte
  REPEAT

    Berechne die Abstände aller Cluster zueinander
    Vereinige diejenigen Cluster C_a und C_b mit den geringsten Abständen
    $n := n - 1$
  UNTIL $n = 1$
END AgglomerativesClustern

Beispiel 6.3 (Agglomeratives Clustering). In dem in Abbildung 6.1 auf Seite 149 dargestellten Beispiel befinden sich im ersten Schritt die einzelnen Punkte {1, 2, 3, 4, 5, 6} aus dem Diagramm auf der untersten Ebene (Blätter) des Dendrogramms. Dies sind die Blätter des Baums. Im zweiten Schritt werden nun die zwei Cluster, zwischen denen die Distanz minimal ist, zu *einem* Cluster zusammengefügt. Ausgehend vom euklidischen Abstand bedeutet das für unser Beispiel, dass nun die Cluster (Punkte) 1 und 2 zu einem Cluster verschmelzen, da sie die geringste Distanz zueinander aufweisen. Alle anderen Kombinationen der Punkte ergeben eine größere Distanz.

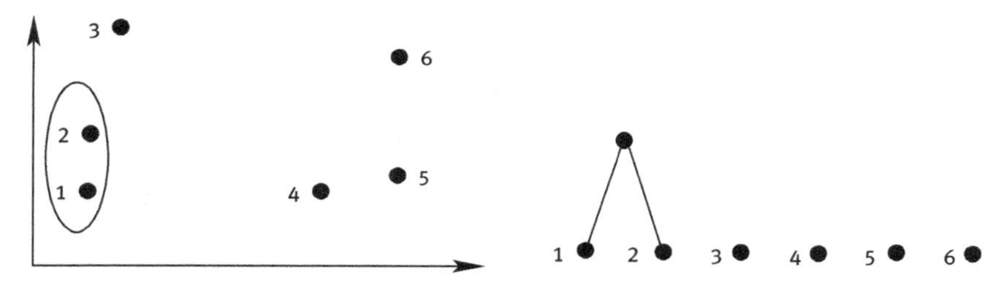

Abb. 6.15: Agglomeratives Clustering – Schritt 1

Jetzt verschmelzen Cluster 4 und 5, da diese den geringsten Abstand haben.

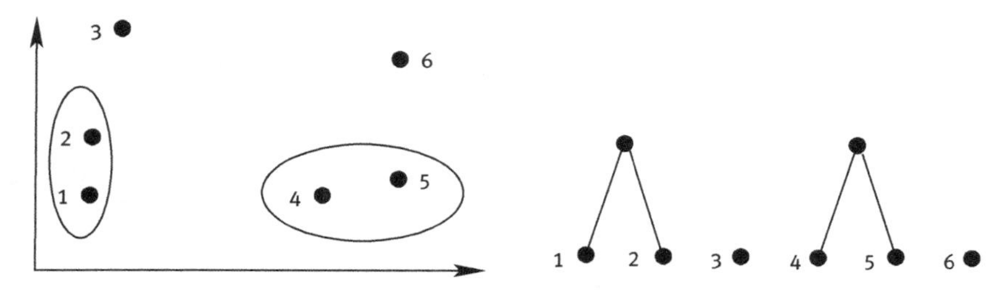

Abb. 6.16: Agglomeratives Clustering – Schritt 2

Nun hängt das weitere Verhalten vom gewählten Abstandsmaß ab. Wählt man *Single Linkage* (Seite 170), so verschmelzen als nächstes die Cluster {1, 2} und 3, siehe Abbildung 6.17 auf der nächsten Seite.

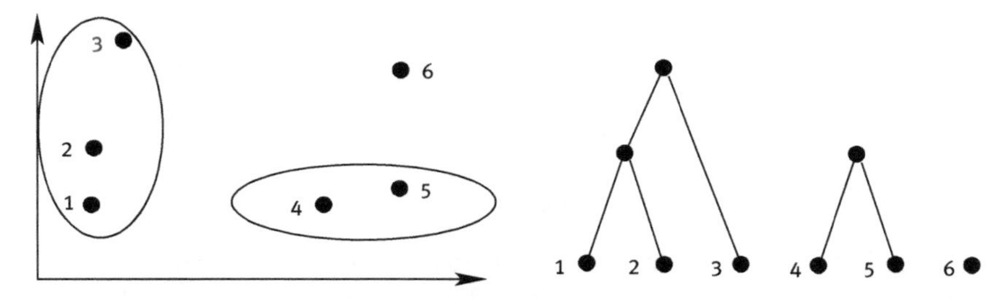

Abb. 6.17: Agglomeratives Clustering – Schritt 3

Im nächsten Schritt werden die Cluster {4, 5} und 6 vereinigt, siehe Abbildung 6.18, bevor im letzten Schritt ein großer Cluster entsteht .

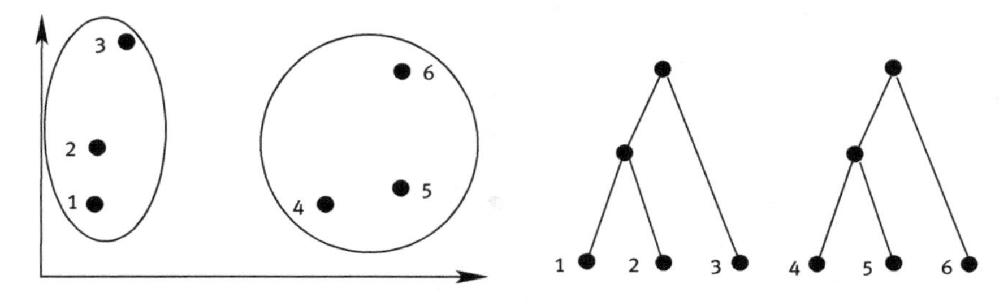

Abb. 6.18: Agglomeratives Clustering – Schritt 4

Für die Bestimmung der Ähnlichkeit von Clustern gibt es mehrere Ansätze.

Single Linkage (Nearest Neighbour)

Die Distanz zwischen 2 Clustern C_a und C_b wird anhand des kleinsten Abstands zweier Objekte $x_a \in C_a$ und $x_b \in C_b$ definiert (Abbildung 6.19).

$$\text{dist}_{SingleLinkage}(C_a, C_b) = \min_{x_a \in C_a, x_b \in C_b} (\text{dist}(x_a, x_b)) \tag{6.9}$$

Complete Linkage (Furthest Neighbour)

Die Distanz zwischen 2 Clustern C_a und C_b wird anhand des größten Abstands zweier Objekte $x_a \in C_a$ und $x_b \in C_b$ definiert (Abbildung 6.19).

$$\text{dist}_{CompleteLinkage}(C_a, C_b) = \max_{x_a \in C_a, x_b \in C_b} (\text{dist}(x_a, x_b)) \tag{6.10}$$

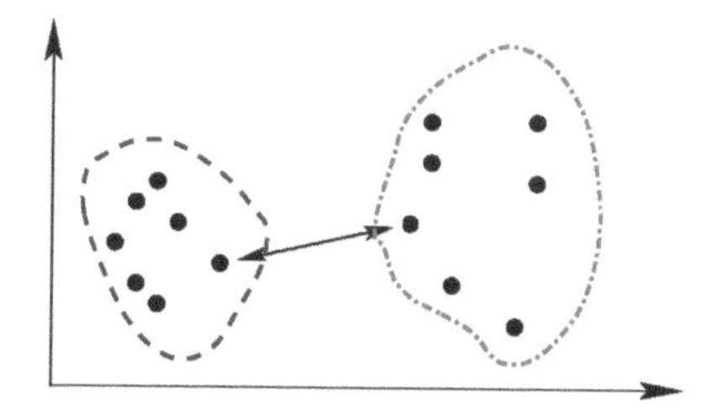

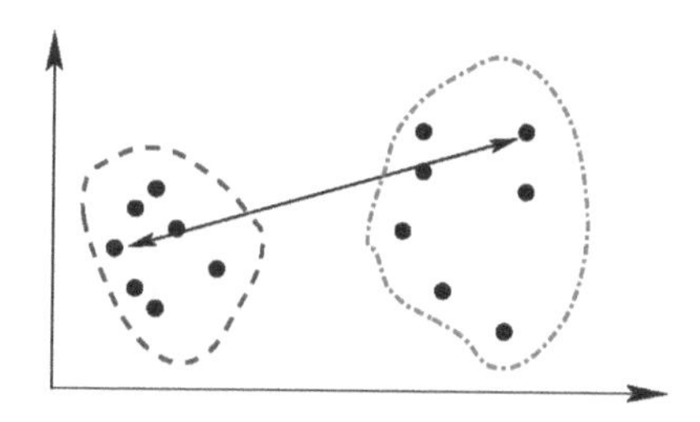

Abb. 6.19: Abstand zwischen Clustern – Single Linkage und Complete Linkage

Average Linkage (Within Groups)

Diese Variante der Distanz sucht einen Kompromiss zwischen *Single Linkage* und *Complete Linkage*. Die Distanz zwischen 2 Clustern C_a und C_b wird durch den durchschnittlichen Abstand von Objekten $x_a \in C_a$ und $x_b \in C_b$ definiert (Abbildung 6.20).

$$\text{dist}_{AverageLinkage}(C_a, C_b) = \frac{1}{|C_a| \cdot |C_b|} \cdot \sum_{x_a \in C_a,\ x_b \in C_b} \text{dist}(x_a, x_b) \tag{6.11}$$

Mit $|C_a|$ bezeichnen wir die Anzahl von Objekten, die in Cluster C_a liegen.

Centroid

Die Distanz zwischen 2 Clustern C_a und C_b wird durch den Abstand der Centroide c_a und c_b der Cluster C_a und C_b definiert (Abbildung 6.20).

$$\text{dist}_{Centroid}(C_a, C_b) = \text{dist}(c_a, c_b) \tag{6.12}$$

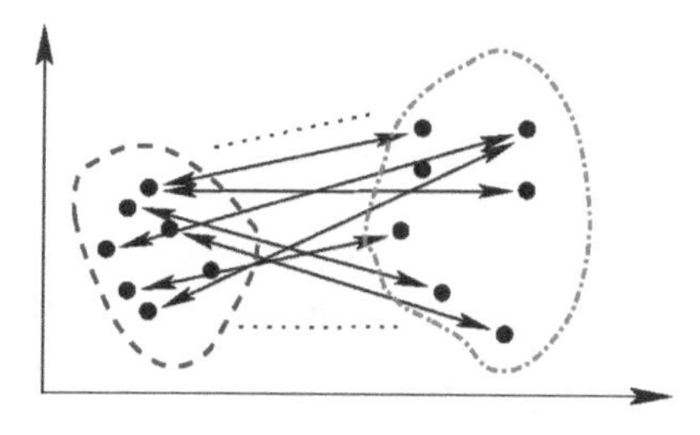

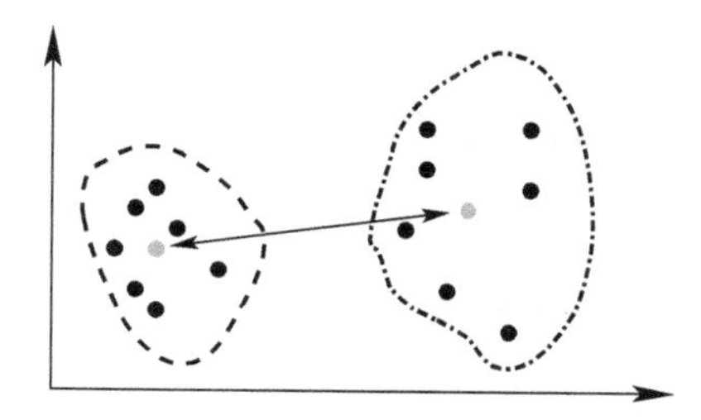

Abb. 6.20: Abstand zwischen Clustern – Average Linkage und Centroid

Die Centroide sind grau dargestellt.

Man kann natürlich anstelle des Centroids auch mit dem Medoid arbeiten. Die Distanz zwischen 2 Clustern C_a und C_b wird dann durch den Abstand der Medoide m_a und m_b der Cluster C_a und C_b definiert (Abbildung 6.21).

$$\text{dist}_{Medoid}(C_a, C_b) = \text{dist}(m_a, m_b) \tag{6.13}$$

In Abbildung 6.21 wurden die Medoide als die dem Centroiden nächstgelegenen Punkte gewählt.

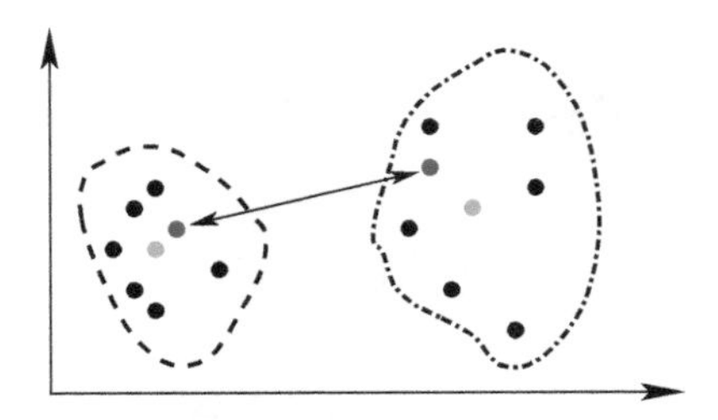

Abb. 6.21: Abstand zwischen Clustern – Medoid

WARD

Dieses Verfahren (siehe [War63]) beruht auf der Varianz innerhalb eines Clusters. Es werden die Varianzen aller Cluster berechnet. Nun werden diejenigen 2 Cluster gewählt, deren Vereinigung zu einer minimalen Erhöhung der Summe aller Varianzen führt.

Neben den hier vorgestellten Varianten, gibt es weitere Möglichkeiten, die Abstände zwischen Clustern zu messen, beispielsweise die Median-basierte Methode.

Wir können festhalten, dass es nicht die *eine* Methode gibt, die für alle Anwendungsfälle das beste Ergebnis liefert. Man muss demzufolge mit mehreren Abstandsmaßen experimentieren.

6.6 Dichtebasiertes Clustern

Cluster, die stark unterschiedliche räumliche Strukturen besitzen, werden weder von den partitionierenden noch den hierarchischen Cluster-Bildungen erkannt. In solchen Fällen ist eine *dichtebasierte* Cluster-Bildung von Vorteil.

Bisher haben wir einen Cluster als eine Menge von Objekten, die möglichst nah an einem gewissen Mittelpunkt liegen, betrachtet. Alternativ kann ein Cluster auch als Menge von Objekten angesehen werden, die in einer bestimmten *Dichte* zueinander stehen und von anderen Clustern durch Regionen geringerer Dichte getrennt sind. Die lokale Punktdichte für jeden Punkt im Cluster muss eine vorher festgelegte Mindestdichte erreichen. Die Menge von Objekten, die einen Cluster ausmacht, ist räumlich zusammenhängend. Im Gegensatz zu den Verfahren k-Means und k-Medoid muss diese Menge aber nicht konvex sein.

Ausgangspunkt ist somit, dass wir eine minimale Dichte erzielen wollen. Diese Dichte wird üblicherweise durch 2 Parameter spezifiziert:

- Man gibt einen Radius $\epsilon > 0$ vor.
- *MinimumPunkte* gibt an, wie viele Objekte mindestens in der Nachbarschaft eines Punktes liegen müssen.

Ein klassischer Vertreter des dichtebasierten Clusterns ist der DBScan-Algorithmus (Density-Based Spatial Clustering of Applications with Noise) [Est+96]. Er benötigt folgende Parameter: die gegebenen Datensätze *DB* und die beiden Dichteparameter.

Listing 6.8 (Algorithmus DBSCAN[1]).

```
PROCEDURE DBSCAN(DB, ε, MinimumPunkte)
    clusterid := 0
    Kennzeichne alle x ∈ DB als unklassifiziert
    FORALL x ∈ DB
        IF x ist unklassifiziert THEN
            IF expandiere(DB, x, clusterid, MinimumPunkte)
                THEN clusterid := clusterid+1
END DBSCAN

PROCEDURE expandiere(DB, x, clusterid, MinimumPunkte, ε)
    Set = {y ∈ DB | dist(x,y) ≤ ε}
    IF nicht genügend Objekte in Set (|Set| < MinimumPunkte),
        THEN kennzeichne x als noise und RETURN false
    FORALL y ∈ Set: Kennzeichne y mit der aktuellen clusterid
    Lösche x aus Set
    FORALL z ∈ Set
        Set2 = {y ∈ DB | dist(z,y) ≤ ε}
        IF genügend Objekte in Set2 (|Set2| ≥ MinimumPunkte) THEN
            FORALL s ∈ Set2
                IF s gehört zu keinem Cluster (unklassifiziert oder noise) THEN
                    IF s unklassifiziert THEN Füge s in Set ein
                    Markiere s mit clusterid
        Lösche z aus Set
    RETURN true
END expandiere
```

Der Algorithmus kennzeichnet zu Beginn alle Objekte zunächst als „nicht bearbeitet“ (unklassifiziert). Dann wird ein beliebiges Objekt der Menge ausgewählt und die

1 Darstellung in Anlehnung an [Ber+10, S. 171].

Menge der in der ϵ-Umgebung liegenden Objekte berechnet. Dies passiert bereits in der booleschen Funktion **expandiere**. Ist die Anzahl der Nachbarschaftsobjekte zu gering, wird das aktuelle Objekt als „Rauschen“ (noise) gekennzeichnet. Gibt es genug Objekte, so entsteht ein neuer Cluster. Nun muss nur noch geschaut werden, ob man den Cluster entlang der neuen Objekte – also der Nachbarn des aktuellen Objekts – noch weiter expandieren kann. Dabei darf über die Nachbarpunkte nur unter der Maßgabe, dass auch diese Nachbarpunkte in ihrer Nachbarschaft genügend Nachbarn haben, hinausgegangen werden.

Der DBScan kennt 3 Arten von Punkten:

1. Punkte, die selbst *dicht* sind, sogenannte *Kernobjekte*. Dies sind Punkte, in deren Umgebung die Minimalanzahl von dichten Nachbarpunkten erreicht wird.
2. Punkte, die *dichteerreichbar* sind. Dies sind Objekte, die von einem Kernobjekt des Clusters erreicht werden, aber nicht selbst Kernobjekte sind. Sie haben also nicht genügend „dichte“ Nachbarpunkte, sind aber selbst im Einzugsbereich eines Kernobjekts. Diese Punkte bilden den Rand des Clusters.
3. *Rauschpunkte*, die weder dicht noch dichteerreichbar sind. Dies sind also Punkte, die weder genügend „dichte“ Nachbarpunkte haben noch im Einzugsgebiet eines Kernobjekts sind. Im obigen Algorithmus 6.8 sind diese mit *noise* gekennzeichnet.

Das Vorgehen von DBScan lässt sich leicht veranschaulichen: Wir betrachten eine Punktmenge im zweidimensionalen Raum und starten mit einem beliebigen Punkt. Wir fordern eine minimale Anzahl an Nachbarpunkten von 2 und legen einen entsprechenden Radius fest. Dies ist in Abbildung 6.22 dargestellt. Aus Gründen der Übersichtlichkeit haben wir einen Punkt am Rand gewählt.

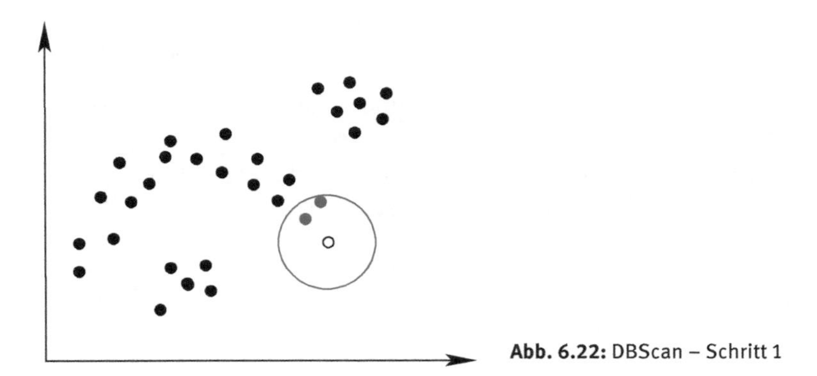

Abb. 6.22: DBScan – Schritt 1

Die grau markierten Punkte liegen in der geforderten Nähe zum Ausgangspunkt, wir verwenden die euklidische Distanz. Somit ist unser Punkt ein Kernobjekt. Es entsteht ein neuer Cluster. Das Verfahren setzt nun mit den grauen Punkten fort. Dies ist die Menge *Set*.

Für jeden grauen Punkt wird nun die Menge Set_2 der dichtgelegenen Nachbarn berechnet (Abbildung 6.23, linke Grafik).

Beide Punkte sind selbst Kernpunkte. Deshalb setzt sich das Verfahren nun mit den nächsten Punkten fort. Die Punkte aus der gekrümmten Punktewolke werden so nach und nach erreicht und bilden einen Cluster (Abbildung 6.23, rechte Grafik).

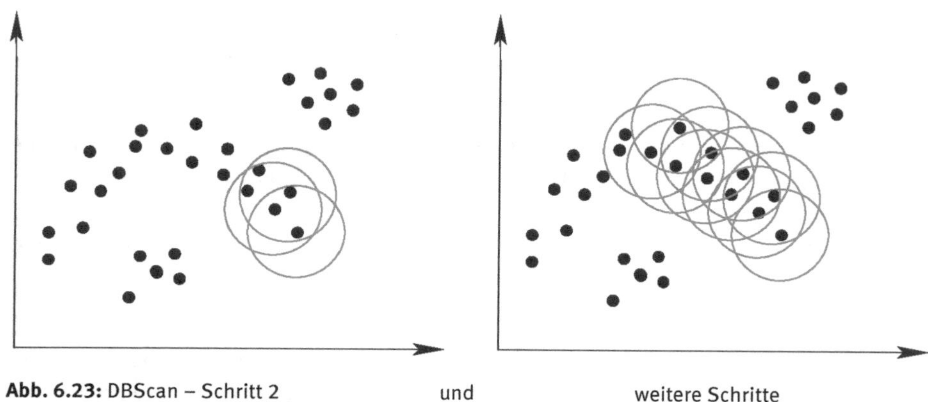

Abb. 6.23: DBScan – Schritt 2 und weitere Schritte

Da der Algorithmus alle Punkte durchläuft, werden irgendwann auch die anderen Punkte bearbeitet, so dass die 3 gewünschten Cluster von DBScan gefunden werden.

Es kann aber Punkte geben, die keinem Cluster zugeordnet werden. Dies sind die Noise-Punkte. Weiterhin ist es möglich, dass Punkte von mehreren Clustern dichteerreichbar sind. Dann erfolgt die Zuordnung gemäß Algorithmus 6.8 zu dem Cluster, der als letztes diesen Punkt erreicht. Beides ist in unserem Beispiel aber nicht der Fall.

Ein Vorteil von DBScan ist, dass die Clusteranzahl sich automatisch ergibt.

Probleme gibt es beim DBScan bezüglich einer geschickten Wahl der minimalen Punkteanzahl und des Umgebungsradius ϵ. Beide Parameter müssen dem Algorithmus vorgegeben werden. Dies bietet wieder Freiraum für Experimente.

Das DBScan-Verfahren ist unter WEKA und KNIME verfügbar.

Es gibt eine Reihe von Erweiterungen des DBScan-Algorithmus, von denen hier stellvertretend der DENCLUE-Algorithmus sowie der OPTICS-Algorithmus (Ordering Points To Identify the Clustering Structure) genannt seien.

6.7 Cluster-Bildung mittels selbstorganisierender Karten

Künstliche neuronale Netze werden für mehrere Anwendungsklassen des Data Mining eingesetzt. Je nach Aufgabe sind eine spezielle Architektur des Netzes sowie darauf abgestimmte Lernverfahren erforderlich. *Selbstorganisierende Karten* (Self Organising Map, SOM), auch *Kohonen-Netze* oder *Kohonen Feature Map* genannt, sind in der Lage, Daten zu clustern.

6.7.1 Aufbau

Eine selbstorganisierende Karte besteht aus zwei Schichten von Neuronen, siehe Abbildung 6.24:

1. Die Eingabe-Schicht ist eindimensional und repräsentiert die Daten. Es ist die Schnittstelle nach außen: An die Eingabe-Neuronen werden die zu analysierenden Daten angelegt.
2. Die Karten- oder Kohonen-Schicht. Diese ist gleichzeitig Verarbeitungs- als auch Ausgabe-Schicht.

Die Eingabe-Schicht ist vollständig mit der Karten-Schicht verbunden. Die Neuronen der Karten-Schicht sind alle untereinander implizit verbunden: Es gibt keine trainierbaren Gewichte, der geometrische Abstand zweier Neuronen wird als Gewicht der Verbindung zwischen den Neuronen angesehen. Die Nachbarschaft, die Ferne oder Nähe eines Neurons zu einem anderen wird dann im Trainingsprozess berücksichtigt: Je näher desto stärker werden die Verbindungen eines Nachbar-Neurons zu den Eingabe-Neuronen beeinflusst.

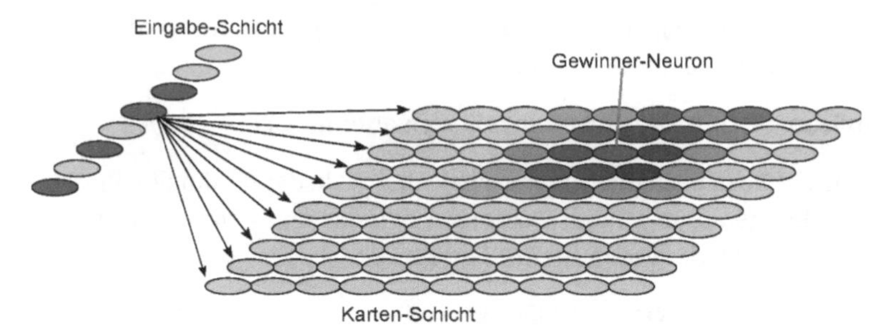

Abb. 6.24: Eine selbstorganisierende Karte

Will man nun eine selbstorganisierende Karte für ein Clustering-Problem entwickeln, sind die Größen der beiden Schichten zu bestimmen. Die Anzahl der Neuronen der Eingabe-Schicht entspricht der Anzahl der Werte eines Musters. Alle Daten müssen aus dem Wertebereich [0,1] sein; eine Vorverarbeitung, die möglicherweise die Anzahl der Eingabe-Neuronen vergrößert, kann erforderlich werden.

Die Größe der Kartenschicht kann nicht exakt bestimmt werden. Hier sind Experimente mit mehreren Karten und auch unterschiedlichen Dimensionen nötig. Ein guter Start ist eine quadratische Karte mit einer Größe von 10×10 Neuronen.

6.7.2 Lernen

Das *Lernen* einer selbstorganisierenden Karte ist ein *unüberwachtes Lernen*: Es stehen keine Trainingsdaten zur Verfügung, anhand derer die Qualität der Ausgabe einer selbstorganisierenden Karte geprüft werden könnte. Somit wird die selbstorganisierende Karte allein durch das Anlegen der Eingabedaten trainiert. Ziel des Trainings ist eine Cluster-Bildung: Ausgangspunkt dabei ist, dass die Kohonen-Schicht nicht alleine als eine Menge von Neuronen betrachtet wird, sondern es ist eine 2-dimensionale Anordnung von Neuronen, in der die Positionen der Neuronen eine entscheidende Rolle spielen. Ähnliche Datensätze, Muster, werden auf ähnliche Bereiche der selbstorganisierenden Karte abgebildet. Diese Bereiche können dann als die Cluster angesehen werden. Dabei gibt es keinen eindeutigen Vertreter eines Clusters, stattdessen können mehrere Neuronen eines Gebietes diese Funktion wahrnehmen.

Wie erfolgt nun die Zuordnung eines Musters zu einem Cluster? Da jedes Neuron der Eingabe-Schicht mit jedem Neuron der Karten-Schicht verbunden ist, setzt sich die Netzeingabe eines Neurons aus allen Ausgaben der Eingabe-Neuronen sowie entsprechend vielen Gewichten an den Verbindungen zusammen, siehe Abbildung 6.25.

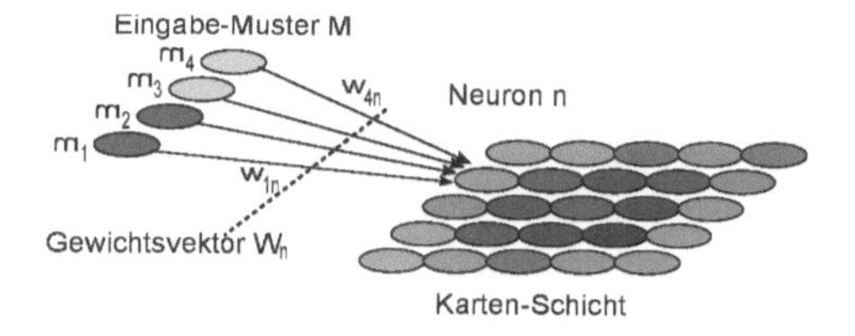

Abb. 6.25: Eingabe eines Neurons der Karten-Schicht: $M \times W_n$

Wir haben es bei jedem Neuron j der Kartenschicht mit zwei Vektoren zu tun:

1. Das Eingabe-Muster ist ein Vektor M aus k Werten.
2. Die Menge aller Verbindungsgewichte w_{in} zu einem Neuron n bilden einen Vektor W_n, der die Aktivierung des Neurons n bestimmt.

Im Verarbeitungsprozess wird nun zufällig ein Muster angelegt und das Neuron bestimmt, welches zu dieser Eingabe am ähnlichsten ist.

Was bedeutet nun, dass eine Eingabe einem Neuron am *ähnlichsten* ist?
Das Eingabe-Muster ist ein Vektor M aus k Werten. Betrachten wir ein Neuron n, so besitzt dieses Neuron k Verbindungen von den Eingaben-Neuronen m_i, die mit Gewichten w_{in} versehen sind. Das Neuron n ist somit vertreten durch den Vektor der Verbindungsgewichte W_n. Wir können dann den euklidischen Abstand $dist_{Euklid}(M,n)$ zwischen dem Muster M und dem Neuron n bestimmen:

$$dist_{Euklid}(M,n) = \sqrt{\sum_i (m_i - w_{in})^2} \tag{6.14}$$

Werden nun für alle Neuronen der Kartenschicht diese Distanzen berechnet, gibt es ein Neuron, welches den geringsten Abstand zum Eingabe-Muster aufweist, siehe Abbildung 6.26. Das ist das *Gewinner-Neuron z*, für das gilt:

$$dist_{Euklid}(M,z) = \min_n dist_{Euklid}(M,n) \tag{6.15}$$

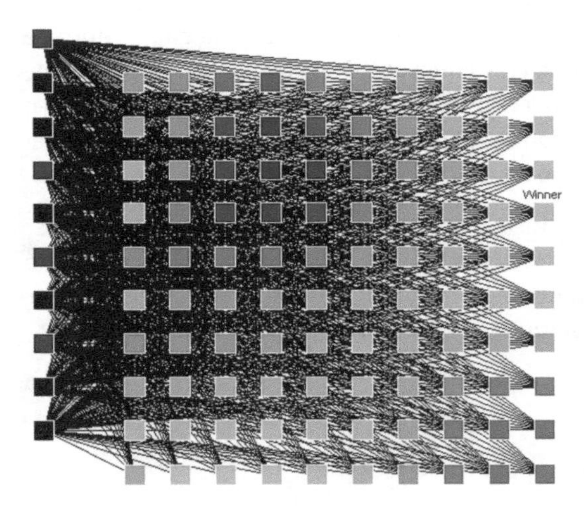

Abb. 6.26: Gewinner-Neuron in der Karten-Schicht

Nun werden die Verbindungsgewichte w_{iz} zum Gewinner-Neuron so verändert, dass das Gewinner-Neuron der Eingabe noch etwas ähnlicher wird. Zudem werden Verbindungsgewichte von den Eingabe-Neuronen zu den Neuronen in der Nachbarschaft des Gewinner-Neurons z ebenfalls angepasst, so dass diese Vektoren W_n ebenso der Eingabe M ähnlicher werden. Die Anpassung ist abhängig vom Abstand $dist(i,z)$ zum Gewinner-Neuron z. Es werden nur die Neuronen innerhalb eines bestimmten Radius verändert. Die Gewichtsänderung erfolgt meist nach folgender Formel:

$$w'_{ij} = \begin{cases} w_{ij} + \lambda \cdot h_{jz} \cdot (m_i - w_{ij}) & \text{falls } dist(j,z) \leq r \\ w_{ij} & \text{sonst} \end{cases} \tag{6.16}$$

Hierbei ist λ der Lernparameter, und h beeinflusst die Gewichtsänderung in Abhängigkeit von der Entfernung des Neurons j zum Gewinner-Neuron. r ist der Nachbarschaftsradius, innerhalb dessen die Gewichte verändert werden. Die Gewichtsänderung nimmt mit dem Abstand des Neurons i zum Gewinnerneuron z ab:

$$h_{jz} = e^{-\frac{dist(j,z)^2}{2 \cdot r^2}} \tag{6.17}$$

Die Cluster-Bildung mittels einer selbstorganisierenden Karte erfolgt nach dem Algorithmus 6.9. Nach jedem Zyklus werden der Lernparameter sowie der Radius verkleinert. Am Anfang wird die gesamte Karte beeinflusst, und nach und nach erfolgen nur noch lokale Änderungen. Damit wird erreicht, dass der Prozess terminiert, da keine Änderungen mehr vorgenommen werden, wenn die Parameter sehr klein (0) geworden sind.

Listing 6.9 (Kohonen-Lernen).

PROCEDURE Kohonen-Lernen
  Initialisiere alle Gewichte w_{ij}
  REPEAT
    Wähle zufällig ein Muster m aus
    Bestimme Gewinner-Neuron z für Muster m
    FOR alle Neuronen j der Karten-Schicht **DO**
      IF $dist(j,z) \leq r$ **THEN**
        $h_{jz} := e^{\frac{dist(j,z)^2}{2 \cdot r^2}}$
        $w_{ij} := w_{ij} + \lambda \cdot h_{jz} \cdot (m_i - w_{ij})$
      END IF
    END FOR
    Verkleinere Lernfaktor λ sowie Radius r
  UNTIL $\lambda = 0$ **OR** $r = 0$ **OR** Anzahl Iterationen erreicht
END Kohonen-Lernen

6.7.3 Visualisierung einer SOM

Das Prinzip einer selbstorganisierenden Karte kann man sich sehr gut veranschaulichen, allerdings vorzugsweise im 2-dimensionalen Eingaberaum: Alle Muster bestehen dann aus genau zwei Werten, die sich als x-y-Koordinaten interpretieren lassen. Das Eingabemuster kann somit als Punkt in der Ebene gezeichnet werden. Ebenso werden die Verbindungsgewichte von den beiden Eingabe-Neuronen zu einem Karten-Neuron als Koordinaten dieses Neurons interpretiert. Das Neuron wird als Punkt in der Ebene dargestellt, siehe Abbildung 6.27.

Das Training einer selbstorganisierenden Karte wird dann als Ortsveränderung der Neuronen in der Ebene wahrgenommen. Am Beginn sind die Neuronen zufällig in der

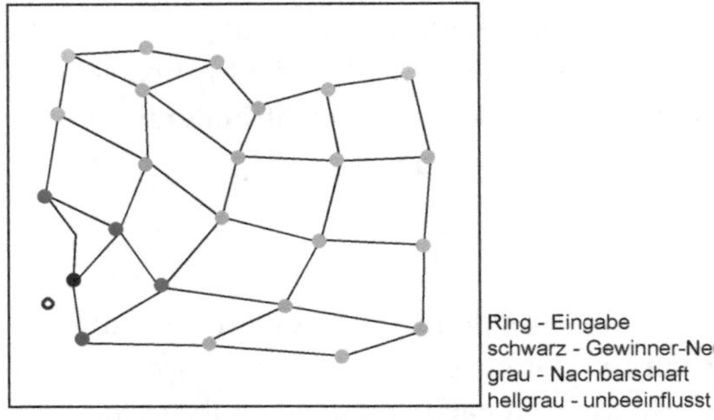

Abb. 6.27: Visualisierung der Karten-Schicht als Punkte in der Ebene

Ebene verteilt; zufällig, da die Verbindungsgewichte mit zufälligen Werten initialisiert werden. Im Zuge des Trainings werden zufällig beliebige Punkte aus dem Eingabe-Raum dem Netz präsentiert. Dabei werden die Verbindungsgewichte verändert, optisch verändert sich die Position des Neurons. Am Ende des Lernprozesses haben sich die Neuronen der Kartenschicht gleichmäßig über den Eingaberaum verteilt. Jedes Neuron ist dann der Vertreter für alle Punkte (Eingaben) innerhalb der entsprechenden Voronoi-Kachel, siehe Abbildung 6.28.

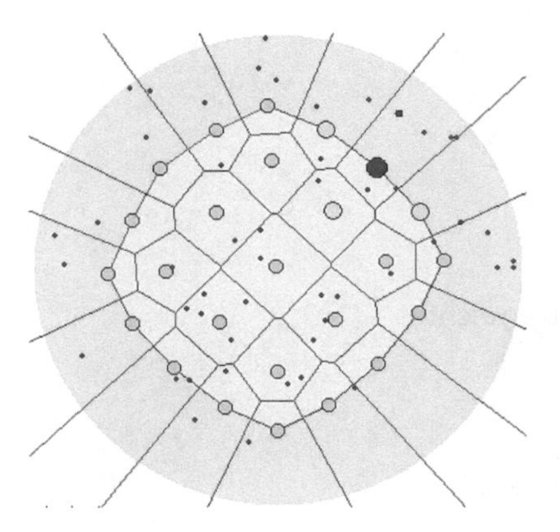

Abb. 6.28: Visualisierung der Karten-Schicht mit Voronoi-Kacheln (DemoGNG http://www.demogng.de/, 2015-12-05)

In der Abbildung sind die Daten als kleine Punkte erkennbar, die alle dem kreisförmigen Eingaberaum entstammen, der das Bild fast ausfüllt. Die Neuronen sind als grau gefüllte (im Original grüne) kleine Kreise dargestellt. Das aktuell verarbeitete Muster ist ein etwas kräftigerer eckiger Punkt, und das zugehörige Gewinner-Neuron befindet sich im oberen rechten Bereich als ein großer dunkler (im Original roter) Kreis. Jedes Neuron ist somit Vertreter eines Clusters, dem alle Muster (Punkte) innerhalb der jeweiligen begrenzten Fläche, der Voronoi-Kachel, zugeordnet sind.

6.7.4 Ein Beispiel

Wir greifen hier auf ein anschauliches, aber schon altes Beispiel zurück. Nach Kruse [KMM91] geht das Beispiel auf Ritter und Kohonen [RK89] zurück. Tiere werden anhand ihrer Eigenschaften durch binäre Vektoren beschrieben. Wir Menschen kennen die Namen der Tiere, die selbstorganisierende Karte nicht. Eine SOM kann nur die Merkmale analysieren, und es stellt sich die Frage: Kann eine SOM Ähnlichkeiten zwischen den Tieren erkennen und diese entsprechend clustern?

Die Merkmale mit ihren Bedeutungen sind in Tabelle 6.4 angegeben, Tabelle 6.5 enthält die Datensätze der 13 Tiere.

Tab. 6.4: Merkmale der Tierdaten

Position	Merkmal	Position	Merkmal
1	klein	8	Mähne
2	mittel	9	Federn
3	groß	10	jagt
4	2 Beine	11	rennt
5	4 Beine	12	fliegt
6	Haare	13	schwimmt
7	Hufe		

Tab. 6.5: Daten des Tierbeispiels

Tier	1	2	3	4	5	6	7	8	9	10	11	12	13
Taube	1	0	0	1	0	0	0	0	1	0	0	1	0
Henne	1	0	0	1	0	0	0	0	1	0	0	0	0
Ente	1	0	0	1	0	0	0	0	1	0	0	0	1
Gans	1	0	0	1	0	0	0	0	1	0	0	1	1
Eule	1	0	0	1	0	0	0	0	1	1	0	1	0
Falke	1	0	0	1	0	0	0	0	1	1	0	1	0
Adler	0	1	0	1	0	0	0	0	1	1	0	1	0
Fuchs	0	1	0	0	1	1	0	0	0	1	0	0	0
Hund	0	1	0	0	1	1	0	0	0	0	1	0	0
Wolf	0	1	0	0	1	1	0	1	0	1	1	0	0
Katze	1	0	0	0	1	1	0	0	0	1	0	0	0
Tiger	0	0	1	0	1	1	0	0	0	1	1	0	0
Loewe	0	0	1	0	1	1	0	1	0	1	1	0	0
Pferd	0	0	1	0	1	1	1	1	0	0	1	0	0
Zebra	0	0	1	0	1	1	1	1	0	0	1	0	0
Kuh	0	0	1	0	1	1	1	0	0	0	0	0	0

Mittels des JAVANNS lässt sich eine selbstorganisierende Karte für das Beispiel aufbauen. Für die Eingabe wird eine entsprechende Eingabe-Schicht aus 13 Neuronen (Typ Input) erzeugt. Die Karte selbst kann als eine 10×10-Neuronen-Schicht angelegt werden (Typ Hidden). Als Aktivierungsfunktion wird der euklidische Abstand gewählt: Dunkel gefärbte Neuronen haben einen geringeren Abstand zur Eingabe als helle Neuronen. So lässt sich das Erregungszentrum visuell erkennen. In der speziellen Kohonen-Ansicht in Abbildung 6.29 werden die Grenzen zwischen den Clustern visualisiert.

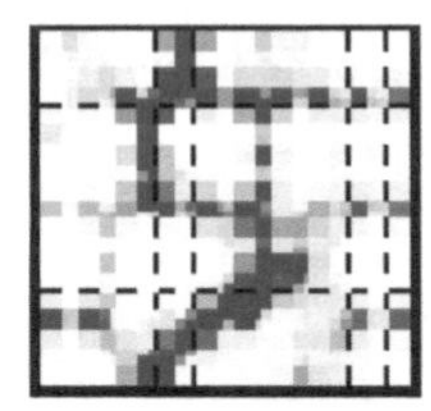

Abb. 6.29: Visualisierung der Cluster für das Tier-Beispiel im JAVANNS

Eine Visualisierung, die für kleinere Beispiele anschaulicher ist, schreibt direkt in das Gewinner-Neuron den Namen des Datensatzes, siehe Abbildung 6.30.

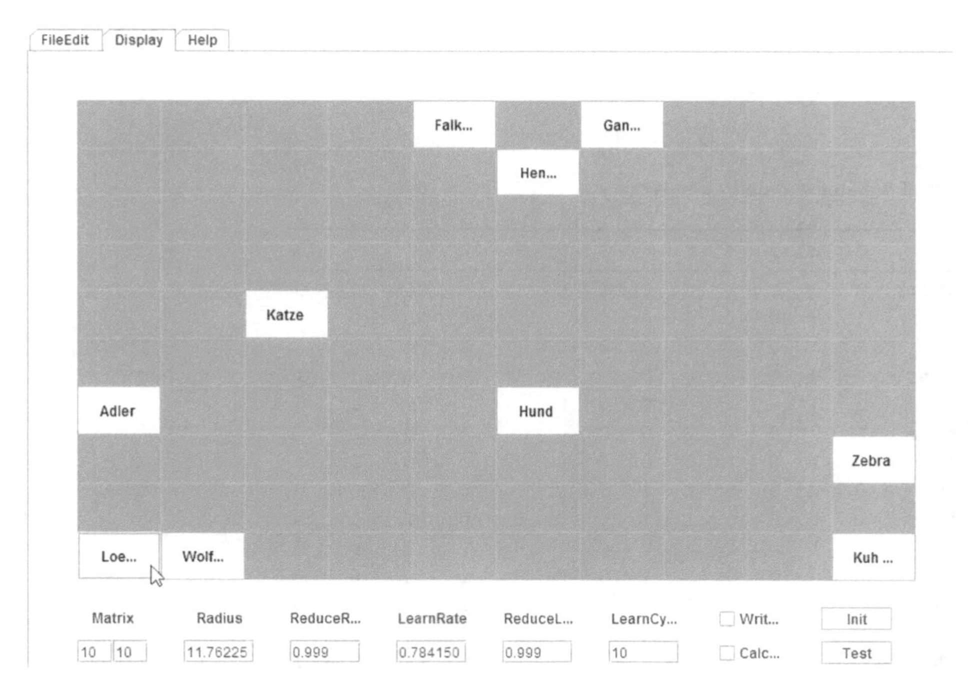

Abb. 6.30: Die SOM gruppiert ähnliche Tiere in dieselben Karten-Bereiche.

Daraus lässt sich erkennen, dass eine selbstorganisierende Karte tatsächlich eigenständig Ähnlichkeiten erkennen kann. Tiere mit ähnlichen Eigenschaften werden benachbarten Neuronen zugeordnet. Es bilden sich Cluster auf der Karte heraus, die nach dem Training dann für eine Klassifikation weiterer Daten, im Beispiel Tiere, genutzt werden können. Da im Beispiel die Tiere *Pferd* und *Zebra* identisch sind, werden diese natürlich auch auf dasselbe Gewinner-Neuron abgebildet, und man wird stets nur einen der beiden Namen erkennen. Die Experimente werden mit einer kleinen selbstentwickelten Software durchgeführt[2].

6.8 Cluster-Bildung mittels neuronaler Gase

Die Bezeichnung *Neuronales Gas* lässt erkennen, dass das Konzept auf zwei Vorbildern beruht: Zum einen wird die Idee der künstlichen neuronalen Netze aufgegriffen, und zum anderen wird der Datensatz als ein Punkt im mehrdimensionalen Raum mit einem Teilchen in einem Gas verglichen. Diese Teilchen haben schwache Verbindungen zu anderen Teilchen und können sich weitgehend frei bewegen. Von den künstlichen neuronalen Netzen wird das Konzept des Lernens auf neuronale Gase übertragen.

Ein neuronales Gas besteht aus einer Menge von Neuronen, die keine Verbindung untereinander aufweisen. Eine Eingabe-Schicht ist darüber hinaus erforderlich, um eine Eingabe – ein Eingabe-Muster oder einen Eingabe-Vektor – für das neuronale Gas verfügbar zu machen. Alle Neuronen der Eingabe-Schicht sind mit jedem Gas-Neuron verbunden. Analog zu einer selbstorganisierenden Karte besitzt jedes Gas-Neuron n genauso viele gewichtete Eingabeverbindungen, wie die Eingabe Elemente aufweist: k, siehe Abbildung 6.31.

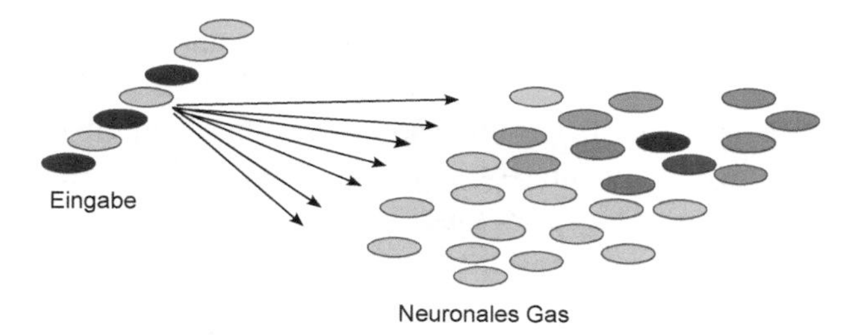

Abb. 6.31: Struktur eines neuronalen Gases

Für den späteren Einsatz wird ein neuronales Netz mit Eingabe-Mustern trainiert. Bei einem neuronalen Gas wird das sogenannte *weiche Wettbewerbslernen* eingesetzt. Beim

2 SoKo-Wismar (Self-Organising Kohonen map) wurde von Studenten 2002 programmiert.

Wettbewerbslernen wird für ein Eingabe-Muster ein Gewinner-Neuron bestimmt, und für dieses Gewinner-Neuron werden die Verbindungsgewichte von der Eingabe zu diesem Gewinner-Neuron verändert. Der Algorithmus 6.10 *Wettbewerbslernen* zeigt die Vorgehensweise. Mit dieser Veränderung werden das Eingabe-Muster X und der Gewichts-Vektor des Gewinner-Neurons n etwas ähnlicher. Durch das wiederholte Anlegen aller Muster kristallisiert sich somit das Gewinner-Neuron als Mittelpunkt eines Clusters heraus. Die konkreten Formeln zur Veränderung der Gewichte W_j sowie des Lernfaktors und des Nachbarschaftsradius k können [LC20] oder [Fri98] entnommen werden. Im Algorithmus werden die folgenden Bezeichnungen verwendet:

W_j: Vektor der Verbindungsgewichte von der Eingabe-Schicht zum Neuron j

X: Eingabe-Muster (Eingabe-Vektor),
entspricht der Ausgabe aller Neuronen der Eingabe-Schicht.

Listing 6.10 (Neuronales Gas Lernen).

PROCEDURE Wettbewerbslernen für neuronales Gas
  REPEAT
    Wähle zufällig Muster X aus, belege damit die Eingabe-Schicht
    Bestimme Gewinner-Neuron n für Muster X
    Verändere Gewichte W_n
    Bestimme die k ähnlichsten Neuronen für das Muster X
    FOR j:= 1 **TO** k **DO** Verändere Gewichte W_j
    Verringere Lernparameter und k
  UNTIL gewünschte Anpassung erreicht
END Wettbewerbslernen

Die Demonstrationssoftware DemoGnG[3] von Fritzke und Loos [Fri98] veranschaulicht den Lernprozess eines neuronalen Gases. Zugleich lässt sich am zweidimensionalen Fall gut erkennen, wie die Neuronen am Ende des Trainingsprozesses als Mittelpunkte von Clustern entstehen, die den Eingaberaum abdecken. Die Abbildung 6.32 auf der nächsten Seite zeigt das Ergebnis des Trainingsprozesses für einen 2-dimensionalen Eingaberaum. Ein derartig trainiertes neuronales Gas kann dann zum Klassifizieren von Daten eingesetzt werden.

Während ein neuronales Gas mit einer fest vorgegebenen Anzahl von Neuronen arbeitet, steigt die Anzahl der Neuronen in einem *wachsenden neuronalen Gas* langsam an. Es wird mit zwei Neuronen begonnen, und nach einigen Trainingsschritten wird zwischen den beiden Neuronen mit dem größten Fehler ein neues Neuron eingefügt. Dieser Prozess lässt sich wieder sehr gut in der DemoGNG-Software nachvollziehen.

3 siehe http://www.demogng.de/, 2015-12-04

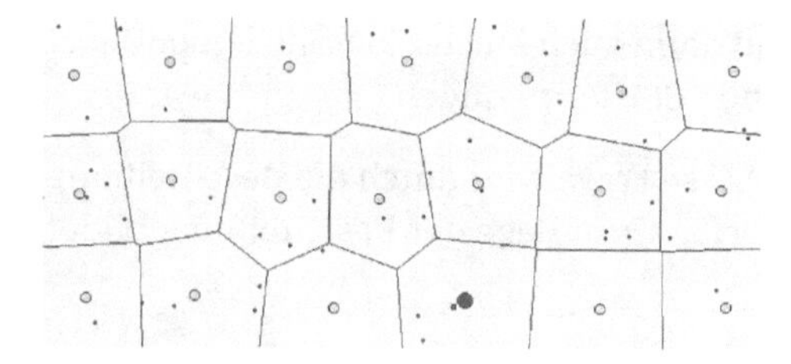

Abb. 6.32: Die Neuronen des neuronalen Gases überdecken den Eingaberaum

Abbildung 6.33 zeigt links das wachsende neuronale Gas am Anfang des Prozesses und rechts im Zustand, nachdem das Gas bereits auf 8 von maximal 10 Neuronen angewachsen ist. Der Trainingsalgorithmus kann detailliert in [Fri98] oder [Fri97] nachgelesen werden.

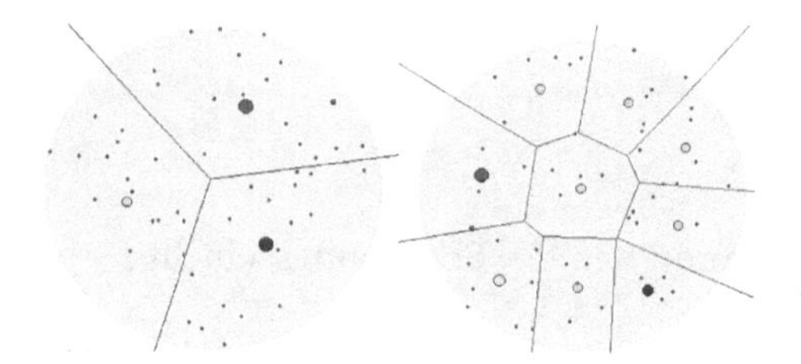

Abb. 6.33: Wachsendes neuronales Gas in zwei Stadien (DemoGNG)

6.9 Cluster-Bildung mittels ART

Die *Adaptive Resonanz Theorie* (ART) ist ein besonders interessanter Ansatz künstlicher neuronaler Netze, der das sogenannte *Plastizitäts-Stabilitäts-Dilemma* vorwärtsgerichteter neuronaler Netze zu lösen versucht. Das Plastizitäts-Stabilitäts-Dilemma besteht darin, dass ein einmal trainiertes Netz keine Muster anderer Klassen erkennen kann: Wurde ein Netz trainiert, um alle Großbuchstaben zu erkennen, so wird es keine Kleinbuchstaben klassifizieren können. Es besitzt keine Plastizität. Trainiert man nun die Kleinbuchstaben, geht die Fähigkeit verloren, Großbuchstaben zu erkennen; es ist nicht stabil.

Die Idee des Art-Netzes besteht nun darin, dass es eine bestimmte Menge von Mustern erkennen kann und aber auch in der Lage ist zu erkennen, dass ein Muster sich nicht einer der vorhandenen Klassen zuordnen lässt. In diesem Fall wird eine neue Klasse eingerichtet. Dieses dynamische Anwachsen der Zahl der Klassen kann als ein Cluster-Bildungs-Prozess gesehen werden. Ein ART-Netz kann somit beides. In einer ersten Phase kann es zum Clustern eingesetzt werden: Aus der Menge der Eingabe-Muster werden Cluster gebildet. Dasselbe Netz kann dann auch Muster klassifizieren. Dabei behält es die Fähigkeit, bei Bedarf einen neuen Cluster zu bilden.

Wann wird nun ein neuer Cluster gebildet? Diese Frage wird durch die Beschreibung der Arbeitsweise eines ART-Netzes beantwortet. Grundlage der Beschreibung bildet die Abbildung 6.34:

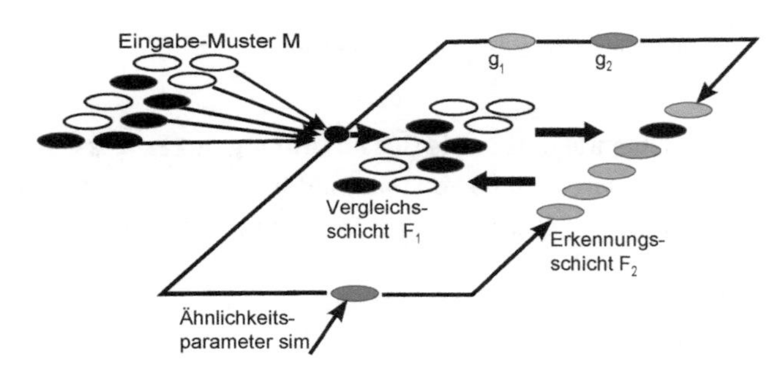

Abb. 6.34: Struktur eines ART-Netzes

- Eine Eingabe wird an das Netz angelegt.
- Für die Eingabe wird ein Gewinner-Neuron z in der Erkennungsschicht F_2 bestimmt.
- Zu jedem bereits verwendeten Neuron der Erkennungsschicht F_2 existiert ein Vergleichsmuster in der Vergleichsschicht F_1. Dieses Muster ist das Referenzmuster der von z vertretenen Klasse.
- Nun sind mehrere Möglichkeiten denkbar:
  1. Die Eingabe ist dem Referenzmuster ähnlich: Dann ist z die Klasse, zu der die Eingabe zuzuordnen ist.
  2. Ist die Eingabe dem Referenzmuster von z nicht ähnlich, so wird das Neuron aus dem Wettbewerb ausgeschlossen, ein neues Gewinner-Neuron bestimmt und der Vergleich mit dem Referenzmuster vorgenommen.
  3. Wurden auf diese Weise alle Neuronen, zu denen es ein Referenzmuster gibt, probiert und keine Ähnlichkeit entdeckt, gehört die aktuelle Eingabe zu keiner der vorhandenen Klassen. Eine neue Klasse ist erforderlich: Ein noch nicht verwendetes Neuron der Erkennungsschicht wird zum Vertreter der neuen Klasse, und das Eingabemuster wird als Referenzmuster der neuen Klasse gespeichert.
- Wurde das Muster einer Klasse zugeordnet, werden die Gewichte der Verbindungen modifiziert und damit das Referenzmuster so geändert, dass es auch das aktuelle Eingabe-Muster vertreten kann.

Entscheidend für die Arbeitsweise eines ART-Netzes ist der Begriff der *Ähnlichkeit*. Diese Ähnlichkeit wird durch den Nutzer vorgegeben und dem Netz als Parameter *sim* übergeben. Für *sim* gilt: $0 \leq sim \leq 1$. Ein kleiner Wert führt dazu, dass viele Muster als zueinander ähnlich angesehen werden. Ein Wert nahe 1 hat zur Folge, dass fast alle unterschiedlichen Muster auch in unterschiedliche Klassen eingeordnet werden.

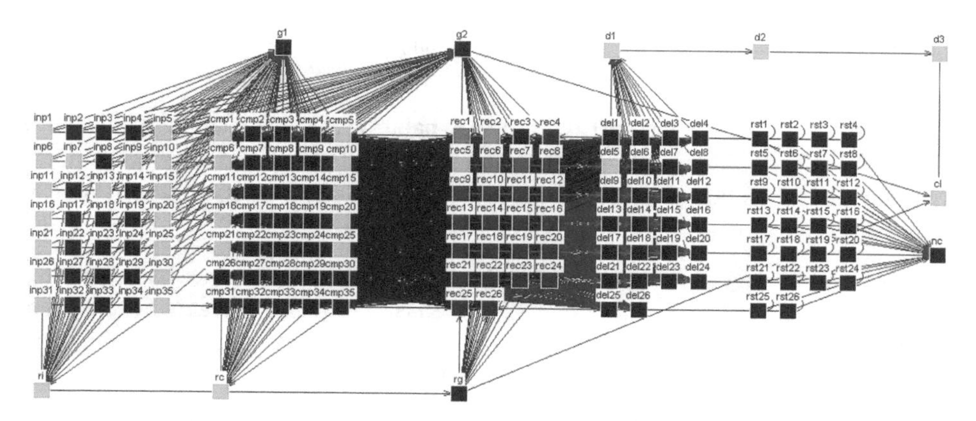

Abb. 6.35: Eingabemuster M und Referenzmuster in einem ART-Netz (JavaNNS)

Unter den Beispielen des JavaNNS findet man auch ein ART-Netz für die Erkennung von Großbuchstaben, die als 5×7-Pixel-Matrix eingegeben werden. An diesem Beispiel lässt sich sehr gut der Einfluss des Ähnlichkeitsparameters *sim* auf die Klassifizierung sowie Cluster-Bildung nachvollziehen. Abbildung 6.35 zeigt den Buchstaben M als Eingabemuster und das zugehörige Referenzmuster. Bei einem Ähnlichkeitsfaktor von $sim = 0{,}5$ werden alle Großbuchstaben in nur 7 Klassen unterteilt, wird $sim = 0{,}8$ gesetzt, werden schon 19 Klassen unterschieden. Mit dem Ähnlichkeitsparameter steuert der Nutzer somit die Anzahl der Cluster, die gebildet werden.

ART-Netze werden immer wieder in der Literatur angeführt. Leider gibt es keine einfach zu benutzende Software, um diese Netze auch für realistische Aufgaben einsetzen zu können.

6.10 Der Fuzzy-c-Means-Algorithmus

Wir kehren zum Abschluss des Cluster-Kapitels nochmal zum *k-Means-Algorithmus* (Abschnitt 6.2) zurück. Der k-Means-Algorithmus hat den Nachteil, dass er jeden Datensatz zwingend zu jeweils genau *einem* Cluster zuordnet. Wir haben aber bereits gesehen, dass dies ab und an nicht sinnvoll ist. Betrachten wir im 2-dimensionalen Raum die in Abbildung 6.36 dargestellten Daten. Wir wollen 2 Cluster bilden.

Wie kann sinnvoll eine Grenze zwischen den 2 Clustern verlaufen?

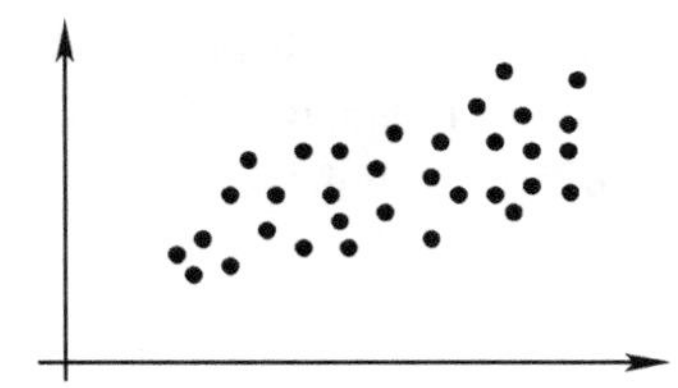

Abb. 6.36: Clustering mit k-Means – Problem

Mit dem dichtebasierten Clustern (Abschnitt 6.6) haben wir einen Ansatz kennengelernt, der mit solchen Punktewolken umgehen kann. Dies hilft uns allerdings hier nicht, da sich auch der dichtebasierte Cluster-Algorithmus DBScan hart entscheidet, ob ein Punkt zu einem Cluster dazugehört oder nicht.

Bei dieser Verteilung ist es nicht angebracht, den Algorithmus zu einer Entscheidung zu zwingen. Gerade bei den „mittleren" Punkten ist dies mehr als fragwürdig. Sollen auf den gegebenen Daten 2 Cluster gebildet werden, ist es sinnvoll zuzulassen, dass die Punkte zu beiden Clustern gehören, aber eben nur anteilig.

Man lässt also auch Zugehörigkeitswerte zwischen 0 und 1 zu. Dies ist ein typischer Fuzzy-Ansatz. Damit geben wir die Restriktion der Disjunktheit der Cluster untereinander auf (vgl. Seite 62). Dies hatten wir auch beim EM-Algorithmus (Abschnitt 6.4) bereits getan.

Zur Darstellung der Zugehörigkeit zu den Clustern eignet sich eine Matrix. Wir betrachten 4-dimensionale Daten ($\subset \mathbb{R}^4$) und gehen davon aus, dass wir 5 Datensätze gegeben haben, die 4 Clustern zuzuordnen sind. In der folgenden Matrix ist die Zugehörigkeit der 5 Datensätze zu den 4 Clustern dargestellt.

$$U = \begin{pmatrix} 0{,}1 & 0 & 0 & 0{,}9 \\ 0{,}2 & 0 & 0{,}8 & 0 \\ 0 & 1 & 0 & 0 \\ 0{,}8 & 0 & 0{,}2 & 0 \\ 0 & 1 & 0 & 0 \end{pmatrix}$$

In den Zeilen ist die Zugehörigkeit des jeweiligen Datensatzes zum jeweiligen Cluster dargestellt. u_{ij} ist die Zugehörigkeit des Datensatzes x_i zum Cluster C_j.

Ohne die Daten hier aufgeführt zu haben, können wir deren Zugehörigkeit zu den Clustern ablesen. Der erste Datensatz gehört gemäß der obigen Matrix zu 10 % zum ersten Cluster C_1, zu 90 % zum Cluster C_4. Analog wird der Datensatz 4 zu 80 % zum Cluster C_1, zu 20 % zum Cluster C_3 zugeordnet. Das Beispiel zeigt, dass durchaus eine eindeutige Zuordnung zugelassen ist (Datensätze 3 und 5). Cluster C_2 ist ein Cluster, wie ihn auch der k-Means-Algorithmus gebildet hätte.

Ist k die Anzahl der zu bildenden Cluster und n die Anzahl der zu clusternden Daten, so hat die Matrix U die Größe $n \times k$. Das Element u_{ij} ist dann die Zugehörigkeit des Datensatzes x_i zum Cluster C_j.

Wir fordern zusätzlich, dass die Summe aller Zugehörigkeitswerte eines Datensatzes x_i zu den Clustern 1 ergibt:

$$\sum_{j=1}^{k} u_{ij} = 1 \quad \text{für alle } i$$

Leere Cluster werden nicht zugelassen:

$$\sum_{i=1}^{n} u_{ij} > 0 \quad \text{für alle } j$$

Jeder Cluster C_j hat somit mindestens ein Element, wenngleich möglicherweise auch nur mit einem geringen Prozentsatz für die Zugehörigkeit.

Das Ziel des Fuzzy-c-Means ist eine möglichst gute Cluster-Bildung der gegebenen Daten. Als Qualitätsfunktion (vgl. Abschnitt 9.5) dient folgende Summe:

$$Q = \sum_{i=1}^{n} \sum_{j=1}^{k} u_{ij}^{m} \cdot \text{dist}(x_i, c_j)^2 \tag{6.18}$$

Die Gewichte u_{ij} sind die in der Matrix U enthaltenen Werte. Hierbei ist $\text{dist}(x_i, c_j)$ die euklidische Distanz zwischen x_i und dem Clusterzentrum c_j des Clusters C_j. Durch den Wert von m steuert man, wie weich beziehungsweise scharf die Cluster-Bildung erfolgt. m muss größer als 1 sein.

Doch nun zum eigentlichen Algorithmus. Das Fuzzy-c-Means-Verfahren wurde von Dunn [Dun73] und Bezdek [Bez81] entwickelt.

Wie findet man optimale Zugehörigkeitswerte u_{ij}? Offensichtlich handelt es sich um ein Optimierungsproblem. Die Qualitätsfunktion 6.18 muss minimiert werden. Zusätzlich sind die Nebenbedingungen zu erfüllen. Man wendet hier das Lagrange-Verfahren an und erhält – auf die mathematischen Details verzichten wir – diese Cluster-Mittelpunkte

$$c_j = \frac{\sum_{i=1}^{n} u_{ij}^{m} \cdot x_i}{\sum_{i=1}^{n} u_{ij}^{m}} \tag{6.19}$$

und die neuen Zugehörigkeitswerte:

$$u_{ij} = \frac{1}{\sum_{s=1}^{k} \left(\frac{\text{dist}(x_i, c_j)}{\text{dist}(x_i, c_s)} \right)^{\frac{2}{m-1}}} \tag{6.20}$$

Der Parameter m ist für die Trennungsschärfe der Cluster-Bildung verantwortlich. Lässt man m gegen unendlich laufen, so konvergieren die u_{ij} gegen $\frac{1}{k}$. Nähert sich m dagegen 1, so erhält man scharfe Cluster. Die Zugehörigkeitswerte liegen dann dicht bei 0 beziehungsweise 1. Ein Wert von $m = 2$ hat sich als ein günstiger Startwert für Experimente herausgestellt.

Listing 6.11 (Fuzzy-c-Means).

1. Initialisiere U.
2. Berechne die Cluster-Mittelpunkte c_j gemäß Formel 6.19.
3. Berechne die neue Zugehörigkeitsmatrix U gemäß Formel 6.20.
4. Falls die Verbesserung von U gering ist ($< \epsilon$), dann stoppe, sonst gehe zu 2.

Die Initialisierung von U kann beispielsweise zufallsgesteuert erfolgen. Der Parameter ϵ steuert das Ende des Verfahrens.

Betrachten wir abschließend die Iris-Daten (vgl. Anhang A.1) und wenden den in KNIME verfügbaren Fuzzy-c-Means auf die normalisierten Daten an, so erhalten wir folgende Ausgabe:

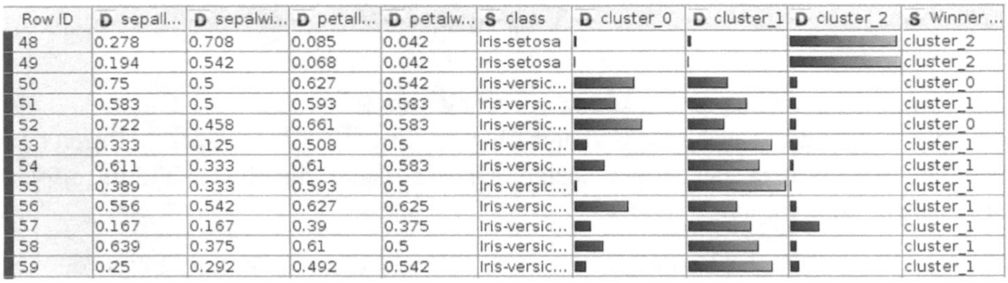

Row ID	D sepall...	D sepalwi...	D petall...	D petalw...	S class	D cluster_0	D cluster_1	D cluster_2	S Winner ...
48	0.278	0.708	0.085	0.042	Iris-setosa				cluster_2
49	0.194	0.542	0.068	0.042	Iris-setosa				cluster_2
50	0.75	0.5	0.627	0.542	Iris-versic...				cluster_0
51	0.583	0.5	0.593	0.583	Iris-versic...				cluster_1
52	0.722	0.458	0.661	0.583	Iris-versic...				cluster_0
53	0.333	0.125	0.508	0.5	Iris-versic...				cluster_1
54	0.611	0.333	0.61	0.583	Iris-versic...				cluster_1
55	0.389	0.333	0.593	0.5	Iris-versic...				cluster_1
56	0.556	0.542	0.627	0.625	Iris-versic...				cluster_1
57	0.167	0.167	0.39	0.375	Iris-versic...				cluster_1
58	0.639	0.375	0.61	0.5	Iris-versic...				cluster_1
59	0.25	0.292	0.492	0.542	Iris-versic...				cluster_1

Abb. 6.37: Clustering der Iris-Daten mit Fuzzy-c-Means (Ausschnitt)

Hier sind die Zugehörigkeitswerte graphisch dargestellt. KNIME bietet uns zusätzlich den Gewinnercluster – den Cluster mit der größten Zugehörigkeit – an.

7 Assoziationsanalyse

The one who says it cannot be done should never interrupt the one who is doing it.
The Roman Rule

Ziel einer *Assoziationsanalyse* ist es, Assoziationsregeln (vgl. Abschnitt 3.4) zu finden. Assoziationsregeln sind den Klassifikationsregeln ähnlich, nur dass sich ihre Vorhersagen nicht auf das Zielattribut beschränken, sondern dass auch Zusammenhänge zwischen beliebigen Attributen hergestellt werden. Die Assoziationsanalyse gehört zum *unüberwachten* Lernen (Abschnitt 2.6). Nur anhand der gegebenen Beispiele werden Zusammenhänge zwischen Attributen gesucht.

In gewisser Weise lässt sich die Assoziationsanalyse auch dem *überwachten* Lernen zuordnen, da ausgehend von Daten der Vergangenheit ein Modell (Menge der Assoziationsregeln) entwickelt wird, welches auf weiteren Daten (Testmenge oder neue Daten) überprüfbar ist.

Aus der Suche nach Assoziationsregeln hat sich mittlerweile ein eigenes Teilgebiet entwickelt: das *Association rule mining* (ARM).

Eines der Hauptanwendungsgebiete der Assoziationsanalyse ist die Warenkorbanalyse. Eine Assoziationsregel der Form *„Wer A kauft, kauft auch B“* kann für ein Verkaufsunternehmen von großem Wert sein. Die Waren in einem Supermarkt können dann so angeordnet werden, dass *A* und *B* nicht allzu weit auseinander platziert werden und dazwischen Produkte angeordnet werden, die auch mit einer gewissen Wahrscheinlichkeit gemeinsam mit *A* gekauft werden.

Das Standard-Verfahren für die Assoziationsanalyse ist der *A-Priori-Algorithmus*, für den eine Vielzahl von Varianten existiert. Als ein weiteres Verfahren betrachten wir *FPGrowth*, welches ebenso nach dem häufigen gemeinsamen Auftreten von Dingen sucht.

7.1 Der A-Priori-Algorithmus

Der A-Priori-Algorithmus [AS94] ist eines der zentralen iterativen Verfahren zur Erzeugung von *Assoziationsregeln*. Er stellt eine Weiterentwicklung des AIS-Algorithmus dar, welcher 1993 veröffentlicht wurde [AIS93]. Ziel des A-Priori-Algorithmus ist es, *Frequent Itemsets* in der Menge aller sogenannten Items zu finden. Als *Item* werden beliebige Objekte bezeichnet; in einem Warenkorb sind dies die Artikel oder Produkte.

Frequent Itemsets sind Item-Mengen, also Mengen von Objekten, deren relative Häufigkeit (ihr Support, vgl. Abschnitte 9.2.1 und 4.4) den durch den Analysten festgelegten

https://doi.org/10.1515/9783110676273-007

minimalen Schwellwert überschreitet. Sei der minimale Support mit 2 % festgelegt. Die Menge {Bier, Brot, Margarine} ist ein Frequent Itemset, falls diese Dreier-Kombination in mindestens 2 % aller Einkäufe vorkommt.

Wieso reicht es, sich bei der Suche nach Assoziationsregeln auf *Frequent Itemsets* zu beschränken? Eine Regel

„Wer A und B kauft, kauft auch C"

erfüllt den geforderten, minimalen Support genau dann, wenn die Menge {A, B, C} ein Frequent Itemset ist.

Der A-Priori-Algorithmus wird in zwei Schritten ausgeführt:

1. Finden von *Frequent Itemsets* mit ausreichendem Support:
   Zunächst werden alle Mengen von Produkten gesucht, die den geforderten Support aufweisen. Dies sind bei der Warenkorbanalyse alle Produktmengen, die gemäß dem Support oft genug gemeinsam gekauft wurden.
2. Erzeugen von *Assoziationsregeln* aus allen Frequent Itemsets:
   Im zweiten Schritt generiert man aus diesen Frequent Itemsets *Regeln*.

Der A-Priori-Algorithmus konzentriert sich bei der Generierung der Assoziationsregeln im Schritt 2 ausschließlich auf die Verwendung der vorher gefundenen Frequent Itemsets. Dies schränkt den Suchraum ein und verringert dadurch die Komplexität des Verfahrens.

Betrachten wir zunächst den 1. Schritt, das Finden von Frequent Itemsets. Begonnen wird mit *einelementigen Frequent Itemsets*. Im nächsten Durchlauf werden aus den gefundenen einelementigen Frequent Itemsets *zweielementige*, im darauffolgenden Durchlauf aus den zweielementigen Itemsets *dreielementige* Itemsets erzeugt. Der Vorgang wird solange wiederholt, bis keine Frequent Itemsets mehr gefunden werden. Die gefundenen Frequent Itemsets werden auch als *Kandidaten* bezeichnet.

Für jeden Kandidaten wird der Support berechnet. Ist er kleiner als der Schwellwert, wird der Kandidat verworfen.

Damit die Anzahl der Kandidaten weiter reduziert und das Laufzeitverhalten verbessert werden kann, wird die *Monotonieeigenschaft* der Itemsets verwendet.

$$M \subset N \quad \rightarrow \quad \mathrm{supp}(M) \geq \mathrm{supp}(N) \tag{7.1}$$

Sie besagt, dass jede nichtleere Teilmenge M eines Frequent Itemsets N wiederum ein Frequent Itemset sein muss. Der Support kann also nicht *kleiner* werden, falls aus einem Kandidaten für ein Frequent Itemset ein Item entfernt wird. Wird umgekehrt zu einem Frequent Itemset ein Item hinzugefügt, so kann der Support *nicht* größer werden.

Somit können zweielementige Frequent Itemsets nur aus denjenigen einelementigen Frequent Itemsets bestehen, die den geforderten Support erfüllen. Gemäß der Monotonie wird der Support nicht größer, wenn zu einem Itemset ein weiteres Item hinzugefügt wird. Erfüllt also ein einelementiges Frequent Itemset den Support *nicht*, so kann ein mehrelementiges Itemset, welches dieses Item enthält, den geforderten Support nicht erfüllen.

Analog müssen wir beim Erzeugen von Vierer-Kandidaten nicht jede beliebige Vierer-Kombination von Items untersuchen, sondern nur die Vierer-Kandidaten, die aus zwei Dreier-Kandidaten entstehen. Haben wir die Frequent Itemsets {A,B,C} und {A,C,D}, so kann {A,B,C,D} ein Frequent Itemset sein. Diesen Kandidaten müssen wir in Erwägung ziehen. Wissen wir aber, dass {B,C,D} *kein* Dreier-Frequent-Itemset war, dann kann {A,B,C,D} wegen der Monotonie *kein* Frequent Itemset sein. Wir müssen also nicht in unserer Warenkorb-Datenbank zählen, ob unser Kandidat den Support erfüllt. Wir wissen *vorher*, dass der Support *nicht* erfüllt wird. Das spart viel Rechenzeit.

7.1.1 Generierung der Kandidaten

Das Generieren der Kandidaten betrachten wir nun detailliert. Die Kandidaten werden in zwei Phasen erzeugt:

1. Join-Phase
2. Pruning-Phase

In der Join-Phase werden alle $(k-1)$-elementigen Itemsets, die sich nur in einem Element unterscheiden, paarweise miteinander verbunden. Es entstehen somit k-elementige Item-Mengen, bei denen sichergestellt ist, dass mindestens zwei Teilmengen der Größe $k-1$ ebenfalls Frequent Itemsets sind.

In der Pruning-Phase wird für die k-elementigen Kandidaten geprüft, ob *jede* $(k-1)$-elementige Teilmenge auch ein Frequent Itemset war. Ist dies nicht erfüllt, ist auch nur *eine* Teilmenge *kein* Frequent Itemset, so kann der k-elementige Kandidat wegen der Monotonie-Eigenschaft kein Frequent Itemset sein.

Für die verbleibenden Kandidaten ist dann zu prüfen, ob diese den geforderten minimalen Support aufweisen.

Im Listing 7.1 ist der Algorithmus dargestellt. Wir werden den Begriff *Frequent Itemset* im Folgenden durch *FIS* abkürzen. Für die Menge der n-elementigen Frequent Itemsets verwenden wir die Abkürzung FIS_n.

Listing 7.1 (A Priori – Generierung der Frequent Itemsets *FIS*).

```
PROCEDURE GenerateFIS(minsupp, SetOfItemsets)
  FIS_1 := { {x} | supp({x}) ≥ minsupp}   // Berechne alle FIS der Größe 1
  k := 1
  WHILE FIS_k ≠ ∅
    k := k+1
    Berechne FIS_k := {a ∪ b | a, b ∈ FIS_{k-1}, |a ∪ b| = k}   // Join-Phase
    FORALL c ∈ FIS_k   // Pruning: Sind alle k – 1-Teilmengen in FIS_{k-1}?
      IF x ⊂ c existiert mit |x| = k – 1 und x ∉ FIS_{k-1} THEN lösche c in FIS_k
    FORALL c ∈ FIS_k   // Ist der Support erfüllt?
      IF supp{c} < minsupp THEN lösche c in FIS_k
  RETURN ⋃_i FIS_i
END GenerateFIS
```

Der Support-Test wird sofort durchgeführt, wenn ein Kandidat die Pruning-Phase überstanden hat. Aus Gründen der Übersichtlichkeit werden diese Schritte im Algorithmus getrennt.

Bei der Berechnung der Teilmengen ist es sinnvoll, Teilergebnisse wie Support und Konfidenz zwischenzuspeichern, um häufige Zugriffe auf die Datenbasis zu vermeiden.

Beispiel 7.1 (A Priori – Kinobesuch). Wir betrachten Kinobesuche und untersuchen, wer gern mit wem zusammen ins Kino geht.

Kinobesuch-ID	Kinobesucher
k_1	Anne, Claudia, Ernst
k_2	Anne, Ernst, Gudrun
k_3	Anne, Claudia, Ernst, Franz, Gudrun
k_4	Anne, Claudia, Horst
k_5	Bernd, Claudia, Ernst, Franz, Gudrun
k_6	Bernd, Claudia, Ernst, Gudrun, Horst

Wir fordern als minimalen Support: 50 %.

Wir beginnen mit dem Zählen des Supports für die einzelnen Personen. Wir zählen dazu die relative Häufigkeit der Personen in unserer Kino-Tabelle mit diesen 6 Datensätzen.

Kinobesucher	Anzahl	Support
Anne	4	66 %
Bernd	2	33 %
Claudia	5	83 %
Ernst	5	83 %
Franz	2	33 %
Gudrun	4	66 %
Horst	2	33 %

Was sehen wir? Bernd, Franz und Horst erfüllen *nicht* den minimalen Support. Bei der Bildung von Zweier-Frequent-Itemsets können wir diese drei Besucher ignorieren, denn jedes Frequent Itemset der Größe 2 mit einer dieser 3 Personen hat garantiert einen Support, der maximal 33 % beträgt.

Wieder bezeichnen wir mit FIS_n die Menge der Frequent Itemsets der Größe n und bilden zuerst die Kandidaten für FIS_2.

Kandidaten für FIS_2	**Support**	**Nr.**
{Anne, Claudia}	50 %	1
{Anne, Ernst}	50 %	2
{Anne, Gudrun}	33 %	3
{Claudia, Ernst}	66 %	4
{Claudia, Gudrun}	50 %	5
{Ernst, Gudrun}	66 %	6

Beim Schritt vom FIS_1 zu FIS_2 müssen wir natürlich kein Pruning durchführen, da die echten Teilmengen aller Kandidaten aus FIS_2 ja genau den Elementen aus FIS_1 entsprechen.

Für alle Kandidaten berechnen wir den Support. Einer dieser sechs Kandidaten – {Anne, Gudrun} – erfüllt den Support nicht. Jetzt bilden wir Kandidaten für FIS_3, indem Frequent Itemsets aus FIS_2 so kombiniert werden, dass ein Dreier-Kandidat entsteht. Welche Kombinationen können wir bilden?

Kandidaten für FIS_3	**Kombination**	**Support**
{Anne, Claudia, Ernst}	1+2, 1+4, 2+4	? %
{Anne, Claudia, Gudrun}	1+5	? %
{Anne, Ernst, Gudrun}	2+6	? %
{Claudia, Ernst, Gudrun}	4+5, 4+6, 5+6	? %

Müssen wir jetzt wieder zählen, um den Support zu bestimmen? *Nein*, die beiden mittleren Kandidaten können wir sofort ausschließen, da {Anne, Gudrun} *kein* Zweier-Frequent-Itemset ist und somit die Kandidaten {Anne, Claudia, Gudrun} und {Anne, Ernst, Gudrun} aufgrund der Monotonie des Supports den geforderten Support nicht haben können.

Unser Kandidat {Anne, Claudia, Ernst} – hier müssen wir wieder zählen – erfüllt den minimalen Support von 50 % nicht, hingegen erfüllt {Claudia, Ernst, Gudrun} mit 50 % den geforderten Support.

Vierer-Kandidaten kann es nicht geben, da $|FIS_3| = 1$, wir haben nur ein Dreier-Frequent-Itemset. Mit dem geforderten Support können wir aus dem Beispieldaten fünf Zweier- und ein Dreier-Frequent-Itemset ermitteln.

7.1.2 Erzeugen der Regeln

Nachdem wir die Frequent Itemsets erzeugt haben, zerlegen wir jedes Frequent Itemset Y in 2 nichtleere Teilmengen X und $Y \setminus X$ und betrachten die Regel:

$$X \rightarrow (Y \setminus X)$$

Aus $Y = \{a, b, c, d\}$ und mit $X = \{a, b\}$ kann die Regel $(a, b) \rightarrow (c, d)$ gebildet werden. Wir müssen jetzt noch prüfen, ob diese Regel die *minimale Konfidenz* erfüllt. Die Konfidenz ist definiert als (vgl. Abschnitte 9.2.2 und 4.4):

$$\text{conf}(X \rightarrow (Y \setminus X)) = \frac{\text{supp}(Y)}{\text{supp}(X)} \tag{7.2}$$

Die Konfidenz ist über den Support definiert, und da wir uns den Support im vorangegangenen Schritt für jedes Frequent-Itemset gemerkt haben, ist es nicht erforderlich, erneut in der Datenbank zu zählen.

Es müssen natürlich alle Regeln, die sich aus den möglichen Zerlegungen von Y ergeben, geprüft werden. Für jedes Frequent Itemset Y werden Assoziationsregeln der Form $X \rightarrow (Y \setminus X)$ mit $X \subset Y$ und $X \neq \emptyset$ gesucht, die die Konfidenz-Bedingung erfüllen:

$$\text{conf}(X \rightarrow (Y \setminus X)) = \frac{\text{supp}(Y)}{\text{supp}(X)} \geq \text{conf}_{min} \tag{7.3}$$

Es ist dabei nicht nötig, alle möglichen Assoziationsregeln auf ihre Konfidenz zu prüfen. Für ein Itemset $Y = \{a, b, c, d\}$ und $X = \{a, b, c\}$ ist der Support von $X' = \{a, b\}$ größer als der von X (oder gleich). Durch das Ersetzen von X mit X' kann die Konfidenz nur sinken. Wenn die Regel $X \rightarrow (Y \setminus X)$ nicht die minimale Konfidenz erreicht, ist es nicht erforderlich, die Regeln der Form $X' \rightarrow (Y \setminus X')$ mit $X' \subset X$ zu betrachten.

Das Ergebnis enthält alle Assoziationsregeln, die sowohl den minimalen Support als auch die minimale Konfidenz aufweisen.

Wo liegen die *Vorteile* des Verfahrens? Es handelt sich um einfache Mengenoperationen. Damit ist eine Implementierung nicht kompliziert. Durch das restriktive Vorgehen in der Join-Phase wird die Komplexität drastisch gesenkt. Überlegen Sie, wie viele Regelkandidaten beim einfachen Ausprobieren aller Kombinationsmöglichkeiten (beispielsweise bei 1 Million Verkaufsprodukten) entstehen.

Nachteilig ist, dass die Komplexität zwar drastisch gesenkt wird, man aber trotzdem bei großen Datenmengen Laufzeitprobleme durch die häufige Supportberechnung – was im Allgemeinen einen Zugriff auf eine Datenbank bedeutet – bekommen kann.

Beispiel 7.2 (A Priori – Kinobesuch). Wir setzen unser obiges Beispiel fort und betrachten zur Veranschaulichung den einzigen Dreier-Kandidaten: {Claudia, Ernst, Gudrun}. Wir greifen uns nur eine Variante heraus, um die Konfidenz zu berechnen:

$$\text{Claudia, Ernst} \rightarrow \text{Gudrun}$$

Den Support haben wir mit 50 % bereits berechnet. Wie hoch ist die Konfidenz?

$$\text{conf}(M \rightarrow N) = P(N|M) = \frac{\text{supp}(M \cup N)}{\text{supp}(M)}$$

Also:

$$\text{conf}(\text{Claudia, Ernst} \rightarrow \text{Gudrun}) = \frac{50}{66} = 0{,}75$$

Da wir die Support-Werte schon berechnet haben, müssen wir nicht erneut auf unsere Datenbank zugreifen, um die Konfidenz zu erhalten.

Wie oft haben wir insgesamt in unserer Datenbank zählen müssen, um den Support zu bestimmen? In der Phase der Generierung der *FIS* (vergleiche Beispiel 7.1 auf Seite 194) mussten wir wie folgt auf unsere Datenbasis zugreifen:

- Ermittlung der Einer-Frequent-Itemsets FIS_1: 7
- Ermittlung der Zweier-Frequent-Itemsets FIS_2: 6
- Ermittlung der Dreier-Frequent-Itemsets FIS_3: 2
- Ermittlung der Vierer-Frequent-Itemsets FIS_4: 0

Bei einem naiven Ansatz hätten wir allein für das Finden von Frequent Itemsets der Größe 2 insgesamt 21 Varianten probieren müssen, für FIS_3 und FIS_4 sogar jeweils 35. Die Anzahl möglicher Regeln – auch wenn man auf der rechten Regelseite nur genau ein Item platziert – erhöht die Komplexität drastisch. Da die Komplexität dieses Verfahrens allein durch die häufigen Zugriffe auf die Datenbank, in der die Itemsets gespeichert sind, bestimmt ist, ist die Einsparung offensichtlich.

Beispiel 7.3 (Frequent Itemset). Seien folgende Frequent Itemsets der Größe *3* bereits berechnet. Wir überspringen also die Erzeugung der Mengen FIS_1, FIS_2 sowie FIS_3 und nehmen folgende Frequent Itemsets der Größe 3 als gegeben an:

$\{a,b,c\}$ (1)
$\{a,b,d\}$ (2)
$\{a,c,d\}$ (3)
$\{a,c,e\}$ (4)
$\{b,c,d\}$ (5)

Daraus lassen sich folgende *4er-Kandidaten* erzeugen (*Join*):

$\{a,b,c,d\}$ (1+2)
$\{a,c,d,e\}$ (3+4)
$\{a,b,c,e\}$ (1+4)

Durch *Pruning* fallen $\{a,c,d,e\}$ und $\{a,b,c,e\}$ weg, da diese Mengen je eine $(k-1)$-Teilmenge enthalten ($\{c,d,e\}$ beziehungsweise $\{b,c,e\}$), die *keine* Dreier-Frequent-Itemsets sind.

Bisher haben wir Assoziationsregeln nur auf boolesche Daten angewendet: Unsere Datensätze dürfen nur Attribute enthalten, die wahr oder falsch sind: Butter wird gekauft, Claudia geht ins Kino. Lassen sich Assoziationsregeln auch für Datensätze der folgenden Bauart finden?

Alter	Puls	Blutdruck	Zustand
< 40	unregelmäßig	normal	gesund
≥ 40	unregelmäßig	normal	krank
< 40	regelmäßig	normal	gesund
≥ 40	unregelmäßig	unnormal	krank
< 40	unregelmäßig	normal	krank
< 40	regelmäßig	normal	gesund
≥ 40	regelmäßig	unnormal	krank
< 40	regelmäßig	normal	gesund
≥ 40	regelmäßig	normal	gesund

Auf den ersten Blick kann der A-Priori-Algorithmus auf diese Daten nicht angewendet werden. Wenn wir aber die Attribute in *binäre* Attribute (vgl. Abschnitt 8.2.5) umwandeln, dann ist der Algorithmus problemlos einsetzbar.

Alter <40	Alter ≥ 40	Puls unregelmäßig	Puls regelmäßig	Blutdruck unnormal	Blutdruck normal	Zustand krank	Zustand gesund
x		x			x		x
	x	x			x	x	
x			x		x		x
	x	x		x		x	
x		x			x	x	
x			x		x		x
	x		x	x		x	
x			x		x		x
	x		x		x		x

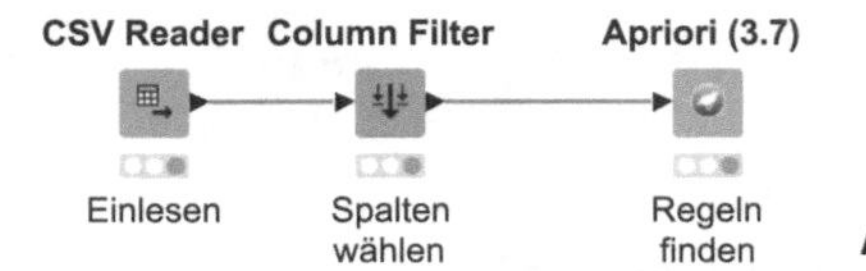

Abb. 7.1: A Priori – Variante 1

KNIME findet mit dem in Abbildung 7.1 dargestellten Workflow in diesen Datensätzen folgende Assoziationsregeln:

```
Apriori
=======
Minimum support: 0.6 (5 instances)
Minimum metric <confidence>: 0.9
Number of cycles performed: 8
```

```
Generated sets of large itemsets:
Size of set of large itemsets L(1): 8
Size of set of large itemsets L(2): 12
Size of set of large itemsets L(3): 8
Size of set of large itemsets L(4): 2
Best rules found:
 1. normal=y 7 ==> unnormal=n 7     conf:(1)
 2. unnormal=n 7 ==> normal=y 7     conf:(1)
 3. ge40=n 5 ==> less40=y 5         conf:(1)
 4. less40=y 5 ==> ge40=n 5         conf:(1)
 5. less40=y 5 ==> unnormal=n 5     conf:(1)
 6. less40=y 5 ==> normal=y 5       conf:(1)
 7. ge40=n 5 ==> unnormal=n 5       conf:(1)
 8. ge40=n 5 ==> normal=y 5         conf:(1)
 ....
```

Es fällt auf, dass wir durch die Binärcodierung etliche unsinnige Regeln wie die Regeln 1...4 erzeugen. Dies lässt sich zwar durch geeignete Filter im Nachhinein korrigieren, ist aber unnötig. Da wir ja ohnehin schon ausschließlich Binärattribute haben, reicht es aus, dass wir unsere Daten wie folgt darstellen:

Alter ≥40	**Puls regelmäßig**	**Blutdruck normal**	**Zustand gesund**
n	n	y	y
y	n	y	n
n	y	y	y
y	n	n	n
n	n	y	n
n	y	y	y
y	y	n	n
n	y	y	y
y	y	y	y

Nun findet KNIME eine Reihe von nützlichen Regeln, die einen minimalen Support von 30 % und eine minimale Konfidenz von 90 % aufweisen:

```
 1. ge40=n 5 ==> normal=y 5                                conf:(1)
 2. gesund=y 5 ==> normal=y 5                              conf:(1)
 3. ge40=n gesund=y 4 ==> normal=y 4                       conf:(1)
 4. regelmaessig=y gesund=y 4 ==> normal=y 4               conf:(1)
 5. regelmaessig=y normal=y 4 ==> gesund=y 4               conf:(1)
 6. ge40=n regelmaessig=y 3 ==> normal=y 3                 conf:(1)
 7. ge40=n regelmaessig=y 3 ==> gesund=y 3                 conf:(1)
 8. ge40=n regelmaessig=y gesund=y 3 ==> normal=y 3        conf:(1)
 9. ge40=n regelmaessig=y normal=y 3 ==> gesund=y 3        conf:(1)
10. ge40=n regelmaessig=y 3 ==> normal=y gesund=y 3        conf:(1)
```

Das Vorgehen ist nicht auf binäre Attribute beschränkt. Liegt neben weiteren Attributen ein Attribut *alter* mit den Ausprägungen *jung*, *mittel* und *alt* vor, so beginnt das A-priori-Verfahren mit den Itemsets: *alter=jung*, *alter=mittel* und *alter=alt*. Für die Berechnungen des Supports und der Konfidenz wird nun einfach gezählt, wie oft das Attribut die entsprechende Ausprägung hat.

Auch mit den Originaldaten der Tabelle auf Seite 198 kann KNIME arbeiten. Dazu werden mittels *Create Collection Column* die Itemsets gebildet, siehe Abbildung 7.2.

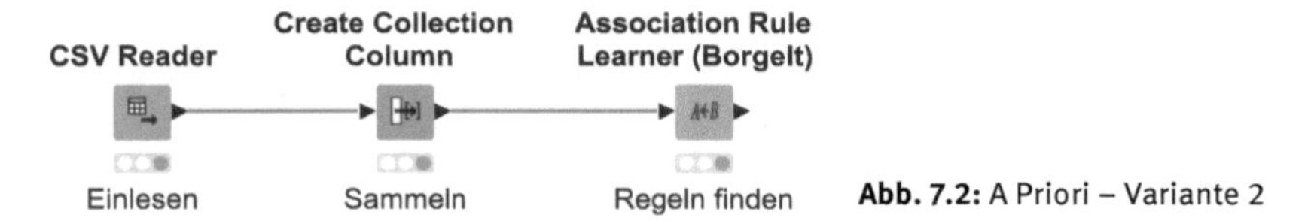

Abb. 7.2: A Priori – Variante 2

Einige Assoziationsregeln lassen sich auch als Klassifikationsregeln (siehe Abschnitte 3.2 und 4.3) interpretieren. Wollen wir den Zustand (gesund oder krank) vorhersagen, so beschränken wir die rechte Seite der Wenn-Dann-Regeln auf diesen Zustand. Von den obigen Regeln sind dann die folgenden interessant:

```
 5. regelmaessig=y normal=y 4 ==> gesund=y 4          conf:(1)
 7. ge40=n regelmaessig=y 3 ==> gesund=y 3            conf:(1)
 9. ge40=n regelmaessig=y normal=y 3 ==> gesund=y 3   conf:(1)
10. ge40=n regelmaessig=y 3 ==> normal=y gesund=y 3   conf:(1)
```

Durch diese Regeln können wir aber nicht für jeden Fall den Zustand des Patienten vorhersagen. Insofern werden wir mit Assoziationsregeln selten eine komplette Klassifikation erreichen. Zumindest für Teilmengen ist aber eine Klassifikation möglich.

Aufgabe 7.1 (Assoziationsanalyse – A Priori). Seien diese Einkäufe gegeben:

ID	gekaufte Artikel
t_1	Brot, Saft, Cola, Bier
t_2	Saft, Cola, Wein
t_3	Brot, Saft, Wasser
t_4	Cola, Bier, Saft
t_5	Brot, Saft, Cola, Bier, Wein
t_6	Wasser

Vervollständigen Sie zunächst für die gegebenen Assoziationsregeln folgende Tabelle:

Regel	Support	Konfidenz
Saft → Cola		
Cola → Saft		
Cola → Bier		
Bier → Cola		

Finden Sie dann alle Frequent Itemsets mit einem minimalen Support von 0,4.

Aufgabe 7.2 (Assoziationsanalyse – A Priori). Seien diese 3-elementigen Frequent Itemsets gegeben:

{{i1, i2, i3}, {i1, i2, i4}, {i1, i3, i4},
{i2, i3, i4}, {i2, i3, i5}, {i3, i4, i5},
{i3, i5, i7}, {i2, i4, i5}, {i3, i6, i7}}

Welche Kandidaten der Länge 4 entstehen während der Join-Phase? Welche dieser Kandidaten werden in der Pruning-Phase gelöscht? Kann es Kandidaten der Länge 5 geben?

Aufgabe 7.3 (Assoziationsanalyse). Angenommen, unsere gegebenen Beispieldaten haben 6 Attribute mit jeweils 2 möglichen Werten. Wie viele Regeln kann man aufstellen, wenn auf der rechten Seite exakt ein Item steht?

Aufgabe 7.4 (Assoziationsanalyse). In einer Gaststätte wird protokolliert, wer welche Speisen verzehrt. In jeder Zeile steht *ein* bestelltes Menü. Helfen Sie dem Chef herauszufinden, welche Assoziationen im Bestellverhalten der Gäste zu beobachten sind. Nutzen Sie den *a-priori-Algorithmus*.

Suppe	**Salat**	**Gulasch**	**Schnitzel**	**Nudeln**	**Auflauf**	**Bier**	**Sprudel**	**Dessert**
x		x				x		x
x			x			x		x
	x			x			x	
x		x				x		
	x				x		x	
	x			x		x		
x			x			x		x
x		x				x		
x	x	x				x		
x		x					x	x

Finden Sie geeignete Schwellwerte für den Support und die Konfidenz.

7.2 Frequent Pattern Growth

Es gibt sowohl einige Modifikationen des A-Priori-Algorithmus als auch andere Methoden zum Finden von Assoziationsregeln. Ein solches alternatives Verfahren ist *FP-Growth* (Frequent Pattern Growth), welches ohne den Schritt der Generierung der Frequent Itemsets auskommt, vgl. [HKP12]. Die Idee des Verfahrens ist, ausgehend von den relativen Häufigkeiten der einzelnen Items, durch eine geschickte Repräsentation der Itemsets und das gleichzeitige Zählen der Häufigkeiten einen gerichteten Graphen zu erzeugen. Aus diesem Graph können dann die Frequent Itemsets, bei diesem Verfahren *Frequent Pattern* genannt, abgelesen werden.

Wir betrachten folgende Itemsets:

ID	Itemset
01	a, d, e, f, g
02	a, b, c, d, f, g
03	a, d, f
04	a, c, g
05	a, c, d, f, g
06	c, e, f

Im ersten Schritt werden

1. die relativen Häufigkeiten berechnet,
2. die Itemsets um die Items reduziert, die den Support nicht erfüllen, und
3. die Itemsets bezüglich der relativen Häufigkeit der Items absteigend sortiert.

Wählen wir als minimalen Support 40 %, so ergibt sich:

Item	Häufigkeit	Support erfüllt?
a	5	ja
b	1	nein
c	4	ja
d	4	ja
e	2	nein
f	5	ja
g	4	ja

ID	Itemset
01	a, f, d, g
02	a, f, c, d, g
03	a, f, d
04	a, c, g
05	a, f, c, d, g
06	f, c

Die Items b und e erfüllen den Support nicht und werden gelöscht. Dann werden die Itemsets sortiert. Diese sortierten Itemsets werden als *Pattern* bezeichnet.

Zunächst wird der sogenannte *FP-Tree* aufgebaut. Es werden alle Pattern (die sortierten Itemsets) durchlaufen und in den FP-Tree übertragen. Man legt zusätzlich eine Tabelle an, in der alle verbliebenen Items mit einem Link auf den ersten erzeugten Knoten eingetragen werden. Beginnen wir mit dem Übertragen des ersten Pattern (Itemset 01), so ergibt sich der in Abbildung 7.3 auf der nächsten Seite dargestellte Baum. Im Graphen haben wir die (bisherige) Häufigkeit vermerkt. Nun arbeiten wir das nächste Pattern (Itemset 02) ein, siehe Abbildung 7.4 (linke Grafik). Man beginnt an der Wurzel und geht möglichst weit auf bereits bekannten Wegen. Dort erhöht man die Zähler um jeweils 1. Erst wenn ein neuer Teilpfad beginnt, hier ab dem Item c, wird der aktuelle Pfad verlassen. Für das Itemset 03 ergibt sich, dass dieser Pfad bereits komplett vorhanden ist, siehe Abbildung 7.4 (rechte Grafik). Nach Abarbeitung aller 6 Pattern erhalten wir den in Abbildung 7.5 auf der nächsten Seite dargestellte Baum.

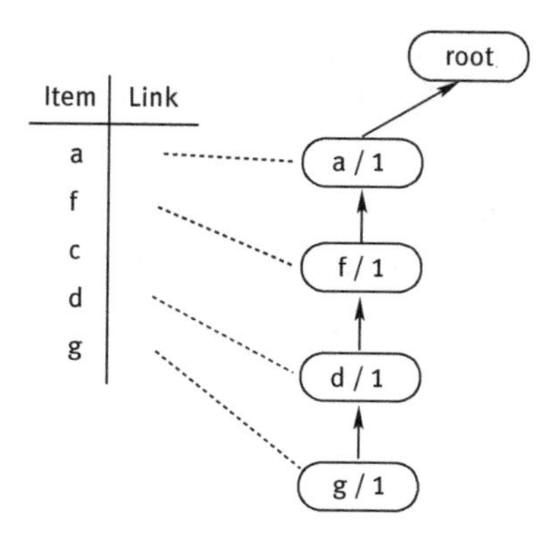

Abb. 7.3: FP-Tree – Schritt 1, afdg

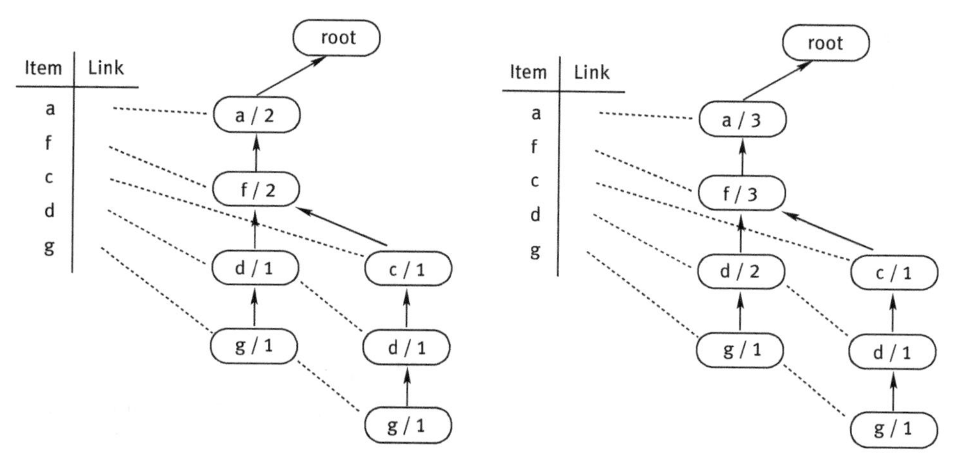

Abb. 7.4: FP-Tree – Schritt 2, afcdg und Schritt 3, afd

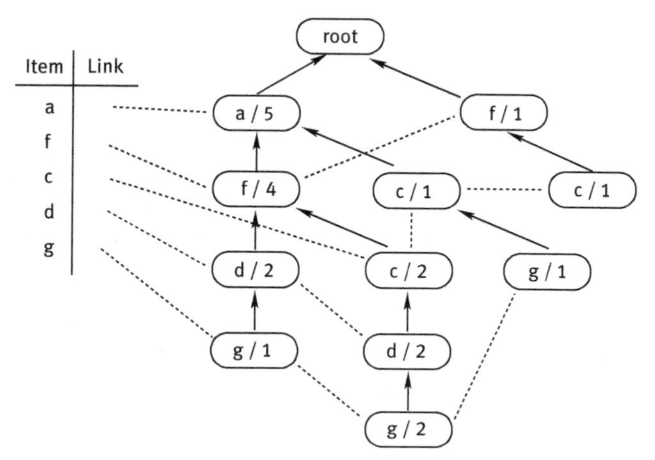

Abb. 7.5: FP-Tree

Nun ist noch zu klären, wie man aus diesem Baum die Assoziationsregeln extrahiert. Dieser Schritt wird hier nur skizziert, für eine detaillierte Darstellung sei auf [HKP12] oder [Bra13] verwiesen.

Um auf alle Items Zugriff zu haben, werden die unterschiedlichen Knoten, die zu *einem* Item gehören, verbunden. Dies wird durch die gestrichelten Verbindungen dargestellt.

Wir betrachten zunächst eine vereinfachte Variante des FP-Trees, einen sogenannten *Single Prefix Path FP-Tree*. Dieser Baum ist dadurch ausgezeichnet, dass von der Wurzel nur *ein* Pfad abgeht, der irgendwann verzweigt.

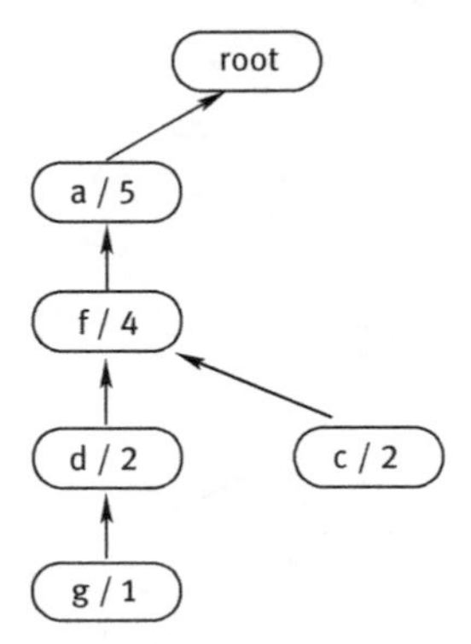

Abb. 7.6: Single prefix path FP-Tree

Der Baum besteht aus zwei Teilen, dem Präfix *P* (af) und einem Multipath-Teil *MP*, der aus 2 Teilpfaden besteht (dg und c). In beiden Teilbäumen *P* und *MP* kann nun getrennt gesucht werden. Hier gestaltet sich die Suche einfach. Der *MP*-Teilbaum enthält kein Frequent Itemset, da wir einen Support von 40 % gefordert hatten.

Bei der Suche nach geeigneten Kandidaten gehen wir von unten nach oben. Wir sehen beispielsweise, dass g nur einmal vorkommt und können g – in diesem Teilbaum – sofort ausschließen. Jetzt erkennen wir auch den Vorteil der sortierten Darstellung der Items. Der Support einer Menge ist immer durch das unterste Element des entsprechenden Teilbaums bestimmt.

Gäbe es in *MP* ein Frequent Itemset, so könnte man dies nun mit jedem beliebigen Frequent Itemset aus *P* verknüpfen. Im Präfixteil des Baums finden wir drei Mengen: {a}, {f}, {a, f}. Da der *MP*-Teil keinen Kandidaten liefert, bleibt hier als einzige Menge, die nicht nur ein Item enthält: {a, f}.

Doch zurück zum FP-Tree aus Abbildung 7.5. Auch cg ist ein Frequent Itemset, welches den Support erfüllt. Dies ermittelt man, indem man zunächst alle Pfade, die g nicht enthalten, eliminiert (Abbildung 7.7) und dann – von g ausgehend – auch alle anderen g-Knoten untersucht. Dazu werden die gestrichelten Verbindungen benötigt. Alle Knoten, die unterhalb von g liegen, können wir ignorieren, da diese separat betrachtet werden. Wir arbeiten nur von unten nach oben.

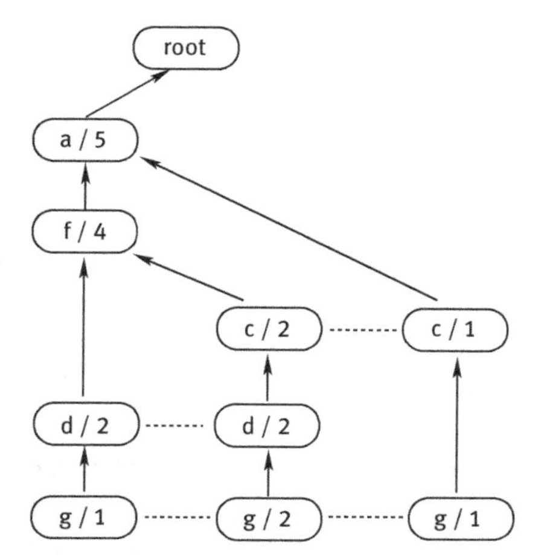

Abb. 7.7: Reduzierter FP-Tree für g

Man sammelt nun alle Pattern, die mit g als Suffix möglich sind:

$$afd/1 \text{ und } afcd/2 \text{ und } ac/1$$

Diese 3 Pfade erfüllen den Support nicht. Wir können sie aber zu 2 Pfaden zusammenfassen, die dann den minimalen Support von 40 % erfüllen. Die Pattern afd und afcd haben als gemeinsames Teilmuster afd/3; afcd und ac werden zu ac/3.

$$afd/3 \text{ und } ac/3$$

Die Pattern acg und afdg – und alle deren Teilmengen – sind somit Frequent Pattern.

Dies führt man für alle Items durch und erhält:

Item	Pattern im FP-Tree	reduzierter FP-Tree	Frequent Pattern
g	afd/1; afcd/2; ac/1	afd/3; ac/3	afdg, afg, adg, fdg, ag, fg, dg; acg, cg, (ag)
d	af/2; afc/2	af/4	afd, ad, fd
c	af/2; a/1; f/1	a/3; f/3	ac, fc
f	a/4	a/4	af

Bei den Frequent Pattern tauchen nur diejenigen auf, die auf das jeweilige Item enden.

Berücksichtigt man die obigen Ausführungen zu Single Prefix Path Trees, kann man das Finden aller Kombinationen noch vereinfachen.

Aufgabe 7.5 (Assoziationsanalyse – FP Growth). Suchen Sie mit Hilfe des FP-Growth-Verfahrens die Frequent Pattern im Kino-Beispiel (Beispiel 7.1 auf Seite 194). Wir fordern als minimalen Support: 50 %.

Kinobesuch-ID	Kinobesucher
k_1	Anne, Claudia, Ernst
k_2	Anne, Ernst, Gudrun
k_3	Anne, Claudia, Ernst, Franz, Gudrun
k_4	Anne, Claudia, Horst
k_5	Bernd, Claudia, Ernst, Franz, Gudrun
k_6	Bernd, Claudia, Ernst, Gudrun, Horst

7.3 Assoziationsregeln für spezielle Aufgaben

In diesem Abschnitt betrachten wir einige der im Kapitel 4 angesprochenen speziellen Assoziationsregeln etwas genauer. Darüber hinaus gibt es weitere Arten von Assoziationsregeln, beispielsweise Fuzzy-Assoziationsregeln, die mit vagen Begriffen umgehen können.

7.3.1 Hierarchische Assoziationsregeln

Häufig ist man in der Situation, dass der Support sehr, sehr niedrig angesetzt werden muss, da die Vielfalt an Items und damit die Heterogenität zu groß ist. Dies ist bei Warenkorbanalysen sehr oft der Fall. In den Warenkorbdatenbanken sind die detaillierten Produkte abgespeichert. Die Datenbank unterscheidet zwischen dem Liter Milch von Anbieter A und dem Liter Milch von Anbieter B. Dies ist für eine Warenkorbanalyse hinderlich. Hier interessiert uns beispielsweise eine allgemeine Regel wie:

Wer Milch kauft, kauft auch Kakao.

Insofern ist die Unterscheidung zwischen Hersteller A und B nicht zweckmäßig. Natürlich kann es sehr wohl sinnvoll sein, zwischen den Anbietern zu unterscheiden. Aber allgemein ist eine Zusammenfassung von Produkten eine gute Idee.

Beispiel 7.4 (Hierarchische Assoziationsregeln). Betrachten wir einen kleinen Ausschnitt einer fiktiven Warenkorbdatenbank. Hier haben wir uns bereits von den Herstellern gelöst.

Gabel	Löffel	Messer	Tasse	Teller	Becher	...
x					x	...
	x			x		...
		x	x			...
x			x			...
				x	x	...
	x	x				...

Ein vernünftiger Zusammenhang zwischen den Produkten ist hier nicht herstellbar. Das ändert sich, wenn man eine Begriffshierarchie einführt: Wir verwenden *Besteck* als Oberbegriff für die Items *Gabel, Löffel, Messer* und *Geschirr* als Oberbegriff für *Tasse, Teller, Becher*. Offensichtlich weisen Assoziationsregeln für *Besteck* und *Geschirr* nun einen höheren Support als Regeln mit den ursprünglichen Produkten auf. Man entfernt die Unterbegriffe wie *Gabel, Löffel, Messer* aus der Datenbank und ersetzt diese durch ein Attribut *Besteck*.

Es gibt einige Algorithmen, die die Taxonomien gleich beim Generieren der Frequent Itemsets benutzen, siehe [SA95].

7.3.2 Quantitative Assoziationsregeln

Häufig hat man nicht nur ordinale oder nominale Attribute in den Beispieldaten, sondern auch metrische Werte, beispielsweise die Anzahl der Kinder. Eine mögliche Assoziationsregel könnte lauten:

Wer mehr als drei Kinder hat, hat ein großes Auto.

Für solche Attribute wie die Kinderanzahl sind unsere beiden Algorithmen auf den ersten Blick nicht geeignet. Die obigen Algorithmen arbeiten auf *booleschen* Attributen. Sie zählen, wie oft welche Attribute in Kombination mit anderen Attributen wahr sind.

Die obigen Algorithmen lassen sich durchaus auch auf derartige Daten anwenden. Falls die Anzahl der Werte, die das numerische Attribut annimmt, gering ist, kann das numerische Attribut in ein ordinales umgewandelt werden. Jeder Wert wird dabei als ordinale Ausprägung des Attributs aufgefasst. Dies funktioniert natürlich nicht mehr, wenn wir viele Ausprägungen haben.

Gibt es viele Ausprägungen, so stößt man auf zwei Probleme. Zum einen können die Regeln unsinnig sein, denn meistens ist die Unterscheidung zwischen einer 21-jährigen und einer 22-jährigen Person nicht sinnvoll. Zum anderen kann es passieren, dass der geforderte Support nicht erreicht wird, da es zu den einzelnen Ausprägungen des Attributs zu wenig Datensätze gibt.

In [SA96] wird auf die Behandlung numerischer Attribute eingegangen. Die Idee ist, auf intelligente Art Intervalle zu bilden. Und zwar erfolgt das Zusammenfassen von Intervallen immer unter der Berücksichtigung des geforderten Supports und der minimalen Konfidenz. Die Intervalle können dann als boolesche Attribute aufgefasst werden. Das Intervall *2 oder 3 Kinder* ist wahr (1), wenn die Person 2 oder 3 Kinder hat, sonst falsch(0). Ähnlich wie bei der hierarchischen Assoziationsanalyse fassen wir also Attributwerte zusammen, nur eben nicht durch Oberbegriffe, sondern durch Intervalle.

Beispiel 7.5 (Quantitative Assoziationsregeln). Seien diese Daten gegeben:

Alter	Kinder	Verheiratet	Autos
35	3	j	2
27	1	j	1
40	4	j	2
24	1	n	0
42	4	j	2
33	2	j	2
23	0	n	0

Das Attribut *Verheiratet* ist nominal, die anderen sind metrisch.

Die Attribute Kinder und Autos können auch als ordinal aufgefasst werden, da nur wenige Ausprägungen vorhanden sind. Fordert man einen Support von 20 %, so benötigen wir stets mindestens zwei Datensätze, die denselben Wert enthalten. Somit fallen die Kinderzahl 0 und 2 heraus, da diese nur je einmal vorkommen. Gleiches gilt für die Autoanzahl 1.

Natürlich bekommen wir auch mit diesem Ansatz Regeln, beispielsweise:

WENN Kinder = 4 DANN Autos = 2.

WENN Verheiratet = n DANN Autos = 0 (und umgekehrt).

Trotzdem ist dies unbefriedigend, denn wir haben keine Chance, auf eine Regel zu kommen, die für junge Leute die Anzahl der Kinder auf maximal 1 vorhersagt.

Bildet man nun für das Alter und für die Kinder geeignete Intervalle (bezüglich der Details sei auf [SA96] verwiesen)

- Alter<28, Alter28–39, Alter>39
- Kinder01, Kinder>1

und transformiert die Attribute in boolesche Attribute,

Alter <28	Alter 28–39	Alter >39	Kinder 01	Kinder >1	Verheiratet	Auto0	Auto1	Auto2
0	1	0	0	1	j	0	0	1
1	0	0	1	0	j	0	1	0
0	0	1	0	1	j	0	0	1
1	0	0	1	0	n	1	0	0
0	0	1	0	1	j	0	0	1
0	1	0	0	1	j	0	0	1
1	0	0	1	0	n	1	0	0

so erhält man weitere sinnvolle Regeln.
Beispielsweise wird jetzt die Regel gefunden:

WENN Alter<28 DANN Kinder01.

7.3.3 Erzeugung von temporalen Assoziationsregeln

Alle bisherigen Typen von Assoziationsregeln arbeiten mit Informationen, die zeitliche Abhängigkeiten nicht berücksichtigen. Es gibt aber Anwendungen, bei denen es gerade auf die zeitliche Reihenfolge ankommt, beispielsweise bei Prognosen wie der Wettervorhersage. Auch bei der Warenkorbanalyse kann es sinnvoll sein, zeitliche Abhängigkeiten zu betrachten. Es kann durchaus nützlich sein zu erfahren, dass ein oder zwei Tage nach einem hohen Umsatz eines Produkts A auch Produkt B verstärkt gekauft wird.

Das Vorgehen beim Generieren von Assoziationsregeln über zeitliche Abläufe (Sequenzen) in einem Warenkorb kann wie folgt aussehen:

Sortierphase
: Während der Sortierphase werden die Transaktionen den einzelnen Kunden zugeordnet und in die chronologische Reihenfolge gebracht. Dadurch entstehen die sogenannten Kundensequenzen. Bei der Erstellung der Sequenzen ist es möglich, Zeitrahmen zu beachten. Das heißt, dass bei sehr großen Zeitabständen die Transaktionen nicht als eine Sequenz gewertet werden, sondern mehrere Sequenzen gebildet werden. Bei sehr kleinen Zeitabständen werden Transaktionen zusammengefasst. Wenn zum Beispiel ein Kunde innerhalb von 10 Minuten zweimal einkauft, sollten die 2 Transaktionen als eine einzige gewertet, da der Kunde wahrscheinlich nur etwas vergessen hat und nochmal zurückkehrte.

Generierungsphase
: Hier werden die häufigen Item-Mengen gesucht. Der Support bestimmt sich durch den Anteil der Kunden, die das Item in irgendeiner ihrer Transaktionen enthalten. Der Support wird nur einmal pro Kunde gezählt.

Transformationsphase
: Die Sequenzen werden durch die in ihnen enthaltenen häufigen Item-Mengen ersetzt.

Sequenzphase
: Mit Hilfe der häufigen Item-Mengen werden die gewünschten Sequenzen ermittelt. Der Ablauf ist wie beim A-Priori-Algorithmus.

Maximalphase
: Aus der Menge der generierten Item-Mengen werden die maximalen Sequenzen ermittelt.

Aufgabe 7.6 (Cross selling). Folgende Einkäufe sind gegeben:

Einkauf-ID	gekaufte Artikel
t_1	Brot, Streichhölzer, Zigaretten, Bier
t_2	Streichhölzer, Zigaretten, Wein
t_3	Brot, Streichhölzer, Wasser
t_4	Zigaretten, Bier, Streichhölzer
t_5	Brot, Streichhölzer, Zigaretten, Bier, Wein
t_6	Wasser

Ergänzen Sie zunächst für die gegebenen Assoziationsregeln folgende Tabelle:

Regel	Support	Konfidenz
Streichhölzer → Zigaretten		
Zigaretten → Streichhölzer		
Zigaretten → Bier		
Bier → Zigaretten		

Finden Sie alle Frequent Itemsets mit einem minimalen Support von 0,4.

Aufgabe 7.7 (Umfrage). Auf den Buch-Seiten www.wi.hs-wismar.de/dm-buch finden Sie die Resultate einer Umfrage. Dort sind sowohl der Fragebogen als auch die erhobenen Daten im csv-Format hinterlegt. Suchen Sie in diesen Umfragedaten nach Assoziationsregeln.

8 Datenvorbereitung

Experience is something you don't get until just after you need it.
Olivier's Law

Bisher haben wir uns um die in der Praxis wohl schwierigste Aufgabe gedrückt: die Datenvorbereitung. Wir betrachten den KDD-Prozess, wie er in Abschnitt 1.2 eingeführt wurde, und fassen die ersten drei Teilprozesse, siehe Abbildung 8.1, zur *Datenvorbereitung* zusammen:

1. Datenselektion
2. Datenvorverarbeitung
3. Datentransformation

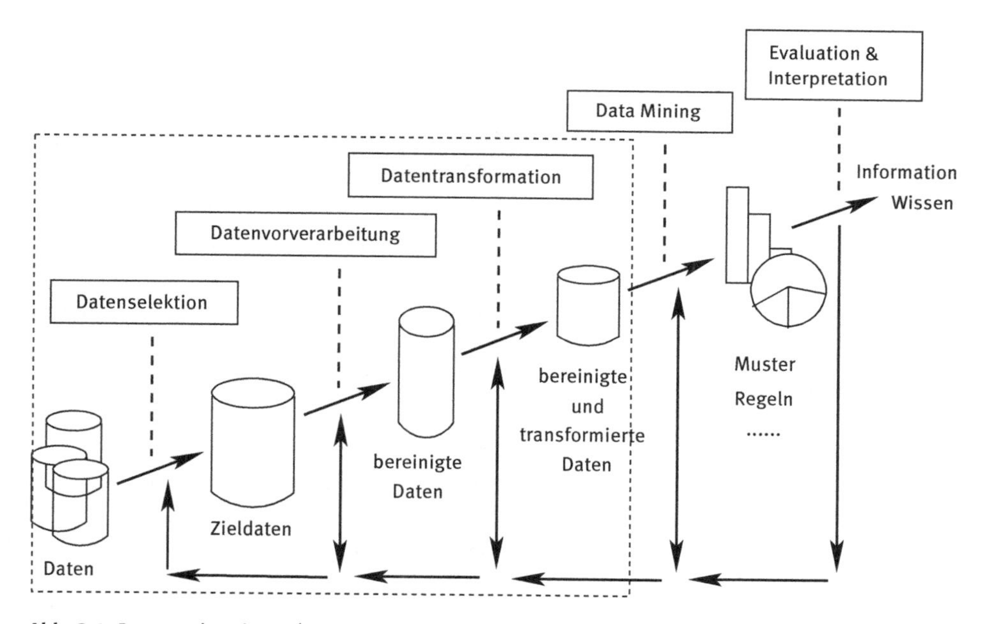

Abb. 8.1: Datenvorbereitung (eigene Darstellung nach [FPSS96])

8.1 Motivation

Nicht alle Daten können direkt aus der Datenbank in ein Data-Mining-Verfahren übertragen werden. Sie müssen vielfach erst aufbereitet werden. Dazu ist es nötig, sich mit den konkreten Daten auseinanderzusetzen. Der erste Schritt ist das Sammeln aller

https://doi.org/10.1515/9783110676273-008

verfügbaren Daten. Oft liegen die Daten nicht in *einer* Datentabelle vor, sondern müssen aus unterschiedlichen Datenbanken oder anderen Quellen zusammengetragen werden.

Ein weiteres Problem ist die Datenqualität. Selten liegen die Daten in der gewünschten oder geforderten Qualität vor. Wie lässt sich die Datenqualität prüfen und verbessern? Kriterien für die Datenqualität sind:

Verständlichkeit: Sind die Daten verständlich, können wir sie interpretieren?
Nützlichkeit: Sind die Daten für das angestrebte Ziel wertvoll?
Gültigkeit: Handelt es sich um valide Daten? Sind die Quellen überprüfbar?
Glaubwürdigkeit: Passen die Daten zu unseren Erfahrungen?
Exaktheit: Sind die Daten präzise? Sind sie widerspruchsfrei und vollständig?
Aktualität: Sind die Daten aktuell?
Volatilität: Die vorliegenden Daten sollten über eine gewisse Periode repräsentativ sein. Es ist nicht sinnvoll, Daten zu nutzen, die extremen zeitlichen Schwankungen unterliegen.

Diese Kriterien bewegen sich zum größten Teil auf der Ebene des *Business understanding* (siehe Abbildung 1.2 auf Seite 5). Wenn wir uns der eigentlichen Datenanalyse nähern, dann bewegen wir uns auf der Ebene des *Data understanding*. Es stellen sich bezüglich der Datenqualität folgende Aufgaben beziehungsweise Fragen:

– Alle Werte sind zu betrachten und zu prüfen. Sind sie sinnvoll, was bedeuten sie?
– Decken unsere Daten die zu analysierende Welt repräsentativ ab? Es ist schwer oder eventuell sogar unmöglich, Analysen durchzuführen, wenn signifikante Attribute in der gegebenen Beispielmenge nicht ihr gesamtes Wertespektrum aufweisen. Wenn nur Daten über Frauen vorliegen, wird man nicht generelle Aussagen über alle Menschen treffen können.
– Sind die Daten fehlerhaft?
– Fehlen bei den Attributen Werte? Falls ja, steckt in diesen fehlenden Werten eventuell eine Information?
– Sind die Daten plausibel, sind sie widersprüchlich?

Wir werden in diesem Kapitel einige dieser Fragen beleuchten und Lösungsmöglichkeiten aufzeigen. Insbesondere wird das Problem fehlerbehafteter Daten diskutiert.

Probleme bei der Datenanalyse werden durch *Ausreißer* verursacht: Ausreißer sind Daten, die von den anderen Daten erheblich abweichen oder außerhalb des üblichen Wertebereichs liegen. Es ist daher sinnvoll, metrische Attribute auf ihren Wertebereich hin genauer zu untersuchen. Liegen Daten über 30- bis 50-Jährige vor, so ist ein Datensatz über einen 90-Jährigen ein Problemfall: Zum einen kann es sich um einen Ausreißer handeln, andererseits könnte die 90 auch ein falscher Wert sein. Ob solche Ausreißer für das Data Mining ausgeblendet oder adaptiert werden oder besser doch im Originalzustand zu verwenden sind, hängt vom konkreten Kontext ab.

Ein weiterer Problembereich in der Datenvorbereitung ist der Komplex der *fehlenden, ungenauen, falschen* und *widersprüchlichen* Werte. Verschiedene Faktoren können dazu führen, dass ein Datensatz fehlende, ungenaue oder gar falsche Attributwerte enthält. Die Ursachen können beispielsweise in einer Befragung selbst begründet sein. So ist es denkbar, dass befragte Personen die Beantwortung einzelner Fragen aus persönlichen Gründen verweigern oder gar falsche Angaben machen. Ein weiterer Grund für fehlende Attribute kann die Tatsache sein, dass die Struktur der Datenbank verändert wurde und bereits erfasste Datensätze nicht überarbeitet wurden. Und natürlich muss auch immer mit der Möglichkeit von Flüchtigkeitsfehlern – beispielsweise bei einer manuellen Erfassung der Werte – gerechnet werden.

Wie geht man nun mit solchen Daten um? Beim Umgang mit fehlenden Daten stellt sich die Frage nach der Bedeutung des Fehlens. Ist die Tatsache des Fehlens selbst eine Information, die sich auf das Ergebnis des Data Minings auswirkt? Hat die Ursache des Fehlens vielleicht einen Einfluss auf das Ergebnis? In vielen Fällen hilft es, fehlende Werte durch spezielle Ausprägungen zu ersetzen, die nicht auftreten können (beispielsweise negative Zahlen bei Stückzahlen).

Einige typische Fehler sind in Tabelle 8.1 dargestellt (vgl. Abschnitt 8.3).

Tab. 8.1: Typische Datenfehler

Pers. nr.	Name	Geschlecht	Geb.tag	Alter	PLZ	Straße	Nr.
11	Schulze, Erwin	m	12.06.77	48	23966	Wagnerstr.	0
23	Erwin Schulze	m	00.00.00	null	23966	Wagnerstr.	4
11	Müller, Inge	w	16.12.86	29	06119	Mozartstr.	7
42	Lehmann, Anna	fem	30.2.78	37	66125	Bachstr.	31

- Die Personalnummer 11 wurde zweimal vergeben.
- Die Daten 11 (Zeile 1) und 23 sind wohl identisch, wie man am Nachnamen und der fast identischen Adresse erkennt.
- In Zeile 1 widersprechen sich der Geburtstag und das Alter.
- Es fehlen 3 Werte: *null*, *0* sowie das Geburtsdatum von Personalnummer 23.
- Die Postleitzahl *06119* gibt es (unseres Wissens) nicht.
- Der Eintrag *fem* ist kein zulässiger Wert.
- Bei Frau Lehmann kann das Geburtsdatum nicht stimmen.

Dies sind typische Probleme, mit denen ein Data-Mining-Projekt zu kämpfen hat, bevor die eigentliche Analyse beginnen kann.

Auch andere Probleme können auftreten. So kann eine *Dimensionsreduktion* erforderlich sein. Der Grund hierfür kann zum einen in einer begrenzten Rechenkapazität liegen. Meistens liegen in einer Datenbank zu einem Datensatz viele Attribute vor. Dies führt beim Data Mining zu teilweise hochdimensionalen Problemstellungen. Eine hohe Dimensionalität bedeutet auch immer einen hohen Rechenaufwand und somit erhöhte Programmlaufzeiten. Diese sind aber für viele Anwendungsfälle inakzeptabel.

Zum anderen ist die visuelle Wahrnehmungsfähigkeit des Menschen beschränkt. Eine 3-dimensionale Visualisierung oder gar eine 4-dimensionale Raum-Zeit-Visualisierung stellt uns vor große Herausforderungen. Da Visualisierung nicht nur im Nachgang der Datenanalyse zur Veranschaulichung der Resultate, sondern auch *vor* der Datenanalyse genutzt wird, ist eine Dimensionsreduktion bereits hier sinnvoll.

Die Reduktion einer zu hohen Dimensionalität kann auf zweierlei Weise erfolgen:

1. Zum einen können einzelne Attribute einfach ausgeblendet werden.
2. Zum anderen können abhängige Komponenten ermittelt und zusammengefasst werden.

Ein weiteres Problem in der Datenvorbereitung kann dadurch entstehen, dass Daten in Formaten vorliegen, die für das jeweilige Data-Mining-Verfahren unpassend sind. Beispielsweise können bestimmte Angaben in Millimeter, andere in Kilometer vorliegen. Hier ist eine Datentransformation erforderlich. Ebenso kann eine Skalierung der Daten nötig sein.

Die Datenvorbereitung spielt beim Data Mining eine entscheidende Rolle, da die Qualität der Daten nicht nur für das Laufzeitverhalten des Data-Mining-Prozesses, sondern auch für die Qualität der Resultate entscheidend ist. Data Mining ist ein typisch iterativer Prozess: Man experimentiert, berechnet ein Resultat und prüft dieses. Sehr selten ist gleich der erste Durchlauf erfolgreich.

Nach unserer eigenen Erfahrung liegt der Aufwand für die Bearbeitung einer Data-Mining-Aufgabe in diesem iterativen Prozess mit etwa 80 % bei der Datenvorbereitung.

Die Datenvorbereitung ist aus einem ganz einfachen Grund für die Qualität der Resultate essentiell: Liegen schlechte (beziehungsweise schlecht vorbereitete) Daten vor, so kann man nicht erwarten, dass die Verfahren dies ausbügeln und gute Resultate liefern. Ein altes Prinzip gilt auch hier: GIGO – garbage in, garbage out.

Die Datenvorbereitung, insbesondere die Datenvorverarbeitung befasst sich mit der Qualität der Daten. Ziel der Datenvorbereitung ist es, die Qualität der Daten zu verbessern, um die Chancen auf eine erfolgreiche Datenanalyse zu erhöhen.

In den folgenden Abschnitten betrachten wir die angesprochenen typischen Probleme der Datenvorbereitung genauer und stellen Vorgehensweisen zu Lösung dieser Probleme vor. Wir werden dabei nur einige Techniken ansprechen, können aber keine Patentrezepte präsentieren. Jedes Data-Mining-Projekt ist anders. Gerade die Phase des *Data understanding* (vgl. CRISP-DM-Modell, Abbildung 1.2 auf Seite 5) ist von großer

Bedeutung, denn eine sinnvolle Datenvorbereitung setzt voraus, dass man die Daten „verstanden" hat. Die einzelnen Anforderungen an die Datenvorbereitung ändern sich von Projekt zu Projekt.

Bevor mit der Datenvorbereitung begonnen wird, sollten einfache statistische Tests durchgeführt werden, um einen ersten Eindruck von den Daten zu bekommen: Für alle Merkmale ist die *Zahl der fehlenden Werte* interessant. Bei numerischen Attributen geben die Werte zu *Durchschnitt*, *Median*, *Standardabweichung*, *Maximum* und *Minimum* einen guten Einblick in die Daten. Bei nominalen und ordinalen Daten helfen uns die Angaben über die *möglichen Werte* und deren *Häufigkeit* beim Verstehen der Daten. In KNIME sollte die erste Aktion nach dem Einlesen der Daten die Anbindung des *Statistics*-Knoten sein.

8.2 Arten der Datenvorbereitung

Bevor wir auf die einzelnen Probleme und mögliche Lösungstechniken eingehen, betrachten wir zunächst die Phasen der Datenvorbereitung. Wir unterscheiden:

Datenselektion und -integration
In diesem Schritt werden geeignete beziehungsweise erforderliche Daten ausgewählt und zusammengefügt. Die Daten aus unterschiedlichen Quellen werden zu *einer* Datenbanktabelle vereinigt.

Datensäuberung
Die Daten werden bereinigt.

Datenreduktion
Die Daten werden reduziert, beispielsweise bezüglich der Dimension.

Datentransformation
Zum Schluss werden die Daten umgewandelt, um so adäquate Darstellungsformen in Abhängigkeit vom jeweiligen Verfahren für die Daten zu bekommen.

Die Datensäuberung und -reduktion gehören gemäß dem KDD-Ablauf (Abbildung 1.1 auf Seite 3) zum 2. Schritt (Datenvorverarbeitung). Da beide aber vom Charakter her unterschiedlich sind, behandeln wir sie in diesem Kapitel separat. Datensäuberung und die Datenreduktion sind meistens *verfahrensunabhängig*, die sich anschließende Datentransformation jedoch vom anzuwendenden Verfahren *abhängig*. Die Datentransformation umfasst *verfahrensabhängige* Schritte der Datenvorbereitung wie beispielsweise das Umwandeln von metrischen Daten in ordinale Daten, falls wir den ID3-Algorithmus anwenden wollen.

8.2.1 Datenselektion und -integration

Bevor überhaupt mit einem Data-Mining-Projekt begonnen werden kann, sind Daten bereitzustellen beziehungsweise auszuwählen: *Datenselektion*. Die ausgewählten Daten stammen häufig aus unterschiedlichen Tabellen oder sogar unterschiedlichen Datenbanken und sind zu *einer* Datentabelle zusammenzuführen: *Datenintegration*. Dabei kann es einige Schwierigkeiten geben:

- Selbst in *einer* Firma kann jede Filiale ihre eigene Datenbank betreiben.
- Datenbanken können unterschiedliche Strukturen besitzen.
- Es sind verschiedene Bedeutungen (Semantik) oder Syntax der Attribute möglich.

Aufgabe der Datenintegration ist es, Daten mehrerer Datensätze aus unterschiedlichen Quellen zusammenzuführen. Das Ergebnis ist idealerweise eine konsistente Tabelle mit *schlüssigen Datensätzen*. Folgende Probleme können bei der Selektion und Integration auftreten:

Entitätenidentifikationsproblem Welche Merkmale besitzen dieselbe Semantik? Sind beispielsweise zwei Attribute `Kunden_ID` und `Kundennummer` vorhanden, so stellt sich die Frage, ob beide Attribute dasselbe bedeuten. Möglicherweise geben die sogenannten Metadaten – Daten, die die Daten beschreiben – Auskunft.

Redundanzen Redundanzen können durch Inkonsistenzen in der Nomenklatur von Attributen oder Dimensionen entstehen: Die beiden Attribute `Name` und `name` sind syntaktisch unterschiedlich, besitzen aber wohl dieselbe Semantik.

Widersprüche Beim Zusammenfügen verschiedener Datenquellen können Widersprüche in den Daten auftreten. So kann es mehrere Adressen für ein und dieselbe Person geben.

Datenwertkonflikte Möglicherweise enthalten die Datensätzen eines Attributs unterschiedliche Maßeinheiten wie Entfernungen in Meilen sowie in Kilometern.

Verletzen der referenziellen Integrität Ein typischer Fehler ist das Verletzen der referenziellen Integrität. Dies kann durch einen fehlerhaften Verweis eines Fremdschlüssels auf einen nicht existierenden Schlüsselwert in einer anderen Tabelle auftreten.

Beispiel 8.1 (Verletzen der referenziellen Integrität). Seien diese Daten gegeben:

Kundendaten

KdNr	Name	Ort
1	Meier	Wismar
2	Schulze	Schwerin
3	Lehmann	Rostock

Bestellungen

Bestell-Nr.	KdNr
1	2
3	1
2	1
4	4

In der Bestellungen-Tabelle wird auf den Kunden 4 verwiesen, den es nicht gibt.

Die genannten Schwierigkeiten entstehen durch die Zusammenführung der Daten aus *mehreren, unterschiedlichen* Quellen. In den weiteren Abschnitten gehen wir nun davon aus, dass alle Daten in *einer* Datentabelle vorliegen.

8.2.2 Datensäuberung

Daten in der realen Welt sind mitunter unvollständig, mit Fehlern oder Ausreißern behaftet oder sogar inkonsistent. Dies kann und muss in den Vorbereitungsschritten beseitigt werden. Die adäquate Behandlung dieser Probleme ist – wie oben schon dargestellt – von großer Bedeutung, da unvollständige Daten zu Fehlern im Data-Mining-Prozess führen können, aus denen dann unzuverlässige oder sogar falsche Resultate entstehen.

Beim Bereinigen der Daten ist darauf zu achten, dass möglichst keine neue Information hinzugefügt wird. Eingefügte Werte oder Daten sollten *informationsneutral* sein, um die vorhandenen Informationen, die aus der realen Welt stammen, nicht zu verzerren oder zu verfälschen. Dies kann nicht immer garantiert werden, dieses Ziel gilt es aber im Blick zu behalten.

Wir werden uns mit diesen Problemen befassen:

- Fehlende Daten
- Verrauschte Daten
- Falsche Daten
- Inkonsistente Daten

Fehlende Daten

Bei fehlenden Werten ist zunächst zu klären, ob es ein Fehler im eigentlichen Sinn ist, oder ob sich aus dem Fehlen eines oder mehrerer Werte eine Information ableiten lässt. Füllt jemand bei einem Kreditantrag bestimmte Felder nicht aus, so kann dies bewusst – man möchte eine Information ungern preisgeben – oder unbewusst geschehen. Wir konzentrieren uns hier auf das Beseitigen echter Fehler.

Auf fehlende Daten kann wie folgt reagiert werden:

- *Attribut ignorieren*
  Das Attribut wird komplett entfernt, also eine ganze Spalte aus der Daten-Tabelle gelöscht.
  Vorsicht: Löscht man die gesamte Spalte, gehen eventuell Informationen verloren. Leere Felder können eine Information enthalten.
  Ein Attribut darf nur dann gelöscht werden, wenn noch genügend andere (*vollständige*) Attribute vorhanden sind.

- *Fehlende Werte manuell einfügen*
  Das manuelle Einfügen ist gerade bei großen Datenmengen sehr zeitintensiv und damit unrealistisch. Beispielsweise fehlen in den Datensätzen des Data Mining Cups 2001 [DMC] für etwa 500 beziehungsweise 1000 Kunden in den Lern- beziehungsweise Testdaten die Werte für `Kunde_seit`. Hier kann man nicht per Hand Werte nachtragen, sondern muss automatisiert Werte hinzufügen.
- *Globale Konstante*
  Fehlende Werte werden durch eine globale Konstante – wie beispielsweise `unbekannt` oder `minus unendlich` – ersetzt.
  Diese Methode ist sinnvoll, wenn ein leeres Feld als Information angesehen wird oder viele Werte fehlen.
- *Durchschnittswert*
  Bei metrischen Attributen bietet sich die Möglichkeit, den Durchschnittswert oder auch den *Median* aller Einträge zu verwenden.
  Bei Klassifikationsaufgaben kann dieses Vorgehen verfeinert werden, indem man für die Durchschnittswertberechnung nur die Datensätze derselben Klasse nutzt. Dies ist eine einfache Möglichkeit der Datensäuberung. Sie bietet sich an, falls die (numerischen) Werte der Klasse dicht beieinander liegen und man davon ausgeht, dass die fehlenden Werte auch in diesem Bereich liegen. Das Ergänzen von Durchschnittswerten lässt sich schnell umsetzen.
  Stehen keine Klassen zur Verfügung, kann der Durchschnittswert der Datensätze genommen werden, die dem aktuellen Datensatz ähnlich sind. Dieses Vorgehen folgt der Idee des k-Nearest Neighbours.
- *Wahrscheinlichster Wert*
  Eine weitere Möglichkeit ist das Ersetzen der fehlenden Werte durch den wahrscheinlichsten Wert dieses Attributs, den man beispielsweise mit statistischen Methoden ermitteln kann.
  Hierfür sollte man sich entscheiden, wenn bei einem Fall oder einigen wenigen Fällen kein Wert vorhanden ist und man genügend Anhaltspunkte für einen sinnvollen oder begründeten Wert hat.
- *Häufigster Wert*
  Handelt es sich um ein nichtnumerisches Attribut, so kann der häufigste Wert eingetzt werden.
- *Relation zwischen Attributen*
  Existiert eine Relation zwischen dem Attribut mit fehlenden Werten und einem anderen Attribut, so lässt sich dies ausnutzen: Fehlt das Alter einer Person, so kann es aus dem Attribut *Geburtsjahr* berechnet werden.
  Findet eine Regressionsanalyse einen Zusammenhang zwischen numerischen Attributen, so werden mit der Regressionsfunktion fehlende Werte berechnet.
  Auch mittels Techniken der Assoziationsanalyse lassen sich Zusammenhänge zwischen Attributen herstellen und fehlende Attributwerte vorhersagen.
  Eine weitere Option ist das Anwenden von Klassifikationsverfahren, um den feh-

lenden Wert vorherzusagen: Das Attribut mit den fehlenden Werten wird temporär zum Zielattribut. Nun wenden wir beispielsweise das kNN-Verfahren an, um die fehlenden Werte vorherzusagen.

– *Datensatz als fehlerhaft kennzeichnen*
  Als Notlösung bleibt uns immer noch, die entsprechenden Datensätze von der Weiterverarbeitung auszuschließen.
  Dies ist sinnvoll, wenn ausreichend vollständige Daten vorhanden sind.
  Allerdings ist dies nur für die Trainingsdaten eine Lösung, in der Anwendung muss dann doch auf fehlende Werte reagiert werden.

KNIME bietet vielfältige Möglichkeiten, mit fehlenden Werten umzugehen. Für Integer-Werte sind diese im Screenshot in Abbildung 8.2 dargestellt.

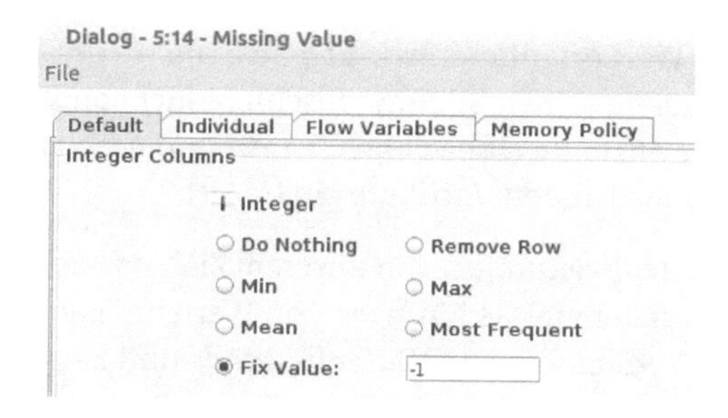

Abb. 8.2: KNIME – Missing Values

Für reelle Zahlen gibt es ebenso mehrere Optionen. Fehlende Zeichenketten können durch den häufigsten oder einen festen Wert ersetzt werden; oder der Datensatz wird vollständig gelöscht. KNIME bietet auch die Möglichkeit, individuell für jedes Attribut festzulegen, wie mit fehlenden Werten umgegangen werden soll (Abbildung 8.3).

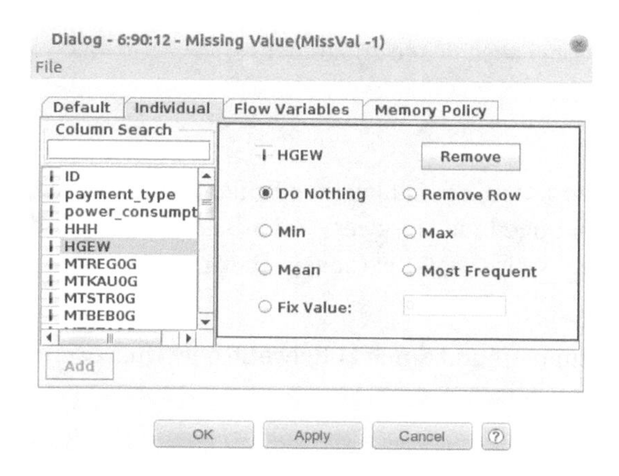

Abb. 8.3: KNIME – Missing Values – individual

Die Techniken zur Ersetzung von fehlenden Werten können in drei Kategorien unterteilt werden:

MCAR – Missing completely at random Der eingesetzte Wert muss ohne Einschränkung zufällig generiert sein. Er darf nicht von anderen Attributen abhängen. Und er darf auch nicht von den anderen Werten des aktuellen Attributs abhängen.

MAR – Missing at random Hier darf man durchaus die anderen Attribute in die Generierung eines geeigneten Werts für das aktuelle Attribut einbeziehen. Die Werte des aktuellen Attributs dürfen aber nicht einbezogen werden.

MNAR – Missing not at random Hier kann das Fehlen der Werte durchaus Attributspezifisch sein.

Gibt jemand sein Gehalt nicht an, dann ist das häufig durch das Attribut selbst verursacht. Der Befragte möchte einfach nicht, dass sein Einkommen bekannt wird. Beim Einsetzen eines Werts für den fehlenden Wert orientieren wir uns also am Attribut *Gehalt* direkt. Dies gehört zu MNAR. Hat jemand seinen Bildungsabschluss nicht angegeben, dann können wir die Werte anderer Attribute einbeziehen. Ist jemand Anwalt, dann hat sie/er studiert. Hier beziehen wir also andere Attribute ein (MAR).

Mit diesen Techniken verabschieden wir uns notgedrungen von unserem Ziel, unseren Datenbestand *informationsneutral* zu modifizieren. Das Einfügen von Werten – nach welcher Methode auch immer – führt zur *Veränderung des Datenbestands* und kann die Qualität der Daten beeinflussen. Ebenso kann die *Semantik der Daten* verfälscht werden. Das Ignorieren oder Weglassen von Attributen oder Datensätzen verfälscht die Daten bezüglich der Wahrscheinlichkeitsverteilung der Attributwerte.

Wir verletzen also unser Ziel, dass jegliche Veränderung unseres Datenbestands informationsneutral sein sollte. Wir haben aber bei fehlenden Daten keine andere Chance.

Alle Veränderungen sind ausführlich und nachvollziehbar zu dokumentieren, nicht zuletzt um deren Einfluss auf das Ergebnis abschätzen zu können.

Verrauschte Daten und Ausreißer

Unter verrauschten Daten verstehen wir Daten, die mit leichten Fehlern behaftet sind. Solche Fehler entstehen häufig durch ungenaue Messwerte oder Schätzungen. Die Daten können auf verschiedene Art und Weise geglättet (angeglichen) werden:

– *Klasseneinteilung (binning)*
  Die verrauschten Daten werden gruppiert und durch Mittelwerte oder Grenzwerte ersetzt.

KNIME bietet zum Binning einige Methoden an. Der folgende Workflow führt ein Binning für die Iris-Daten (vgl. Anhang A.1 und Beispiel 6.1 auf Seite 158) durch.

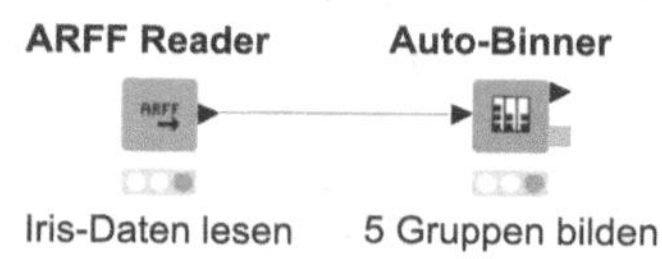

Das Binning kann zum einen KNIME komplett unter Angabe der gewünschten Anzahl der Bins überlassen werden, siehe Tabelle 8.2.

Tab. 8.2: Binning

sepal length	sepal width	petal length	petal width	class	sepal length Binned	sepal width Binned	petal length Binned	petal width Binned
5,1	3,5	1,4	0,2	Iris-setosa	Bin 2	Bin 4	Bin 1	Bin 1
4,9	3	1,4	0,2	Iris-setosa	Bin 1	Bin 3	Bin 1	Bin 1
4,7	3,2	1,3	0,2	Iris-setosa	Bin 1	Bin 3	Bin 1	Bin 1
4,6	3,1	1,5	0,2	Iris-setosa	Bin 1	Bin 3	Bin 1	Bin 1
5	3,6	1,4	0,2	Iris-setosa	Bin 1	Bin 4	Bin 1	Bin 1
5,4	3,9	1,7	0,4	Iris-setosa	Bin 2	Bin 4	Bin 1	Bin 1
4,6	3,4	1,4	0,3	Iris-setosa	Bin 1	Bin 3	Bin 1	Bin 1
5	3,4	1,5	0,2	Iris-setosa	Bin 1	Bin 3	Bin 1	Bin 1
4,4	2,9	1,4	0,2	Iris-setosa	Bin 1	Bin 2	Bin 1	Bin 1
...								

Andererseits können die Intervalle aber auch manuell festgelegt werden. In KNIME geschieht dies mit dem *Numeric Binner*.

- *Regression*
  Die Daten werden durch eine mathematische Funktion beschrieben. Dann ersetzt man die realen, verrauschten Datenwerte durch die berechneten Funktionswerte der mittels linearer Regression (siehe Seite 67) gefundenen Funktion.
- *Verbundbildung (clustering)*
  Ausreißer lassen sich durch Verbundbildung erkennen. Es werden Cluster von ähnlichen Werten gebildet, beispielsweise mit einem dichtebasierten Verfahren wie DBScan (Abschnitt 6.6). Die Ausreißer liegen dann außerhalb der Cluster.
- *Kombinierte Maschine/Mensch-Untersuchung*
  Der Computer erstellt eine Liste (anscheinend) befremdlicher Werte, danach filtert der Mensch die Ausreißer aufgrund von Erfahrungswerten heraus.

Offen ist die Frage, wie Ausreißer behandelt werden. Dafür bieten sich die gleichen Möglichkeiten wie beim Umgang mit fehlenden Werten an.

Inkonsistente und falsche Daten

Es gibt viele Fehlermöglichkeiten und Fehlerursachen. Auf einige Fehler und Fehlerquellen sind wir bereits im vorherigen Abschnitt zur Datenselektion und -integration eingegangen.

Fehler können auf struktureller Ebene – wie bei der Datenintegration dargestellt – auftreten. Fehler können aber auch durch menschliche Fehler wie Fehleinträge oder Schreibfehler entstehen. Auch kryptische Einträge – wie Abkürzungen – können Probleme verursachen.

Werte liegen mitunter auch außerhalb ihres Wertebereiches. Ebenso können Werte auftreten, die nicht plausibel sind.

Beispiel 8.2 (Fehlerhafte und unzulässige Werte).

- Verletzter Wertebereich: Wenn der Wertebereich auf einstellige natürliche Zahlen beschränkt ist, dann dürfen keine Zahlen $x < 0$ oder $x > 9$ auftreten.
- Verletzte Plausibilitätsbeziehungen: Ein sonst umsatzschwacher Kunde hat plötzlich einen sehr hohen Jahresumsatz.

Widersprüchliche Daten können beispielsweise dadurch entstehen, dass Attributwerte nicht zusammenpassen.

Beispiel 8.3 (Widersprüchliche Daten).

- Das Alter eines Kunden passt nicht zu seinem Geburtsjahr.
- Der Wohnort einer Person und die Postleitzahl widersprechen sich.

Auch das mehrfache Vorkommen von Datensätzen kann Probleme verursachen, da dieser Datensatz bei vielen Verfahren aufgrund des Mehrfachauftretens ein höheres Gewicht bekommt. Dies tritt beispielsweise beim Entscheidungsbaumlernen, beim Trainieren neuronaler Netze oder auch beim k-Nearest-Neighbour-Verfahren auf.

Wie können derartige Probleme gelöst werden? Meistens ist in diesen Situationen eine manuelle Korrektur erforderlich beziehungsweise ist ein speziell auf das jeweilige Problem zugeschnittenes Vorverarbeitungsprogramm zu entwickeln.

Im Allgemeinen gibt es bei solchen Fehlern – wir gehen davon aus, dass wir bereits nur *eine* Datentabelle haben – zwei Kategorien von Korrekturen.

- *Löschen*
  Wir können den Datensatz mit dem falschen Wert löschen. Ebenso können wir Attribute, in denen mehrfach falsche Werte vorkommen, entfernen.
- *Zuhilfenahme anderer Datensätze*
  Wir versuchen, auf der Basis der nicht fehlerbehafteten Datensätze einen plausiblen Wert zu finden.

Die erste Möglichkeit ist offensichtlich, hat aber – analog der Diskussion um fehlende Werte – den Nachteil, dass unser Datenbestand eventuell zu sehr schrumpft, so dass ein sinnvolles Data Mining unmöglich wird. Die zweite Möglichkeit – die Zuhilfenahme anderer Datensätze – ist ebenso nachvollziehbar. Beide Möglichkeiten folgen dem Vorgehen beim Umgang mit fehlenden Werten.

Problematisch wird es, wenn wir widersprüchliche Werte haben und nicht klären können, welcher Wert falsch, welcher richtig ist. Die Möglichkeit des Löschens besteht natürlich immer noch, betrifft dann aber sofort mindestens zwei Datensätze.

8.2.3 Datenreduktion

Bei vielen Data-Mining-Aufgaben sind die Datensätze sehr umfangreich. Dies kann dazu führen, dass Data Mining mit diesen Datenmengen sehr aufwändig beziehungsweise unmöglich ist. Durch Datenreduktion wird versucht, dieses Problem zu mindern. Dabei gibt es zwei Optionen. Zum einen kann man durch das Zusammenfassen von Attributen die Komplexität verringern. Zum anderen kann durch eine geeignete Stichprobe – eine repräsentative Teilmenge aller gegebenen Datensätze – die Problemgröße reduziert werden. Techniken für eine Datenreduktion sind:

1. Aggregation
2. Dimensionsreduktion
3. Datenkompression
4. Numerische Datenreduktion

Aggregation

Unter *Aggregation* – auch Verdichtung – wird das *Zusammenfassen* von Fakten zu *einem Fakt* oder das Generalisieren der Daten verstanden. So lassen sich beispielsweise Daten durch ihre Mittelwerte ersetzen oder Teilwerte zu einer Gesamtsumme zusammenfassen (siehe Seite 236). Liegen die Umsätze einer Firma pro Monat vor, so kann man diese Werte zum Jahresumsatz aufsummieren. Statt 12 einzelnen Datensätzen wird dann mit nur einem Datensatz weitergearbeitet.

Neben dieser zeilenweisen Aggregation, ist auch eine spaltenweise Aggregation möglich, die mehrere Attribute aggregiert. Sind *Tag, Monat, Jahr* als einzelne Attribute gegeben, so kann man diese 3 Attribute zu einem Attribut *Datum* zusammenfassen. Ebenso können beispielsweise die Umsätze der einzelnen Unterabteilungen zu einem Attribut – dem Gesamtumsatz – zusammengefasst werden. Damit reduziert sich nicht die Zahl der Datensätze, aber die Anzahl der Attribute: *Dimensionsreduktion.*

Dimensionsreduktion

Bei der Dimensionsreduktion werden irrelevante Daten – also Attribute – vernachlässigt und relevante Daten (Attribute) einbezogen. Folgende Vorgehensweisen bieten sich an:

- Schrittweise *Vorwärtsauswahl*: Gute Attribute werden schrittweise in die Zielmenge eingegliedert. Die Attributmenge wächst sukzessive.
- Schrittweise *Rückwärtseliminierung*: Ausgehend von der Gesamtmenge werden uninteressante Attribute schrittweise eliminiert.

Beide Vorgehensweisen lassen sich kombinieren.

Im Rahmen der Dimensionsreduktion stellt sich die Frage, welche Attribute sofort weggelassen werden können, ohne eventuell signifikante Informationen zu verlieren. Zwei Situationen kommen hierfür in Betracht:

1. Die Ausprägungen eines Attributs sind in unserer Daten alle identisch. Haben wir beispielsweise nur Daten über Frauen, dann können wir das Attribut `Geschlecht` löschen. Es kann keinen Beitrag leisten. Dies ändert sich natürlich sofort, wenn Daten über Männer dazukommen.
2. Sind bei einem nominalen Attribut alle Werte unterschiedlich, dann können wir nicht erwarten, dass dieses Attribut bei der Generierung eines Entscheidungsbaums einen Beitrag liefert. Dies sieht natürlich anders aus, falls man k-Nearest Neighbour anwenden möchte. Dann kann es ja durchaus passieren, dass neue Daten mit exakt einem dieser Werte auftreten.

Auf metrische Daten können auch Techniken wie die Hauptachsentransformation oder die multidimensionale Skalierung (siehe Seite 237 und 238) angewendet werden, um die Dimension zu reduzieren.

Datenkompression

Die Daten werden entweder transformiert oder codiert, um eine Reduktion der Datenmenge und damit eine Reduktion der Komplexität des Data Mining zu erhalten. Hier steht die Verringerung der Anzahl der Attribute im Vordergrund. Beispielsweise fasst man Binärattribute zu einem Byte zusammen oder vereint die separaten Attribute für die Produkte *Löffel, Gabel, Messer*... zu einem Attribut *Besteck* (vgl. Aggregation, Seite 236).

Numerische Datenreduktion

Eine numerische Datenreduktion – die Auswahl einer repräsentativen Teilmenge der gegebenen Datensätze – kann auf der Basis von Stichproben realisiert werden.

Für das Data Mining wird nicht die gesamte Datenmenge herangezogen, sondern nur eine – natürlich viel kleinere – Stichprobe. Zu klären ist die Frage, wie diese Stichprobe gebildet wird.

- *Zufällige Stichprobe*
  Es werden rein zufällig Datensätze aus der Quelldatenmenge ausgewählt.
- *Repräsentative Stichprobe*
  Es werden zufällig Datensätze aus der Quelldatenmenge ausgewählt, allerdings so, dass die Stichprobe repräsentativ ist. Dazu wird die Auswahl unter Beachtung der Häufigkeitsverteilungen bestimmter Attribute getroffen. Ebenso ist anzustreben, dass jede Attributausprägung – bei nominalen und ordinalen Attributen – vorkommt. Bei Klassifikationsproblemen muss jede Klasse ausreichend vertreten sein.
- *Geschichtete Stichprobe*
  Wie bei der repräsentativen Stichprobe werden Datensätze zufällig ausgewählt. Es wird aber darauf geachtet, dass bedeutsame Attribute auch einen Wert im Datensatz besitzen.
- *Inkrementelle Stichproben*
  Eine erste Stichprobe wird nach der Datenanalyse Schritt für Schritt erweitert. Dies kann nach einem der obigen Verfahren geschehen.
- *Average Sampling*
  Die Quelldatenmenge wird in Teile gespalten und jeder Teil unabhängig von den anderen einer Analyse unterzogen. Die Ergebnisse werden im Anschluss daran gemittelt und so zu einem Gesamtergebnis vereint.
- *Selektive Stichprobe*
  Aus der Quelldatenmenge werden unergiebige Datensätze herausgefiltert. Anschließend wird eine Stichprobenziehung durchgeführt.
- *Windowing*
  Ähnlich wie bei der inkrementellen Stichprobe gehen wir hier von einer Basisstichprobe aus. Diese wird nach der Analyse aber nur um ergiebige Datensätze – beispielsweise Datensätze für Klassen, bei denen das Verfahren sich schlecht verhielt – erweitert. Sprich: Zu Beginn wird nur ein Teil der Trainingsdaten (Datenfenster) verwendet. Dann werden nur noch Trainings-Datensätze in die Trainingsmenge aufgenommen, bei denen sich das erlernte Verfahren – beispielsweise ein Entscheidungsbaum – falsch verhält.
- *Clustergestützte Stichprobe*
  Bei dieser Methode werden ähnliche Datensätze in Clustern zusammengefasst und ein Repräsentant (oder einige) gewählt, der im Anschluss für die Analyse herangezogen wird.

Alternativ kann man eine numerische Datenreduktion auch über lineare Regression erreichen. Dabei werden die Daten durch die Koeffizienten einer linearen Regressionsfunktion ersetzt.

KNIME unterstützt die Stichprobenwahl. Die einfachste Variante ist in Abbildung 8.4 dargestellt. Der *Partitioning*-Knoten bietet die Möglichkeit, den gesamten Datenbestand in einem bestimmten Prozentsatz aufzuteilen. Bei Klassifikationsaufgaben sollte man *Stratified Sampling* wählen, um in den Teilmengen dieselbe Häufigkeitsverteilung bezüglich des Zielattributs wie in der Gesamtmenge zu erhalten. Dies ist sinnvoll, da ein Verfahren zum Generieren eines Entscheidungsbaums natürlich ausreichend Beispiele für die möglichen Werte der vorherzusagenden Klasse benötigt, um sinnvolle Vorhersagen liefern zu können. Eine Vorhersage für gute und schlechte Kunden wird nicht gelingen, wenn in der Trainingsmenge nur schlechte Kunden vorhanden sind.

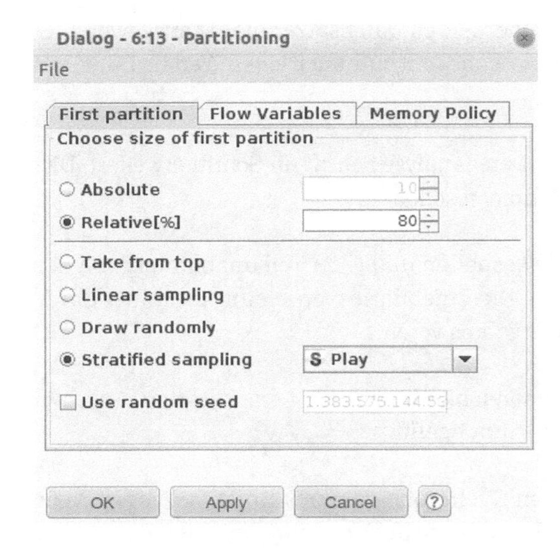

Abb. 8.4: Stichprobenwahl nach Prozenten

8.2.4 Ungleichverteilung des Zielattributs

Bei Klassifikationsaufgaben tritt oft das Problem auf, dass die Zielklassen nicht gleich häufig in der Datenmenge vertreten sind. KNIME bietet auch hierfür Unterstützung, in Form des Knotens *Equal Size Sampling*. Die Daten werden so weit reduziert, dass die Werte des Zielattributs gleich häufig vorkommen. Dieses Vorgehen wird als *Undersampling* bezeichnet.

Ein alternatives Vorgehen zur Herstellung der Ausgewogenheit der Werte des Zielattributs ist in Abbildung 8.5 dargestellt. Wir beziehen uns auf die im Kapitel 10 behandelte Aufgabe. In den gegebenen Beispielen sind nur 10 % der Kunden Kündiger, die anderen sind allesamt Nichtkündiger. Der Knoten *Equal Size Sampling* würde die 90 % Nichtkündiger auf ein Neuntel reduzieren. Alternativ können wir die Kündiger vervielfachen. Dazu trennen wir zunächst Kündiger von Nichtkündigern (Row Splitter), dann

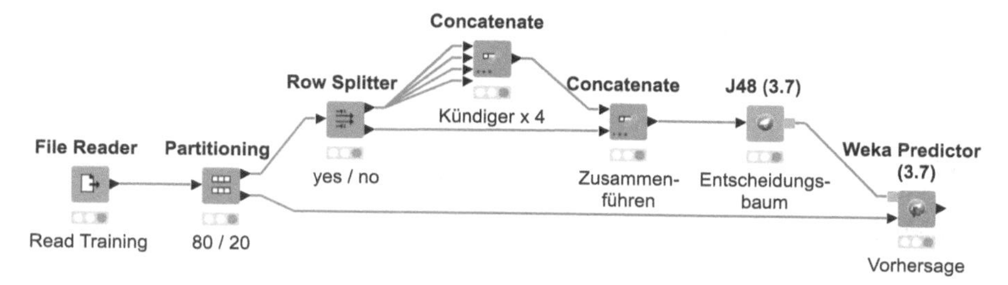

Abb. 8.5: KNIME – Vervielfachung von Daten

vervielfachen wir die Kündiger mit Hilfe des Knotens *Concatenate*, in der Abbildung 8.5 vervierfachen wir die Kündiger. Anschließend führen wir die Kündiger wieder mit den Nichtkündigern zusammen. Dies sollten wir aber nur auf der Trainingsmenge ausführen, damit wir die Resultate auf der Testmenge nicht verfälschen. Dieses Vorgehen fällt in die Kategorie des so genannten *Oversampling*.

Eine ähnliche Technik ist die *Synthetic Minority Oversampling Technique* (SMOTE), bei der neue künstliche Datensätze erzeugt werden, die den Daten der unterrepräsentierten Klasse ähneln.

Das Vervielfachen der Kündiger ist aber nicht unproblematisch, da wir in der Trainingsmenge die relativen Häufigkeiten verändern. Bei einem Verfahren wie Naive Bayes, welches ja direkt auf den relativen Häufigkeiten aufbaut, ist das Vervielfachen somit fragwürdig. Auch bei k-Nearest-Neighbour sollte das Vervielfachen mit Vorsicht eingesetzt werden. Verdreifachen wir beispielsweise die Kündiger, dann stellt sich bei kNN mit k=4 nur die Frage, ob unter den nächsten *zwei* Nachbarn ein Kündiger ist. Vervielfachen wir also Daten, dann müssen wir über ein geeignetes k nachdenken.

8.2.5 Datentransformation

Bisher haben wir Probleme der Datenvorbereitung diskutiert, die unabhängig vom jeweiligen Verfahren auftreten. In diesem Abschnitt nähern wir uns dem eigentlichen Data-Mining-Schritt, der Datenanalyse im engeren Sinne. Oftmals sind die Daten in ihrer ursprünglichen Form nicht zum Data Mining geeignet. Die Datentransformation hat die Aufgabe, die Daten in eine Form umzuwandeln, mit der das jeweilige Data-Mining-Verfahren arbeiten kann.

Es gibt eine Reihe von Transformationen, die bei der Datenvorbereitung hilfreich sind. Diese Transformationen sind zum Teil verfahrensunabhängig. Zum Teil dienen die Transformationen der Umwandlung der Daten in ein verfahrensadäquates Format. So kann der ID3-Algorithmus nicht mit metrischen Attributen umgehen.

Anpassung können erforderlich sein für:

1. *Datentypen,*
2. *Konvertierungen oder Codierungen,*
3. *Zeichenketten,*
4. *Datumsangaben,*
5. *Maßeinheiten und Skalierungen.*

Weitere Transformationen können sinnvoll sein:

1. *Kombination oder Separierung* von Attributen
2. Berechnung *abgeleiteter Werte*
3. *Datenaggregation*
4. *Datenglättung*

Diese Umformungen sind verfahrensunabhängig, sie dienen allein der Herstellung eines in sich konsistenten Datenbestandes.

Anpassung der Datentypen und Konvertierungen

Oft stellt sich die Frage, von welchem Datentyp ein Attribut ist. Ist eine 2 als einzelner Wert vom Datentyp `Character` oder `Integer`? Sollte eine Umwandlung stattfinden?

Werte können auf unterschiedliche Weise dargestellt werden: Die Werte für die Wochentage treten als Zeichenketten *Mo* ... *So* oder Zahlen *1* ... *7* auf.

Anpassung von Zeichenketten

Kann das Data-Mining-Programm mit *Umlauten, Groß- und Kleinschreibung sowie Leerzeichen* in den Datensätzen umgehen, oder müssen die Daten umgewandelt werden? Gegebenenfalls muss dies bereits bei der Datenintegration erfolgen.

Anpassung von Datumsangaben und Maßeinheiten

Datumsangaben sind oft *unterschiedlich codiert* (auf Grund von unterschiedlichen Formaten in verschiedenen Ländern, 12.03.2003; 12-03-03; 03-12-03) und erfordern daher eine Vereinheitlichung. Es können auch Daten aus unterschiedlichen *Zeitzonen* vorhanden sein, die auf jeden Fall angepasst werden müssen, da sonst das Ergebnis verfälscht wird.

Gleiches gilt für die Anpassung von Maßeinheiten, da diese oft nur *nationalen Standards* genügen, so beispielsweise Inch, Zentimeter, Yard oder Meter.

Die Anpassung von Zeit- oder Datumsangaben sowie die Einführung gleicher Maßeinheiten sollte nach Möglichkeit bereits bei der Datenintegration durchgeführt werden.

So weit einige Techniken, mit denen man die Werte umwandeln kann. Diese sind im Wesentlichen verfahrensunabhängig.

Häufig sind wir – durch das verwendete Verfahren – gezwungen, Daten in andere Datentypen zu überführen. So verlangt beispielsweise der ID3-Algorithmus (Abschnitt 5.2.3) Attribute, die ordinal beziehungsweise nominal sind, da der ID3 nicht mit metrischen Attributen umgehen kann. Gleiches gilt für den Naive-Bayes-Algorithmus. Für den k-Nearest-Neighbour-Algorithmus (Abschnitt 5.1) sind aber metrische Daten erforderlich. Es kann also notwendig sein, metrische in nominale Attribute (oder umgekehrt) umzuwandeln.

Umwandlung von nominalen und ordinalen Daten in metrische Daten

Zwei Beispiele illustrieren, wie eine solche Umwandlung vonstatten gehen kann.

Beispiel 8.4 (Codierungen – Körpergröße). Möchten wir das Attribut *Körpergröße* bei der Generierung eines Entscheidungsbaums mittels ID3 verwenden, müssen wir es in ein nominales Attribut überführen.

- *Variante 1:* Gibt es nur eine geringe Anzahl von Werten, so können wir den Zahlenwert in einen String umwandeln.
- *Variante 2:* Wir bilden Intervalle, beispielsweise [1,00 – 1,60], und geben diesen Namen: *klein*. Wir können dies manuell durchführen oder ein automatisches Verfahren – beispielsweise Cluster-Bildung – anwenden. Eine weitere Technik haben wir mit dem Binning schon kennengelernt.

Beispiel 8.5 (Codierungen – Leistungsklassen von Autos). Haben wir ein Attribut *Geschwindigkeit* mit ordinalen Ausprägungen (*sehr schnell, schnell, mittelschnell, langsam*) gegeben und wollen den k-Nearest-Neighbour-Algorithmus mit dem euklidischen Abstand anwenden, so müssen wir das Attribut zunächst in ein numerisches umwandeln. Wollen wir dies normiert tun – also Werte zwischen 0 und 1 haben – so bietet sich folgende Codierung an:

- *sehr schnell* → 1
- *schnell* → 0,66
- *mittelschnell* → 0,33
- *langsam* → 0

Die Umwandlung von *sehr schnell* in 1 und *langsam* in 0 ist offensichtlich, da wir ja eine Codierung im Intervall $[0,1]$ erreichen wollen. Allerdings könnten wir die beiden anderen Werte durchaus alternativ codieren:

- *sehr schnell* → 1
- *schnell* → 0,8
- *mittelschnell* → 0,5
- *langsam* → 0

Wichtig ist nur, dass die Ordnungsrelation

$$\textit{sehr schnell} > \textit{schnell} > \textit{mittelschnell} > \textit{langsam}$$

nicht verletzt wird. Beide Codierungen sind korrekt; sie erhalten die Ordnung der Werte. Allerdings können sie beim k-Nearest-Neighbour-Algorithmus zu unterschiedlichen Resultaten führen, da die Abstände zwischen den Geschwindigkeitswerten unterschiedlich sind. Bei der ersten Variante ist der Abstand zwischen *sehr schnell* und *mittelschnell* 0,67, bei der zweiten 0,5. Dies kann Auswirkungen auf das Resultat haben.

Binning wurde bereits als Technik angesprochen. Auch für die Umwandlung von numerischen Attributen in nominale Werte ist Binning sehr nützlich. An einem Beispiel werden die Konvertierungsmöglichkeiten mittels Binning erläutert:

Beispiel 8.6 (Binning). Wir haben folgende Messwerte gegeben: {20, 25, 27, 28, 29, 32, 37, 44, 56, 68, 70, 72} und wollen diese in 3 Gruppen (Bins) einsortieren. Dies kann man folgendermaßen umsetzen:

- *Gleichgroße Bins numerisch*
  - Bin 1: {20 , 25, 27, 28}
  - Bin 2: {29, 32, 37, 46}
  - Bin 3: {56, 68, 70, 70}
- *Gleichgroße Bins nominal*
  - *Bin1* für die Werte {20, 25, 27, 28}
  - *Bin2* für die Werte {29, 32, 37, 46}
  - *Bin3* für die Werte {56, 68, 70, 70}
- *Ersetzen durch Mittelwerte*
  - Bin 1: {25, 25, 25, 25}
  - Bin 2: {36, 36, 36, 36}
  - Bin 3: {66, 66, 66, 66}
- *Ersetzen durch Grenzwerte*
  - Bin 1: {20, 20, 28, 28}

- Bin 2: {29, 29, 46, 46}
- Bin 3: {56, 56, 70, 70}

Ergänzend sei vermerkt, dass es Binning-Verfahren gibt, die eine Intervallbildung derart vornehmen, dass die Ausprägungen des Zielattributs – falls es ein solches gibt – berücksichtigt werden.

Für die neuronalen Netze und auch die Assoziationsanalyse ist die *Binärcodierung* eine zentrale Codierungsform. Durch Binärcodierung wird aus Attributen mit einer bestimmten Anzahl Merkmalsausprägungen eine Menge binärer Attribute. Jeder Merkmalsausprägung wird ein neues, binäres Attribut zugeordnet, das den Wert 1 annimmt, wenn die Ausprägung in einem einzelnen Datensatz vorkommt und sonst den Wert 0 besitzt, vgl. Beispiel 4.7 auf Seite 81 oder Abschnitt 5.4.1 auf Seite 125. Dieses Verfahren kann beispielsweise das Attribut `Kaufverhalten` mit den Ausprägungen *Vielkäufer*, *Seltenkäufer* und *Nichtkäufer* so transformieren, dass das Attribut Kaufverhalten durch 3 Binärattribute `Vielkäufer`, `Seltenkäufer`, `Nichtkäufer` ersetzt wird. Auf diese Weise wird ein qualitatives Attribut in mehrere, binärcodierte Attribute überführt. Das Binärcodierungsverfahren bereitet nominale und ordinale Attribute für Algorithmen vor, die numerische Attribute erfordern.

Eine abgewandelte binäre Codierung basiert auf der unären Codierung, die einfach so viele Einsen enthält, wie die Zahl, die wir darstellen wollen. Betrachten wir hierzu wieder das Attribut *Kaufverhalten* und codieren die Werte gemäß ihrer Ordnung:

$$Vielkäufer/2 > Seltenkäufer/1 > Nichtkäufer/0$$

In der unären Darstellung wird die 2 durch zwei Einsen (1 1), die Eins durch eine 1 und die 0 durch keine Eins dargestellt. Wir füllen die nur aus Einsen bestehende Codierung mit Nullen auf und erhalten eine binäre Codierung, die die Ordnung aufrecht erhält und sogar noch eine Binärstelle weniger als die vorherige Codierung aufweist:

$$Vielkäufer/(1\ 1) > Seltenkäufer/(1\ 0) > Nichtkäufer/(0\ 0)$$

Bei der Anwendung der binären Codierungen ist zu beachten, dass die Performanz der Datenanalyse durch die steigende Attributanzahl beeinträchtigt werden kann.

Diskretisierung

Die Technik der Diskretisierung wird angewendet, um den Wertebereich von numerischen Attributausprägungen in endlich viele Teilmengen zusammenzufassen. Eine Reihe von Verfahren kann numerische Attribute nicht verarbeiten und setzt folglich eine Diskretisierung voraus. Die Diskretisierung kann beispielsweise bei der Verallgemeinerung des Alters sinnvoll sein, da auf diese Weise die Altersinformationen zu Altersgruppen {jung, mittel, alt} zusammengefasst werden und so eine Reduzierung der Attributausprägungen erreicht wird. Mit dem Binning (Seite 220) hatten wir bereits eine Diskretisierungstechnik kennengelernt. Die dort vorgestellten Binning-Varianten arbeiten *unüberwacht*. Die Intervallbildung erfolgt entweder

- per Hand durch eine manuelle Festlegung der Intervallgrenzen
  oder
- durch die Erzeugung gleichgroßer Intervalle.

Die letzte Variante kann derart modifiziert werden, dass in jedem Intervall eine gleichgroße Anzahl von Elementen vorkommt. Bei all diesen Varianten gibt man die Zahl der zu bildenden Intervalle vor.

Für Klassifikationsdaten, also Daten, bei denen eine Klasseneinteilung vorliegt, gibt es eine Reihe von *überwachten* Diskretisierungstechniken. Diese nutzen die Zusatzinformation, die sich aus der Klassenzugehörigkeit ergibt.

Wir betrachten ein Attribut A, welches diskretisiert werden soll. Man könnte beispielsweise die Intervallbildung des Attributs A mit dem kleinsten Wert, den A annimmt, beginnen. Wir merken uns die Klasse, zu der der Datensatz mit dem kleinsten Wert gehört. Nun durchläuft man aufsteigend die Werte von A. Wenn der erste Wert auftaucht, der eine andere Klassenzugehörigkeit hat, führen wir eine Intervallgrenze ein und beginnen ein neues Intervall. Wir merken uns wieder die neue Klasse und fahren aufsteigend fort.

Dieses Verfahren ist aus mehreren Gründen nicht sinnvoll. Der wichtigste Grund ist, dass dadurch im Normalfall sehr viele Intervalle entstehen. Meistens möchte man aber die Anzahl der Intervalle vorgeben. Deshalb wurden Verfahren entwickelt, die analog der im Kontext des ID3-Algorithmus behandelten Entropie von Shannon (Abschnitt 5.2) die Intervallbildung derart vornehmen, dass die „Unordnung“ bezüglich des Zielattributs möglichst gering ist.

Auch Cluster-Verfahren wie k-Means (vgl. Abschnitt 6.2) können für eine Intervallbildung genutzt werden. Dies geht sowohl unüberwacht als auch überwacht. Bei der überwachten Variante benötigt man natürlich wieder ein Klassenattribut, welches in die Cluster-Bildung einbezogen wird.

Alle diese Diskretitisierungsverfahren sind ausführlich in [Cio+07, Kapitel 8] erläutert.

Normalisierung und Skalierung

Die Begriffe *Normalisierung* und *Skalierung* werden häufig synonym verwendet. Wenngleich wir auch in unserem Buch keine Unterscheidung vornehmen, so ist dies eigentlich nicht korrekt. *Skalierung* ist der allgemeinere Begriff. Man bezeichnet mit Skalierung eine beliebige Transformation der Werte auf eine bestimmte Skala. *Normalisierung* ist eine Form der Skalierung, und zwar werden alle Werte in einen bestimmten Wertebereich skaliert.

Hier einige Verfahren für die Normalisierung beziehungsweise Skalierung von Daten:

Min-Max-Normalisierung Die Daten werden linear in einen Zahlenbereich transformiert, beispielsweise in das Intervall zwischen 0 und 1. Der kleinste Wert wird auf 0 skaliert, der höchste Wert auf 1.

Z-Wert-Normalisierung Die Daten werden mithilfe des Mittelwerts und der Standardabweichung umgewandelt: Man teilt die Differenz aus Daten und Mittelwert durch die Standardabweichung.

Dezimalskalierung Die Daten werden durch einfaches Verschieben des Dezimalkommas transformiert. Dies ist eine lineare Skalierung. Man erreicht so eine Transformation in ein vorgegebenes Intervall, beispielsweise $[0 \dots 1]$.

Logarithmische Skalierung Man wandelt alle Zahlen in den zugehörigen Logarithmus um, also $x_{neu} = \log_B(x)$ mit einer geeigneten Basis B.

Die *Normalisierung* oder *Normierung* transformiert also sämtliche Merkmalsausprägungen eines Attributs auf die Werte einer stetigen, numerischen Skala.

Für die Min-Max-Normalisierung auf das Intervall $[0, 1]$ benötigt man nur den minimalen und maximalen Wert $\min(x_i)$, $\max(x_i)$ des Attributs. Der normierte Wert berechnet sich wie folgt:

$$x_{neu} = \frac{x - \min(x_i)}{\max(x_i) - \min(x_i)} \tag{8.1}$$

Zunächst wird von allen Werten der Minimalwert subtrahiert (dann ist das Minimum 0). Anschließend wird durch die maximale Differenz zweier Werte dividiert.

Will man nicht auf das Intervall $[0, 1]$ normalisieren, sondern auf ein beliebiges Intervall $[a, b]$, so lautet die Umwandlungsformel:

$$x_{neu} = (b - a) \times \frac{x - \min(x_i)}{\max(x_i) - \min(x_i)} + a \tag{8.2}$$

Die Z-Wert-Normalisierung berechnet für ein Attribut A den statistischen Mittelwert $\overline{A}$ und die Standardabweichung σ_A der Attributwerte, subtrahiert den Mittelwert von jedem Wert und dividiert dann das Ergebnis durch die Standardabweichung.

$$x_{neu} = \frac{x - \overline{A}}{\sigma_A} \tag{8.3}$$

Der Mittelwert wird somit zu Null. Die neuen Werte liegen nun zu beiden Seiten der 0. Die relativen Abstände der Werte untereinander bleiben erhalten. Die Z-Wert-Normalisierung wird deshalb häufig auch als *Standardisierung* bezeichnet.

Die Dezimalskalierung verschiebt – einfach ausgedrückt – die Kommastelle so lange, bis die Werte in einem vorgegebenen Intervall liegen.

In KNIME sind im Knoten *Normalizer* 3 Normalisierungen implementiert:

Min/Max-Normalisierung Minimum und Maximum kann man frei wählen.
Z-Score (Gauss) Lineare Transformation, so dass der Mittelwert 0 und die Standardabweichung 1 ist.
Decimal scaling wie oben beschrieben.

Normalisierung kann dann angewendet werden, wenn es sich um ein metrisches Attribut handelt und wenn Minimum und Maximum des Attributs gegeben sind.

Die Normalisierung kann beispielsweise zur Codierung des Alters eingesetzt werden. Betrachten wir ein Attribut *Alter*, und gehen wir davon aus, dass das Alter immer zwischen 18 und 67 liegt. Der Minimalwert ist also 18 Jahre, der Maximalwert 67 Jahre. Ein Alter von 40 Jahren würde dann – auf einer Skala von 0 bis 1 – durch die Min/Max-Normalisierung mit $\frac{40-18}{67-18} = 0{,}449$ codiert werden. Eine Dezimalskalierung auf das Intervall [0,1] sorgt dafür, dass die Werte durch 100 geteilt werden. Die Kommastelle wird also um 2 Positionen nach links verschoben. Aus 43 wird 0,43.

Bleibt die Frage, wann eine Normalisierung sinnvoll bzw. erforderlich ist.

Beispiel 8.7 (Normalisierung). Wir betrachten folgende Daten über Patienten:

Nr.	Alter	Puls	Blutdruck	Zustand
1	27	unregelmäßig	117	gesund
2	65	unregelmäßig	123	krank
3	33	regelmäßig	127	gesund
4	55	unregelmäßig	150	krank
5	38	unregelmäßig	120	krank
6	36	regelmäßig	121	gesund
7	53	regelmäßig	140	krank
8	26	regelmäßig	107	gesund
9	43	regelmäßig	111	gesund
10	60	regelmäßig	112	gesund

Wir möchten den Algorithmus k-Nearest Neighbour (Abschnitt 5.1) anwenden und codieren folglich – der k-Nearest Neighbour arbeitet mit numerischen Attributen besser – das nominale Attribut `Puls` als numerisches Attribut. Das Zielattribut lassen wir unverändert.

Nr.	Alter	Puls	Blutdruck	Zustand
1	27	0	117	gesund
2	65	0	123	krank
3	33	1	127	gesund
4	55	0	150	krank
5	38	0	120	krank
6	36	1	121	gesund
7	53	1	140	krank
8	26	1	107	gesund
9	43	1	111	gesund
10	60	1	112	gesund

Anhand des letzten Datensatzes testen wir k-Nearest Neighbour (k=2). Der KNIME-Workflow ist in Abb. 8.6 dargestellt.

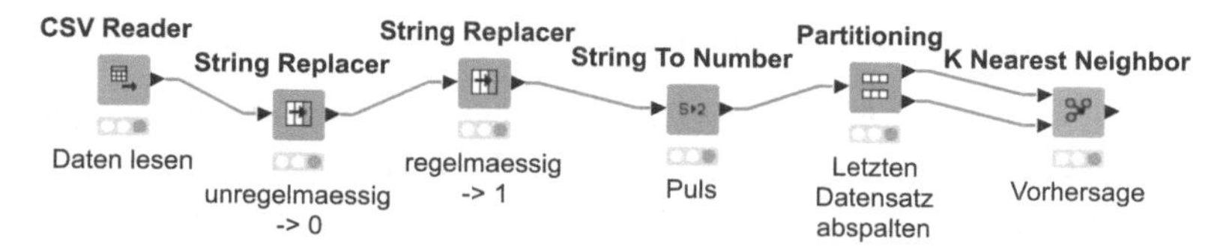

Abb. 8.6: k-Nearest Neighbour – Variante 1

Leider versagt der Algorithmus hier. Für den Patienten 10 wird `krank` vorhergesagt, der Patient ist aber gesund. Können wir uns erklären, wieso hier eine falsche Vorhersage erfolgt? Schauen wir auf die Daten, so erkennen wir, dass die 2 nächsten Nachbarn garantiert unabhängig vom Puls sind. Ausgehend vom euklidischen Abstand liefert der Puls maximal einen Unterschied von 1. Insofern ist klar, dass das Abstandsmaß vom Blutdruck und vom Alter dominiert wird. Dies können wir durch Normalisierung verhindern. Jedes numerische Attribut wird auf das Intervall [0, 1] normalisiert.

Nr.	Alter	Puls	Blutdruck	Zustand
1	0,0256	0,0	0,2326	gesund
2	1,0	0,0	0,3721	krank
3	0,1795	1,0	0,4651	gesund
4	0,7436	0,0	1,0	krank
5	0,3089	0,0	0,3023	krank
6	0,2564	1,0	0,3256	gesund
7	0,6923	1,0	0,7674	krank
8	0,0	1,0	0,0	gesund
9	0,4359	1,0	0,0930	gesund
10	0,8718	1,0	0,1163	gesund

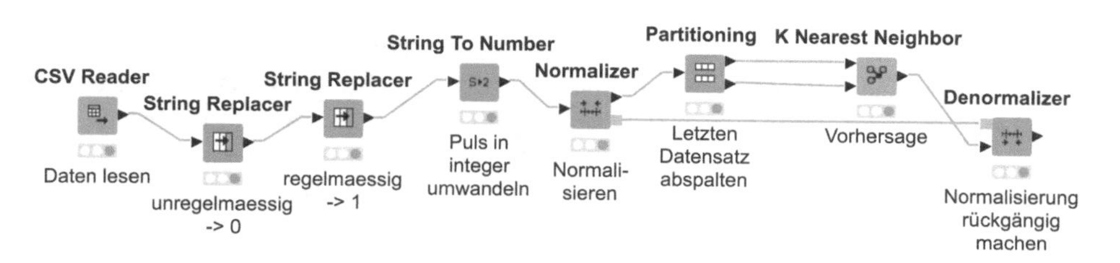

Nun gelingt auch die korrekte Vorhersage für Datensatz 10.

Mit der Normalisierung der Daten muss experimentiert werden. Zunächst normalisieren wir auf das Intervall [0, 1]. Bekommen wir keine zufriedenstellenden Resultate, können Attribute gemäß der geschätzten Bedeutung statt auf [0,1] auf [0,X] normalisiert werden: Je größer X, desto größer der Einfluss des Attributs. Derselbe Effekt kann mit der gewichteten Euklidischen Distanz (siehe Seite 49) erreicht werden.

Kombination oder Separierung von Attributen

Es kann erforderlich sein, *verschiedene Attribute zu einem neuen* zusammenzufügen wie beispielsweise Tag, Monat und Jahr zu einem Datum. Umgekehrt kann es aber auch erforderlich sein, das Datum in seine Bestandteile zu zerlegen, um so beispielsweise den Monatsanfang oder den jeweiligen Wochentag erkennen zu können. Erst durch den Wochentag ist es eventuell möglich, das Kaufverhalten der Kunden besser zu analysieren.

Berechnung abgeleiteter Werte

Durch das Berechnen *abgeleiteter Werte* können ganz neue Attribute aufgenommen werden. So kann das Attribut *Gewinn* durch die Differenz der Attributwerte *Ausgaben* und *Einnahmen* berechnet werden. Das Alter kann als Differenz aus aktuellem *Datum* und dem *Geburtsdatum* bestimmt werden.

Datenaggregation

Datenaggregation kann nicht nur aus Sicht der Datenkompression (Seite 224) erforderlich sein. Vielmehr kann die Aggregation aus inhaltlichen Gründen sinnvoll sein. Oft liegen die Daten in einer zu feinen Aggregationsebene vor. Wird zum Beispiel die Einwohnerzahl von Berlin gesucht und liegen nur die Einwohnerzahlen der einzelnen Stadtteile vor, so kann man durch *Aggregation* – in diesem Fall Summenbildung – die Daten in eine höhere Aggregationsebene überführen. Erst dann sind eventuell sinnvolle Aussagen über Berlin – im Kontext der deutschen Großstädte – möglich.

Datenglättung

Die Hauptidee der Datenglättung (siehe auch verrauschte Daten, Seite 220) ist, dass jeder numerische Wert aus der gegebenen Datenmenge durch idealisierte Werte, die sich beispielsweise durch Regression ergeben, ersetzt wird. Das Ziel der Methode ist, die ursprüngliche Wertemenge durch eine reduzierte Menge zu ersetzen, da man hofft, dass solche Werte zu besseren Lösungen führen. Darüber hinaus wird das Rauschen in den Daten reduziert. Man kennt *vier Techniken*, mit denen Daten geglättet werden können:

- Eingruppierung (*binning*)
- Clustering
- kombinierte menschliche und maschinelle Kontrolle
- Regression

Diese hatten wir bereits bei der Behandlung von verrauschten Daten und Ausreißern diskutiert (Seite 220ff.).

Hauptachsentransformation

Eine nützliche Technik der Datentransformation ist die *Hauptachsentransformation*, engl. *Principal Component Analysis* (PCA). Betrachten wir die in Abbildung 8.7 dargestellten zweidimensionalen Daten, die zu 3 Klassen gehören. Wir können nicht

x	y	Klasse
0	0	klasse1
2	1,7	klasse1
1,5	0,5	klasse1
1	0	klasse2
2,0	0,55	klasse2
3	0	klasse2
0,5	1	klasse3
1,7	1,9	klasse3
1,3	1,4	klasse3

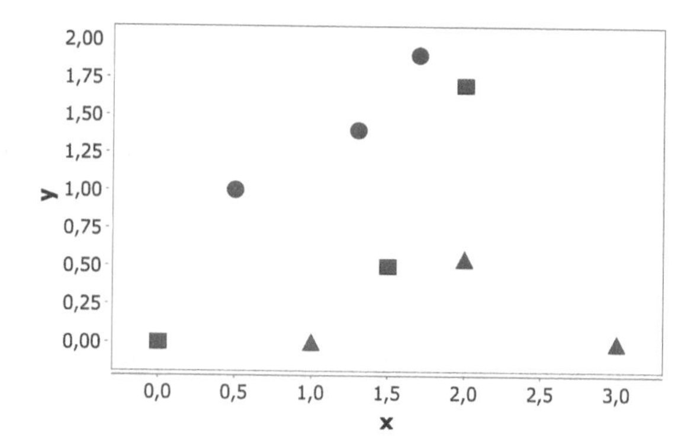

Abb. 8.7: Beispieldaten

erwarten, dass der C4.5-Algorithmus (Abschnitt 5.2.6) für diese Daten einen kompakten Entscheidungsbaum generiert, da dieses Verfahren achsenparallel arbeitet. Wählt der C4.5 beispielsweise x als Wurzelattribut, dann trennt er die Werte auf der x-Achse durch einen Schwellwert in kleinere und größere. Dies wird bei den vorliegenden Daten nicht zu einem einfachen Entscheidungsbaum führen. Wenn wir uns aber von den x- und y-Achsen lösen und eine andere Achse wählen, dann ist es für den C 4.5 sehr einfach, einen kompakten Entscheidungsbaum zu generieren. Wenn wir die x-Achse etwas drehen, dargestellt durch die gestrichelte Linie in Abbildung 8.8, dann kann der C4.5 die Daten gemäß der Klassen gut trennen, wie die gepunkteten, senkrechten Linien zeigen.

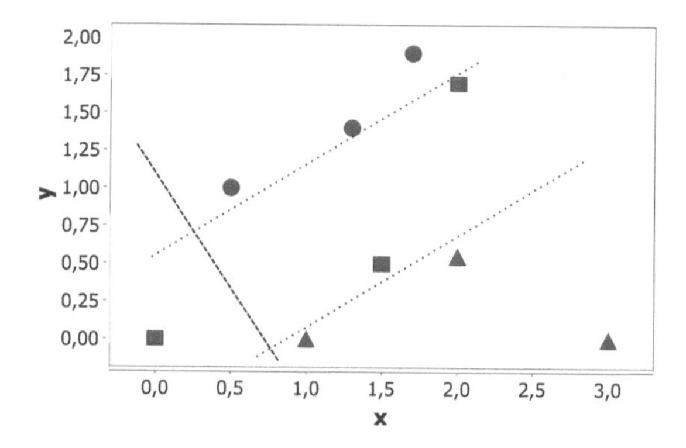

Abb. 8.8: Alternative x-Achse

Genau diese Transformation realisiert die *Principal Component Analysis*. Wir verzichten an dieser Stelle auf die mathematischen Details, sondern skizzieren das Vorgehen nur.

Alle Datensätze x werden mittels einer Transformationsmatrix PCA umgewandelt.

$$x_{\text{neu}} = \text{PCA} \cdot (x - \bar{x}) \tag{8.4}$$

Mit $\bar{x}$ bezeichnen wir den Vektor der Durchschnittswerte der x-Komponenten.

Die Matrix PCA kann eine $n \times n$-Matrix sein. Dann werden die Daten nur „gedreht". Sie kann aber auch für die Dimensionsreduktion genutzt werden, dann hat die Matrix die Größe $m \times n$, wobei $m < n$.

Welche Matrix suchen wir? Gesucht ist die Matrix, die die Varianz in der Projektionswelt maximiert, denn das Ziel ist eine gute Separierbarkeit der Daten. Dies führt zu einem Eigenwertproblem. Man erhält m Vektoren, die gerade die Hauptachsen sind. Die Transformationsmatrix wird aus diesen Vektoren gebildet.

Die PCA-Transformation ist in KNIME integriert. Und tatsächlich generiert der C4.5 in der KNIME-Variante J48 den in Abbildung 8.9 dargestellten einfachen Entscheidungsbaum. Die zweite Ebene ist in diesem Entscheidungsbaum nur deshalb erforderlich,

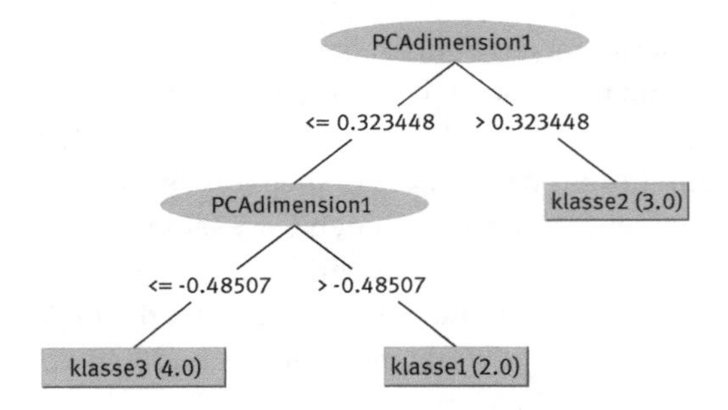

Abb. 8.9: Entscheidungsbaum nach PCA-Transformation

da der J48 ein Intervall immer nur in zwei Unterintervalle aufteilt.

8.3 Ein Beispiel

Wir erläutern einige Aspekte dieses Kapitels an einem kleinen Beispiel. Dazu nehmen wir an, wir hätten unsere Daten bereits aus unterschiedlichen Quellen in einer Datentabelle (Tabelle 8.3 auf der nächsten Seite) vereinigt.

Was fällt uns auf? Der Wohnort ist bei allen Personen gleich. Dieses Attribut enthält die Information, dass alle in Wismar wohnen. Dies wird uns aber bei Analysen nicht helfen,

Tab. 8.3: Beispiel – Datenvorverarbeitung

Pers. nr.	Wohn- ort	Ge- schlecht	Alter	Jahres- gehalt	Betriebs- zugehörigkeit	Position	Bildungs- abschluss
1	23966	m	45	32	10	arb	Lehre
2	23966	w	57	35000	25	verw	Bachelor
3	23966	m	52	40	5	manager	Master
4	23966	m	28	27	6	arb	Lehre
5	23966	male	57	45	25	manager	Master
6	23966	fem	26	27	96	arb	Lehre
7	23966	m	39	39	4	manager	Master
8	23966	m	38	32	3	arb	Lehre
9	23966	m	42	31	15	arb	ohne
10	23966	w	37	30	10	verw	Abi
11	23966	m	45	32	8	arb	
12	23966	m	37		5		
13	23966	w	35	30	15	verw	Abi

denn wir benötigen ja gerade unterschiedliche Werte der Attribute, um Unterschiede oder Ähnlichkeiten zwischen den Objekten herstellen zu können. Dieses Attribut kann folglich gelöscht werden. Wir reduzieren damit die Dimension des Problems (vgl. Seite 223).

Das Geschlecht ist sowohl als m/w als auch als male/fem angegeben. Im Datensatz 2 ist das Jahresgehalt nicht in Tausend angegeben. Im Datensatz 12 fehlen etliche Werte. Diesen Datensatz müssen wir wohl weglassen.

Im Datensatz 6 steht bei Betriebszugehörigkeit eine 96. Es gibt 2 Interpretationen: Die 96 könnte als 1996, also als Zugehörigkeit seit 1996 interpretiert werden. Es könnte aber auch sein, dass die Betriebszugehörigkeit in Monaten angegeben wurde. Wir entscheiden uns hier für die *Monate*, da eine Zugehörigkeit seit 1996 bei einem Alter von 26 unmöglich ist.

In Datensatz 11 fehlt der Bildungsabschluss. Das können wir beispielsweise korrigieren, indem wir dort den häufigsten Wert einsetzen, der für die gleiche Position (arb) vorkommt: Lehre. Wir müssen uns an dieser Stelle aber dessen bewusst sein, dass wir mit dieser Aktion schon etwas in die Daten hinein interpretieren, und zwar einen möglichen Zusammenhang zwischen Bildungsabschluss und Position. Alternativ könnte ein Verfahren wie *k-Nearest Neighbour* (vgl. Abschnitt 5.1) zum Zuge kommen, um so über den oder die nächsten Nachbarn einen Wert für den Bildungsabschluss zu finden.

Die veränderten Daten sind in Tabelle 8.4 auf der nächsten Seite dargestellt.

Offensichtlich wird die Personalnummer keine Information enthalten. Informationen wie die Zugehörigkeit zu einer Abteilung sind hier nicht zu erkennen. Die Betriebszugehörigkeit könnte man anhand dieser ID im ordinalen Sinn herauslesen, diese haben

Tab. 8.4: Beispiel – korrigierte Tabelle

Pers. nr.	Ge- schlecht	Alter	Jahres- gehalt	Betriebs- zugehörigkeit	Position	Bildungs- abschluss
1	m	45	32	10	arb	Lehre
2	w	57	35	25	verw	Bachelor
3	m	52	40	5	manager	Master
4	m	28	27	6	arb	Lehre
5	m	57	45	25	manager	Master
6	w	26	27	8	arb	Lehre
7	m	39	39	4	manager	Master
8	m	38	32	3	arb	Lehre
9	m	42	31	15	arb	ohne
10	w	37	30	10	verw	Abi
11	m	45	32	8	arb	Lehre
13	w	35	30	15	verw	Abi

wir aber ohnehin explizit gegeben. Die Personalnummer können wir daher ersatzlos streichen.

Nun müssen wir das Ziel unserer Analyse in die Datenvorbereitung einbeziehen. Zunächst gehen wir davon aus, dass wir die Daten clustern möchten.

Für das Clustern sind metrische Werte günstig, da mit diesen besser gerechnet werden kann und folglich bessere Abstandsmaße entstehen. Wir können die nominalen Attribute durch Integer-Werte codieren (Tabelle 8.5).

Tab. 8.5: Beispiel – numerische Werte

Ge- schlecht	Alter	Jahres- gehalt	Betriebs- zugehörigkeit	Position	Bildungs- abschluss
0	45	32	10	0	1
1	57	35	25	1	3
0	52	40	5	2	4
0	28	27	6	0	1
0	57	45	25	2	4
1	26	27	8	0	1
0	39	39	4	2	4
0	38	32	3	0	1
0	42	31	15	0	0
1	37	30	10	1	2
0	45	32	8	0	1
1	35	30	15	1	2

Wenn wir mit dieser Tabelle clustern (KNIME, 3 Cluster), dann erhalten wir die in Abbildung 8.10 dargestellten Cluster.

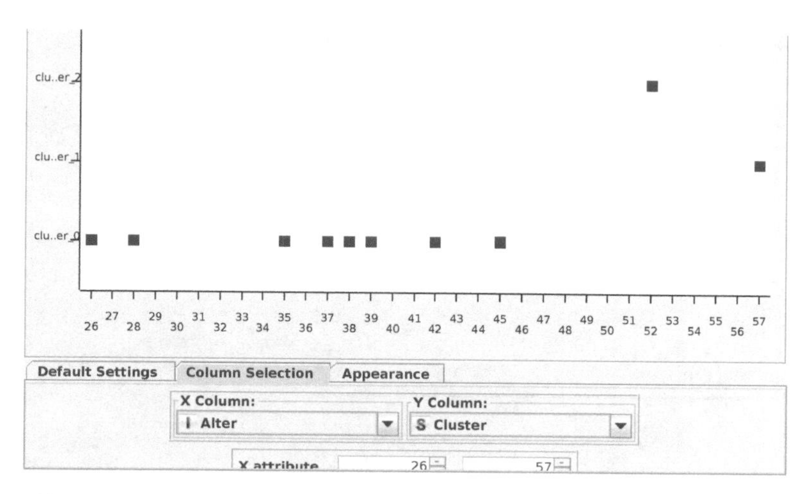

Abb. 8.10: Clusterversuch 1

Auffällig ist, dass das Alter offensichtlich ein große Rolle spielt. Woran liegt das? Der Abstand zwischen einer 26jährigen und einer 57jährigen Person ist so gravierend (31), dass die Unterschiede in den anderen Attributen eine zu vernachlässigende Rolle spielen. Nur die Attribute Jahresgehalt und Betriebszugehörigkeit liefern signifikante Abstände. Aber auch diese sind geringer als die Abstände beim Alter. Und die beiden Attribute Position und Bildungsabschluss liefern nur minimale Abstände.

Wie können wir die Dominanz des Alter-Attributs verhindern? Wir normalisieren alle Daten auf das Intervall [0,1] (Tabelle 8.6 auf der nächsten Seite). Dies hatten wir bereits in Beispiel 8.7 auf Seite 234 diskutiert.

Es entstehen die in Abbildung 8.11 dargestellten Cluster (wieder bezüglich des Alters). Unsere Vermutung beim Betrachten der Ausgangsdaten ist, dass der Bildungsabschluss ein wichtiges Attribut sein wird. Diese Vermutung wird durch die nun vorliegende Cluster-Bildung bestätigt, wie wir aus der Darstellung der Cluster bezüglich des Bildungsabschlusses in Abbildung 8.12 erkennen. Diese Cluster-Bildung stützt unsere These. Durch die Normalisierung der Daten haben wir ein Modell – hier eine Cluster-Bildung – bekommen, welches sinnvoll erscheint.

Zurück zu den Rohdaten. Nehmen wir an, wir möchten einen Entscheidungsbaum für diese Daten entwickeln, und zwar für das Zielattribut *Jahresgehalt*. Jetzt benötigen wir keine metrischen Attribute, sondern nominale oder ordinale Attribute. Wir müssen daher in unserer Ausgangstabelle die metrischen Attribute in ordinale oder nominale

Tab. 8.6: Beispiel – normalisierte Werte

Geschlecht	Alter	Jahresgehalt	Betriebszugehörigkeit	Position	Bildungsabschluss
0	0,61	0,28	0,32	0	0,25
1	1	0,44	1	0,5	0,75
0	0,84	0,72	0,09	1	1
0	0,06	0	0,14	0	0,25
0	1	1	1	1	1
1	0	0	0,23	0	0,25
0	0,42	0,67	0,05	1	1
0	0,39	0,28	0	0	0,25
0	0,52	0,22	0,55	0	0
1	0,35	0,17	0,32	0,5	0,5
0	0,61	0,28	0,23	0	0,25
1	0,29	0,17	0,55	0,5	0,5

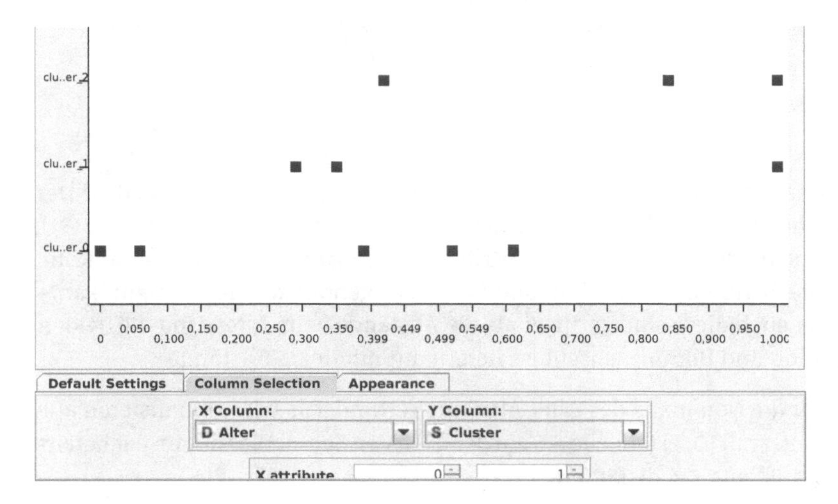

Abb. 8.11: Clusterversuch 2 – Alter

umwandeln (Tabelle 8.7 auf der nächsten Seite). Dazu kann auf allen Werten *eines* Attributs Clustering durchgeführt werden. Man erhält so zwei Intervalle, die entsprechend benannt werden.

Mit diesen Daten kann nun der ID3-Algorithmus arbeiten. Mit dem Zielattribut *Gehalt* wird der in Abbildung 8.13 auf der nächsten Seite dargestellte Entscheidungsbaum generiert.

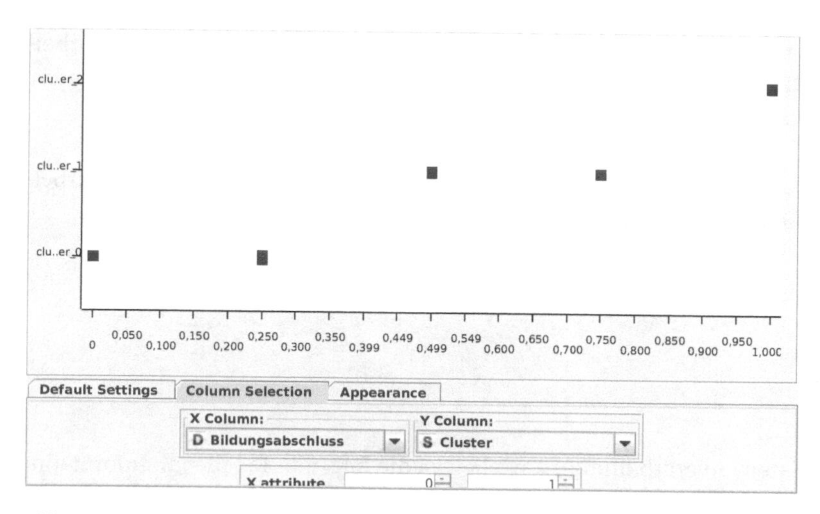

Abb. 8.12: Clusterversuch 2 – Bildungsabschluss

Tab. 8.7: Beispiel – nominale Werte

Geschlecht	Alter	Jahresgehalt	Betriebszugehörigkeit	Position	Bildungsabschluss
m	alt	gering	kurz	arb	Lehre
w	alt	viel	lang	verw	Bachelor
m	alt	viel	kurz	manager	Master
m	jung	gering	kurz	arb	Lehre
m	alt	viel	lang	manager	Master
w	jung	gering	kurz	arb	Lehre
m	jung	viel	kurz	manager	Master
m	jung	gering	kurz	arb	Lehre
m	alt	gering	lang	arb	ohne
w	jung	gering	kurz	verw	Abi
m	alt	gering	kurz	arb	Lehre
w	jung	gering	lang	verw	Abi

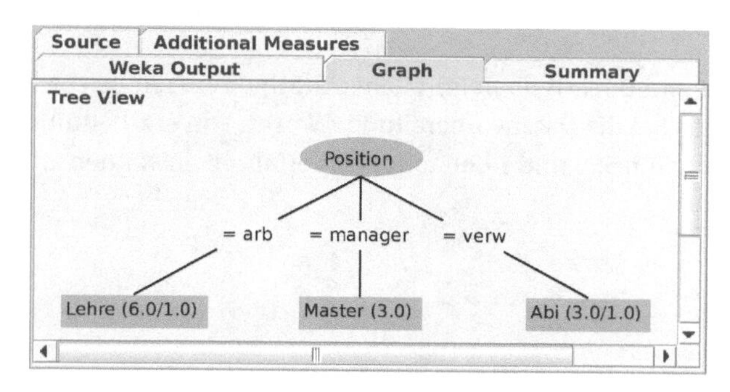

Abb. 8.13: Entscheidungsbaum mit ID3

Aufgabe 8.1 (Datenvorbereitung Iris-Daten). Welche Schritte in der Datenvorverarbeitung sind für die Kontaktlinsen-Daten (Anhang A.4) erforderlich, falls für die Daten eine Cluster-Bildung erfolgen soll?

Aufgabe 8.2 (Datenvorbereitung Iris-Daten). Welche Schritte in der Datenvorverarbeitung sind für die Iris-Daten (Anhang A.1) nötig, falls eine Klassifikation mittels

- ID3
- kNN
- Naive Bayes

erfolgen soll?

Aufgabe 8.3 (Datenvorverarbeitung). Gegeben ist die folgende Tabelle mit Informationen über Käufer von Spülmitteln.

Nr.	Geschlecht	Alter	Einkommen	Marke
1	weiblich	29	niedrig	Klarsicht
2	männlich	21	hoch	Superrein
3	weiblich	18	mittel	Superrein
4	männlich	49	niedrig	Klarsicht
5	weiblich	44	hoch	Allesklar
6	männlich	21	hoch	Allesklar
7	männlich	43	hoch	Allesklar
8	männlich	24	niedrig	Klarsicht
9	weiblich	19	mittel	Superrein
10	männlich	45	hoch	Allesklar
11	weiblich	34	niedrig	Klarsicht
12	männlich	25	mittel	Superrein

Mit dieser Tabelle soll eine Klassifikation mittels k-Nearest-Neighbour durchgeführt werden. Das Zielattribut ist `Spülmittel`.
Können wir diese Tabelle sofort benutzen, oder müssen wir die Daten vorverarbeiten? Falls ja, welche Schritte müssen wir durchführen?

Aufgabe 8.4 (Datenvorbereitung und Buch-Beispiele). Gehen Sie die weiteren Beispiele im Buch durch und untersuchen Sie die Datenvorbereitung. Welche Vorverarbeitung ist erforderlich, um die in den Kapiteln 5, 6 und 7 behandelten Verfahren anwenden zu können?

9 Bewertung

Negative expectations yield negative results. Positive expectations yield negative results.
Nonreciprocal Laws of expectations.

In großen Datenmengen kann sich Wissen in verschiedenen Arten von Zusammenhängen in den Daten verbergen. Jedes Verfahren des Data Minings sucht nur nach spezifischen Zusammenhängen. So kann es dazu kommen, dass eine Information nicht gefunden wird, die zwar vorhanden, nicht aber in dieser speziellen Struktur darstellbar ist. So ist es beispielsweise sinnvoll, bei einer Klassifikationsaufgabe sowohl mit neuronalen Netzen als auch mit Entscheidungsbäumen zu arbeiten. Um nun die Qualität der erzielten Modelle einschätzen zu können, benötigen wir eine Vergleichbarkeit. Die Vergleichbarkeit wird durch eine quantitative Bewertung erreicht.

Wir befassen uns nun mit dem abschließenden Schritt in einem Data-Mining-Prozess gemäß dem Modell von Fayyad, der Bewertung und Evaluierung der erzielten Resultate (siehe Abbildung 1.1, Seite 3). Bereits im Abschnitt 1.3 sind Kriterien, die an ein Data-Mining-Resultat anzulegen sind, definiert:

1. Validität
2. Neuartigkeit
3. Verständlichkeit
4. Nützlichkeit

Es gibt eine Reihe weiterer Kriterien, die aber durch obige Kriterien subsumiert werden. Beispielsweise ordnet sich die *Auffälligkeit*, also die Abweichung des Resultats von den Standard-Resultaten, in die *Neuartigkeit* ein. In der Literatur wird auch das Kriterium der *Allgemeingültigkeit* genannt, welches unter die *Validität* fällt.

Zur Bewertung dieser Kriterien betrachten wir einige Interessantheitsmaße. Zunächst ist anzumerken, dass ein Verfahren beziehungsweise ein entwickeltes Modell nur dann bewertet werden kann, wenn das erwartete Ergebnis zum Vergleich vorliegt oder anderweitig die Qualität der Lösung bewertet werden kann. Beim überwachten Lernen ist dies möglich, da wir das Resultat kennen. Wir können beim Entscheidungsbaumlernen zählen, wie oft der Entscheidungsbaum die Klassenzugehörigkeit korrekt, wie oft er sie inkorrekt vorhersagt.

Bei der Bewertung von Clustering-Verfahren ist es etwas komplizierter zu entscheiden, ob ein Verfahren beziehungsweise eine Cluster-Bildung gut oder schlecht ist. Bei realen Aufgaben sind die Zielcluster nicht bekannt. Dennoch lassen sich unterschiedliche Cluster, die mit verschiedenen Verfahren, aber derselben Datenmenge erzeugt wurden, miteinander vergleichen. Werden Cluster-Verfahren anhand gegebener Beispiele untersucht, so ist es natürlich einfach zu sehen, ob das gewünschte Cluster erzeugt wird.

https://doi.org/10.1515/9783110676273-009

9.1 Prinzip der minimalen Beschreibungslängen

Bevor wir auf einige Bewertungsmaße eingehen, stellen wir einen Grundsatz an den Anfang:

Werden mehrere Verfahren im Ergebnis als gleich gut bewertet, wird der Vorzug dem Verfahren beziehungsweise dem Modell gegeben, das die gesuchten Zusammenhänge am einfachsten und am leichtesten nachvollziehbar darstellt.

Diesen Grundsatz nennt man *Prinzip der minimalen Beschreibungslängen*, engl. *MDL – minimum description length*. Die Beschreibungslänge ist definiert als:

- Speicherplatz zur Beschreibung einer Theorie plus
- Speicherplatz zur Beschreibung der Fehler (Ausnahmen) der Theorie

Dieses Konzept geht auf William of Ockham, geboren ca. 1285 in Ockham (in Surrey, England) zurück, der postulierte, dass ein Modell desto besser sei, je einfacher es ist. Dies ist unter dem Namen *Occam's razor* oder Sparsamkeitsprinzip bekannt.

Wir hatten dieses Prinzip schon beim Generieren von Entscheidungsbäumen zugrunde gelegt: Unser Ziel sind kompakte, also kleine Bäume.

9.2 Interessantheitsmaße für Assoziationsregeln

Das Ergebnis einer Assoziationsanalyse (vgl. Abschnitt 4.4) ist oft eine große Menge an Regeln. Die problembezogene Interpretation und Bewertung der Regeln muss durch den Nutzer erfolgen. Dies kann ein Problem darstellen, da die Anzahl der Regeln oft kaum überschaubar ist und kein generelles Vorgehensmodell mit einheitlichen Bewertungsgrundlagen existiert. Dieses Problem wird auch als *post-mining rule analysis problem* bezeichnet.

Das Ziel einer sinnvollen Interpretation ist es, die Fülle an Informationen adäquat zu reduzieren:

- Es ist möglich, die Regeln nach bestimmten signifikanten Merkmalen zu sortieren, beispielsweise Support oder Konfidenz. Danach lässt sich die Bedeutung einer Regel besser einschätzen.
- Die Regelmenge kann gefiltert werden: Regeln, die bestimmten Kriterien entsprechen, werden ausgeblendet. Beispielsweise kann man alle Regeln entfernen, deren Support geringer als 20 % ist oder die bestimmte Begriffe aus der ursprünglichen Datenmenge enthalten. Nimmt man das Warenkorbbeispiel, so ließe sich auch nach Regeln filtern, die Kaffee und Milch enthalten.
- Sind die Regeln nicht sehr komplex, so lassen sich graphische Darstellungen heranziehen, die Korrelationen zwischen bestimmten Attributen erkennen lassen.

Wenn kein explizites Analyseziel verfolgt wird, kann das Durchführen dieser Maßnahmen schnell in ein Trial and Error verfallen. Es ist deshalb sinnvoll, sogenannte *Interessantheitsmaße* zur Bewertung von Regeln zu verwenden. Interessantheitsmaße erlauben eine Bewertung der Ergebnisse einer Assoziationsanalyse auf mathematischer Grundlage.

9.2.1 Support

Der *Support* wird bereits im Abschnitt 4.4 eingeführt (Seite 79). Der Support ist ein Maß für die Häufigkeit, mit der die Kombination aus Vor- und Nachbedingung einer Regel $M \rightarrow N$ in den Datensätzen auftritt. Er wird mit reellen Werten zwischen 0 und 1 gemessen und gibt an, welcher Anteil der Gesamtmenge von einer Regel erfasst wird.

Leider ist es nicht möglich, allgemein zu sagen, welche Support-Werte eine Regel aufweisen muss, um weitere Beachtung zu verdienen. Der Support sagt lediglich aus, welche Tatsachen oft und welche eher selten vorkommen. Trotzdem können seltene Items auch interessante Zusammenhänge enthalten.

Der Support einer Regel $M \rightarrow N$ ist definiert durch:

$$\operatorname{supp}(M \rightarrow N) = P(M \cup N) \tag{9.1}$$

Wir berechnen die relative Häufigkeit, in wie vielen Datensätzen unserer Datenmenge sowohl M als auch N vorkommt. Der Support lässt sich mittels eines Venn-Diagramms veranschaulichen (Abbildung 9.1). Der Support ergibt sich aus dem Flächeninhalt der schraffierten Fläche $M \cap N$, geteilt durch die Fläche der gesamten Menge.

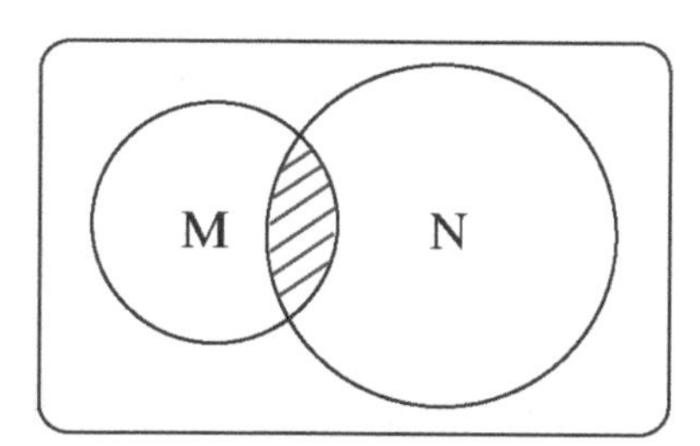

Abb. 9.1: Support der Assoziationsregel $M \rightarrow N$

9.2.2 Konfidenz

Die Konfidenz gibt die bedingte Wahrscheinlichkeit eines Items N bei gegebenem Item M an. Sie stellt die Stärke des Zusammenhangs dar. Analog zum Support wird auch die Konfidenz in Werten zwischen 0 und 1 gemessen.

$$\operatorname{conf}(M \rightarrow N) = P(N|M) = \frac{\operatorname{supp}(M \rightarrow N)}{\operatorname{supp}(M)} \tag{9.2}$$

Die Konfidenz ergibt sich aus dem Verhältnis der schraffierten Fläche, also aller Fälle, in denen sowohl M als auch N gilt, zu der gestrichelten Fläche M.

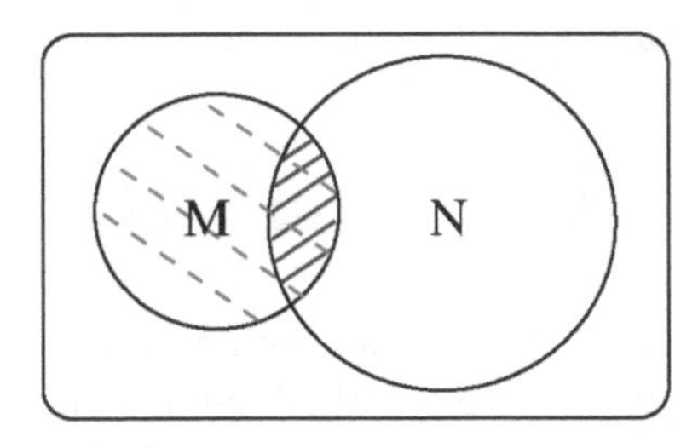

Abb. 9.2: Konfidenz der Assoziationsregel $M \rightarrow N$

Ein großer Nachteil der Konfidenz ist, dass auch Regeln, deren statistische Korrelation gering ist, eine hohe Konfidenz haben können. Das liegt daran, dass die Berechnung der Konfidenz die Wahrscheinlichkeit von N außer Acht lässt.

Beispiel 9.1 (Konfidenz). Am Beispiel des Warenkorbs lässt sich argumentieren: Brot und Milch werden in absoluten Zahlen sehr häufig gekauft. Sie in einen Zusammenhang mit anderen Produkten zu setzen, ist daher wenig sinnvoll. Nehmen wir an, Brot wird *immer* gekauft. Dann hat die Regel

WENN Trüffel DANN Brot

eine Konfidenz von 1,0. Wir können die Trüffel durch andere Produkte ersetzen, die Konfidenz bleibt 1,0. Dieser statistische Zusammenhang ist offensichtlich sehr fragwürdig.

Es ist daher sinnvoll, sich neben Support und Konfidenz weitere Interessantheitsmaße anzuschauen.

9.2.3 Completeness

Das obige Trüffel-Brot-Problem lässt sich durch ein weiteres Interessantheitsmaß in den Griff bekommen, die *Vollständigkeit* (completeness).

$$\text{completeness}(M \rightarrow N) = P(M \cup N|N) = \frac{\text{supp}(M \rightarrow N)}{\text{supp}(N)} \tag{9.3}$$

Die Completeness ergibt sich aus dem Verhältnis der Fläche $M \cap N$, also aller Fälle, in denen sowohl M als auch N gilt, und der Fläche N (Abbildung 9.3). Sie misst, welcher Anteil von N durch die Regel abgedeckt wird.

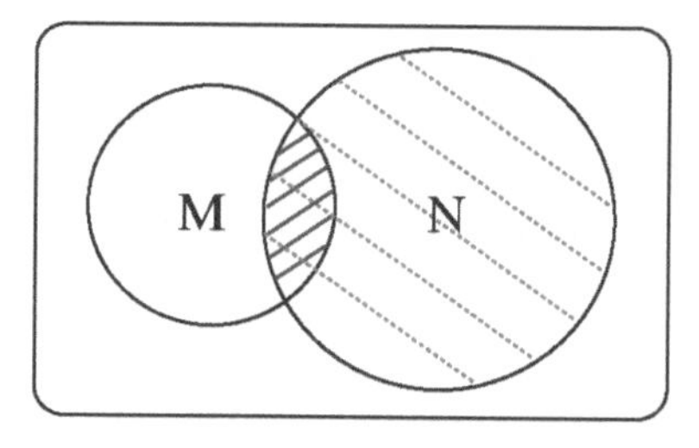

Abb. 9.3: Completeness der Assoziationsregel $M \to N$

Beispiel 9.2 (Interessantheitsmaße für Assoziationsregeln). Seien folgende Werte gegeben:

- $P(M) = 0{,}50$
- $P(N) = 0{,}40$
- $P(M \cup N) = 0{,}35$

Es ergeben sich folgende Werte:

$$\text{supp}(M \to N) = P(M \cup N) = 0{,}35$$

$$\text{conf}(M \to N) = P(N|M) = \frac{\text{supp}(M \to N)}{\text{supp}(M)} = \frac{0{,}35}{0{,}50} = 70\,\%$$

$$\text{completeness}(M \to N) = P(M \cup N|N) = \frac{\text{supp}(M \to N)}{\text{supp}(N)} = \frac{0{,}35}{0{,}40} = \frac{7}{8}$$

Die Konfidenz ist nicht sonderlich gut, allerdings wird das durch die relativ hohe Completeness ausgeglichen, so dass die Regel doch ein interessanter Kandidat ist.

9.2.4 Gain-Funktion

Es kommt vor, dass eine Regel, die knapp am Support scheitert, eine sehr hohe Konfidenz hat. In dieser Situation ist es natürlich ärgerlich, dass wir eine starre Grenze durch den Support definiert haben. Ganz auf den Support zu verzichten geht aber auch nicht, da dann äußerst seltene Regeln (mit geringem Support) akzeptiert werden.

Mit der Gain-Funktion wird dies vermieden. Die Gain-Funktion stellt einen Mix aus Support und Konfidenz dar, der die genannten Probleme verhindert.

$$\text{gain}(M \to N) = \text{supp}(M \to N) - \theta \cdot \text{supp}(M) \tag{9.4}$$

Der Parameter θ kann Werte zwischen 0 und 1 annehmen, wodurch der Wert der Gain-Funktion stets zwischen $-\theta$ und $1 - \theta$ liegt. Ein Wert von $\theta = 0$ ist nicht sinnvoll, denn dann sind Gain und Support identisch.

Ein Wert der Gain-Funktion gleich 0 besagt, dass in jedem $\frac{1}{\theta}$-ten Fall, in dem M enthalten ist, auch N vorkommt. Werte über beziehungsweise unter 0 symbolisieren einen stärkeren beziehungsweise schwächeren Zusammenhang.

Bemerkung 9.1 (Gain). Woher kommt der *Gain*? Wir fordern, dass eine Regel $M \to N$, die zwar eine hohe Konfidenz hat, andererseits aber nicht so oft vorkommt (der Support von M ist gering), einen geringeren Interessantheitswert bekommt als eine Regel, die die gleiche Konfidenz, aber einen höheren Support (von M) hat. Je geringer der Support von M, desto höher muss die Konfidenz der Regel sein:

$$\text{conf}(M \to N) \geq \frac{\text{min}_{\text{conf}}}{\text{supp}(M)} + \theta$$

Eine hohe Konfidenz kann also einen geringen Support (und umgekehrt) ausgleichen. Wir erlauben θ-Werte zwischen 0 und 1. Da die Konfidenz als $\text{conf}(M \to N) = \frac{\text{supp}(M \to N)}{\text{supp}(M)}$ definiert ist, können wir dies in der obigen Ungleichung ersetzen und die Ungleichung mit $\text{supp}(M)$ multiplizieren. Wir erhalten:

$$\text{supp}(M \to N) \geq \text{min}_{\text{conf}} + \text{supp}(M) \cdot \theta$$

$$\text{supp}(M \to N) - \theta \cdot \text{supp}(M) \geq \text{min}_{\text{conf}}$$

Die linke Seite der Ungleichung ist der in Gleichung 9.4 eingeführte Gain.

$$\text{gain}(M \to N) = \text{supp}(M \to N) - \theta \cdot \text{supp}(M)$$

9.2.5 *p*-*s*-Funktion

Mit den Unzulänglichkeiten einiger Interessantheitsmaße für Assoziationsregeln befasste sich Gregory Piatetsky-Shapiro [PS91]. Er forderte, dass Interessantheitsmaße für Assoziationsregeln (Rule interest, *RI*) folgende Kriterien erfüllen müssen:

1. $RI(M \to N) = 0$ gilt genau dann, wenn $\text{supp}(M \to N) = \text{P}(M) \cdot \text{P}(N)$ ist.
   Das Interessantheitsmaß soll 0 sein, wenn M und N statistisch unabhängig sind.
2. *RI* wächst mit $\text{supp}(M \to N)$ monoton.
3. *RI* ist mit $\text{P}(M)$ und $\text{P}(N)$ monoton fallend.

Kriterium 1 befasst sich mit der Situation, dass M und N statistisch unabhängig voneinander sind. Was heißt das? Wie viele korrekte Vorhersagen für N würden wir per Zufall erwarten? Wenn wir dies ohne jede Restriktion tun, dann ist die Wahrscheinlichkeit für das zufällige Auswählen eines Einkaufs, der N erfüllt, gerade $\text{P}(N)$, also die relative Häufigkeit von N. Fordern wir nun zusätzlich, dass auch M erfüllt ist, dann sollte sich $\text{P}(M) \cdot \text{P}(N)$ ergeben, falls M und N unabhängig sind. Kriterium 1 fordert folglich, dass $RI = 0$ ist, falls sich der Support der Regel $M \to N$ genau so verhält wie bei der zufälligen Auswahl von Itemsets, die M und N erfüllen, falls M und N unabhängig sind.

Kriterium 2 fordert, dass *RI* mit dem Support der Regel steigt. Präziser: *RI* wächst mit dem Support der Regel, falls $\text{supp}(M)$ und $\text{supp}(N)$ konstant bleiben.

Die Forderung 3 besagt, dass das Interessantheitsmaß RI mit steigender relativer Häufigkeit von M monoton fallend ist. Gleiches muss bezüglich N gelten. Auch hier muss man aber fordern, dass die jeweils anderen Werte konstant bleiben.

Die Konfidenz erfüllt nur die Bedingung 2. Insbesondere Kriterium 1 wird häufig verletzt, auch unabhängige Mengen M und N werden meistens mit einer hohen Konfidenz bewertet. Die Konfidenz erfüllt auch Kriterium 3 nicht, da die Konfidenz nicht von $\mathrm{P}(N)$ abhängt.

Die p-s-Funktion erfüllt die obigen Restriktionen. Sie ist für $\theta = \mathrm{supp}(N)$ mit der Gain-Funktion identisch.

$$ps(M \to N) = \mathrm{supp}(M \to N) - \mathrm{supp}(M) \cdot \mathrm{supp}(N) \tag{9.5}$$

Die p-s-Funktion geht davon aus, dass der Support einer Regel höher als der bei statistischer Unabhängigkeit sein sollte. Positive Werte spiegeln einen positiven Zusammenhang wider, negative Werte einen negativen Zusammenhang.

9.2.6 Lift

Teilt man die p-s-Funktion durch $\mathrm{supp}(M) \cdot \mathrm{supp}(N)$ und ignoriert den konstanten Subtrahend 1, so ergibt sich der *Lift*. Der Lift gibt an, inwiefern sich die Verteilung eines Elements in einer Teilmenge von der in der Gesamtmenge unterscheidet. Werte größer als 1 entsprechen einer positiven Korrelation. Somit bedeutet ein Lift von 1 eine Korrelation von Null. Ein Lift von 4 der Regel $M \to N$ besagt beispielsweise, dass N innerhalb dieser Regel viermal häufiger als in der Gesamtmenge auftritt.

$$\mathrm{lift}(M \to N) = \frac{\mathrm{supp}(M \to N)}{\mathrm{supp}(M) \cdot \mathrm{supp}(N)} = \frac{\mathrm{conf}(M \to N)}{\mathrm{supp}(N)} \tag{9.6}$$

Beispiel 9.3 (Lift). Brot wird in 40 % der Fälle gekauft. Wasser wird in 30 % der Fälle gekauft. Zusammen werden beide Produkte in 20 % der Fälle gekauft. Was erhalten wir für die Regel Wasser → Brot ?

Support 15 %

Konfidenz $\frac{0,2}{0,3} = 0,66$

Completeness $\frac{0,2}{0,4} = 0,5$

Lift $\frac{0,66}{0,4} = 1,66$

Die Konfidenz ist nicht berauschend, aber zumindest über 50 %. Die Completeness sagt uns, dass die Regel nicht übermäßig interessant ist, denn nur die Hälfte der Brotkäufe wird durch die Regel abgedeckt. Der Lift sagt uns, dass der Zusammenhang höher als ein normaler zufälliger Zusammenhang ist.

9.2.7 Einordnung der Interessantheitsmaße

Die Interessantheitsmaße für eine Regel $A \rightarrow B$ verfolgen unterschiedliche Ziele:

Konfidenz Wie sicher ist die Regel? Wenn die Vorbedingung A erfüllt ist, mit welcher Wahrscheinlichkeit kann man dann auf B schließen?

Support Wie allgemeingültig ist die Regel? Wie oft kommen A und B gemeinsam auf der gesamten Testmenge vor?

Lift Ist das Schließen von A auf B besser als der Zufall oder nicht? Das heißt: Führt die Vorhersage von B mittels dieser Regel zu besseren Resultaten als ein reiner Zufall?

Completeness Wieviele B-Fälle werden durch die Regel überhaupt erfasst? Je höher die Completeness, desto besser ist die Regel aus der Sicht einer möglichst kompletten Vorhersage von B durch A.

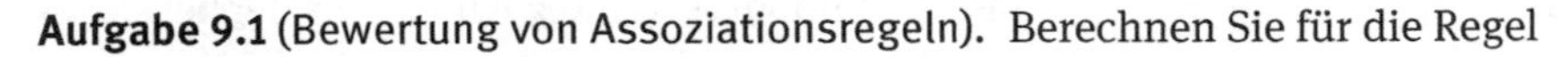

Aufgabe 9.1 (Bewertung von Assoziationsregeln). Berechnen Sie für die Regel

$$M \rightarrow N$$

den Support, die Konfidenz und Completeness sowie den Gain, p-s-Wert und Lift. Gegeben haben wir 50.000 Datensätze, in denen M 900-mal, N 1200-mal auftritt. M und N treten gemeinsam 800-mal auf.

9.3 Gütemaße und Fehlerkosten

Nachdem wir Interessantheitsmaße für Assoziationsregeln betrachtet haben, wenden wir uns nun der Frage zu: Wie lässt sich die Qualität eines Entscheidungsbaums oder einer k-Nearest-Neighbour-Klassifikation messen? Eine einfache Möglichkeit ergibt sich durch die Berechnung des Fehlers einer Vorhersage (*Klassifikation* oder *numerische Vorhersage*): Der erwartete Wert wird mit dem vorhergesagten Wert verglichen.

9.3.1 Fehlerraten

Fehlerrate bei Klassifikationen

Bei Klassifikationsproblemen ist unter der *Fehlerrate* der relative Anteil der falsch klassifizierten Beispiele einer Instanzenmenge zu verstehen:

$$\text{Fehlerrate} = \frac{\text{Falsche Klassenzuordnungen}}{\text{Alle Klassenzuordnungen}}$$

Fehlerrate bei numerischer Vorhersage

Bei numerischer Vorhersage wird diese absolute Aussage durch den Abstand der vorhergesagten zu den erwarteten Ergebnissen ergänzt:

$$\text{Fehlerrate} = \frac{\sum_i (\text{Realwert}_i - \text{Vorhersagewert}_i)^2}{\sum_i \text{Realwert}_i^2}$$

Es gibt eine Reihe weiterer Maße für die Bewertung numerischer Vorhersagen, siehe [Wit+17].

Erfolgsrate
Um einen subjektiv besseren Eindruck zu vermitteln, wird häufig statt der Fehlerrate die Erfolgsrate angegeben:

$$\text{Erfolgsrate} = 1 - \text{Fehlerrate}$$

9.3.2 Weitere Gütemaße für Klassifikatoren

Speziell für Klassifikatoren existieren weitere Gütemaße, die das Konzept der Fehlerraten erweitern und von denen wir uns hier einige anschauen. Wir betrachten dazu einen Klassifikator, der *gute* Kunden vorhersagen soll. Man unterscheidet 4 Fälle:

TP	true positive	richtig positiv	Zahl der richtig erkannten positiven Fälle: Ein *guter* Kunde wird als *guter* erkannt.
TN	true negative	richtig negativ	Zahl der richtig erkannten negativen Fälle: Ein *nicht guter* Kunde wird als *nicht guter* erkannt.
FP	false positive	falsch positiv	Zahl der fälschlich als positiv erkannten Fälle: Ein *nicht guter* Kunde wird als *guter* erkannt.
FN	false negative	falsch negativ	Zahl der fälschlich als negativ erkannten Fälle: Ein *guter* Kunde wird als *nicht guter* erkannt.

Darauf aufbauend werden abgeleitete Kenngrößen definiert [Run15, Abschnitt 8.1]:

Korrekte Klassifikationen T=TP+TN; alle korrekten Vorhersagen.
Falsche Klassifikationen F=FP+FN; alle falschen Vorhersagen.
Relevanz R=TP+FN; die Anzahl der *guten* Kunden.
Irrelevanz I=FP+TN; die Anzahl der nicht *guten* Kunden.
Positivität P=TP+FP; die Anzahl der als *gut* klassifizierten Kunden.
Negativität N=TN+FN; die Anzahl der als *nicht gut* klassifizierten Kunden.
Korrektheitsrate $\frac{T}{n}$; der Anteil der *korrekt* klassifizierten Kunden.
Inkorrektheitsrate $\frac{F}{n}$; der Anteil der nicht korrekt klassifizierten Kunden.
Richtig-positiv-Rate TPR=$\frac{TP}{R}$. Wie oft wurde ein guter Kunde auch als solcher klassifiziert? (**Sensitivität, Trefferquote, Recall**).
Richtig-negativ-Rate TNR=$\frac{TN}{I}$. Wie oft wurde ein nicht guter Kunde auch als solcher klassifiziert?
Falsch-positiv-Rate FPR=$\frac{FP}{I}$. Wie oft wurde ein nicht guter Kunde als guter klassifiziert?
Falsch-negativ-Rate FNR=$\frac{FN}{R}$. Wie oft wurde ein guter Kunde als nicht guter klassifiziert?
Positiver Vorhersagewert, Genauigkeit, Präzision (precision) $\frac{TP}{P}$. Wie oft ist ein als gut vorhergesagter Kunde ein guter Kunde?

Negativer Vorhersagewert $\frac{TN}{N}$. Wie oft ist ein als nicht gut vorhergesagter Kunde ein nicht guter Kunde?

Negative Falschklassifikationsrate $\frac{FN}{N}$. Wie oft ist ein als nicht gut vorhergesagter Kunde ein guter Kunde?

Positive Falschklassifikationsrate $\frac{FP}{P}$. Wie oft ist ein als gut vorhergesagter Kunde ein nicht guter Kunde?

Ein Gütemaß allein reicht meistens nicht aus. Beispielsweise kann eine 90 %ige Korrektheitsrate sehr trügerisch sein. Betrachten wir ein Beispiel, bei dem 90 % der Daten zur Klasse 1, die restlichen 10 % zur Klasse 2 gehören. Sagen wir nun für *alle* Daten einfach die Klasse 1 vorher, so erreichen wir zwar sofort die 90 % Korrektheit, sind aber von einem echten Klassifikator weit entfernt.

Exakt diese Situation liegt bei den Daten vor, die in Kapitel 10 behandelt werden. Dort sind nur 10 % Kündiger, 90 % sind Nichtkündiger. Sagen wir nun einfach für alle Kunden voraus, dass sie nicht kündigen werden, dann haben wir eine Korrektheitsrate von 90 %.

Die gleiche Konstruktion können wir für die Gütemaße TPR, TNR, FPR, FNR (und auch die anderen) vornehmen, da sich diese auf nur *einen* Aspekt (TP/TN/FP/FN) der Klassifizierung beziehen.

Beispiel 9.4 (Gütemaße für Klassifikatoren). Eine Klassifikation hat zu folgendem Ergebnis geführt:

- Von den 1000 gegebenen Beispielen gehören 300 Kunden zur Klasse *schlecht*, 700 zur Klasse *gut*.
- Unser Verfahren hat von den 300 schlechten Kunden 290 korrekt klassifiziert; von den 700 guten Kunden wurden 650 korrekt erkannt.

Wir berechnen exemplarisch einige der obigen Gütemaße.

- TP=650, TN=290, FP=10, FN=50
- Korrekte Klassifikationen: T=TP+TN = 940
- Falsche Klassifikationen: F=FP+FN=60
- Relevanz: R=TP+FN = 700, Irrelevanz I=FP+TN=300
- Recall: TPR=$\frac{TP}{R} = \frac{650}{700}$
- Positivität: P=TP+FP=650+10=660
- Precision: $\frac{TP}{P} = \frac{650}{660}$

Um die oben diskutierte potentielle Einseitigkeit der Gütemaße zu reduzieren, werden Gütemaße auch kombiniert. So lassen sich *Precision* und *Recall* zu dem sogenannten **F-Maß** kombinieren:

$$2 \cdot \frac{\text{Precision} \cdot \text{Recall}}{\text{Precision} + \text{Recall}} \tag{9.7}$$

Das F-Maß ist das harmonische Mittel von Precision und Recall. Der Wert des F-Maßes sollte nahe 1 liegen. Dies ist der Fall, wenn sich *Precision* und *Recall* jeweils nicht zu weit von 1 entfernt bewegen.

Für das Beispiel 9.4 ergibt sich folgendes F-Maß:

$$\text{F-Maß} \quad = \quad 2 \cdot \frac{\text{Precision} \cdot \text{Recall}}{\text{Precision} + \text{Recall}} = 2 \cdot \frac{\frac{650}{660} \cdot \frac{650}{700}}{\frac{650}{660} + \frac{650}{700}} = 0{,}956$$

Beispiel 9.5 (F-Maß). Wir betrachten einen Klassifikator für 100 Daten mit folgenden Werten:

- TP=10, TN=10, FP=0, FN=80
- Korrekte Klassifikationen: T=TP+TN = 20
- Falsche Klassifikationen: F=FP+FN=80
- Relevanz: R=TP+FN = 90, Irrelevanz I=FP+TN=10

Unser Klassifikator klassifiziert also nur 20 % der Beispiele korrekt. Die *Precision* konzentriert sich nur auf die positiv klassifizierten Fälle und liefert folglich 1.

- Positivität: P=TP+FP=10
- Precision: $\frac{\text{TP}}{\text{P}} = \frac{10}{10} = 1$

Der Recall erkennt die Schwäche des Klassifikators:

- Recall: TPR=$\frac{\text{TP}}{\text{R}} = \frac{10}{90} = 0{,}1111$

Das F-Maß kombiniert diese beiden Werte nun zu:

- F-Maß: $2 \cdot \frac{0{,}1111 \cdot 1}{0{,}1111+1} = 0{,}2$

Viele Data-Mining-Verfahren haben Freiheitsgrade. Beispielsweise kann man das Naive-Bayes-Verfahren (Abschnitt 5.3) – wir gehen im Folgenden von zwei Klassen aus – derart modifizieren, dass man die Wahrscheinlichkeiten berechnet und nicht einfach die Klasse mit der höheren Wahrscheinlichkeit vorhersagt, sondern die Entscheidung mittels eines Schwellwerts trifft. Im Kapitel 10 liegen Daten vor, die nur 2 Klassen enthalten: Kündiger (`yes`) und Nichtkündiger (`no`). Wir modifizieren nun das Naive-Bayes-Verfahren, indem wir die Klasse `yes` vorhersagen, falls die Wahrscheinlichkeit einen gegebenen Schwellwert übersteigt. Hat ein Kunde also eine Wahrscheinlichkeit für die Zugehörigkeit zu `yes` von 0,4, so wird er bei einem Schwellwert von 0,5 als Nichtkündiger klassifiziert, bei einem Schwellwert von 0,3 aber als Kündiger (`yes`). Lässt man diesen Schwellwert nun variieren, so ergeben sich unterschiedliche Trefferprozente. In einer *Receiver-Operating-Curve* (ROC-Diagramm) trägt man die Richtig-positiv-Rate (TPR) und die Falsch-positiv-Rate (FPR) gegeneinander auf. In Abbildung 9.4 ist dies für die Daten aus Kapitel 10 (Workflow 10.6 auf Seite 290) dargestellt.

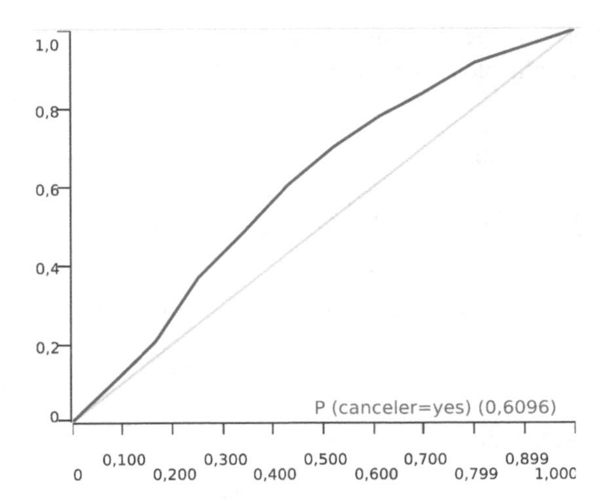

Abb. 9.4: ROC-Kurve

Wie ist diese Abbildung zu interpretieren?
Auf der x-Achse ist die Falsch-positiv-Rate (FPR) dargestellt. Wieviel Prozent der Nichtkündiger wurden fälschlicherweise als Kündiger klassifiziert? Auf der y-Achse ist die Richtig-positiv-Rate (TPR) dargestellt. Wieviel Prozent der Kündiger wurden korrekt klassifiziert? Nun wird das Verfahren mit unterschiedlichen Schwellwerten, beginnend mit einem hohen Wert, angewendet. Nach und nach wird der Schwellwert reduziert, so dass sowohl TPR (die korrekten `yes`-Vorhersagen) als auch FPR (die inkorrekten `yes`-Vorhersagen) steigt. Die sich ergebenden FPR/TPR-Werte werden in das Diagramm eingetragen. Die Datenpunkte werden verbunden, so dass sich eine Kurve ergibt.

Offensichtlich ist es optimal, wenn die Kurve direkt auf den Wert 1 springt. Dies wäre das perfekte Verfahren. Die diagonale Gerade ergibt sich, wenn wir die Vorhersage zufällig vornehmen. Die in Abbildung 9.4 dargestellte ROC ist zwar weit von einer optimalen Kurve entfernt, sie ist aber besser als ein rein zufälliges Vorgehen. Aus dieser Kurve kann man nun einen optimalen Schwellwert für die `yes`-Vorhersage ablesen. Und zwar sucht man denjenigen Punkt, der am dichtesten am Idealpunkt $(0, 1)$ liegt, und nimmt den zugehörigen Schwellwert.

Dieses Vorgehen ist nicht auf Naive Bayes beschränkt, sondern kann auf andere Verfahren übertragen werden, so lange diese Verfahren Wahrscheinlichkeiten für die Klassenzugehörigkeit liefern.

Die ROC-Kurven haben einen weiteren Vorteil: Wir können nun sogar verschiedene Verfahren miteinander vergleichen. Wenn der Vergleich nicht offensichtlich ist, dann berechnet man die Fläche *unter* der ROC-Kurve: *Area Under Curve* (AUC). Die zufällige (diagonale) Kurve ergibt einen Flächeninhalt von 0,5. Die ideale Kurve, die direkt auf den TPR-Wert von 1 springt, hat einen Flächeninhalt von 1. Je größer der AUC-Wert, desto besser das Verfahren.

Alternativ kann auch ein PR-Diagramm verwendet werden, in welchem man *Precision* und *Recall* gegeneinander aufträgt.

9.3.3 Fehlerkosten

Im vorigen Abschnitt sind wir davon ausgegangen, dass alle Fehler gleich wichtig für unser Resultat sind. Diese Annahme trifft für viele praktische Anwendungen jedoch nicht zu. Unter betriebswirtschaftlichen Gesichtspunkten können sich die aufgrund einer Klassifikation getroffenen Entscheidungen unterschiedlich auf Gewinn beziehungsweise Verlust einer Firma auswirken. Unter Berücksichtigung dieses Aspekts lassen sich für ein Verfahren auch die sogenannten *Fehlerkosten* berechnen. Wird beispielsweise einem Bankkunden aufgrund der Klassifikation des Verfahrens ein Kredit bewilligt, den dieser nicht zurückzahlt, entstehen zusätzliche Kosten, möglicherweise sogar in Höhe der vollen Kreditsumme. Wird aber jemandem ein Kredit verweigert, der ihn zurückgezahlt hätte, entstehen lediglich Zinseinbußen. Fehler ist also nicht gleich Fehler. Die Kosten eines Fehlers bei einer Entscheidung für den Kredit sind höher als bei einer Entscheidung gegen den Kredit. Wenn nun verschiedene Fehlerarten mit ihren spezifischen Kosten ungleich verteilt auftreten, ist meist nicht das Modell mit der minimalen, sondern mit der betriebswirtschaftlich optimalen Fehlerrate gesucht.

Man kann hierzu eine Kostenmatrix oder eine Bonusmatrix aufstellen, die je nach Vorhersagetreffer oder -fehler Plus- beziehungsweise Minuspunkte vergibt.

	Vorhersage	
	0	**1**
0	10	−20
1	−30	20

Wird ein Datensatz des Typs 0 mit 1 vorhergesagt, so kostet uns das 20, eine korrekte Vorhersage für 0 bringt uns 10. Ziel ist nun nicht mehr, den Prozentsatz der korrekt vorhergesagten Datensätze, sondern den Gewinn zu maximieren.

Beispiel 9.6 (Data Mining Cup 2002). Im Kapitel 10 wird die Aufgabe des Data Mining Cups 2002 [DMC] behandelt. Dort wird eine solche Kostenmatrix angegeben:

Kunde will	**kündigen**	**nicht kündigen**
Kunde wird als Kündiger klassifiziert.	43,80€	66,30€
Kunde wird als Nichtkündiger klassifiziert.	0,00€	72,00€

Erkennen wir einen Kündiger als Kündiger, so wird diesem ein Angebot unterbreitet. Durchschnittlich kann dann noch mit Einnahmen in Höhe von 43,80€ gerechnet werden. Wird ein Kündiger nicht erkannt, kündigt dieser, und es sind keine Einnahmen mehr zu erwarten. Klassifizieren wir einen Nichtkündiger als Kündiger und unterbreiten ihm ein besseres Angebot, so wird er dieses dankend annehmen und folglich weniger bezahlen als vorher. Wir nehmen dann nicht mehr 72€ ein, sondern nur noch 66,30€.

Hier spielt also der Prozentsatz an richtigen Vorhersagen eine untergeordnete Rolle. Vielmehr kommt es auf den erzielten Gewinn an.

9.4 Testmengen

Alle Data-Mining-Verfahren zur Vorhersage basieren darauf, dass sie sich die ihnen präsentierten Muster in irgendeiner Weise „merken", wenn auch nicht explizit jedes einzelne. So sollte jedes Verfahren die ihm häufig genug präsentierten Beispiele auch richtig bearbeiten. Was aber im Allgemeinen mehr interessiert, ist die Frage nach dem Verhalten des Verfahrens bei neuen Beispielen. Es ist daher sinnvoll, neben den Trainingsdaten auch noch einen Vorrat an Beispielen zu halten, der ausschließlich zum Testen verwendet wird.

Die einzigen Daten, die wir zur Verfügung haben, sind die Beispieldaten (Instanzenmenge). Auf diesen kennen wir die korrekte Vorhersage oder Klassifikation. Folglich sollten wir diese Menge prozentual aufteilen. Auf der einen Teilmenge lernen wir, auf der anderen Teilmenge können wir dann prüfen, ob unser erlerntes Modell gut funktioniert. Wir stellen hier nun Verfahren vor, die eine für Trainingszwecke vorliegende Instanzenmenge in geeignete Trainings- und Testmengen zerlegen.

Wiederum gehen wir von der in Abschnitt 2.6 auf Seite 59 genannten grundlegenden Annahme aus, dass sich neue Datensätze genauso wie die vorliegenden Trainingsdaten verhalten. Ohne diese Annahme ist Data Mining nicht sinnvoll. Eine Konsequenz dieser Annahme ist, dass jegliche Zerlegung der gegebenen Beispiele so zu erfolgen hat, dass Trainings- und Testmenge einander „ähnlich" sind.

Um verschiedene Data-Mining-Verfahren sinnvoll miteinander vergleichen zu können, verwendet man idealerweise für alle Verfahren *dieselbe* Zerlegung der Instanzenmenge. So werden alle Verfahren mit denselben Daten trainiert beziehungsweise getestet. Dies gewährleistet die Vergleichbarkeit der Fehlerraten der Verfahren.

Holdout

Beim *Holdout* wird eine Teilmenge der vorliegenden Menge „zur Seite gelegt", um damit später testen zu können. Die restliche Instanzenmenge wird zum Trainieren eingesetzt. Faktisch wird die Instanzenmenge in zwei Teilmengen zerlegt, in die Trainings- und die Testmenge.

$$\text{Train} \cup \text{Test} = \text{Instanzenmenge}$$

Stratifikation

Bei absolut zufälligem Holdout kann das Problem auftreten, dass die Testdaten Beispiele enthalten, zu denen keine ähnlichen in den Trainingsdaten vorkommen. Dann kann nicht erwartet werden, dass sich das Verfahren auf neuen Daten, zu denen es in den Testdaten keine ähnlichen Beispiele gibt, gute Vorhersagen liefert. Unsere Grundannahme – neue Datensätze verhalten sich genauso wie die vorliegenden Trainingsdaten – fordert ja gerade, dass wir ähnliche Beispiele in den Trainingsdaten haben.

Mit der Stratifikation wird nun versucht, die Teilung so vorzunehmen, dass sowohl in der Trainings- als auch in der Testmenge die Häufigkeitsverteilung h der Klassen K dieselbe wie in der gesamten Instanzenmenge ist.

$$\forall k \in K : h_k^{\text{Instanzenmenge}} = h_k^{\text{Train}} = h_k^{\text{Test}}$$

Diese Option der Stratifizierung ist in KNIME beim `Partitioning` möglich und sollte immer gewählt werden.

In Abbildung 9.5 sind für das Wetterbeispiel eine schlechte Trainingsmenge und der mittels J48 generierte Entscheidungsbaum dargestellt. In der Trainingsmenge taucht nur 1 Beispiel für den Fall auf, dass nicht gespielt wird. Wir können nicht erwarten, dass ein Klassifikator gefunden wird, der gute Vorhersagen für `play` liefert. Ein derartiger

outlook	tempe rature	humi dity	windy	play
sunny	hot	high	false	no
overcast	hot	high	false	yes
rainy	mild	high	false	yes
rainy	cool	normal	false	yes
overcast	cool	normal	true	yes
sunny	cool	normal	false	yes
rainy	mild	normal	false	yes
sunny	mild	normal	true	yes
overcast	mild	high	true	yes
overcast	hot	normal	false	yes

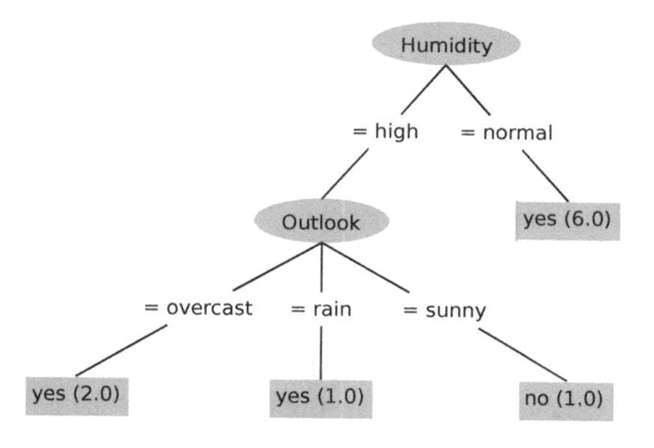

Abb. 9.5: Wetter-Beispiel – schlechte Trainingsmenge

Effekt tritt nicht nur bei sehr kleinen Datenmengen auf, sondern kann bei einer unglücklichen Aufteilung in Trainings- und Testmenge ebenso auftreten. Der C4.5-Algorithmus zählt nur die relativen Häufigkeiten, so dass es keinen Unterschied zwischen einer unglücklichen Auswahl bei einer kleinen Menge und bei einer großen Menge gibt.

Kreuzvalidierung

Bei der Kreuzvalidierung wird die zur Verfügung stehende Datenmenge in V gleich große Teilmengen zerlegt. Nun wird eine dieser Untermengen als Testmenge zurückbehalten, mit den anderen wird das Verfahren trainiert. Auf der zurückbehaltenen Testmenge wird anschließend die Fehlerrate ermittelt. Dies wird mit jeder anderen Teilmenge als Testmenge wiederholt. Die Fehlerrate des Verfahrens wird als Mittelwert der jeweiligen Fehlerraten berechnet.

$$\text{Fehlerrate} = \frac{\sum_{i=1}^{V} \text{Fehlerrate}_i}{V}$$

Wiederholt man die Validierung mehrfach, liefert der Mittelwert der Fehlerraten der einzelnen Validierungen eine genauere Fehlerrate für das Verfahren. Eine Modifikation der Kreuzvalidierung ist das *Bootstrapping*, wo man zulässt, dass sich die Stichproben überschneiden. Dieser Ansatz wird bereits im Abschnitt 5.6 behandelt .

Leave-one-out

Das Leave-one-out-Verfahren ist im wesentlichen identisch mit der Kreuzvalidierung. Hierbei wird jedoch die N-elementige Instanzenmenge in genau N Teilmengen zerlegt.

$$\text{Fehlerrate} = \frac{\sum_{i=1}^{|\text{Instanzenmenge}|} \text{Fehlerrate}_i}{|\text{Instanzenmenge}|}$$

Die Kreuzvalidierung lernt immer auf $N - 1$ Elementen und prüft den Klassifikator auf dem verbleibenden Beispiel.

9.5 Qualität von Clustern

Die Qualität einer Cluster-Bildung ist bei weitem nicht so einfach wie die eines Klassifikators zu bewerten. Wann ist eine Cluster-Bildung besser als eine andere? Wir haben diese Frage bereits in den Abschnitten 6.2 und 6.3 im Zusammenhang mit dem k-Means- und k-Medoid-Algorithmus angesprochen.

Es gibt zwei unterschiedliche Herangehensweisen:

Ansatz 1: Eine erste Forderung ist, dass die einzelnen Cluster möglichst kompakt sind. Dies kann man durch die Summe der Abweichungen (oder deren Quadrate) der Objekte eines Clusters vom Clusterrepräsentanten messen. Diese Abweichungen summiert man nun über alle Cluster. Diese Summe sollte minimal sein. Wir gehen hier zunächst davon aus, dass wir eine *feste* Clusteranzahl k vorgegeben haben. Die Güte einer Cluster-Bildung C lässt sich daher wie folgt messen:

$$G_1 = \sum_{i=1}^{k} \sum_{x \in C_i} \text{dist}(x, m_i)^2 \tag{9.8}$$

Hier ist m_i der Repräsentant von Cluster C_i. Die Qualität der Cluster-Bildung ist umso besser ist, je kleiner dieser Wert ist. Günstiger ist es daher, den Reziprokwert als Gütemaß zu nehmen:

$$\text{Güte}_1 = \frac{1}{\sum_{i=1}^{k} \sum_{x \in C_i} \text{dist}(x, m_i)^2} \tag{9.9}$$

Dieser Ansatz wird im Zusammenhang mit dem k-Means- und k-Medoid-Verfahren diskutiert (Abschnitte 6.2 und 6.3).

Ansatz 2: Wir können ebenso fordern, dass die Cluster möglichst weit voneinander entfernt liegen. Man summiert dann die Quadrate der Distanzen zwischen allen Clusterrepräsentanten.

$$\text{Güte}_2 = \sum_{1 \leq i \leq j \leq k} \text{dist}(m_j, m_i)^2 \tag{9.10}$$

Beide Ansätze können kombiniert werden, indem man beide Gütemaße multipliziert:

$$\text{Güte} = \text{Güte}_1 \cdot \text{Güte}_2 \tag{9.11}$$

Für das erste Gütemaß kann auch der maximale Abstand zweier Punkte in einem Cluster betrachtet werden. Ebenso könnte man zu jedem Punkt die Distanz zu seinem *nächsten* Nachbarn (im gleichen Cluster) nehmen und davon das Maximum über alle Punkte bilden (*minimum distance, single linkage*). Diese Konzepte werden beim agglomerativen Clustern in Abschnitt 6.5 vorgestellt.

Bisher sind wir von einer *festen* Clusteranzahl k ausgegangen. Ändert sich etwas, wenn wir k variabel lassen? Wir suchen nach einem beliebigen Clustering, bei dem die Anzahl der Cluster nicht vorgegeben ist.

Sehen Sie das Problem? Nehmen wir unsere obigen Gütemaße, wäre das Resultat eine Cluster-Bildung, bei der alle Objekte einen eigenen separaten Cluster bilden. Die Qualität nach Gütemaß 1 ist dann maximal, da der Nenner 0 ist; besser geht das nicht. Auch nach Gütemaß 2 ist die Güte maximal.

Eine Möglichkeit, mit variablen k umzugehen, ist es, Experimente mit verschieden k durchzuführen und dann die Qualität der Cluster-Bildungen miteinander zu vergleichen.

Eine zweite Möglichkeit ergibt sich aus der hierarchischen Cluster-Bildung (Abschnitt 6.1.2). Sowohl beim agglomerativen als auch beim divisiven Clustern lässt sich anhand bestimmter Kriterien die optimale Cluster-Bildung finden (vgl. Abschnitt 6.5).

Eine dritte Möglichkeit ist der sogenannte Silhouetten-Koeffizient [Rou87]. Der Silhouettenkoeffizient benötigt den durchschnittlichen Abstand $\text{dist}_1(x)$ eines Objekts x zu den anderen Objekten im *gleichen* Cluster sowie den durchschnittlichen Abstand $\text{dist}_2(x)$, den x zu den Objekten des *nächstgelegenen* Clusters hat.

Der Silhouetten-Koeffizient von x ist definiert durch:

$$s(x) = \frac{\text{dist}_2(x) - \text{dist}_1(x)}{\max(\text{dist}_1(x), \text{dist}_2(x))} \tag{9.12}$$

Der Silhouetten-Koeffizient eines Clusters ergibt sich dann als arithmetisches Mittel der Silhouetten-Koeffizienten aller Objekte im Cluster. Der Silhouetten-Koeffizient kann Werte zwischen –1 und 1 annehmen. Ein Wert nahe 1 spricht für eine gute Trennung, –1 dagegen. Gute Cluster liefern Koeffizienten, die möglichst in der Nähe von 1, zumindest aber deutlich über 0 liegen.

Für die in Abbildung 9.6 dargestellte Cluster-Bildung ergibt sich für das mit ○ gekennzeichnete Element ein Silhouettenkoeffizient, der eher Richtung –1 geht, da $\text{dist}_2(\circ)$, der Abstand zum nächstgelegenen Cluster, relativ klein ist, $\text{dist}_2(\circ)$, der Abstand zu den Elementen des eigenen Clusters, relativ groß ist.

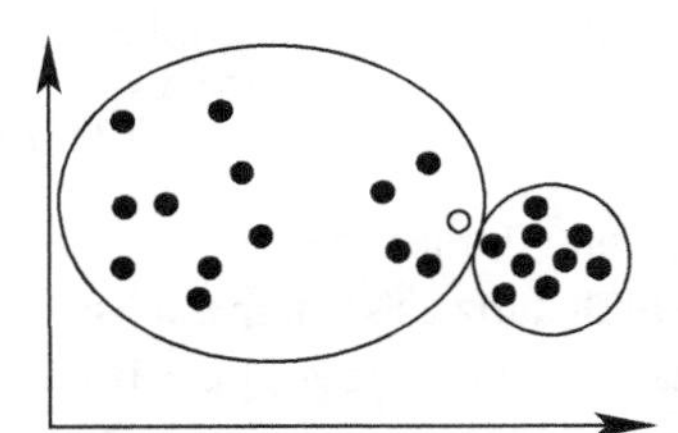

Abb. 9.6: Clustern, Variante 1

Ändert man die Cluster-Bildung in eine offensichtlich bessere Clustereinteilung, so ergibt sich nun ein Koeffizient, der deutlich über Null liegt (Abbildung 9.7).

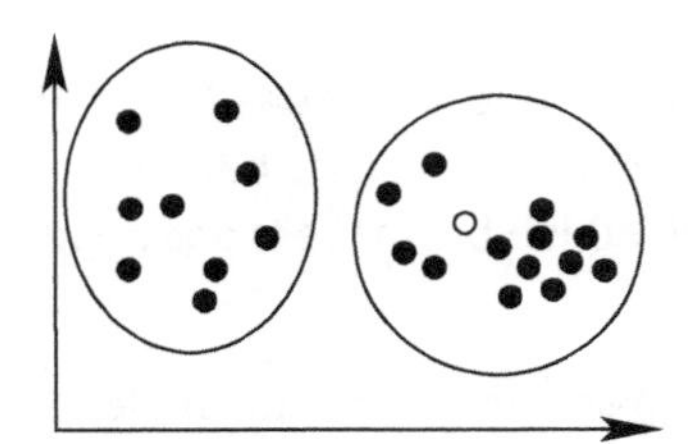

Abb. 9.7: Clustern, Variante 2

9.6 Visualisierung

Ziel eines Data-Mining-Projekts ist die Gewinnung von Wissen. Ob Cluster, ein Entscheidungsbaum oder Assoziationsregeln, die entwickelten Modelle und Lösungen sind in irgendeiner Art und Weise zu veranschaulichen. Zum einen dient das dem eigenen Verständnis des Problems und der Daten. Zudem erhöht eine verständliche Repräsentation des Modells beziehungsweise der Ergebnisse das Vertrauen in die erarbeitete Lösung. Zum anderen müssen wir unsere Resultate auch in einer verständlichen, nachvollziehbaren Form präsentieren, um unsere Kunden, Kollegen oder Vorgesetzten zu überzeugen, dass die gefundenen Resultate korrekt und wertvoll sind.

Wir Menschen sind schlecht darin, Zahlenkolonnen zu vergleichen. Muster dagegen erkennen wir gut. Wir betrachten die Iris-Datensätze (siehe Anhang A.1). Der Iris-Datensatz besteht aus 50 Beobachtungen, an denen jeweils vier Attribute der Blüten (`sepal length`, `sepal width`, `petal length`, `petal width` in cm) erhoben wurden. Jede Pflanze ist einer Iris-Art zugeordnet (*Iris Setosa*, *Iris Versicolor*, *Iris Virginica*).

```
5.1 , 3.5 , 1.4 , 0.2 , Iris-setosa
4.9 , 3.0 , 1.4 , 0.2 , Iris-setosa
4.7 , 3.2 , 1.3 , 0.2 , Iris-setosa
4.6 , 3.1 , 1.5 , 0.2 , Iris-setosa
........
```

Aus diesen vorliegenden Daten können wir Menschen wenig beziehungsweise wohl gar nichts herauslesen. Visualisieren wir die Daten aber wie in Abbildung 9.8, so bekommen wir sofort einen ersten Eindruck und erkennen einige Zusammenhänge.

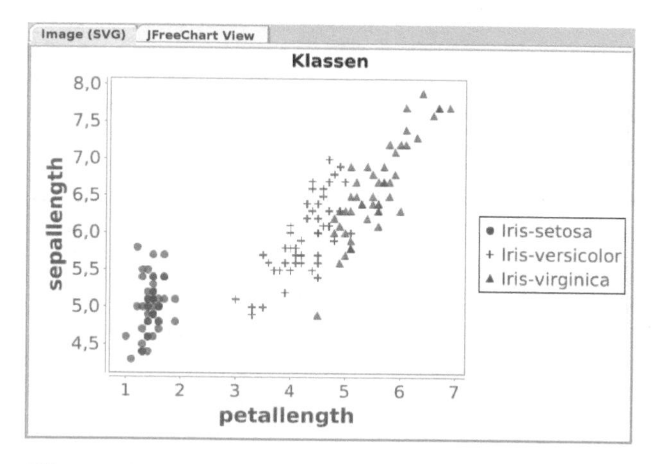

Abb. 9.8: Visualisierung Iris-Daten in KNIME

Wir werden keine umfassende Einführung in die Visualisierung mittels Computern geben, vielmehr zeigen wir exemplarisch einige Möglichkeiten auf. Einige Formen der Visualisierung nutzen wir naturgemäß hier in diesem Buch, wie die Darstellung eines *Entscheidungsbaums* oder die Bilder der neuronalen Netze. Ein Entscheidungsbaum wird nie in seiner graphischen Form – wie beispielsweise die WEKA-Darstellung in Abbildung 1.21 auf Seite 34 – gespeichert. Für eine gute Verständlichkeit und auch Dokumentation ist diese Form der Präsentation aber besser geeignet.

Selbst Regeln lassen sich im weitesten Sinne unter eine Visualisierung einordnen, auch wenn diese eher als besonders lesbare Repräsentation anzusehen ist. Doch nun einige Beispiele für Visualisierungen.

Eine einfache Form der Visualisierung ist das *Linien-Diagramm* (line chart). Dargestellt werden zweidimensionale Informationen. In Abbildung 9.9 sind die Funktionen $f(x) = \cos(2 \cdot \pi \cdot x)$ und $g(x) = \cos(3 \cdot \pi \cdot x)$ dargestellt (erstellt mit GnuPlot[1]).

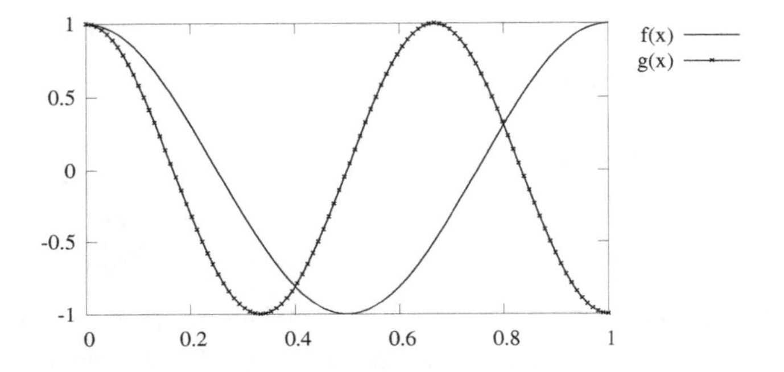

Abb. 9.9: Visualisierung – Liniendiagramm 1

Bereits hier sehen wir, dass man Farben leicht benutzen könnte, um in eine zweidimensionale Darstellung eine 3. Information – hier die Zuordnung der Linien zur jeweiligen Funktion – einzubringen.

Wann eignet sich ein solches Linien-Diagramm? Ein Linien-Diagramm kann immer dann eingesetzt werden, wenn ein Zusammenhang zwischen zwei Dimensionen besteht beziehungsweise vermutet wird. In Abbildung 9.10 auf der nächsten Seite sind die Werte für `sepal length` und `petal length` abgebildet. Auch wenn diese Grafik nicht komplett überzeugt, so wird doch die Vermutung verstärkt, dass ein Zusammenhang zwischen diesen beiden Attributen existieren kann.

1 http://gnuplot.info/

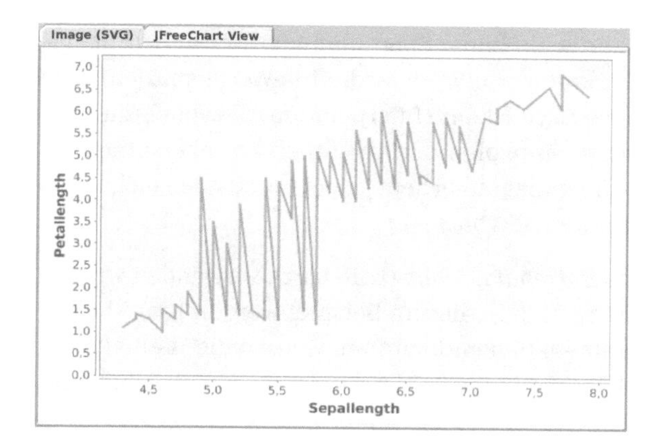

Abb. 9.10: Visualisierung – Liniendiagramm 2

Insbesondere in der Vorbereitungsphase kann ein solches Diagramm nützlich sein. Aus Abbildung 9.10 haben wir beispielsweise eine Hypothese abgeleitet. Visualisierung kann uns also nicht nur beim Verständnis der Daten helfen, sondern auch beim Aufstellen von plausiblen Hypothesen. Aber auch für die Darstellung der Verbesserung der Qualität eines Data-Mining-Modells in unseren Experimenten sind Linien-Diagramme sehr gut geeignet.

Man kann in einem Liniendiagramm die Werte bezüglich mehrerer Attribute anzeigen lassen. In Abbildung 9.11 sind die Datensätze des Iris-Beispiels dargestellt, wobei die Datensätze vorab nach `petal length` und `sepal length` sortiert wurden. Auf der x-Achse ist die Nummer des Datensatzes abgetragen, auf der y-Achse der jeweilige Wert der vier Attribute.

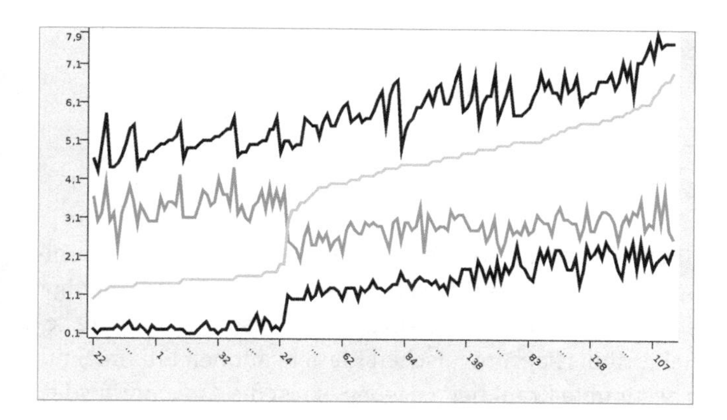

Abb. 9.11: Visualisierung – Liniendiagramm 3

Wir sehen an beiden Abbildungen, dass ein Liniendiagramm hierfür nur bedingt geeignet ist, da in diesem Beispiel diskretisierte Werte – die Iris-Werte sind auf eine Kommastelle gerundet – vorliegen. Folglich ist eine Interpolation, die vom Liniendiagramm vorgenommen wird, unsinnig. Sinnvoller und inhaltlich korrekt ist hier das Punktediagramm (Seite 269 f.). Das Liniendiagramm hebt jedoch stärker den möglichen Zusammenhang zwischen den Attributen hervor.

Für den nächsten Diagrammtyp, das *Balkendiagramm* (bar chart), verwenden wir den Sojabohnen-Datensatz (siehe Anhang A.2). In diesem Beispiel werden Krankheiten von Sojabohnen vorhergesagt. Mit einem Balkendiagramm werden die Häufigkeiten von Attributwerten veranschaulicht. In Abbildung 9.12 ist die Häufigkeitsverteilung des Zielattributs, hier der Krankheiten dargestellt.

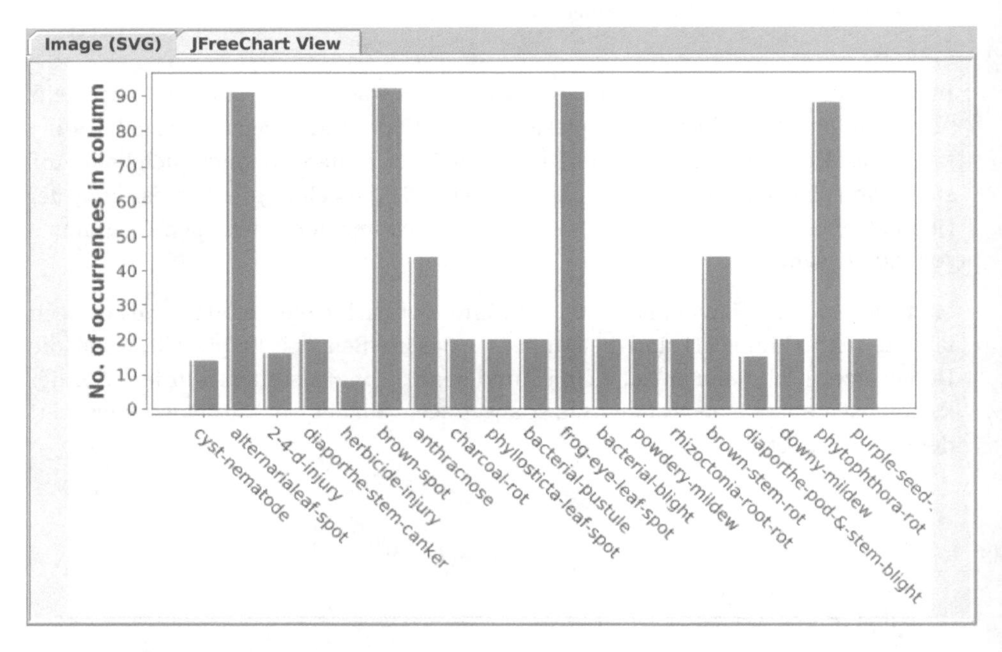

Abb. 9.12: Visualisierung – Balkendiagramm 1

Diese Information kann nützlich sein, um so beispielsweise zu erkennen, ob wenige Krankheiten sehr oft vorkommen und ob für bestimmte Krankheiten nur wenige Beispiele vorliegen. Insbesondere eine zu geringe Anzahl von Beispielen für eine bestimmte Ausprägung des Zielattributs kann zu falschen Klassifikationen führen. Sind nur zwei Beispiele für eine bestimmte Krankheit gegeben, so ist die Anwendung des k-Nearest Neighbour mit einem hohen Wert für *k* fragwürdig.

Auch in einem Balkendiagramm lassen sich Informationen über mehrere Attribute darstellen. In Abbildung 9.13 auf der nächsten Seite sind die Häufigkeitsverteilungen für mehrere Attribute zu sehen. Diese Darstellung ist nur sinnvoll, wenn die Attribute denselben Wertebereich besitzen. Dies ist hier der Fall. Die gewählten Attribute `plant growth`, `leaves`, `stem`, `seed` haben alle denselben Wertebereich: `?`, `abnorm`, `norm`.

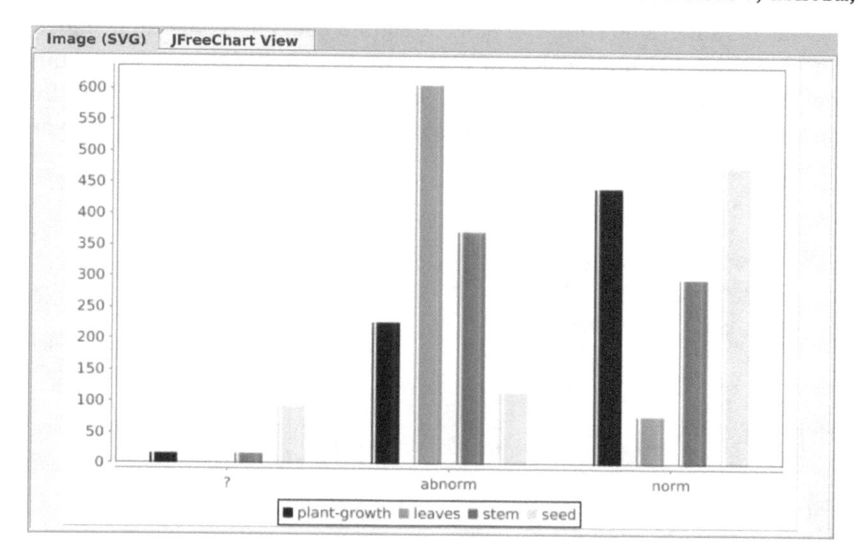

Abb. 9.13: Visualisierung – Balkendiagramm 2

Nicht nur für nominale und ordinale Daten, sondern auch für metrische Daten sind Balkendiagramme sinnvoll. Im Balkendiagramm 9.14 sind die Iris-Daten veranschaulicht. Vorab werden die Daten mittels Binning diskretisiert. Jeder Wertebereich der 4 Attribute wird in diesem Beispiel separat in 10 Intervalle (Bins) zerlegt.

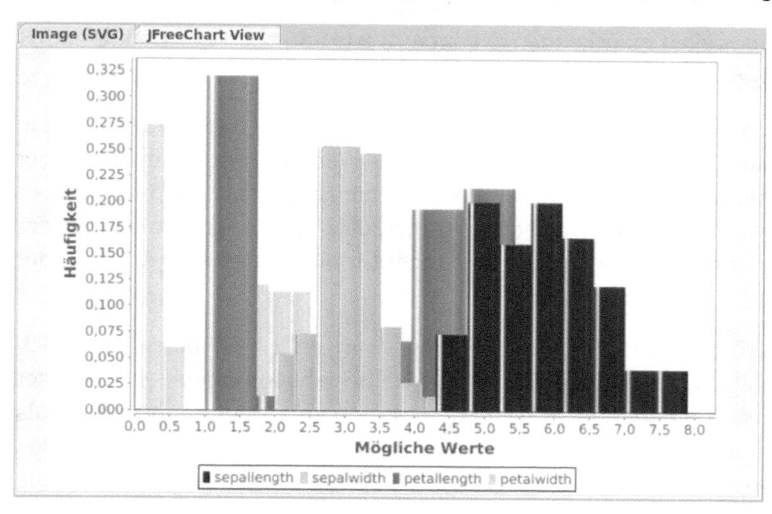

Abb. 9.14: Visualisierung – Balkendiagramm 3

Wir sehen, dass die Balkendiagramme bei der Darstellung mehrerer Attribute an ihre Grenzen stoßen, da die Balken sich zum Teil verdecken.

Histogramme sind eine spezielle Form von Balkendiagrammen. Ein Histogramm haben wir bereits in Abbildung 1.19 auf Seite 32 in WEKA gesehen. In Abbildung 9.15 ist die Aufteilung der Klassen für `sepal length` dargestellt. Für `sepal length` wurden 6 Intervalle – wieder durch Binning – gebildet. *Iris setosa* ist grau dargestellt, *Iris versicolor* hellgrau, *Iris virginica* schwarz.

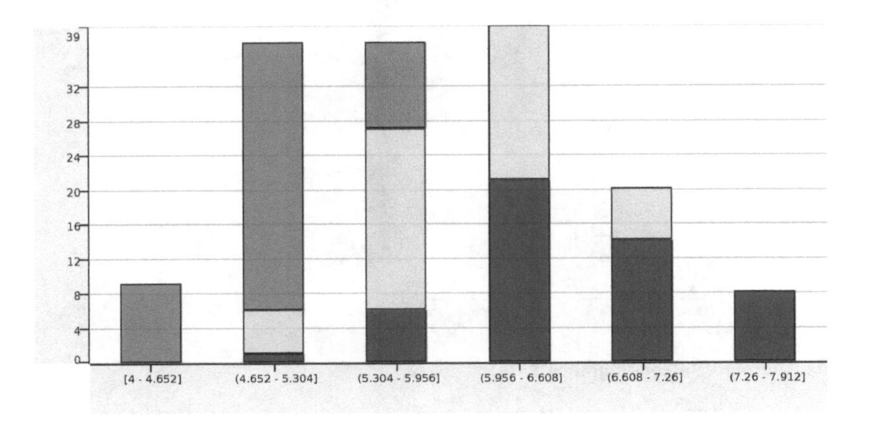

Abb. 9.15: Visualisierung – Histogramm

Auch hier ist ein leichter Zusammenhang zwischen den Werten für `sepal length` und der Klassenzugehörigkeit zu erkennen. Kleinere Werte sprechen für die Klasse *Iris setosa*, größere Werte für die Klasse *Iris virginica*.

Eine Alternative zum Balkendiagramm ist das *Kreisdiagramm* (Tortendiagramm, pie chart). In Abbildung 9.16 auf der nächsten Seite ist die Verteilung der Krankheiten der Soja-Bohnen dargestellt. Die Größe der Kreissegmente entspricht dem prozentualen Anteil an der Gesamtmenge. Man sieht bereits hier, dass ein solches Kreisdiagramm wohl für eine Präsentation sinnvoll ist, aber nicht für die permanente Arbeit in der Datenvorbereitung.

Für die Visualisierung der Verteilung der Werte bei numerischen Attributen haben sich die *Boxplots* bewährt (Abbildung 9.17). Ein Boxplot besteht aus einem Rechteck, der so genannten Box, und zwei Linien. Die Linien werden als „Antenne“ oder auch als „Whisker“ bezeichnet, sie werden durch einen Strich abgeschlossen. Auch die Box enthält einen Strich, dies ist der Median der Verteilung. In der Box selbst sind die mittleren 50% der Daten enthalten. Unterhalb der Box liegen 25% der Daten, oberhalb liegen auch 25%.

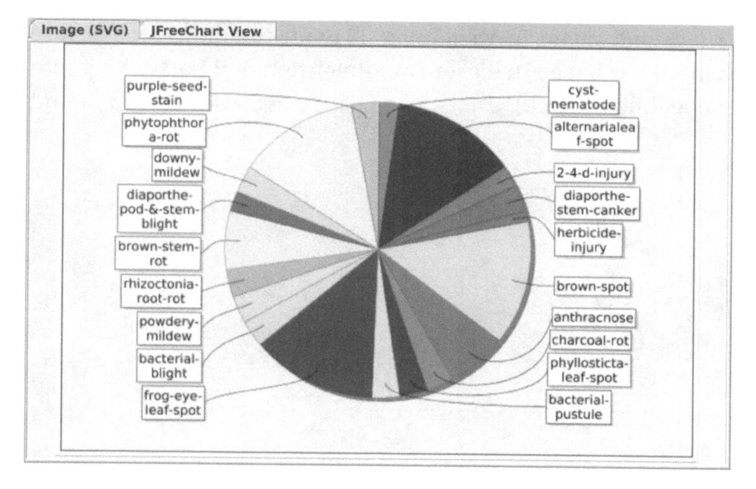

Abb. 9.16: Visualisierung – Kreisdiagramm

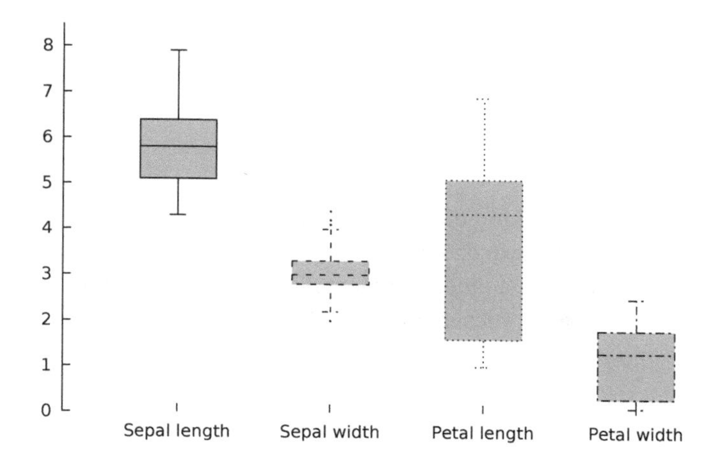

Abb. 9.17: Visualisierung – Boxplot

Die bisherigen Diagrammtypen sind für die Visualisierung der gegebenen Daten in den vorbereitenden Phasen der Datenanalyse – mit Einschränkungen auch das Kreisdiagramm – geeignet. Insbesondere die Phasen des Verstehens der Daten und der Datenvorbereitung (siehe CRISP-DM-Modell in Abschnitt 1.2) können von guten Visualisierungen profitieren und zu ersten Hypothesen führen.

Punkte-Diagramme eignen sich sehr gut für die Visualisierung von Klassen und Clustern, sie können aber ebenso in der Datenvorbereitung eingesetzt werden. Ein *Punkte-Diagramm* (Streu- oder Scatter-Diagramm) haben wir in Abbildung 9.8 auf Seite 263 bereits benutzt. Punkte-Diagrammen können gut die Verteilung von Klassen – bei sonst numerischen Attributen – visualisieren. In Abbildung 9.18 ist dies für die Iris-Datensätze mittels GnuPlot geschehen. Wir haben in dieser zweidimensionalen Darstellung nun sogar 4 Dimensionen abgebildet: `petal length`, `sepal length`, `sepal width` und die `Iris-Klasse`.

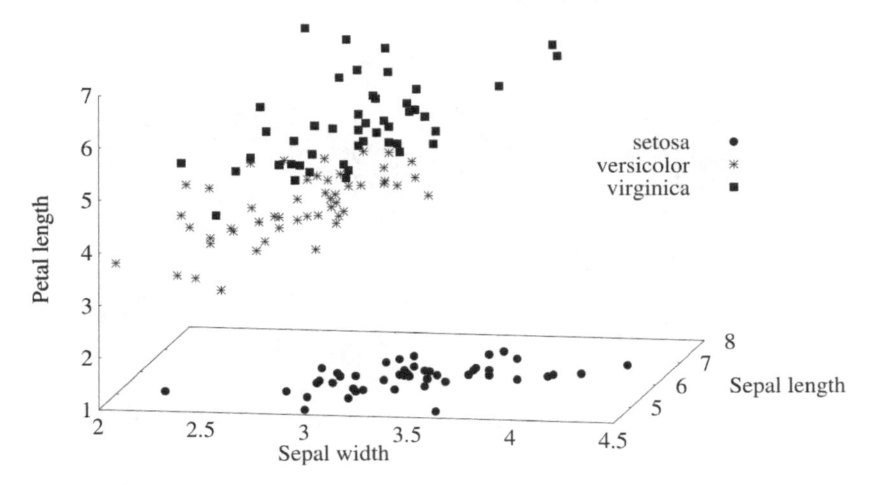

Abb. 9.18: Visualisierung – Punkte-Diagramm

Eine Variante der Punkte-Diagramme sind die *Blasendiagramme* (Bubble chart). Abbildung 9.19 zeigt die Iris-Datensätze bezüglich `petal width` und `petal length`. Die Klassen sind durch Grauwerte gekennzeichnet. In einem Blasendiagramm kann auch eine 4. Dimension durch die Größe der Blasen visualisiert werden, hier die Werte für `sepal length`.

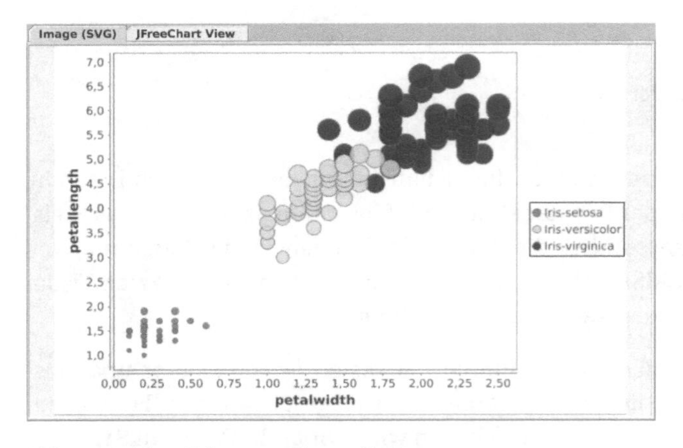

Abb. 9.19: Visualisierung – Blasendiagramm

Abbildung 9.19 auf der vorherigen Seite zeigt nun nicht nur den Zusammenhang zwischen `petal width` und `petal length`, sondern auch die Zusammenhänge zwischen `petal width` und den Irisklassen, zwischen `petal length` und den Irisklassen sowie zwischen `sepal length` und den Irisklassen.

Eine weitere Variante der Punkte-Diagramme sind die in KNIME verfügbaren Streudiagramm-Matrizen (scatter matrix), die mehrere Punktediagramme in einem Fenster vereinigen. Abbildung 9.20 zeigt die Iris-Datensätze bezüglich `petal length`, `sepal length` und `sepal width`. Die Klassen sind wieder durch Grauwerte gekennzeichnet.

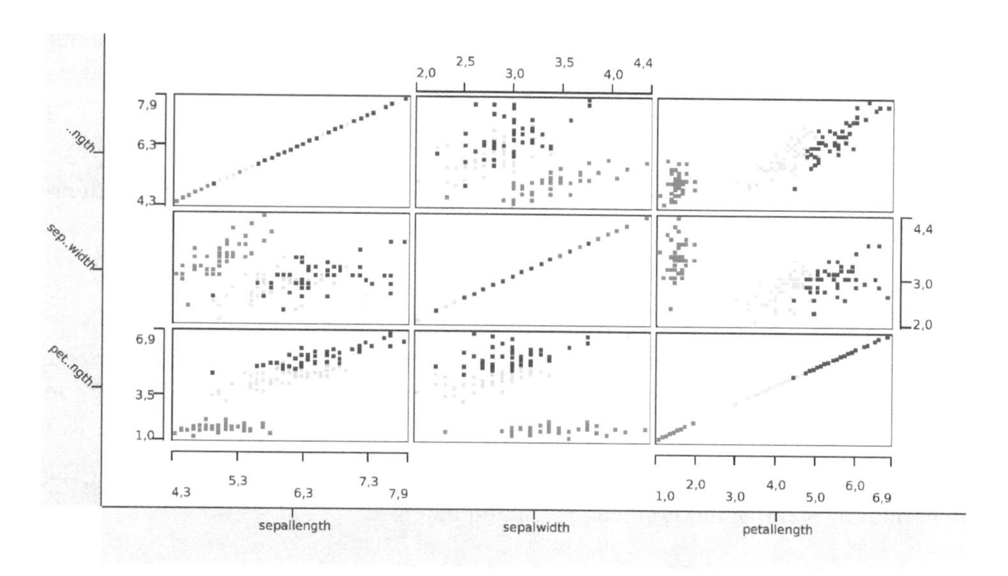

Abb. 9.20: Visualisierung – Streudiagramm-Matrix

Ein Vorteil der Streudiagramme ist, dass diese in *einer* Darstellung mehrere Attributkombinationen darstellen können.

Es gibt eine Reihe von weiteren Diagrammtypen. Eine Baumkarte (Tree Map) dient der Visualisierung von hierarchischen Strukturen. Man stellt die Hierarchie durch ineinander verschachtelte Rechtecke dar. Die Rechtecke widerspiegeln in ihrer Größe proportional die Größenverhältnisse. Dies wird beispielsweise beim hierarchischen Clustern eingesetzt. Es gibt einige weitere Varianten der Balkendiagramme wie die gestapelten Säulendiagramme oder auch die Treppenstufendiagramme.

Eine gute Einführung in die Varianten der Visualisierung wird in [Yau11] gegeben.

Jede Visualisierung stößt jedoch mit steigender Dimension der Daten an ihre Grenzen. Wir haben zwar gesehen, dass 4 Attribute gleichzeitig – nutzt man Farbe und Größe, dann sogar 5 Attribute – visualisiert werden können, meistens ist es aber schwer, die relevanten Informationen auf 4 Dimensionen einzugrenzen. Im Beispiel Sojabohnen (Anhang A.2) haben wir mehr als 30 Attribute, und dies ist eher der Normalfall. Insofern ist der Wunsch, die Dimension zu reduzieren, berechtigt.

Es gibt eine Reihe von Techniken, die die Dimension reduzieren. Der klassische Vertreter ist die *Hauptachsentransformation* (PCA – Principal Component Analysis). Sie setzt numerische Attribute voraus. Die Hauptachsentransformation modifiziert die Daten derart, dass die Struktur der Daten achsenparallel wiedergegeben wird. Diese Technik wird bereits im Rahmen der Datenvorverarbeitung (siehe Seite 237 ff.) betrachtet. Sie kann auch bei der Visualisierung von Daten sehr nützlich sein. Betrachten wir die Iris-Daten, nur bezüglich `petal length` und `sepal length` und auf das Intervall [0, 1] normalisiert, wie in Abbildung 9.21 (linke Grafik) dargestellt, so sehen wir, dass eine geringe Drehung im Uhrzeigersinn die Daten bezüglich der x-Achse besser darstellt.

Wie in Kapitel 8 dargestellt, werden alle Datensätze x mittels einer Transformationsmatrix PCA umgewandelt.

$$x_{\text{neu}} = \text{PCA} \cdot (x - \bar{x}) \tag{9.13}$$

$\bar{x}$ ist der Vektor der Durchschnittswerte der x-Komponenten.

Mittels einer $n \times n$-Matrix werden die Daten nur „gedreht". Wählt man aber eine $m \times n$-Matrix mit $m < n$, so erfolgt eine Dimensionsreduktion, was für die Visualisierung von Vorteil ist.

Führt man die Hauptachsentransformation für die Iris-Daten durch, so erhält man die in Abbildung 9.21 (rechte Grafik) dargestellten Daten.

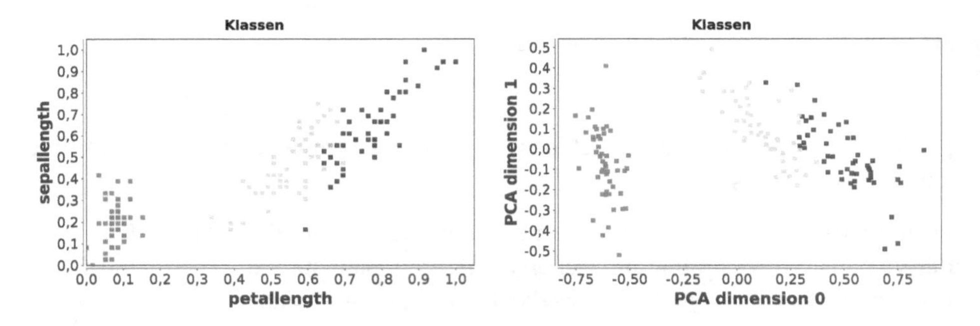

Abb. 9.21: Iris-Daten – vor und nach Hauptachsentransformation

Für die Dimensionsreduktion gibt es weitere Verfahren, wir verweisen die Leser hier auf die Literatur.

10 Eine Data-Mining-Aufgabe

The simpler it looks, the more problems it hides.
Lee's Law of Electrical Repair.

10.1 Die Aufgabe

Die im Buch bisher diskutierten Beispiele dienen in erster Linie der Veranschaulichung von Vorgehensweisen oder Verfahren sowie deren jeweiligen mathematischen Hintergründen. Data Mining wird aber nicht auf Datenmengen angewendet, die nur aus einigen Dutzend Datensätzen bestehen. Realistische Aufgaben können zwar vereinzelt auf einigen Hundert Datensätzen beruhen, im Allgemeinen gilt es Tausende oder sogar Millionen von Datensätzen zu analysieren.

In diesem Kapitel illustrieren wir die Vorgehensweise des Data Minings anhand eines etwas umfangreicheren Beispiels. Seit vielen Jahren wird der Data Mining Cup[1] von der PRUDSYS AG aus Chemnitz durchgeführt, bei dem in jedem Jahr eine Data-Mining-Aufgabe zu bearbeiten ist. Die Daten für diese Aufgabe werden von Firmen bereitgestellt, so dass der Data Mining Cup als ein guter Test für Probleme der realen Welt angesehen werden kann.

Wir greifen auf die Aufgabe aus dem Jahre 2002 zurück, bei der ein Vorhersagemodell für eine Mailing-Aktion eines Energieversorgers zu entwickeln ist. Dieses Beispiel ist schon alt, uralt in unserer schnelllebigen Zeit, aber es hat erstens einen für unsere Zwecke praktikablen Umfang. Zweitens lassen sich die im Buch vorgestellten Verfahren an diesem Beispiel gut demonstrieren, und drittens ist eine Einteilung von Kunden eine typische Data-Mining-Aufgabe.

Das Kapitel orientiert sich an dem in Abschnitt 1.2 eingeführten Vorgehensmodell für Data-Mining-Aufgaben: Von der Problemanalyse über das Verständnis der Daten, der Datenvorbereitung, dem Einsatz von Data-Mining-Algorithmen bis hin zur Auswertung werden mögliche Vorgehensweisen und Experimente diskutiert.

Dieses Kapitel dient somit dazu, sich dem Data Mining erneut zu widmen und die einzelnen Schritte anhand einer komplexeren Aufgabe Revue passieren zu lassen. Die Ausführungen können als Handlungsanleitung für eigene Problembearbeitungen herangezogen werden.

Im Data Mining Cup werden Trainingsdaten bereitgestellt, mit denen ein Vorhersagemodell entwickelt und trainiert wird. Das erarbeitete Modell wird dann auf eine zweite

1 Siehe www.data-mining-cup.de, 2020-07-09.

https://doi.org/10.1515/9783110676273-010

Menge, die Klassifikationsdaten angewendet. Die daraus entstehenden Vorhersagen werden im Rahmen des Wettbewerbs eingereicht. Erst nach Ende des Wettbewerbs werden auch für die Klassifikationsdaten die wahren Klassenzuordnungen veröffentlicht. Obwohl uns für das gewählte Beispiel auch für die Klassifikationsdaten die Ergebnisse vorliegen, werden wir hier so vorgehen, wie es im Rahmen des Wettbewerbs möglich ist, und schauen uns die richtigen Klassifikationsergebnisse erst am Ende an.

- Die Trainingsdaten werden sowohl zum Trainieren als auch zum Testen des erarbeiteten Vorhersagemodells eingesetzt.
- Erst danach werden die Klassifikationsdaten mit dem erarbeiteten Modell klassifiziert und dieses Ergebnis mit den Ergebnisdaten verglichen.

Damit können die Herangehensweise und deren Ergebnisse mit den Spitzenwerten aus dem Wettbewerb von 2002 verglichen werden.

Auf der WWW-Seite www.wi.hs-wismar.de/dm-buch sind einige Workflows sowie die zugehörigen Daten zu finden.

10.2 Das Problem

Im offenen Markt der Energieversorger kommt es immer wieder dazu, dass Kunden den Anbieter wechseln. Ein Unternehmen der Branche hat aus den Erfahrungen der vorangegangenen Jahre erkannt, dass 10 % seiner Kunden pro Jahr wechseln. Kann aus diesen Daten der Vergangenheit ein Vorhersagemodell entwickelt werden, welches Auskunft darüber gibt, welcher Kunde im laufenden Jahr den Vertrag kündigen wird? Kunden, die aufgrund der Vorhersage als potenzielle Kündiger klassifiziert werden, erhalten dann ein Angebot. Mit diesem Angebot möchte das Unternehmen die Kunden überzeugen, den Energieversorger nicht zu wechseln. Aus der betriebswirtschaftlichen Analyse des Problems wurden folgende Geldbeträge herausgearbeitet:

- Von einem Kunden, der nicht kündigt, kann das Unternehmen einen Betrag von 72,00€ einnehmen.
- Kündigt ein Kunde, so sind keine weiteren Einnahmen zu verzeichnen.
- Wird einem Kunden, der kündigen will, ein Angebot unterbreitet, so kann bei einigen Kunden die Kündigung verhindert werden. Es wird dann eine durchschnittliche Einnahme in Höhe von 43,80€ pro Kunde erzielt.
- Erhält ein Kunde, der nicht kündigen will, ein Angebot, so wird er dieses für ihn günstigere Angebot annehmen. Das Unternehmen wird nur einen Betrag von 66,30€ verbuchen können. Es entsteht ein kleiner Verlust.

Zusammengefasst ergibt sich die in Tabelle 10.1 dargestellte Bewertungsmatrix.

Tab. 10.1: Kundenbewertungsmatrix

Kunde will	**kündigen**	**nicht kündigen**
Kunde erhält Angebot	43,80€	66,30€
Kunde erhält kein Angebot	0,00€	72,00€

Die Einnahmen, die ohne eine Rabatt-Aktion erzielt werden, betragen:

$$f_{grund} = 72{,}00€ \cdot \text{Anzahl Nichtkündiger}$$

Ziel ist es, ein Vorhersagemodell zu entwickeln, welches in Vorbereitung auf die Rabatt-Aktion die Kunden möglichst gut klassifiziert in potenzielle Kündiger sowie treue Kunden, also Nichtkündiger. Eine gute Vorhersage muss ein besseres Ergebnis erzielen, als ohne Rabatt-Aktion möglich ist. Die *Zielfunktion* beschreibt den zusätzlichen Gewinn, der durch die Rabatt-Aktion zu erwarten ist. Die Vorhersage muss diesen zusätzlichen Gewinn soweit wie möglich erhöhen.

$$\begin{aligned} Gewinn = \; & 43{,}80€ \cdot \text{Anzahl erkannter Kündiger} \\ & +72{,}00€ \cdot \text{Anzahl erkannter Nichtkündiger} \\ & +66{,}30€ \cdot \text{Anzahl nicht erkannter Nichtkündiger} \\ & -f_{grund} \end{aligned}$$

Im Weiteren werden wir Abkürzungen für diese Mengen verwenden:

- *kk*: Anzahl korrekt erkannter Kündiger (werden angeschrieben), entspricht TP, siehe Abschnitt 9.3.2
- *nk*: Anzahl nicht erkannter Kündiger (werden nicht angeschrieben),entspricht FN
- *kn*: Anzahl korrekt erkannter Nichtkündiger, TN (werden nicht angeschrieben)
- *nn*: Anzahl nicht erkannter Nichtkündiger, FP (werden angeschrieben)

Damit kann die Zielfunktion g, die es zu maximieren gilt, wie folgt formuliert werden:

$$\begin{aligned} g &= 43{,}80 \cdot kk + 66{,}30 \cdot nn + 72{,}00 \cdot kn - 72{,}00 \cdot (kn + nn) \\ &= 43{,}80 \cdot kk - 5{,}70 \cdot nn \\ &= 43{,}80 \cdot TP - 5{,}70 \cdot FP \end{aligned}$$

Der letzte Summand in der ersten Zeile $72{,}00 \cdot (kn + nn)$ entspricht dem Grundwert, den das Unternehmen ohne Rabatt-Aktion erreicht. Dieser Grundwert wird nicht dem zusätzlichen Gewinn g zugerechnet. Die zweite Zeile gibt die komprimierte Form der Zielfunktion an.

Zur Verfügung stehen zum einen die Trainingsdaten Tr sowie zum anderen eine Datenmenge K, für die eine Klassifikation vorzunehmen ist. Beide Mengen, Tr sowie K, enthalten jeweils 10.000 Datensätze, von denen 10 % zu der Menge der potenziellen Kündiger zählen. Für eine Menge aus 10.000 Kundendaten können folgende Abschätzungen getroffen werden:

1. Einnahmen, die ohne Rabatt-Aktion entstehen: 9.000 · 72,00 = 648.000€
2. Einnahmen, die bei einer Rabatt-Aktion entstehen, bei der jeder Kunde angeschrieben wird: 9.000 · 66,30 + 1.000 · 43,80 = 596.700 + 43.800 = 640.500€
3. Einnahmen, die erwartet werden können, falls eine Klassifikation zu einhundert Prozent korrekt erfolgt: 9.000 · 72,00 + 1.000 · 43,80 = 648.000 + 43.800 = 691.800€

Rein theoretisch lässt sich somit durch ein Vorhersagemodell für die Rabattaktion ein zusätzlicher Gewinn von bis zu 43.800€ je 10.000 Kunden erzielen. Im Wettbewerb 2002 wurden die in Tabelle 10.2 dargestellten Ergebnisse erreicht.

Tab. 10.2: Ergebnisse im Data Mining Cup 2002

Platz	Kündiger	Nicht-Kündiger	Gewinn
1.	523	2673	7671,30
2.	477	2415	7127,10
3.	448	2213	7008,30
4.	440	2156	6982,80
5.	454	2269	6951,90
6.	456	2287	6936,90
7.	379	1731	6733,50
8.	411	1991	6653,10
9.	446	2274	6573,00
10.	418	2059	6572,10

Ein zusätzlicher Gewinn von 7.000€ erscheint auf den ersten Blick nicht sehr hoch, dies ist jedoch nur der zusätzliche Ertrag je 10.000 Kunden. Energieversorger haben durchaus mehrere Hunderttausend oder Millionen von Kunden, so dass es sich hier um nennenswerte Beträge handelt, die mittels Data Mining zusätzlich erwirtschaftet werden können.

10.3 Die Daten

Die Datensätze der Trainings- sowie der Klassifikationsmenge enthalten 33 Attribute inklusive der Identifikationsnummer, siehe Tabelle 10.3 auf der nächsten Seite. Die Trainingsmenge enthält zusätzlich das Attribut *canceler*, welches die Erfahrung aus dem vergangenen Jahr widerspiegelt: Wer hat gekündigt?

Die in der Tabelle 10.3 auf der nächsten Seite mit einem * gekennzeichneten Daten sind mikrogeografische Informationen, die für die Data-Mining-Cup-Aufgabe durch einen externen Dienstleister zur Verfügung gestellt wurden [DMC].

Tab. 10.3: Merkmale mit Datentyp in den Datenmengen des Energieversorgers

Merkmal	Typ	Beschreibung
ID	Integer	ID-Merkmal, Datenbank-Schlüsselfeld
payment_type	Integer	Art der Bezahlung: 1 Überweisung, 2 Abbuchung, 3 andere Regelung
power_consumption	Integer	letzter jährlicher Stromverbrauch in kWh
HHH	Integer	Anzahl Haushalte im Haus
HGEW	Integer	Anzahl Gewerbe im Haus
MTREG0G	Integer	Regionaltyp*
MTKAU0G	Integer	Kaufkraft*
MTSTR0G	Integer	Straßentyp*
MTBEB0G	Integer	Bebauungstyp*
MTSTA0G	Integer	Status*
MTBON0G	Integer	Prüfungsgrad Bonität*
MTADE0G	Integer	Anteil Deutscher*
MTALT0G	Integer	Altersstruktur*
MTFAM0G	Integer	Familienstand*
MTKDI0G	Integer	PKW-Indizes: PKW-Dichte*
MTKLE0G	Integer	PKW-Indizes: PKW-Leistungsindex*
MTKKL0G	Integer	PKW-Indizes: PKW-Kleinbusindex*
MTKGB0G	Integer	PKW-Indizes: PKW-Gebrauchtwagenindex*
MTKGL0G	Integer	PKW-Indizes: PKW-Geländewagenindex*
SCMWGR2	Integer	Versicherungstyp: Treuer Vertreterkunde*
SCMWGR3	Integer	Versicherungstyp: Anspruchsvoller Delegierer*
SCMWGR4	Integer	Versicherungstyp: Preisorientierter Rationalist*
SCMWGR5	Integer	Versicherungstyp: Überforderter Unterstützungssuchender*
SCMWGR6	Integer	Versicherungstyp: Skeptisch-Gleichgültiger*
SCMWGR7	Integer	Versicherungstyp: Distinguiert-Konservativer*
SCMWGR21	Integer	Versicherungstyp: Affinität zu Direktwerbung*
SCMWGR22	Integer	Versicherungstyp: Affinität zum Direktvertrieb*
PHARM1	Integer	Pharmatypologie: Gesunder Kraftprotz*
PHARM2	Integer	Pharmatypologie: Unkritischer Wehleidiger*
PHARM3	Integer	Pharmatypologie: Skeptischer Verweigerer*
PHARM4	Integer	Pharmatypologie: Informierter Körperbewusster*
PHARM5	Integer	Pharmatypologie: Eingeschränkter Kassenpatient*
PHARM6	Integer	Pharmatypologie: Konservativer Arztgläubiger*
canceler	yes/no	Zielmerkmal: yes = Kündiger, no = Kunde

Bei einer ersten Durchsicht der Merkmale entsteht unwillkürlich die Frage: Welchen Zusammenhang kann es zwischen PKW-Index oder Versicherungstyp oder Pharmatypologie und dem Klassifikationsergebnis, *kündigt* oder *kündigt nicht*, geben? Eine typische Frage am Anfang einer Analyse.

Ein Zusammenhang kann nicht von vornherein ausgeschlossen werden, so unwahrscheinlich dieser auch erscheinen mag. Data Mining will ja gerade Zusammenhänge aufdecken, die nicht offensichtlich sind.

Auf jeden Fall muss geklärt werden, ob die zur Verfügung stehenden Daten aus Datenschutzgründen überhaupt in die Untersuchung einfließen dürfen. Nur falls es keine Einwände aus Sicht des Datenschutzes gibt, können die Daten für die Auswertung herangezogen werden. Für das Beispiel gehen wir davon aus, dass der Datenschutz eingehalten wird. Aus inhaltlicher Sicht werden keine Merkmale ausgelassen, aus technischer Sicht kann sich ergeben, dass auf das eine oder andere Merkmal verzichtet werden kann.

Neben einem ersten Blick auf die Bedeutung der Merkmale, ist zu Beginn eine statistische Untersuchung der Daten erforderlich, da die Merkmalseigenschaften die Art der Datenvorverarbeitung und die Wahl des Verfahrens beeinflussen. Die Statistik kann mittels einer Tabellenkalkulation oder auch mit dem Statistik-Knoten von KNIME ermittelt werden.

- Welchen Datentyp und Wertebereich besitzt ein Merkmal?
- Wie sehen Häufigkeit und Verteilung der Werte aus?
- Gibt es Datensätze mit fehlenden Werten?
- Lassen sich Abhängigkeiten zwischen Merkmalen entdecken?

Bei den Trainingsdaten handelt es sich um 10.000 Datensätze. Für die numerischen Daten werden das Minimum, das Maximum, der Mittelwert und der Median bestimmt. Zudem wird analysiert, ob und gegebenenfalls, wie viele Daten fehlen. Tabelle 10.4 auf der nächsten Seite gibt Auskunft über die vorliegenden Daten. Die Spalte ID wird dabei ausgelassen, da diese die Identifikationsnummer des Datensatzes enthält. Alle Identifikationsnummern sind unterschiedlich und können so nichts zu einer Analyse beitragen.

Für das Klassifikationsmerkmal *canceler* ermitteln wir die Anzahl der Datensätze in der jeweiligen Klasse und erhalten: Die Klasse der Nichtkündiger (no) enthält 9.000 und die Klasse der Kündiger (yes) enthält 1.000 Datensätze. Erwartungsgemäß enthält das Merkmal *canceler* keine fehlenden Werte.

Sind, wie im Data Mining Cup, Klassifikationsdaten vorhanden, für die kein Klassifikationsergebnis vorliegt, so sollten auch diese Daten einer statistischen Betrachtung unterzogen werden. Nur wenn sich diese Daten ähnlich wie die Trainingsdaten verhalten, kann erwartet werden, dass ein Data-Mining-Prozess ein Ergebnis ermitteln kann. Die Tabelle 10.5 auf Seite 280 gibt Auskunft und es zeigt sich, dass die Daten weitgehend denselben Wertebereichen entstammen. Das ist nicht verwunderlich, da insbesondere die Merkmalsgruppen MT*, SCHWGR* sowie PHARM* bereits codierte nominale Werte sind. Aber auch der Energieverbrauch ist ähnlich. Somit ist eine grundlegende Voraussetzung für ein erfolgreiches Data Mining erfüllt.

Bevor wir weitere Schritte gemäß dem Data-Mining-Ablauf vornehmen, werden wir einen schnellen Versuch unternehmen und möglichst ohne Datenvorbereitung ein erstes Klassifikationsmodell entwickeln. Ziel ist es, einen ersten Eindruck über ein

Tab. 10.4: Statistik der Trainingsdaten

	Min	Max	Mittelwert	Median	Fehlende Werte
payment_type	1	3	1,737	2	0
power_consumption	0	27.500	2.491	2.089	0
HHH	0	82	3,230	2	851
HGEW	0	29	0,290	0	851
MTREG0G	11	16	14,438	15	852
MTKAU0G	−9	−1	−6,367	−7	852
MTSTR0G	1	5	1,832	1	852
MTBEB0G	0	5	1,598	1	852
MTSTA0G	1	9	4,373	4	852
MTBON0G	1	9	4,010	4	852
MTADE0G	1	9	6,555	7	852
MTALT0G	1	8	4,512	5	852
MTFAM0G	1	9	5,281	6	852
MTKDI0G	1	10	7,168	8	854
MTKLE0G	1	10	2,694	2	854
MTKKL0G	0	6	1,793	0	2117
MTKGB0G	1	9	4,773	5	854
MTKGL0G	0	3	0,897	0	854
SCMWGR2	1	5	3,039	3	2296
SCMWGR3	1	5	3,008	3	2188
SCMWGR4	1	5	3,324	4	2296
SCMWGR5	1	5	3,058	3	2286
SCMWGR6	1	5	2,577	2	2188
SCMWGR7	1	5	3,092	3	2285
SCMWGR21	1	5	2,951	3	2296
SCMWGR22	1	5	2,561	2	2295
PHARM1	1	7	4,448	5	2012
PHARM2	1	7	2,240	2	2012
PHARM3	1	7	4,514	5	2012
PHARM4	1	7	3,482	4	2012
PHARM5	1	7	3,571	3	2012
PHARM6	1	7	5,490	6	2012

mögliches Ergebnis zu erhalten. Zudem führen erste konkrete Experimente immer auch zu mehr Verständnis der Daten und auch zu Inspirationen für das weitere Vorgehen.

Weitgehend ohne Vorverarbeitung kann ein Entscheidungsbaum-Lernverfahren eingesetzt werden, wenn dieses auch mit numerischen Werten umgehen kann. Mittels KNIME kann recht schnell ein erster Datenanalyse-Prozess entwickelt werden. Die notwendigen Schritte im Prozess sind:

1. Einlesen der Trainingsdaten
2. Behandeln der fehlenden Daten
3. Aufteilen der Trainingsmenge in eine Datei zum Trainieren und eine zum Testen
4. Einsetzen des Knotens zum Entscheidungsbaum-Lernen
5. Berechnen des Ergebnisses gemäß der Zielfunktion

Tab. 10.5: Statistik der Klassifikationsdaten

	Min	Max	Mittelwert	Median	Fehlende Werte
payment_type	1	3	1,747	2	0
power_consumption	0	31.062	2.526	2.123,5	0
HHH	0	137	3,206	2	853
HGEW	0	40	0,299	0	853
MTREG0G	11	16	14,434	15	856
MTKAU0G	−9	−1	−6,413	−7	856
MTSTR0G	1	5	1,829	1	856
MTBEB0G	0	5	1,586	1	856
MTSTA0G	1	9	4,322	4	856
MTBON0G	1	9	3,934	3	856
MTADE0G	1	9	6,560	7	856
MTALT0G	1	8	4,513	4,5	856
MTFAM0G	1	9	5,327	6	856
MTKDI0G	1	10	7,225	8	862
MTKLE0G	1	10	2,701	2	862
MTKKL0G	0	6	1,749	0	2075
MTKGB0G	1	9	4,849	5	862
MTKGL0G	0	3	0,891	0	862
SCMWGR2	1	5	3,027	3	2255
SCMWGR3	1	5	2,992	3	2139
SCMWGR4	1	5	3,301	3	2255
SCMWGR5	1	5	3,098	3	2242
SCMWGR6	1	5	2,599	2	2139
SCMWGR7	1	5	3,086	3	2243
SCMWGR21	1	5	2,966	3	2255
SCMWGR22	1	5	2,535	2	2254
PHARM1	1	7	4,454	5	1969
PHARM2	1	7	2,275	2	1969
PHARM3	1	7	4,490	5	1969
PHARM4	1	7	3,489	4	1969
PHARM5	1	7	3,546	3	1969
PHARM6	1	7	5,484	6	1969

Abbildung 10.1 auf der nächsten Seite zeigt den Ablauf dieses ersten Experiments. Es wurden hier zwei Knoten mit aufgenommen, die Auskunft über die Daten geben: Ein Knoten zeigt statistische Kenngrößen der Merkmale an, der andere Knoten informiert über die Häufigkeitsverteilung der Werte des Merkmals Energieverbrauch. Beide Knoten sind für das erste Experiment nicht unbedingt erforderlich.

Die Klassifikation der Testdaten kann im Knoten *Prediction (canceler)* den beiden entscheidenden Spalten entnommen werden: die erwartete Ausgabe in der Spalte *canceler* und die durch das Modell berechnete Klassifikation in der Spalte *Prediction (canceler)*.

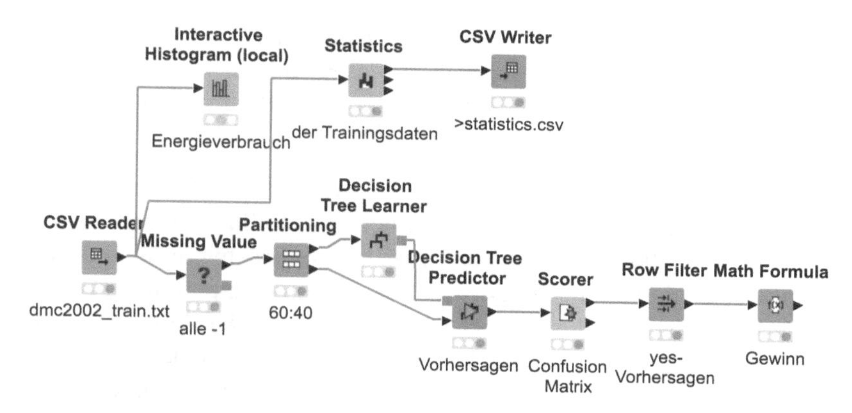

Abb. 10.1: Ein erster Analyse-Prozess

Die Berechnung des erzielten Gewinns erfolgt über den *Scorer*. Der Scorer wird so konfiguriert, dass aus den Zeilen die Anzahl der Vorhersagen für die jeweilige Klasse abgelesen werden kann.

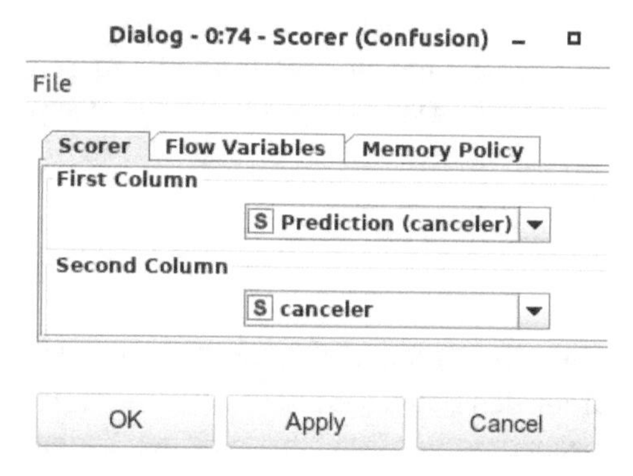

Der Scorer erzeugt die sogenannte *Confusion Matrix*. Die erste Zeile enthält die als Kündiger klassifizierten Kunden (TP, FP), die zweite Zeile entsprechend die als Nichtkündiger klassifizierten Kunden (FN, TN).

Vorhersage \ Kündiger?	yes	no
Vorhersage yes	TP	FP
Vorhersage no	FN	TN

Vorhersage \ Kündiger?	yes	no
Vorhersage yes	69	365
Vorhersage no	331	3235

In unserem Experiment wurden also nur 69 Kündiger korrekt als Kündiger erkannt, 365 Nichtkündiger werden fälschlicherweise als Kündiger eingeordnet. 331 Kündiger werden leider nicht erkannt.

Uns interessiert hier die yes-Zeile. Diese wird im *Row Filter* ausgewählt. Im Knoten *Math Formula* wenden wir nun die auf Seite 275 dargestellte (reduzierte) Gewinn-Funktion an: ($\$yes\$ * (43.80) + \$no\$ * (-5.70)$). Das Ergebnis ist nicht sehr hoch: 941,7. Wir müssen hier berücksichtigen, dass dieser Betrag auf nur 40 % der Daten erzielt wurde. Für eine vergleichbare Abschätzung für 10.000 Datensätze ist das Ergebnis noch entsprechend hochzurechnen und beträgt dann 2.354,25. Verglichen mit den Resultaten aus Tabelle 10.2 schneiden wir nur mäßig ab.

Sie werden durchaus abweichende Ergebnisse erhalten, wenn Sie diese Versuche durchführen. Die 60:40-Aufteilung der Datenmenge erfolgt stets zufällig und somit jedes Mal anders. Es lässt sich aber auch erreichen, dass immer dieselbe Aufteilung vorgenommen wird. Damit sind die Ergebnisse der verschiedenen Experimente besser vergleichbar. Die Aufteilung beeinflusst jedoch sehr stark auch das Ergebnis, jede neue Aufteilung bietet somit die Chance auf ein besseres Vorhersagemodell. Wir verwenden in unseren Experimenten meistens diese stets andere, zufällige Aufteilung. Die Schlussfolgerung ist: Man führe nie nur ein Experiment durch, sondern immer mehrere.

Da in den Daten nur 10 % Kündiger enthalten sind, sollten sowohl die Trainingsmenge (60 %) als auch die Testmenge (40 %) dasselbe Verhältnis aufweisen. Im KNIME-Knoten wird dies durch *Stratified Sampling* erreicht.

In unserem Experiment verändert auch ein Normalisieren der Daten durch dezimales Skalieren das Ergebnis nicht. Ein schneller Erfolg ist nicht zu erwarten. Wir müssen uns die Daten genauer ansehen und Möglichkeiten der Datenvorbereitung einsetzen.

10.4 Datenvorbereitung

Daten, die im Rahmen des Data Mining Cups bereitgestellt werden, haben stets schon einige Schritte einer Datenvorbereitung durchlaufen. Dies gilt auch für die hier diskutierte Aufgabe eines Energieversorgers. So wurden den Daten des Energieversorgers (*ID*, *payment_type*, *power_consumption*) die mikrogeografischen Daten hinzugefügt. Zudem wurde eine Selektion vorgenommen: Die beiden vorliegenden Mengen, Trainingsmenge sowie Klassifikationsmenge, stellen jeweils einen repräsentativen Ausschnitt aller Kundendaten dar, der das Verhältnis Kunde zu Kündiger widerspiegelt.

Nachdem der erste Versuch mit dem Aufbau eines Entscheidungsbaums noch nicht das gewünschte Ergebnis gebracht hat, werden wir nun einige Möglichkeiten zusammenstellen und entsprechende Experimente durchführen. Untersuchen wir noch einmal die statistischen Werte der Trainingsmenge (siehe Tabelle 10.4 auf Seite 279) und stellen einige Auffälligkeiten zusammen:

1. Es gibt viele unvollständige Datensätze. Werden alle Datensätze entfernt, die einen fehlenden Wert enthalten, so bleiben nur 7.601 Datensätze übrig. Zum Trainieren ist das ausreichend, aber wie werden die unvollständigen Datensätze in der Klassifikationsmenge behandelt?

2. Bis auf das Klassifikationsmerkmal sind alle anderen Merkmale ganzzahlig (Integer). Die meisten Attribute weisen nur wenig unterschiedliche Werte auf, die überwiegend einstellig sind: (0..5), (1..5), (1..7), (1..10).
3. Es liegt eine einfache Klassifikation in zwei Klassen vor, Kündiger und Nicht-Kündiger.
4. Ohne dass in der Tabelle 10.4 die Standardabweichung mit aufgeführt ist, lässt sich aus dem Vergleich der Mittelwerte beziehungsweise Mediane mit den jeweiligen Minima sowie Maxima erkennen, dass der Energieverbrauch *power_consumption* sowie das Merkmal *HHH* stark gestreut sind und dass hier vermutlich einige Ausreißer anzutreffen sind.
5. Das Merkmal MTKAU0G enthält als einziges Merkmal negative Werte.
6. Die Merkmale *power_consumption* und *HHH* sind metrisch, alle anderen Merkmale sind ordinal. Letzteres lässt sich nicht aus den Wertebereichen ableiten, sondern ist an der Beschreibung der Merkmale zu erkennen.

Welches Vorgehen kann aus diesen Erkenntnissen abgeleitet werden?

1. Die beiden Merkmale *power_consumption* sowie *HHH* sind auf ihre Verteilung hin zu untersuchen, eine Gruppierung der Werte ist vorzunehmen. Angestrebt wird ein Werteumfang ähnlich dem der anderen Werte, beispielsweise 0..10.
2. Es sind mehrere Varianten der Behandlung fehlender Werte möglich. Wir werden Versuche mit einem globalen Wert (–1) für fehlende Daten durchführen. Erfahrungen aus anderen Projekten zeigen, dass ein für jedes Merkmal individuell ermittelter Wert gute Ergebnisse erwarten lässt. Hierzu werden die fehlenden Werte durch den Median oder den Mittelwert des jeweiligen Merkmals ersetzt.
3. Je nach Verfahren können oder müssen die Werte normalisiert werden.
4. Da der Einfluss der mikrogeografischen Daten inhaltlich angezweifelt werden kann, sind auch Experimente mit reduzierten Datenmengen interessant.

Wir werden einige Experimente mit gruppierten Daten für die Merkmale *HHH* und *power_consumption* durchführen. Ausgangspunkt ist die Überlegung, dass Median und Mittelwert nicht recht zu Minimum und Maximum „passen". Mittels einer Tabellenkalkulation oder dem entsprechenden Knoten in KNIME wird ein Histogramm erzeugt, welches die Verteilung der Daten angibt, siehe Abbildung 10.2.

Während eine Häufung im Bereich bis zu etwa 6.000 kWh zu verzeichnen ist, sind größere Werte nur vereinzelt anzutreffen. Zudem muss auch damit gerechnet werden, dass in den Klassifikationsdaten vereinzelt noch größere Werte anzutreffen sind. Der Wertebereich wird gekappt und in Teilbereiche unterteilt (Binning). Eine mögliche Einteilung gibt Abbildung 10.3 auf der nächsten Seite an. In unseren Experimenten wird alternativ auch folgende Abbildung auf den Bereich 0..5 vorgenommen:

```
if($power_consumption$ >5000) return 5;
                  else return $power_consumption$/1000;
```

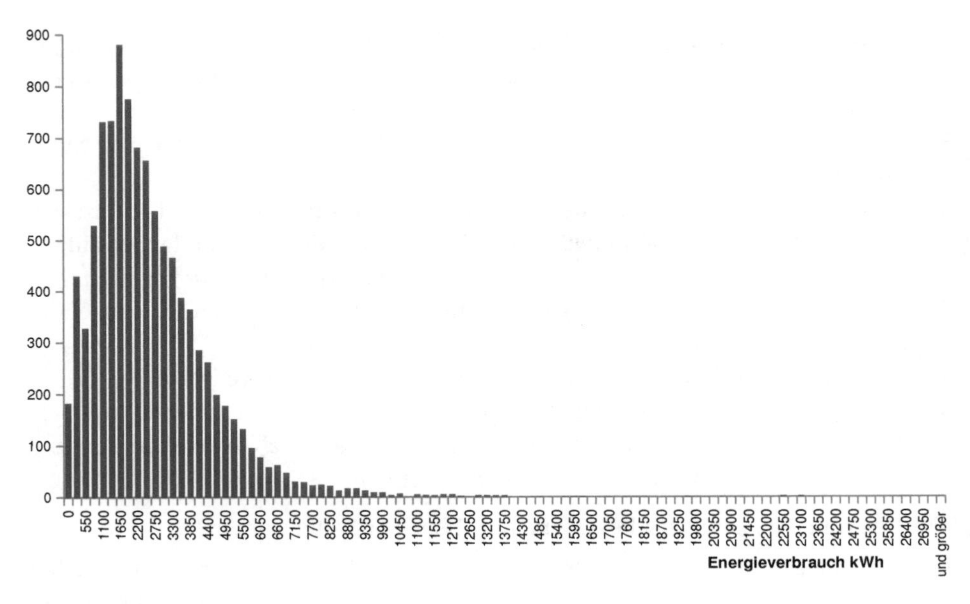

Abb. 10.2: Verteilung der Energieverbrauchswerte

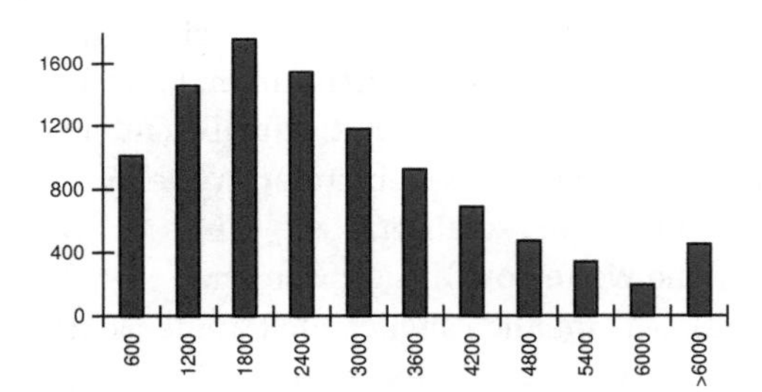

Abb. 10.3: Verteilung der Energieverbrauchswerte nach Kappung

Mit dem Merkmal *HHH* – Anzahl der Haushalte im Haus – wird analog verfahren. Das Histogramm zeigt eine abnehmende Häufung, wobei Werte > 10 nicht mehr vollständig und nur in sehr geringer Anzahl auftreten.

Den Maximalwert von 82 kann man durchaus als Ausreißer betrachten. Der Wertebereich wird auf den Bereich 0..10 und größer 10 gekappt. Letzteres wird als 11 codiert, und so sind nun nur noch Werte aus dem Bereich 0..11 zu verarbeiten.

10.5 Experimente

Aus der Vielzahl möglicher Experimente verfolgen wir exemplarisch die nachfolgend aufgezählten Ansätze. Diese unterscheiden sich bezüglich der verwendeten Datenmen-

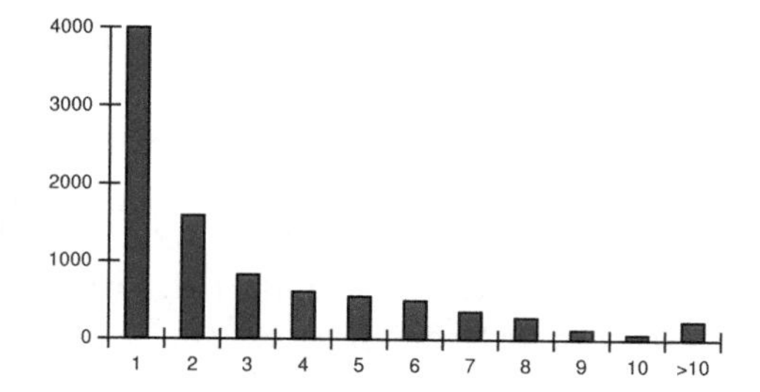

Abb. 10.4: Verteilung HHH-Werte nach der Kappung

ge, der Codierung, des Umgangs mit fehlenden Werten, der Normierung und natürlich hinsichtlich des Verfahrens, welches eingesetzt wird:

- Die verwendeten Merkmale:
  alle oder nur die ersten drei *payment_type*, *power_consumption* sowie *HHH* (Anzahl der Haushalte im Haus);
- Die Art der Codierung von *power_consumption* und *HHH*:
  keine weitere Codierung oder Gruppierung;
- Die Art der Normalisierung:
  keine, Min-Max, Z-Normierung oder dezimale Skalierung;
- Das verwendete Verfahren:
  k-Nearest Neighbour, Naive Bayes, Entscheidungsbaumverfahren, neuronale Netze;
- Die verwendete Software für neuronale Netze: KNIME oder JAVANNS.
  Alle anderen Experimente werden in KNIME durchgeführt.

Nachdem wir uns einen ersten Überblick verschafft und auch ein erstes Experiment durchgeführt haben, ist es erforderlich, systematisch vorzugehen. Unbedingt erforderlich ist zudem, jedes noch so kleine Experiment genau zu protokollieren: Verfahren und deren Parameter, Daten, Codierungen und dazu die erzielten Resultate. Die Versuchung „herumzuprobieren" ist recht hoch, und stets glaubt man, dass die nächste kleine Änderung den entscheidenden Durchbruch erzielt. Schnell geraten dabei auch recht erfolgreiche Versuche in Vergessenheit, diese können nur schwer und aufwändig wiederholt werden.

Wir stellen eine Liste der Experimente auf, die durchgeführt werden. Dabei werden aufgezählt: das Verfahren, die Datenmenge, die Codierung der Merkmale *power_consumption* (*pc*) und *HHH*, die Behandlung fehlender Werte, die Normierung, die verwendete Software. Dazu wird eine sich aus dem Verfahren ergebende Behandlung der Daten angegeben.

Wir beginnen immer mit der aufgeführten Konfiguration und verändern diese in Abhängigkeit vom erzielten Resultat.

1. k-Nearest Neighbour, alle Merkmale, keine Codierung von *pc* und *HHH*, Median der Spalte für fehlende Werte, dezimale Skalierung, KNIME.
2. Naive Bayes, alle Merkmale, *pc* und *HHH* gruppiert, Median der Spalte für fehlende Werte, keine Normierung, KNIME.
   Alle Werte werden in nominale Werte (Zeichenketten) umgewandelt.
3. Entscheidungsbaum, alle Merkmale, keine Codierung von *pc* und *HHH*, global wird der Wert –1 für fehlende Werte eingesetzt, ohne Normierung, KNIME.
4. Entscheidungsbaum, alle Merkmale, keine Codierung von *pc* und *HHH*, Median der Spalte für fehlende Werte, Normierung (es werden alle drei angebotenen Normierungen probiert), KNIME.
5. Entscheidungsbaum, alle Merkmale, *pc* und *HHH* werden gruppiert, Median der Spalte für fehlende Werte, Normierung (es werden alle drei angebotenen Normierungen probiert), KNIME.
6. Entscheidungsbaum, nur die drei Merkmale *payment_type*, *power_consumption* sowie *HHH*, *pc* und *HHH* werden gruppiert, Median der Spalte für fehlende Werte, Normierung (es werden alle drei angebotenen Normierungen probiert), KNIME.
7. Neuronales Netz, alle Merkmale, ohne und mit Codierung von *pc* und *HHH*, fehlende Werte werden auf –1 gesetzt, dezimale Skalierung, KNIME.
   Es werden zwei unterschiedliche verdeckte Schichten probiert.
8. Neuronales Netz, alle Merkmale, ohne und mit Codierung von *pc* und *HHH*, fehlende Werte werden auf –1 gesetzt, dezimale Skalierung, JAVANNS.
   Es werden zwei unterschiedliche verdeckte Schichten probiert. Der Einfluss des Lernverfahrens sowie des Lernfaktors werden untersucht.
9. Neuronales Netz, nur die drei Merkmale *payment_type*, *power_consumption* sowie *HHH*, *pc* und *HHH* werden gruppiert, Median der Spalte für fehlende Werte, dezimale Skalierung, KNIME.
10. Neuronales Netz, nur die drei Merkmale *payment_type*, *power_consumption* sowie *HHH*, *pc* und *HHH* werden gruppiert, Median der Spalte für fehlende Werte, dezimale Skalierung, JAVANNS.

Bei den Experimenten wird nur die gegebene Trainingsmenge für die Entwicklung eines Vorhersagemodells – eines Klassifikators – herangezogen. Um die Modelle dann mit den Ergebnissen des Data Mining Cups 2002 vergleichen zu können, werden die Klassifikationsdaten analysiert und die Klassifikationsergebnisse mit den tatsächlichen Klassen verglichen.

10.5.1 K-Nearest Neighbour

Das Experiment 1 verwendet den k-Nearest-Neighbour-Algorithmus (vergleiche Abschnitt 5.1, Seite 87). Der Ablauf ist in Abbildung 10.5 auf der nächsten Seite zu sehen.

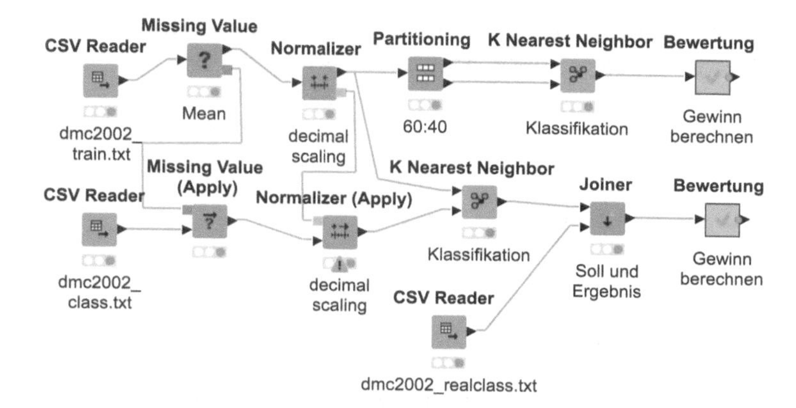

Abb. 10.5: Das Experiment k-Nearest Neighbour

Die fehlenden Werte werden durch den Median der Spalte ersetzt und die Daten anschließend dezimal skaliert (in den Bereich 0..1 normalisiert). Die Trainingsmenge wird anschließend in eine Menge zum Trainieren (60 % der Datensätze) und eine Testmenge (40 %) aufgeteilt. Der Knoten wird so konfiguriert, dass beide Mengen denselben Anteil von Datensätzen einer Klasse enthalten: Im Beispiel 10 % Kündiger und 90 % Kunden, die nicht kündigen.

Nach der Klassifikation wird das Ergebnis bestimmt. Dies erfolgt – wie auf Seite 280 vorgestellt und in Abbildung 10.1 bereits verwendet – über den Scorer. Diese Knoten werden hier und in allen weiteren KNIME-Experimenten zu einem Meta-Knoten (Bewertung) zusammengefasst.

Für $k = 3$ erhält man ohne eine Gewichtung des Abstandes für die Trainingsmenge einen Wert von: –25,20.
Für $k = 3$, aber mit gewichteter Abstandsberechnung werden 906,00 erreicht.
Für $k = 5$ und gewichteter Abstandsberechnung wird für die Testmenge 111,30 und für die gesamten, zu klassifizierenden Daten 986,40 erzielt.

Die ausgewiesenen Resultate beziehen sich dabei immer auf die Testmenge, die nur 40% der Datensätze der Trainingsmenge enthält.

Wieso liefert das k-Nearest-Neighbour-Verfahren solche schlechten Resultate? Zum einen normalisieren wir zwar das Attribut *power_consumption*, allerdings verschieben wir durch die wenigen hohen Werte, die dann zu Werten gleich oder nahe 1 werden, die offenbar wichtigen, kleineren Stromverbräuche in die Nähe von 0, so dass der Abstand zwischen diesen sehr klein wird. Diese gehen dann in den Abstand offensichtlich zu einem viel zu geringen Anteil ein. Zum anderen ist bei diesem Experiment der Median als Wert für die fehlenden Werte wohl doch keine gute Idee. Wir codieren die fehlenden Werte durch –1. Modifizieren wir also unser Experiment:

– k-Nearest Neighbour, alle Merkmale, Codierung von *pc* und *HHH*, –1 für fehlende Werte, dezimale Skalierung, gewichteter Abstand, KNIME.

Die Codierung von *pc* und *HHH* erfolgt so, dass *pc* bei 5000 und *HHH* bei 11 gekappt wird.

```
if($power_consumption$>5000) return 5;
                else return $power_consumption$/1000;

if ($HHH$>10) return 11; else return $HHH$;
```

Mit dieser Konfiguration erreichen wir aber auch nur durchschnittlich 700€.

Schauen wir nochmal auf die Daten. Nur 10 % der Daten sind Kündiger. Das könnte dafür verantwortlich sein, dass zu viele Vorhersagen auf *Nichtkündiger* plädieren. Modifizieren wir erneut unser Experiment und sorgen dafür, dass die Zahl der Datensätze mit Nichtkündigern auf die Anzahl von 1000 reduziert wird. Dies kann man in KNIME mittels des Knotens *Equal Size Sampling* erreichen. Auch dieser Versuch liefert eher deprimierende Resultate. Offensichtlich sind nicht alle Attribute für die Vorhersage gleich wichtig. Durch die Skalierung gehen aber alle Attribute gleichgewichtig in die Vorhersage ein. Wir sollten folglich einen Versuch mit einer reduzierten Attributmenge unternehmen. Dazu wird in den Prozess der Datenvorverarbeitung ein Spalten-Auswahl-Knoten (*column filter*) eingefügt und nur die Spalten der drei Merkmale sowie das Klassifikationsmerkmal *canceler* übernommen. Nimmt man den in Abbildung 10.5 auf der vorherigen Seite dargestellten Ablauf, so kann der Knoten zum Beispiel vor dem Knoten *Missing Value* eingefügt werden.

– k-Nearest Neighbour, nur die drei Merkmale *payment_type*, *power_consumption* sowie *HHH*, Codierung von *pc* und *HHH*, –1 für fehlende Werte, Equal Size Sampling, dezimale Skalierung, gewichteter Abstand, KNIME.

Mit *k*-Werten von 3 bis 10 erreichen wir nun Werte zwischen 2000 und 3000€.

Man erreicht sogar über 5000€, wenn man die Attribute *power_consumption* (0..3) sowie *HHH* (0..6) ganzzahlig diskretisiert.

```
if($power_consumption$ >5000) return 3;
                else return $power_consumption$/2000;

if ($HHH$ > 10) return 6;
                else return $HHH$/2;
```

Allerdings ist bei den Tests zu beobachten, dass die Streuung der Resultate groß ist. Insbesondere ist das Modell, welches auf den Trainingsdaten gut funktioniert, nicht immer das beste auf der Vorhersagemenge. Eine naheliegende Vermutung ist, dass die Trainingsmenge zu klein ist und folglich durch die zufällige Aufteilung instabile

Lösungen generiert werden. In der Tat entsteht durch *Equal Size Sampling* eine Teilmenge, die nur noch 2000 Datensätze enthält, da nur 1000 Kündiger existieren und von den 9000 Kündigern nur 1000 ausgewählt werden, um das Verhältnis zwischen Kündigern und Nichtkündigern anzugleichen. Zum Trainieren nehmen wir nur 60 %, es verbleiben also nur 1200 Daten zum Lernen.

Es ist demnach zu überlegen, Tests mit einer eigenen Strategie zur Bildung der Trainingsmenge durchzuführen. Dazu kann man die gegebenen 10.000 Datensätze zunächst nach *Kündiger* und *Nichtkündiger* trennen. Von den Kündigern nimmt man einen bestimmten Prozentsatz, von den Nichtkündigern einen anderen Prozentsatz, so dass zwar nicht unbedingt ein Gleichverhältnis hergestellt wird, das deutliche Übergewicht der Nichtkündiger aber reduziert wird. In KNIME lässt sich dies leicht mit den Knoten *Row Splitter*, *Partitioning* und *Concatenate* umsetzen.

Führt man mit diesem Ansatz weitere Tests durch, so reduziert sich die Streuung drastisch, und man erhält für die Klassifikationsmenge stabil Resultate über 6000. Das beste Modell auf den Trainingsdaten ist nun auch das beste auf den Vorhersagedaten.

Das beste, mit k-Nearest Neighbour erzielte Resultat ist:

Ergebnis	Charakterisierung des Experiments
6533,10	K-Nearest Neighbour, k=7, nur 3 Attribute dezimal normalisiert, kein gewichteter Abstand, Missing values: –1 Codierung von *power_consumption* (diskret): 0..3 Codierung von *HHH* (diskret): 0..6 eigene Trainingsmenge: 800 Kündiger, 1000 Nichtkündiger

10.5.2 Naive Bayes

Das Experiment 2 setzt den Naive-Bayes-Algorithmus ein, vergleiche Abschnitt 5.3. Die Struktur ähnelt dem vorherigen Experiment, allerdings sind hier mehr Vorbereitungsschritte erforderlich.

Die Werte der Merkmale *power_consumption* und *HHH* werden wie oben beschrieben gruppiert. Hierzu werden jeweils zwei Java-Code-Knoten eingefügt, welche die bereits bei k-Nearest Neighbour verwendete Codierung der Merkmale *power_consumption* sowie *HHH* vornehmen:

```
if($power_consumption$>5000) return 5;
           else return $power_consumption$/1000;

if ($HHH$>10) return 11; else return $HHH$;
```

Die fehlenden Werte werden zunächst durch den (gerundeten) Mittelwert der Spalte ersetzt. Danach werden alle Werte in Zeichenketten umgewandelt. Wieder werden 60 % der Testdaten für den Lernprozess verwendet und das Modell anhand der anderen 40 %

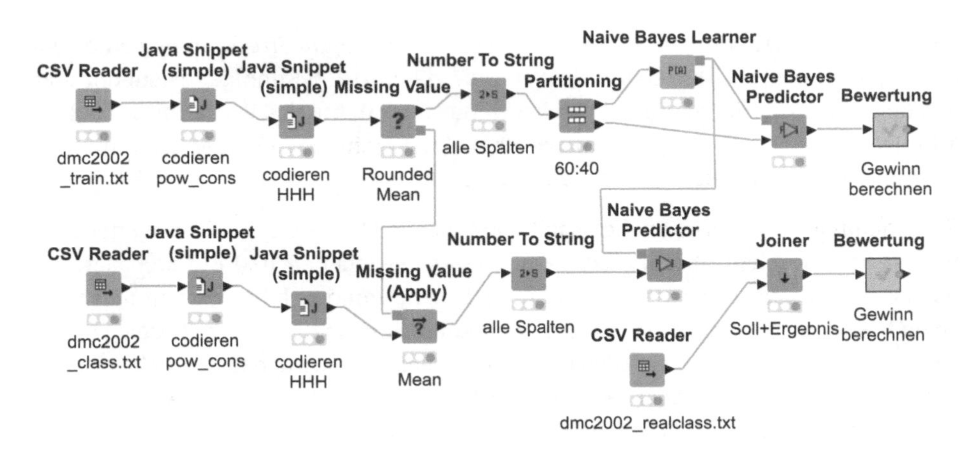

Abb. 10.6: Das Experiment Naive Bayes

der Daten geprüft. Das erlernte Modell wird dann auch für die Klassifikationsdaten des Wettbewerbs eingesetzt. Die Berechnung der Ergebnisse erfolgt wieder, wie schon vorher beschrieben.

Wir erhalten für die 40%-Testmenge einen Wert von 489,60. Für die gesamte Klassifikationsmenge steigt der Wert auf über Eintausend: 1213,80.

Nach den Überlegungen beim Experiment 1 mittels k-Nearest-Neighbour sollten wir auch hier weitere Experimente durchführen. Auch bei Naive Bayes scheint es angebracht, eine Gleichverteilung der Datensätze bezüglich des Klassenattributs herzustellen (*Equal Size Sampling*). Ebenso sollten wir die fehlenden Werte wieder durch den gesonderten Wert –1 ersetzen. Die Gruppierung erfolgt wie oben beschrieben (*power_consumption* 0..5, *HHH* 0..11).

Mit allen Attributen erreichen wir bei diesem Experiment Werte zwischen 2000 und 5000. Nehmen wir nur die drei Merkmale *payment_type*, *power_consumption* sowie *HHH*, so erreichen wir sogar Werte über 6000.

Werte zwischen 4000 und 6500 erreicht man mit der Variante der kompakten Diskretisierung *power_consumption* (0..3) sowie *HHH* (0..6).

Ergebnis	Charakterisierung des Experiments
6355,50	Naive Bayes, nur 3 Attribute Missing values: –1 Codierung von *power_consumption* (diskret): 0..5 Codierung von *HHH* (diskret): 0..11 Equal Size Sampling
6297,90	analog Codierung von *power_consumption* (diskret): 0..3 Codierung von *HHH* (diskret): 0..6

Diese Resultate sind aber wieder mit einem Fragezeichen zu versehen, da zum einen die Streuung der Resultate hoch ist, zum anderen die Korrelation zwischen der Qualität auf den Testdaten und der Qualität auf den Vorhersagedaten gering ist.

Abschließend führen wir folglich auch mit Naive Bayes Experimente auf der Basis der eigenen Generierung der Trainingsmenge (vergleiche die Experimente mit k-Nearest Neighbour) durch. Die Streuung der Resultate wird drastisch reduziert. Wir erhalten stabil Resultate über 6000. Die beste Vorhersage auf den Testdaten erzielt auch auf den Vorhersagedaten das beste Resultat. Mit diesem Vorgehen erreichen wir:

Ergebnis	Charakterisierung des Experiments
6165	Naive Bayes, nur 3 Attribute Missing values: –1 Codierung von *power_consumption* (diskret): 0..3 Codierung von *HHH* (diskret): 0..6 eigene Trainingsmenge: 800 Kündiger, 1000 Nichtkündiger

10.5.3 Entscheidungsbaumverfahren

Mit dem Entscheidungsbaum-Lernverfahren werden wir mehrere Experimente durchführen, die Experimente 3 bis 6. Dabei wird wieder auf einen ähnlichen Data-Mining-Prozess zurückgegriffen, wie dieser in den vorherigen Experimenten beschrieben wurde. Es wird von dem in Abbildung 10.1 auf Seite 281 dargestellten Ablauf ausgegangen und dieser insbesondere um die Klassifikation der Klassifikationsdaten ergänzt, siehe Abbildung 10.7 auf der nächsten Seite.

Im ersten Versuch werden alle fehlenden Werte durch –1 ersetzt und keine Normierung vorgenommen. Für die Testmenge wird ein Wert von 407,70 erreicht, das Ergebnis für die gesamte Klassifikationsmenge ist 562,50. Im zweiten Versuch werden alle Merkmale normalisiert, und wir erhalten die Werte 1063,20 beziehungsweise 697,80. Das lässt vermuten, dass der Entscheidungsbaum zu stark an die Trainingsmenge angepasst ist und somit die Daten der Klassifikationsmenge nicht gut klassifizieren kann.

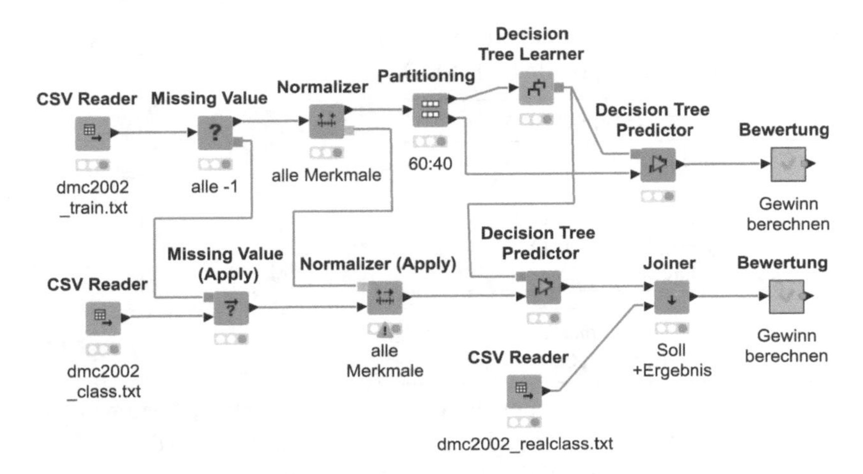

Abb. 10.7: Datenvorverarbeitung für Entscheidungsbaumlernen

Im nächsten Versuch, Experiment 4 werden alle fehlenden Werte durch den Median der jeweiligen Spalte ersetzt. Danach werden die Daten zuerst ohne und dann mit Normierung benutzt. Die Tabelle 10.6 zeigt die Resultate.

Tab. 10.6: Ergebnisse Entscheidungsbaumlernen

Normalisierung	Testdaten (4.000)	Klassifikationsdaten (10.000)
ohne Normalisierung	493,8	409,5
Min-Max-Normalisierung	446,7	479,7
Z-Normalisierung	246,9	1290,6
dezimale Skalierung	259,5	1861,5

Im Experiment 5 werden wir nun die Merkmale *power_consumption* und *HHH* wie oben beschrieben gruppieren und erneut das Entscheidungsbaum-Lernverfahren von KNIME einsetzen. Wieder werden die verschiedenen Normalisierungen benutzt.

Der geänderte Ablauf in der Datenvorverarbeitung entspricht dem in Abbildung 10.8 auf der nächsten Seite dargestellten Vorgehen. Allerdings verwenden wir zunächst alle Attribute. Alle weiteren Schritte entsprechen den vorherigen Experimenten. Die Ergebnisse können der Tabelle 10.7 entnommen werden.

Wir haben hierbei keine reproduzierbare Aufteilung im Knoten Partitioning eingestellt. Somit wird mit jedem Reset eine zufällig neue Aufteilung in die 60 % Trainingsmenge und die 40 % Testmenge vorgenommen. Dieses lässt sich in den Experimenten ausnutzen, indem man durch wiederholtes Reset des Partitioning-Knoten neue Aufteilungen

Tab. 10.7: Ergebnisse Entscheidungsbaumlernen mit codiertem Energieverbrauch

Normalisierung	Testdaten (4.000)	Klassifikationsdaten (10.000)
ohne Normalisierung	366,6	75,0
Min-Max-Normalisierung	318,3	1558,5
Z-Normalisierung	796,5	888,6
dezimale Skalierung	376,8	1377,9

und somit auch neue Ergebnisse provoziert. Die Daten in diesen Tabellen sind also immer nur ungefähre Werte, die in eigenen Experimenten nicht unbedingt exakt erreicht werden.

Als nächstes Experiment mit dem Entscheidungsbaum-Lernverfahren wird die Datenmenge wieder auf die drei Merkmale *payment_type*, *power_consumption* und *HHH* reduziert, siehe Abbildung 10.8.

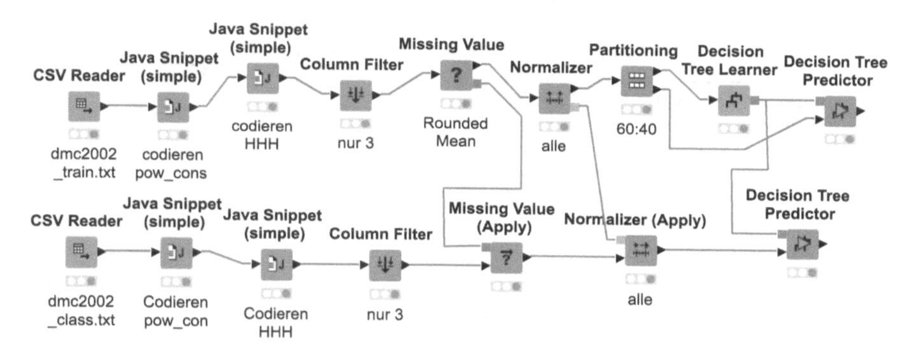

Abb. 10.8: Gruppierung von power_consumption und HHH sowie Reduktion auf 3 Attribute

Die Reduktion führt dazu, dass die Schritte bis zum Ergebnis wahrnehmbar schneller abgearbeitet werden. Die Ergebnisse in Tabelle 10.8 zeigen aber, dass diese Datenreduktion zumindest für das gewählte Verfahren nicht den erhofften Erfolg bringt.

Tab. 10.8: Ergebnisse Entscheidungsbaumlernen mit nur 3 Merkmalen

Normalisierung	Testdaten (4.000)	Klassifikationsdaten (10.000)
ohne Normalisierung	−11,4	108,6
Min-Max-Normalisierung	38,1	−22,8
Z-Normalisierung	26,7	19,2
dezimale Skalierung	43,8	120,0

Da wir auch hier nicht auf Anhieb akzeptable Resultate erzielen, beziehen wir wieder die Überlegungen ein, die wir bei den Experimenten zu k-Nearest Neigbour und Naive Bayes angestellt haben. Wir wiederholen die Experimente in folgender Konfiguration:

- Entscheidungsbaum, nur die drei Merkmale *payment_type*, *power_consumption* sowie *HHH*, *pc* und *HHH* werden gruppiert, –1 für fehlende Werte, *Equal Size Sampling*, KNIME.

Die Situation verbessert sich nun deutlich. Gruppieren wir die Merkmale *HHH* (0..11), sowie *power_consumption* (0..5), so erhalten wir zwischen 3000 und 5000 Punkte. Erfolgt die Gruppierung in der zweiten Variante *power_consumption* (0..3) sowie *HHH* (0..6), so steigert man das erzielte Resultat auf bis zu 6000€.

Zur Erinnerung: Man wird bei den Tests unterschiedliche Resultate erhalten, da die Aufteilung der Trainingsmenge zwar immer in der Variante *Stratified Sampling* erfolgt, die Auswahl aber trotzdem zufällig ist. Auffällig bei den bisherigen Tests ist, dass durch diesen Zufallsfaktor meistens eine breite Streuung der Resultate auftritt.

Die besten, mit einem Entscheidungsbaum erzielten Resultate sind:

Ergebnis	Charakterisierung des Experiments
6665,70	J 48, nur 3 Attribute Missing values: –1 Codierung von *power_consumption* (diskret): 0..5 Codierung von *HHH* (diskret): 0..11 Equal Size Sampling
6300,30	analog Codierung von *power_consumption* (diskret): 0..3 Codierung von *HHH* (diskret): 0..6

Auch hier beobachtet man eine große Abhängigkeit des Resultats von der Generierung der Trainingsmenge. Deshalb werden wir erneut mit der eigenen Generierung der Testmenge experimentieren. Man erhält etwas schlechtere Resultate, die dafür aber nur noch eine geringe Streuung aufweisen. Der beste Entscheidungsbaum auf den Trainingsdaten erzielt bei der Vorhersagemenge 6116,10 €.

Ergebnis	Charakterisierung des Experiments
6116,10	J 48, nur 3 Attribute Missing values: –1 Codierung von *power_consumption* (diskret): 0..3 Codierung von *HHH* (diskret): 0..6 eigene Trainingsmenge: 800 Kündiger, 1000 Nichtkündiger

Mit den bisherigen Verfahren erzielen wir durchaus akzeptable Resultate. Allerdings ist dazu doch eine Portion „Reindenken“ in die Daten erforderlich. Ein simples Anwenden der Verfahren ist selten erfolgreich.

Wir halten fest, dass es sinnvoll sein kann, eine Vergleichbarkeit der Anzahl der Datensätze bezüglich des Zielattributs herzustellen. Ebenso wird festgestellt, dass die Resultate bei einigen Tests eine deutliche Streuung aufweisen. Erst ein eigenes Konzept für die Aufspaltung in Trainings- und Testmenge bringt stabile, gute Resultate.

10.5.4 Neuronale Netze

Die meisten Experimente führen wir mit künstlichen neuronalen Netzen durch. Neben KNIME wird dazu auch der JAVANNS eingesetzt. Bei neuronalen Netzen beeinflussen sowohl die Netz-Architektur als auch das Training das Verhalten des Netzes. Verwendet wird ein vorwärtsgerichtetes neuronales Netz, ein *MultiLayer Perceptron* (MLP). Die Architektur des Netzes für eine Klassifikationsaufgabe wird in KNIME weitgehend automatisch erzeugt:

- Die Eingabe-Schicht enthält für jedes Merkmal genau ein Neuron. Für das Beispiel enthält das Netz somit 32 Eingabe-Neuronen.
- Die Anzahl und die Größe der Zwischenschichten kann über das Konfigurationsmenü beeinflusst werden. Als Standard wird eine innere Schicht mit 10 Neuronen angenommen. Für das Beispiel mit 32 Eingabe-Neuronen ist das eine sinnvolle Größe.
- Die Größe der Ausgabe-Schicht wird durch das Klassifikationsattribut bestimmt: Für jede Ausprägung des Merkmals wird ein Neuron eingesetzt. Für das Beispiel werden somit zwei Ausgabe-Neuronen verwendet, eines für die Klasse *yes* und eines für die Klasse *no* des Merkmals *canceler*. Es wird dann für einen Datensatz die Klasse vorhergesagt, dessen Neuron die höchste Aktivierung aufweist.

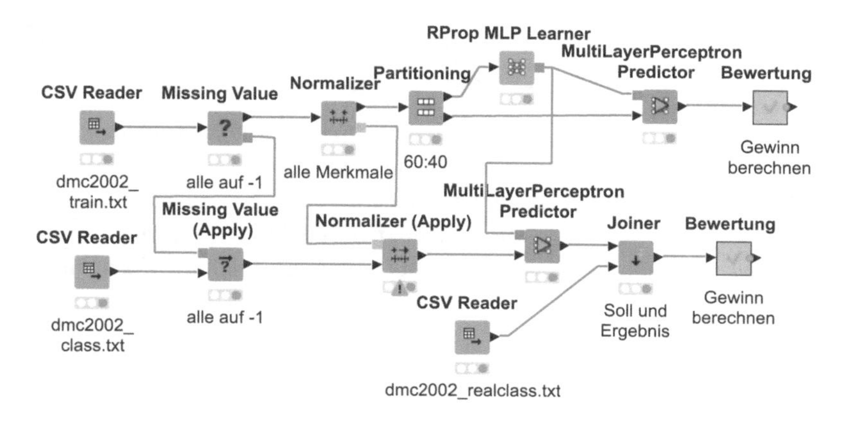

Abb. 10.9: Experimente mit einem neuronalen Netz

Experiment 7 nutzt alle Merkmale. Die Attribute *power_consumption* und *HHH* werden nicht codiert, für alle fehlenden Werte wird –1 eingesetzt. Es wird eine dezimale Skalierung verwendet. Der Ablauf sieht wieder ähnlich aus, es werden nur die Knoten für die Arbeit mit neuronalen Netzen eingesetzt, der *MLP-Learner* und der *MLP-Predictor.* Wir experimentieren mit zwei verschiedenen inneren Schichten, bestehend aus 10 beziehungsweise 20 Neuronen. Mehr als eine innere Schicht erscheint aufgrund der Netzgröße nicht angebracht. Das Netz wird unterschiedlich lange trainiert werden. Ein längeres Training kann das Ergebnis verbessern, ein zu langes Training führt jedoch zum *Overfitting*: die Trainingsdaten werden zwar besser bearbeitet, aber die Fehlerrate für die Testdaten steigt. Diesen Effekt kann man auch in den Ergebnis-Tabellen erkennen.

Tab. 10.9: Ergebnisse Experiment 7, Min-Max-normalisierte Daten

Zwischenschicht	Lernzyklen	Testdaten	Klassifikationsdaten
1×10	100	221,1	217,5
	300	413,7	657,6
	500	594,9	387,0
	1000	704,1	1039,2
	3000	483,6	994,2
1×20	100	184,8	232,5
	300	236,7	619,8
	500	250,5	618,3
	1000	397,8	897,6
	3000	899,4	1563,3
	4000	975,6	**1654,8**
	6000	813,6	1277,7

So ist in den Tabellen 10.9 sowie 10.10 auf der nächsten Seite das Ergebnis nach 3.000 Lernzyklen kleiner als nach 1.000 Lernzyklen.

Dieselben Versuche werden jetzt mit den codierten Werten für *power_consumption* und *HHH* durchgeführt. Das MLP-Netz mit den codierten Daten, dem jeweiligen Median für die fehlenden Werte und einer dezimalen Skalierung erzielt die in Tabelle 10.11 auf der nächsten Seite gelisteten Ergebnisse. Überraschenderweise führt die Gruppierung der Werte für *power_consumption* und das Abschneiden der hohen Werte für *HHH* nicht zu einer Verbesserung.

Für dieselben Daten werden wir nun einmal mit dem JavaNNS ein neuronales Netz aufbauen und trainieren. Das Erzeugen eines neuronalen Netzes im JavaNNS kann in Abschnitt 1.6.3, Seite 35 nachgelesen werden. Das neuronale Netz besteht wieder aus 32 Eingabe-Neuronen – für jedes Merkmal ein Neuron – sowie in diesem Fall aus nur einem Ausgabe-Neuron. Ist dieses aktiviert, so wird die Klasse *yes* vorhergesagt, ist es nicht

Tab. 10.10: Ergebnisse Experiment 7, dezimal skalierte Daten

Zwischenschicht	Lernzyklen	Testdaten	Klassifikationsdaten
1×10	100	0,0	0,0
	300	143,1	393,0
	500	380,1	543,6
	1000	303,9	1569,3
	3000	428,4	922,5
1×20	100	38,1	−11.4
	300	457,8	1686,3
	500	271,2	**1867,8**
	1000	131,7	1850,1
	3000	756,6	120,8

Tab. 10.11: Experiment 7 mit gruppierten Werten für pc und HHH

Zwischenschicht	Lernzyklen	Testdaten	Klassifikationsdaten
1×10	100	0,0	0,0
	300	423,1	120,6
	500	73,2	392,4
	1000	527,7	930,9
	3000	885,9	1654,2
1×20	100	0,0	−11,4
	300	404,4	584,1
	500	690,3	978,9
	1000	548,4	1265,1
	3000	927,7	1282,8

aktiviert die Klasse *no*. Wir legen eine Zwischenschicht von 16 Neuronen fest. Abbildung 10.10 zeigt das Netz sowie die Versuchsumgebung mit dem Steuerungsfenster und der Anzeige des Netzfehlers.

Für die Auswertung der Netzvorhersage und die Berechnung der Zielfunktion ist bei der Nutzung des JavaNNS ein entsprechendes Programm erforderlich. Die Netzausgabe liegt als res-Datei vor, in der für alle Eingaben die erwartete Ausgabe sowie die berechnete Ausgabe aufgeführt sind. Diese res-Datei muss ausgewertet werden.

```
SNNS result file V1.4-3D
generated at Mon Aug 12 10:13:35 2013
No. of patterns      : 10000
No. of input units   : 32
No. of output units : 1
startpattern         : 1
endpattern           : 10000
teaching output included
```

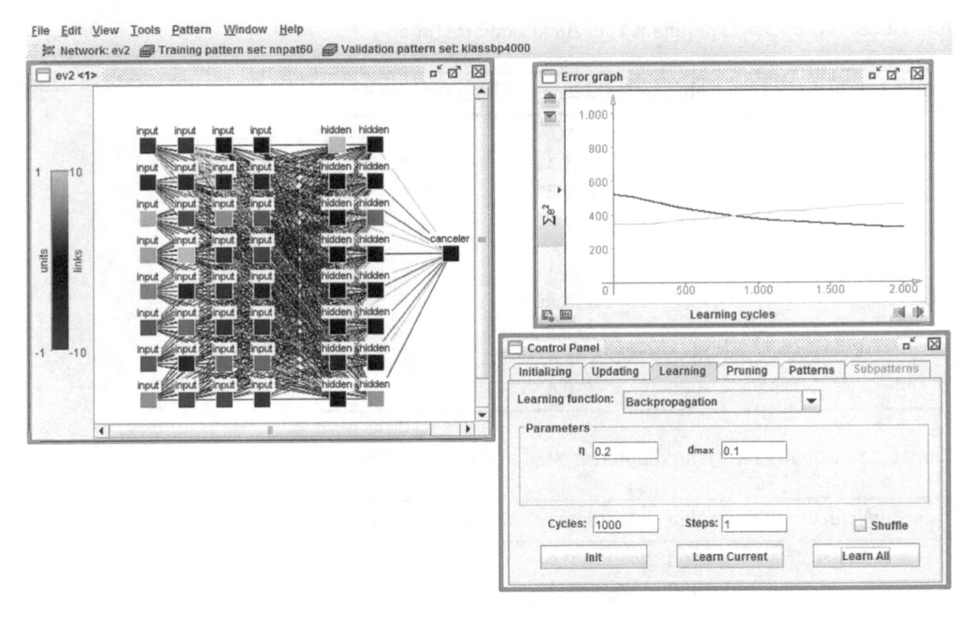

Abb. 10.10: Neuronales Netz für Experiment 8 im JavaNNS

```
#1.1
0
0.12242
#2.1
0
0.11077
#3.1
...
#102.1
1
0.15244
...
```

Die Autoren verwenden für die Auswertung der res-Datei ein kleines Java-Programm, welches die Anzahl der korrekt erkannten Klassen und das Ergebnis für die Zielfunktion anzeigt.

Die Ergebnisse in Tabelle 10.12 auf der nächsten Seite sind als eher deprimierend einzuschätzen. Die Tabelle lässt erkennen, dass keine oder nur sehr wenige Kündiger erkannt werden, es werden wenige Einsen vom Netz erkannt. Die res-Datei zeigt, dass alle vom Netz berechneten Werte sehr klein sind und ein Wert nahe Eins gar nicht oder kaum auftritt. Eine einfache Idee verhilft dem Netz aber zu großer Leistungsfähigkeit: Wir wählen nicht den Schwellwert von 0,5 als Grenze zwischen 1 und 0, den Klassen yes

Tab. 10.12: Ergebnisse Experiment 8, dezimal skalierte Daten

Lernparameter	Lernzyklen	Testdaten	Klassifikationsdaten
BackProp 0,2	100	0	0
	300	20	209
BackProp 0,5	100	0	43
RPROP	100	26	64
	300	316	477

und no, sondern ermitteln den günstigsten Schwellwert. Im Sinne der neuronalen Netze wird hier die Ausgabe der Neuronen mittels einer Ausgabefunktion aus der Aktivierung berechnet. Praktisch ist es folgende Bestimmung der Ausgabe *out*:

```
out = (int) Math.round(act+shift);
```

Der berechneten Aktivierung *act* wird ein Wert *shift* hinzuaddiert, damit leichter eine 1 erkannt wird. Diese Rechnung ist in das Auswerteprogramm integriert, und es kann leicht ein günstiger *shift* bestimmt werden. Korrekterweise ermitteln wir den *shift* anhand der Testmenge, die aus 40 % Datensätzen der ursprünglichen Trainingsmenge besteht. Dieser *shift* wird dann auf die gesamten Klassifikationsdaten angewendet, und wir erhalten ein Ergebnis, das mit den Wettbewerbsergebnissen verglichen werden kann.

Tabelle 10.13 zeigt die beeindruckenden Verbesserungen, die mit dieser Verschiebung des Schwellwertes des Ausgabe-Neurons erzielt werden können. Dieses Vorgehen hat in mehreren Projekten erfolgreich Anwendung gefunden.

Tab. 10.13: Ergebnisse Experiment 8 mit modifizierten Schwellwert

Lernparameter	Lernzyklen	Bias Shift	Testdaten	Klassifikationsdaten
BackProp 0,2	100	0,37	2048	4243
	300	0,34	1383	3081
BackProp 0,5	100	0,38	1571	5076
RPROP	100	0,35	2803	**6573**
	300	0,34	1871	4865

Wieder führen wir weitgehend dasselbe Experiment durch, nur dass diesmal die Werte der Merkmale *power_consumption* sowie *HHH*, wie im Abschnitt 10.4 auf Seite 282 beschrieben, gruppiert werden. Wir geben hier gleich die Tabelle mit dem *Bias Shift* an, da nur diese Versuche gute Ergebnisse erreichen, siehe Tabelle 10.14 auf der nächsten Seite.

Zum Abschluss unserer Experimente wird nun auch die Variante mit ausschließlich den drei Merkmalen *payment_type*, *power_consumtion* und *HHH* mittels neuronaler

Tab. 10.14: Ergebnisse Experiment 8 mit codierten Werten für pc und HHH

Lernparameter	Lernzyklen	Bias Shift	Testdaten	Klassifikationsdaten
BackProp 0,2	50	0,34	3130	5741
	100	0,33	3223	7133
	300	0,33	3017	4930
BackProp 0,5	100	0,33	2984	6265
RPROP	100	0,33	2965	5520
	300	0,33	2486	4370

Netze probiert. Experiment 9 nutzt dazu KNIME und Experiment 10 den JAVANNS. Die fehlenden Werte werden durch den Median der jeweiligen Spalte ersetzt, alle Daten werden in den Bereich 0..1 skaliert. Wie im entsprechenden Experiment des Entscheidungsbaumlernens wird ein Spalten-Auswahl-Knoten zwischen der Codierung der Merkmale und dem Ersetzen der fehlenden Werte eingeordnet. Die Abbildung 10.11 zeigt die Datenvorverarbeitung. Alle weiteren Schritte sind identisch zum Ablauf in Abbildung 10.9 auf Seite 295.

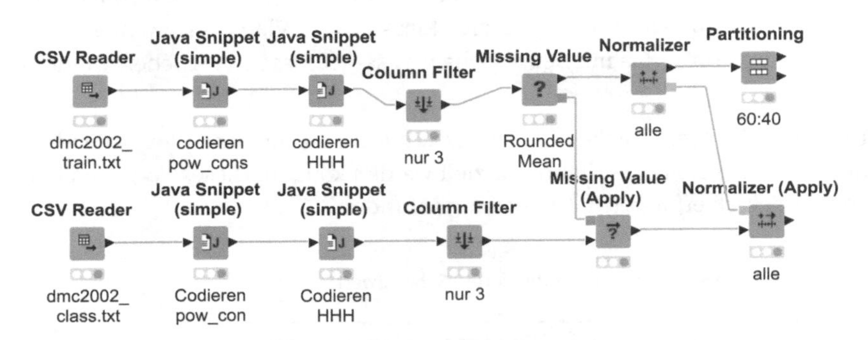

Abb. 10.11: Vorverarbeitung für die Experimente 9 und 10

Mit dieser Versuchsanordnung werden keine guten Ergebnisse erzielt: Bei einer Zwischenschicht aus 10 Neuronen stellt sich auch mit 1.000 Lernzyklen für die Zielfunktion kein Ergebnis größer Null ein. Werden 20 Neuronen in der Zwischenschicht verwendet, ergibt sich erst bei 1.000 Lernzyklen ein Ergebnis von 43,80 für die Testdaten und von 120,0 für die Klassifikationsdaten.

Trotz dieser schlechten Ergebnisse werden wir das Experiment 10 durchführen, somit mit denselben Daten ein Netz im JAVANNS trainieren. Die Architektur ist in Abbildung 10.12 auf der nächsten Seite zu sehen. Gleichzeitig ist die Lernumgebung erkennbar. Es wird mit der Trainingsmenge, der Muster-Datei tr60.pat, trainiert und die Muster-Datei tr40.pat zum Testen eingesetzt. Im Fehler-Graph-Fenster ist die Fehlerkurve für die Trainingsmenge (obere Linie) sowie der Fehler für die Testmenge (untere

Linie) erkennbar. Bei den Experimenten mit dem JavaNNS verfolgt man den Verlauf der Fehlerkurven sehr genau. Bei zunehmenden Trainingszyklen sinkt zwar der Fehler für die Trainingsmenge, der Fehler für die Testmenge steigt dagegen an. Das Training muss vor dem Eintreten dieses Effektes abgebrochen werden.

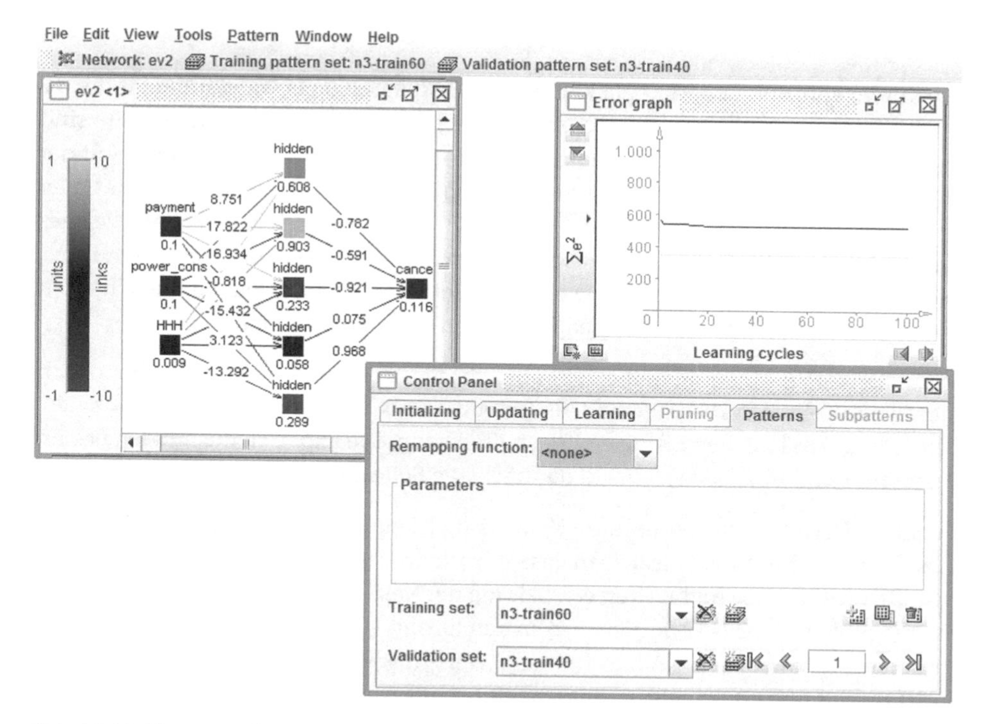

Abb. 10.12: Ein neuronales Netz mit nur 3 Eingaben

Für unsere reduzierte Eingabe erhalten wir mit dem JavaNNS-Netz die in Tabelle 10.15 aufgeführten Ergebnisse.

Tab. 10.15: Ergebnisse Experiment 10, nur 3 Eingabe-Merkmale

Lernparameter	Lernzyklen	Bias Shift	Testdaten	Klassifikationsdaten
BackProp 0,1	100	0,35	2937	6198
	300	0,37	2951	**6792**
RPROP	100	0,37	0	6150

Ohne den Trick mit einer Verschiebung des Schwellwertes wird kein Lerneffekt erzielt, so dass die Tabelle nur die Ergebnisse unter Nutzung des abgesenkten Schwellwertes angibt. Mit 6.792,00€ wird in diesem Experiment nicht nur ein Wert erzielt, der in der Liste der Sieger von 2002 den Platz 7 bedeutet hätte, sondern dies wird dazu noch mit einer minimalen Eingabe und einem sehr kleinen Netz erreicht.

10.6 Auswertung der Ergebnisse

Die durchgeführten Experimente können bei weitem nicht als vollständig für die Bearbeitung einer realistischen Data-Mining-Aufgabe gelten. Auf der einen Seite sind alle Data-Mining-Algorithmen mathematische und damit exakte Verfahren. Auf der anderen Seite kann nur durch eine Vielzahl von Experimenten ein gewünschtes oder zumindest nützliches Ergebnis erzielt werden. Es existiert derzeit kein Modell, welches uns in Abhängigkeit von einer Aufgabe, einen erfolgreichen Weg zum Ergebnis aufzeigt. Dieses Experimentieren ist dann die einzige Alternative zu einer rein mathematischen Vorgehensweise, die bei praktischen Problemen meistens nicht möglich ist.

Mit unseren Experimenten haben wir aber gezeigt, dass der Energieversorger durch den Einsatz eines Vorhersagemodells für seine Rabatt-Aktion einen durchaus nennenswerten zusätzlichen Ertrag erwirtschaften kann. Die Experimente mit den besten Resultaten sind in Tabelle 10.16 auf der nächsten Seite aufgeführt.

Auffallend ist, dass die neuronalen Netze, entwickelt im JavaNNS, die besten Ergebnisse zeigen. Allerdings muss dazu gesagt werden, dass diese Ergebnisse nur durch eine kreative Analyse und Weiterverarbeitung der Netz-Ausgaben erreicht werden. Die Arbeit mit dem JavaNNS erfordert zudem den Einsatz weiterer Software für die Datenvorbereitung sowie für die Auswertung der Netz-Ausgaben. Die Experimente mit den anderen Klassifikatoren zeigen, dass man durchaus auch in die Größenordnung von 6000 vorstoßen kann.

Welche Schlussfolgerungen können aus den Experimenten für die Aufgabe aus dem Data Mining Cup 2002, der Entwicklung eines Vorhersagemodells für Kunden eines Energieversorgers gezogen werden?

- Es sind stets mehrere (viele) Experimente nötig.
- Es sind verschiedene Verfahren und auch verschiedene Software-Werkzeuge einzusetzen und auszuprobieren.
- Mittels vorgefertigter Komponenten können sehr schnell Data-Mining-Experimente durchgeführt werden. Dies ersetzt aber nicht ein Verständnis für die verwendeten Methoden.
- Kreatives Herangehen und die Implementation eigener Verarbeitungsschritte können zu besseren Ergebnissen führen.
- Die Datenvorbereitung hat einen großen Einfluss auf die Resultate.
- Experimentieren und das Protokollieren dieser Experimente sind für ein erfolgreiches Data Mining unerlässlich.

Tab. 10.16: Die besten Ergebnisse unserer Experimente

Ergebnis	Charakterisierung des Experiments
7133	Neuronales Netz, alle Merkmale, *power_consumption* und *HHH* gruppiert, dezimal skaliert, JavaNNS
6792	Neuronales Netz, nur 3 Eingabe-Merkmale (*payment_detail*, *power_consumption* und *HHH*), *power_consumption* und *HHH* gruppiert, dezimal skaliert, JavaNNS
6573	Neuronales Netz, alle Merkmale, keine Gruppierung, nur dezimal skaliert, JavaNNS
6533,10	K-Nearest Neighbour, k=7, nur 3 Attribute, dezimal normalisiert, kein gewichteter Abstand, Missing values: –1, Codierung von *power_consumption* (diskret): 0..3, Codierung von *HHH* (diskret): 0..6, eigene Trainingsmenge: 800 Kündiger, 1000 Nichtkündiger, Knime
6355,50	Naive Bayes, nur 3 Attribute, Missing values: –1, Codierung von *power_consumption* (diskret): 0..5, Codierung von *HHH* (diskret): 0..11, Equal Size Sampling, Knime
6297,90	analog, Codierung von *power_consumption* (diskret): 0..3, Codierung von *HHH* (diskret): 0..6, Knime
6165	Naive Bayes, nur 3 Attribute, Missing values: –1, Codierung von *power_consumption* (diskret): 0..3, Codierung von *HHH* (diskret): 0..6, eigene Trainingsmenge: 800 Kündiger, 1000 Nichtkündiger, Knime
6665,70	J48, nur 3 Attribute, Missing values: –1, Codierung von *power_consumption* (diskret): 0..5, Codierung von *HHH* (diskret): 0..11, Equal Size Sampling, Knime
6300,30	analog, Codierung von *power_consumption* (diskret): 0..3, Codierung von *HHH* (diskret): 0..6, Knime
6116,10	J48, nur 3 Attribute, Missing values: –1, Codierung von *power_consumption* (diskret): 0..3, Codierung von *HHH* (diskret): 0..6, eigene Trainingsmenge: 800 Kündiger, 1000 Nichtkündiger, Knime

- Wenn möglich sind Experimente zu automatisieren, um viele Varianten zu probieren und somit die Chance auf gute Ergebnisse zu erhöhen. Dazu eignen sich beispielsweise die in Abschnitt 1.6.1 auf Seite 28 (ff.) vorgestellten Schleifen, die es ermöglichen, eine Vielzahl von Varianten in *einem* Durchlauf abzuarbeiten. Knime bietet eine Reihe von unterschiedlichen Schleifen.

Die in den vorangegangen Abschnitten beschriebenen Herangehensweisen lassen noch viel Raum für weitere Experimente. Einige Möglichkeiten seien hier angesprochen:

- Die Aufteilung der Trainingsmenge kann modifiziert werden. Statt 60:40 kann auch 70:30 oder 80:20 probiert werden. Dabei ist stets darauf zu achten, dass die Verteilung des Klassifikationsmerkmals in den Teilmengen gleich ist. Sind die Klassen aber sehr ungleich verteilt – wie in unserem Beispiel –, dann ist durchaus eine davon abweichende Aufteilung der Daten zu überlegen.
  Die Ungleichverteilung der Kündiger / Nichtkündiger hatten wir bereits diskutiert und durch den Knoten *Equal Size Sampling* behoben. Dieser Knoten hat allerdings den Nachteil, dass man die Nichtkündiger drastisch reduziert, um so ein Verhältnis von 1:1 zu erhalten. Alternativ lässt sich auch die Zahl der Kündiger vervielfachen.

Ziel ist, den Anteil der Kündiger zu erhöhen, nicht zwingend um ein 1:1-Verhältnis zu erreichen. Dieses Vorgehen wird im Abschnitt 8.2.4 behandelt. In Abbildung 8.5 ist exemplarisch das Vervierfachen der Kündiger dargestellt. Das Vervielfachen ist allerdings nur auf der Trainingsmenge erforderlich, nicht auf der Testmenge.
- Die Gruppierung und Codierung für das Merkmal *power_consumption* kann modifiziert werden, zum Beispiel statt Gruppen von 0 bis 5 kann eine feinere Unterteilung der Verbrauchswerte bis etwa 6.000 kWh vorgenommen werden: 0..10 und größer 6.000.
- Für die Arbeit mit neuronalen Netzen können alle Merkmale binarisiert werden und entsprechende Netze entwickelt werden. Auch hier kann man versuchen, die Zahl der Merkmale wieder auf drei zu beschränken.
- Architektur und Lernparameter für das Trainieren neuronaler Netze können weiter variiert werden.
- Die Binarisierung der Merkmale kann auch dazu benutzt werden, Assoziationsregeln zu entwickeln. Hierbei sind wir nur an Assoziationsregeln interessiert, die eine Verbindung mit dem Klassifikationsmerkmal herstellen.

Sollten Sie sich an dieser Aufgabe versuchen, so gilt es, das Resultat von Frau Tanja Ciernioch – eine ehemalige Studentin – zu schlagen, die im Rahmen eines Semesterprojekts 2014 auf die Rekordpunktzahl von 7771,80 kam. Dies erreichte sie mit dem Naive-Bayes-Verfahren. Der Schlüssel zum Erfolg war hier eine exzellente, wohldurchdachte Datenvorverarbeitung.

Wir wünschen Ihnen für die Bearbeitung Ihrer Data-Mining-Aufgabe viel Erfolg und die nötige Portion Glück.

A Anhang – Beispieldaten

A.1 Iris-Daten

Einer der Standard-Testdatensätze im Data Mining ist der sogenannte Iris-Datensatz. Diese Daten gehören zu den Beispieldatensätzen von WEKA. Edgar Anderson[1] sammelte Daten für folgende Schwertlilienarten:

- Iris Setosa,
- Iris Virginica,
- Iris Versicolor.

Der Iris-Datensatz besteht aus jeweils 50 Beobachtungen dieser drei Arten von Schwertlilien, von denen jeweils vier Attribute der Blüten erfasst wurden, und zwar jeweils die Länge und die Breite des Sepalum (Kelchblatt) und des Petalum (Kronblatt). Die Daten bestehen also aus den Attributen:

1. sepal length in cm
2. sepal width in cm
3. petal length in cm
4. petal width in cm
5. class Iris Setosa, Iris Versicolor, Iris Virginica

Die Daten liegen im sogenannten arff-Format vor, welches das Standardformat für WEKA ist. In den Datensätzen haben wir Iris durch I abgekürzt.

```
@RELATION iris

@ATTRIBUTE sepallength REAL
@ATTRIBUTE sepalwidth  REAL
@ATTRIBUTE petallength REAL
@ATTRIBUTE petalwidth  REAL
@ATTRIBUTE class       {Iris-setosa,Iris-versicolor,Iris-virginica}
```

1 Edgar Anderson (1935).„The irises of the Gaspé Peninsula“. In: Bulletin of the American Iris Society 59: 2-5.

https://doi.org/10.1515/9783110676273-011

```
@DATA

5.1 3.5 1.4 0.2 Iris-setosa
4.9 3.0 1.4 0.2 Iris-setosa
4.7 3.2 1.3 0.2 Iris-setosa
4.6 3.1 1.5 0.2 Iris-setosa
5.0 3.6 1.4 0.2 Iris-setosa
5.4 3.9 1.7 0.4 Iris-setosa
4.6 3.4 1.4 0.3 Iris-setosa
5.0 3.4 1.5 0.2 Iris-setosa
4.4 2.9 1.4 0.2 Iris-setosa
4.9 3.1 1.5 0.1 Iris-setosa
5.4 3.7 1.5 0.2 Iris-setosa
4.8 3.4 1.6 0.2 Iris-setosa
4.8 3.0 1.4 0.1 Iris-setosa
4.3 3.0 1.1 0.1 Iris-setosa
5.8 4.0 1.2 0.2 Iris-setosa
5.7 4.4 1.5 0.4 Iris-setosa
5.4 3.9 1.3 0.4 Iris-setosa
5.1 3.5 1.4 0.3 Iris-setosa
5.7 3.8 1.7 0.3 Iris-setosa
5.1 3.8 1.5 0.3 Iris-setosa
5.4 3.4 1.7 0.2 Iris-setosa
5.1 3.7 1.5 0.4 Iris-setosa
4.6 3.6 1.0 0.2 Iris-setosa
5.1 3.3 1.7 0.5 Iris-setosa
4.8 3.4 1.9 0.2 Iris-setosa
5.0 3.0 1.6 0.2 Iris-setosa
5.0 3.4 1.6 0.4 Iris-setosa
5.2 3.5 1.5 0.2 Iris-setosa
5.2 3.4 1.4 0.2 Iris-setosa
4.7 3.2 1.6 0.2 Iris-setosa
4.8 3.1 1.6 0.2 Iris-setosa
5.4 3.4 1.5 0.4 Iris-setosa
5.2 4.1 1.5 0.1 Iris-setosa
5.5 4.2 1.4 0.2 Iris-setosa
4.9 3.1 1.5 0.1 Iris-setosa
5.0 3.2 1.2 0.2 Iris-setosa
5.5 3.5 1.3 0.2 Iris-setosa
4.9 3.1 1.5 0.1 Iris-setosa
4.4 3.0 1.3 0.2 Iris-setosa
5.1 3.4 1.5 0.2 Iris-setosa
5.0 3.5 1.3 0.3 Iris-setosa
4.5 2.3 1.3 0.3 Iris-setosa
4.4 3.2 1.3 0.2 Iris-setosa
5.0 3.5 1.6 0.6 Iris-setosa
5.1 3.8 1.9 0.4 Iris-setosa
4.8 3.0 1.4 0.3 Iris-setosa
5.1 3.8 1.6 0.2 Iris-setosa
4.6 3.2 1.4 0.2 Iris-setosa
5.3 3.7 1.5 0.2 Iris-setosa
5.0 3.3 1.4 0.2 Iris-setosa
7.0 3.2 4.7 1.4 Iris-versicolor
6.4 3.2 4.5 1.5 Iris-versicolor
6.9 3.1 4.9 1.5 Iris-versicolor
5.5 2.3 4.0 1.3 Iris-versicolor
6.5 2.8 4.6 1.5 Iris-versicolor
5.7 2.8 4.5 1.3 Iris-versicolor
6.3 3.3 4.7 1.6 Iris-versicolor
4.9 2.4 3.3 1.0 Iris-versicolor
6.6 2.9 4.6 1.3 Iris-versicolor
5.2 2.7 3.9 1.4 Iris-versicolor
5.0 2.0 3.5 1.0 Iris-versicolor
5.9 3.0 4.2 1.5 Iris-versicolor
6.0 2.2 4.0 1.0 Iris-versicolor
6.1 2.9 4.7 1.4 Iris-versicolor
5.6 2.9 3.6 1.3 Iris-versicolor
6.7 3.1 4.4 1.4 Iris-versicolor
5.6 3.0 4.5 1.5 Iris-versicolor
5.8 2.7 4.1 1.0 Iris-versicolor
6.2 2.2 4.5 1.5 Iris-versicolor
5.6 2.5 3.9 1.1 Iris-versicolor
5.9 3.2 4.8 1.8 Iris-versicolor
6.1 2.8 4.0 1.3 Iris-versicolor
6.3 2.5 4.9 1.5 Iris-versicolor
6.1 2.8 4.7 1.2 Iris-versicolor
6.4 2.9 4.3 1.3 Iris-versicolor
6.6 3.0 4.4 1.4 Iris-versicolor
6.8 2.8 4.8 1.4 Iris-versicolor
6.7 3.0 5.0 1.7 Iris-versicolor
6.0 2.9 4.5 1.5 Iris-versicolor
5.7 2.6 3.5 1.0 Iris-versicolor
5.5 2.4 3.8 1.1 Iris-versicolor
5.5 2.4 3.7 1.0 Iris-versicolor
5.8 2.7 3.9 1.2 Iris-versicolor
6.0 2.7 5.1 1.6 Iris-versicolor
5.4 3.0 4.5 1.5 Iris-versicolor
6.0 3.4 4.5 1.6 Iris-versicolor
6.7 3.1 4.7 1.5 Iris-versicolor
6.3 2.3 4.4 1.3 Iris-versicolor
5.6 3.0 4.1 1.3 Iris-versicolor
5.5 2.5 4.0 1.3 Iris-versicolor
5.5 2.6 4.4 1.2 Iris-versicolor
6.1 3.0 4.6 1.4 Iris-versicolor
5.8 2.6 4.0 1.2 Iris-versicolor
5.0 2.3 3.3 1.0 Iris-versicolor
5.6 2.7 4.2 1.3 Iris-versicolor
5.7 3.0 4.2 1.2 Iris-versicolor
5.7 2.9 4.2 1.3 Iris-versicolor
6.2 2.9 4.3 1.3 Iris-versicolor
5.1 2.5 3.0 1.1 Iris-versicolor
5.7 2.8 4.1 1.3 Iris-versicolor
6.3 3.3 6.0 2.5 Iris-virginica
5.8 2.7 5.1 1.9 Iris-virginica
7.1 3.0 5.9 2.1 Iris-virginica
6.3 2.9 5.6 1.8 Iris-virginica
6.5 3.0 5.8 2.2 Iris-virginica
7.6 3.0 6.6 2.1 Iris-virginica
4.9 2.5 4.5 1.7 Iris-virginica
7.3 2.9 6.3 1.8 Iris-virginica
6.7 2.5 5.8 1.8 Iris-virginica
7.2 3.6 6.1 2.5 Iris-virginica
6.5 3.2 5.1 2.0 Iris-virginica
6.4 2.7 5.3 1.9 Iris-virginica
6.8 3.0 5.5 2.1 Iris-virginica
5.7 2.5 5.0 2.0 Iris-virginica
5.8 2.8 5.1 2.4 Iris-virginica
6.4 3.2 5.3 2.3 Iris-virginica
6.5 3.0 5.5 1.8 Iris-virginica
7.7 3.8 6.7 2.2 Iris-virginica
7.7 2.6 6.9 2.3 Iris-virginica
6.0 2.2 5.0 1.5 Iris-virginica
6.9 3.2 5.7 2.3 Iris-virginica
5.6 2.8 4.9 2.0 Iris-virginica
7.7 2.8 6.7 2.0 Iris-virginica
6.3 2.7 4.9 1.8 Iris-virginica
6.7 3.3 5.7 2.1 Iris-virginica
7.2 3.2 6.0 1.8 Iris-virginica
6.2 2.8 4.8 1.8 Iris-virginica
6.1 3.0 4.9 1.8 Iris-virginica
6.4 2.8 5.6 2.1 Iris-virginica
7.2 3.0 5.8 1.6 Iris-virginica
7.4 2.8 6.1 1.9 Iris-virginica
7.9 3.8 6.4 2.0 Iris-virginica
6.4 2.8 5.6 2.2 Iris-virginica
6.3 2.8 5.1 1.5 Iris-virginica
6.1 2.6 5.6 1.4 Iris-virginica
7.7 3.0 6.1 2.3 Iris-virginica
6.3 3.4 5.6 2.4 Iris-virginica
6.4 3.1 5.5 1.8 Iris-virginica
6.0 3.0 4.8 1.8 Iris-virginica
6.9 3.1 5.4 2.1 Iris-virginica
6.7 3.1 5.6 2.4 Iris-virginica
6.9 3.1 5.1 2.3 Iris-virginica
5.8 2.7 5.1 1.9 Iris-virginica
6.8 3.2 5.9 2.3 Iris-virginica
6.7 3.3 5.7 2.5 Iris-virginica
6.7 3.0 5.2 2.3 Iris-virginica
6.3 2.5 5.0 1.9 Iris-virginica
6.5 3.0 5.2 2.0 Iris-virginica
6.2 3.4 5.4 2.3 Iris-virginica
5.9 3.0 5.1 1.8 Iris-virginica
```

A.2 Sojabohnen

Vorhergesagt werden sollen die Krankheiten der Sojabohnen abhängig von verschiedenen Faktoren, wie beispielsweise von Umwelteinflüssen.

Die Daten sind in WEKA als Beispieldaten enthalten. Sie stammen von R. S. Michalski und R. L. Chilausky[2].

Wir beschreiben die Attribute in ihrem Originalformat, also in Englisch.

```
 1. date:           april,may,june,july,august,september,october
 2. plant-stand:    normal,lt-normal
 3. precip:         lt-norm,norm,gt-norm
 4. temp:           lt-norm,norm,gt-norm
 5. hail:           yes,no
 6. crop-hist:      diff-lst-year,same-lst-yr,same-lst-two-yrs,
                       same-lst-sev-yrs
 7. area-damaged: scattered,low-areas,upper-areas,whole-field
 8. severity:       minor,pot-severe,severe
 9. seed-tmt:       none,fungicide,other
10. germination:   '90-100%','80-89%','lt-80%'
11. plant-growth: norm,abnorm.
12. leaves:         norm,abnorm
13. leafspots-halo: absent,yellow-halos,no-yellow-halos
14. leafspots-marg: w-s-marg,no-w-s-marg,dna
15. leafspot-size: lt-1/8,gt-1/8,dna
16. leaf-shread:   absent,present
17. leaf-malf:      absent,present
18. leaf-mild:      absent,upper-surf,lower-surf
19. stem:           norm,abnorm
20. lodging:        yes,no
21. stem-cankers: absent,below-soil,above-soil,above-sec-nde
22. canker-lesion: dna,brown,dk-brown-blk,tan
23. fruiting-bodies: absent,present
24. external decay: absent,firm-and-dry,watery
25. mycelium:       absent,present
26. int-discolor: none,brown,black
```

2 R. S. Michalski and R. L. Chilausky. Learning by Being Told and Learning from Examples: An Experimental Comparison of the Two Methods of Knowledge Acquisition in the Context of Developing an Expert System for Soybean Disease Diagnosis, International Journal of Policy Analysis and Information Systems, Vol. 4, No. 2, 1980.

```
27. sclerotia:     absent,present
28. fruit-pods:    norm,diseased,few-present,dna
29. fruit spots:   absent,colored,brown-w/blk-pecks,distort,dna
30. seed:          norm,abnorm
31. mold-growth:   absent,present
32. seed-discolor: absent,present
33. seed-size:     norm,lt-norm
34. shriveling:    absent,present
35. roots:         norm,rotted,galls-cysts
36. Classes:       diaporthe-stem-canker, charcoal-rot,
          rhizoctonia-root-rot, phytophthora-rot, brown-stem-rot,
          powdery-mildew, downy-mildew, brown-spot, bacterial-blight,
          bacterial-pustule, purple-seed-stain, anthracnose,
          phyllosticta-leaf-spot, alternarialeaf-spot,
          frog-eye-leaf-spot, diaporthe-pod-&-stem-blight,
          cyst-nematode, 2-4-d-injury, herbicide-injury.
```

Fehlende Werte sind wieder durch ein ? gekennzeichnet.

Aus Gründen der Übersichtlichkeit verzichten wir auf die Darstellung des arff-Files und zeigen nur einen typischen Datensatz:

```
@DATA

october, normal, gt-norm, norm, yes, same-lst-yr, low-areas,
 pot-severe, none, 90-100, abnorm, abnorm, absent, dna, dna, absent,
 absent, absent, abnorm, no, above-sec-nde, brown, present,
 firm-and-dry, absent, none, absent, norm, dna, norm, absent,
 absent, norm, absent, norm, diaporthe-stem-canker
....
```

A.3 Wetter-Daten

Einer der Klassiker im Data Mining ist der Datensatz über das Problem, bei welchem Wetter gespielt wird. Mit 14 Datensätzen gehören die Daten gewiss nicht zu den Massendaten, sie sind aber durch ihre geringe Größe zur Veranschaulichung der Data-Mining-Algorithmen sehr gut geeignet.

Es gibt 2 Varianten dieser Daten.

Variante 1

Die erste Variante gibt die Temperatur und die Luftfeuchtigkeit numerisch an.

Tab. A.1: Daten Wetter-Beispiel – numerisch

Outlook	Temp (°F)	Humidity (%)	Windy?	Play?
sunny	85	85	false	no
sunny	80	90	true	no
overcast	83	78	false	yes
rainy	70	96	false	yes
rainy	68	80	false	yes
rainy	65	70	true	no
overcast	64	65	true	yes
sunny	72	95	false	no
sunny	69	70	false	yes
rainy	75	80	false	yes
sunny	75	70	true	yes
overcast	72	90	true	yes
overcast	81	75	false	yes
rainy	71	80	true	no

Die Attribute sind:

Outlook sunny, overcast, rainy
Temp in Fahrenheit
Humidity in %
Windy? true, false
Play? yes, no

Variante 2

Die zweite Variante gibt die Temperatur und die Luftfeuchtigkeit ordinal an.

Die Attribute sind:

Outlook sunny, overcast, rainy
Temp hot, mild, cool
Humidity high, normal
Windy? true, false
Play? yes, no

Tab. A.2: Daten Wetter-Beispiel – nominal

Tag	outlook	temperature	humidity	windy	play
1	sunny	hot	high	false	no
2	sunny	hot	high	true	no
3	overcast	hot	high	false	yes
4	rainy	mild	high	false	yes
5	rainy	cool	normal	false	yes
6	rainy	cool	normal	true	no
7	overcast	cool	normal	true	yes
8	sunny	mild	high	false	no
9	sunny	cool	normal	false	yes
10	rainy	mild	normal	false	yes
11	sunny	mild	normal	true	yes
12	overcast	mild	high	true	yes
13	overcast	hot	normal	false	yes
14	rainy	mild	high	true	no

A.4 Kontaktlinsen-Daten

Die Daten stammen von J. Cendrowska[3]. Ziel ist die Vorhersage, ob eine Person Kontaktlinsen benötigt und – wenn dies der Fall ist – welche Sorte der Linsen (hart oder weich) zu bevorzugen ist.

Die Daten sind in WEKA als Beispieldaten enthalten.

Wir beschreiben die Attribute in ihrem Originalformat, also in Englisch.

```
attribute 1 age of the patient: young, pre-presbyopic, presbyopic
attribute 2 spectacle prescription: myope, hypermetrope
attribute 3 astigmatic: no, yes
attribute 4 tear production rate: reduced, normal
attribute 5 class:
  hard : the patient should be fitted with hard contact lenses
  soft : the patient should be fitted with soft contact lenses
  none : the patient should not be fitted with contact lenses
```

3 Cendrowska, J. „PRISM: An algorithm for inducing modular rules“, International Journal of Man-Machine Studies, 1987, 27, 349–370.

Hier das komplette File im Arff-Format:

```
@relation contact-lenses

@attribute age                 {young, pre-presbyopic, presbyopic}
@attribute spectacle-prescrip {myope, hypermetrope}
@attribute astigmatism         {no, yes}
@attribute tear-prod-rate      {reduced, normal}
@attribute contact-lenses      {soft, hard, none}

@data
% 24 instances
young, myope, no, reduced, none
young, myope, no, normal, soft
young, myope, yes, reduced, none
young, myope, yes, normal, hard
young, hypermetrope, no, reduced, none
young, hypermetrope, no, normal, soft
young, hypermetrope, yes, reduced, none
young, hypermetrope, yes, normal, hard
pre-presbyopic, myope, no, reduced, none
pre-presbyopic, myope, no, normal, soft
pre-presbyopic, myope, yes, reduced, none
pre-presbyopic, myope, yes, normal, hard
pre-presbyopic, hypermetrope, no, reduced, none
pre-presbyopic, hypermetrope, no, normal, soft
pre-presbyopic, hypermetrope, yes, reduced, none
pre-presbyopic, hypermetrope, yes, normal, none
presbyopic, myope, no, reduced, none
presbyopic, myope, no, normal, none
presbyopic, myope, yes, reduced, none
presbyopic, myope, yes, normal, hard
presbyopic, hypermetrope, no, reduced, none
presbyopic, hypermetrope, no, normal, soft
presbyopic, hypermetrope, yes, reduced, none
presbyopic, hypermetrope, yes, normal, none
```

Literatur

[AIS93] Rakesh Agrawal, Tomasz Imielinski und Arun Swami. “Mining association rules between sets of items in large databases”. In: *Proceedings of the ACM SIGMOD Conference on Management of Data, Washington D.C.* Hrsg. von P. Bunemann und S. Jajodia. New York: ACM Press, 1993, S. 207–216.

[AS94] Rakesh Agrawal und Ramakrishnan Srikant. “Fast Algorithms for Mining Association Rules”. In: *Proceedings 20th Int. Conf. Very Large Data Bases, VLDB*. Santiago, Chile: Morgan Kaufmann, 1994, S. 487–499.

[Ber+10] Michael R. Berthold u. a. *Guide to Intelligent Data Analysis – How to Intelligently Make Sense of Real Data*. Berlin, Heidelberg: Springer, 2010.

[Bez81] James C. Bezdek. *Pattern Recognition with Fuzzy Objective Function Algorithms*. New York: Plenum Press, 1981.

[Blu07] Norbert Blum. *Einführung in Formale Sprachen, Berechenbarkeit, Informations- und Lerntheorie*. München: Oldenbourg, 2007.

[Bra13] Max Bramer. *Principles of Data Mining*. 2. Auflage. London: Springer, 2013.

[Bre01] Leo Breiman. “Random Forests”. In: *Machine Learning* 45.1 (2001), S. 5–32. ISSN: 0885-6125. DOI: 10.1023/A:1010933404324.

[Bre96] Leo Breiman. “Bagging Predictors”. In: *Machine Learning* 24.2 (1996), S. 123–140. ISSN: 0885-6125. DOI: 10.1023/A:1018054314350.

[Cha13] Peter Chamoni. “Data Mining”. In: *Enzyklopädie der Wirtschaftsinformatik*. Online-Ausgabe. München: Oldenbourg, 2013. URL: http://www.enzyklopaedie-der-wirtschaftsinformatik.de.

[Cho17] François Chollet. *Deep Learning with Python*. Shelter Island, NY: Manning Publications, 2017.

[Chu14] Wesley W. Chu, Hrsg. *Data Mining and Knowledge Discovery for Big Data*. Berlin, Heidelberg: Springer, 2014.

[Cio+07] Krzysztof J. Cios u. a. *Data Mining: A Knowledge Discovery Approach*. New York: Springer, 2007.

[CST00] Nello Christianini und John Shawe-Taylor. *An Introduction to Support Vector Machines and other kernel-based learning methods*. Cambridge University Press, 2000.

[DLR77] Arthur P. Dempster, Nan M. Laird und Donald B. Rubin. “Maximum Likelihood from Incomplete Data via the EM Algorithm”. In: *Journal of the Royal Statistical Society* Series B 39 (1) (1977), S. 1–38.

[DMC] *Data Mining Cup*. URL: http://www.data-mining-cup.de.

[Dun73] J. C. Dunn. “A fuzzy relative of the ISODATA process and its use in detecting compact well-separated clusters”. In: *Journal of Cybernetics* Vol. 3 (1973), S. 32–57.

[Est+96] Martin Ester u. a. “A Density-Based Algorithm for Discovering Clusters in Large Spatial Databases with Noise”. In: *Proceedings of 2nd International Conference on Knowledge Discovery and Data Mining*. AAAI Press, 1996, S. 226–231.

[FPSS96] Usama M. Fayyad, Gregory Piatetsky-Shapiro und Padhraic Smyth. “From Data Mining to Knowledge Discovery: An Overview”. In: *Advances in Knowledge Discovery and Data Mining*. Hrsg. von Usama M. Fayyad u. a. Menlo Park, Cambridge, London: MIT Press, 1996, S. 1–34.

[Fre79] Gottlob Frege. *Begriffsschrift, eine der arithmetischen nachgebildete Formelsprache des reinen Denkens*. in: Ignacio Angelelli (Hrsg.): *Begriffsschrift und andere Aufsätze*, 6. Nachdruck der 2. Auflage von 1964, Olms-Verlag 2007. Halle a/S: Verlag von Louis Nebert, 1879.

https://doi.org/10.1515/9783110676273-012

[Fri97] Bernd Fritzke. *Some Competitive Learning Methods*. Technischer Bericht, Institut für Neuroinformatik, Ruhr-Universität Bochum. 1997. URL: http://www.demogng.de/.

[Fri98] Bernd Fritzke. *Vektorbasierte neuronale Netze*. Aachen: Shaker, 1998.

[FS07] Ronen Feldman und James Sanger. *The Text Mining Handbook – Advanced Approaches in Analyzing Unstructured Data*. Cambridge University Press, 2007.

[Gab10] Mohamed Medhat Gaber. *Scientific Data Mining and Knowledge Discovery – Principles and Foundations*. Berlin, Heidelberg: Springer, 2010.

[Glu01] Peter Gluchowski. "Business Intelligence: Konzepte, Technologien und Einsatzbereiche". In: *HMD – Praxis der Wirtschaftsinformatik* 222 (2001), S. 5–15.

[Glu12] Peter Gluchowski. "Data Warehouse". In: *Enzyklopädie der Wirtschaftsinformatik*. Online-Ausgabe. München: Oldenbourg, 2012. URL: http://www.enzyklopaedie-der-wirtschaftsinformatik.de.

[Han98] David J. Hand. "Consumer Credit and Statistics". In: *Statistics in Finance*. Hrsg. von David J. Hand und Saul D. Jacka. London: Hodder Arnold, 1998, S. 69–81.

[Hip+01] Hajo Hippner u. a., Hrsg. *Handbuch Data Mining im Marketing: Knowledge Discovery in Marketing Databases*. Braunschweig u.a.: Vieweg, 2001.

[HKP12] Jiawei Han, Micheline Kamber und Jian Pei. *Data Mining: Concepts and Techniques*. 3. Auflage. Waltham: Morgan Kaufmann, 2012.

[Hon12] Kai Honsel. *Integrated Usage Mining – Eine Methode zur Analyse des Benutzerverhaltens im Web*. Berlin Heidelberg New York: Springer, 2012. ISBN: 978-3-834-96883-8.

[Hum14] Wilhelm Hummeltenberg. "Business Intelligence". In: *Enzyklopädie der Wirtschaftsinformatik*. Online-Ausgabe. München: Oldenbourg, 2014. URL: http://www.enzyklopaedie-der-wirtschaftsinformatik.de.

[Jo19] Taeho Jo. *Text Mining – Concepts, Implementation, and Big Data Challenge*. Berlin, Heidelberg: Springer, 2019. ISBN: 978-3-319-91815-0.

[KBM13] Hans-Georg Kemper, Henning Baars und Walid Mehanna. *Business Intelligence*. 3. Auflage. Vieweg + Teubner, 2013.

[KMM91] Hilger Kruse, Roland Mangold und Bernhard Mechler. *Programmierung neuronaler Netze: Eine Turbo Pascal Toolbox*. Bonn, München u.a.: Addison-Wesley, 1991.

[KNIME] *KNIME – Konstanz Information Miner*. URL: http://www.knime.org.

[KR87] Leonard Kaufman und Peter J. Rousseeuw. *Clustering by Means of Medoids*. Reports of the Faculty of Mathematics and Informatics. Delft University of Technology. 1987.

[KR90] Leonard Kaufman und Peter J. Rousseeuw. *Finding groups in data: an introduction to cluster analysis*. New York: John Wiley und Sons, 1990.

[Kur+14] Karl Kurbel u. a., Hrsg. *Enzyklopädie der Wirtschaftsinformatik – Online-Lexikon*. 8. Auflage. München: Oldenbourg, 2014. URL: http://www.enzyklopaedie-der-wirtschaftsinformatik.de.

[Lau85] Joachim Laubsch. "Techniken der Wissensdarstellung". In: *Repräsentation von Wissen und natürlichsprachliche Systeme*. Hrsg. von Christopher Habel. Informatik-Fachberichte. Berlin u.a.: Springer, 1985, S. 48–93.

[LB01] Gordon S. Linoff und Michael J. A. Berry. *Mining the Web*. New York: John Wiley & Sons, 2001.

[LC20] Uwe Lämmel und Jürgen Cleve. *Künstliche Intelligenz*. München: Hanser, 5. Auflage, 2020.

[Liu11] Bing Liu. *Web Data Mining*. 2. Auflage. Berlin Heidelberg: Springer, 2011.

[Mac67] James B. MacQueen. "Some Methods for Classification and Analysis of MultiVariate Observations". In: *Proceedings of the 5th Berkeley Symposium on Mathematical Statistics and Probability*. Hrsg. von L. Le Cam und J. Neyman. Bd. 1. University of California Press, 1967, S. 281–297.

[MN73] James Moore und Allen Newell. “How can Merlin understand?” In: *Knowledge and Cognition*. Hrsg. von Lee W. Gregg. Lawrence Earlbaum Hillsdale N.J., 1973, S. 201–252.

[NH94] Raymond T. Ng und Jiawei Han. “Efficient and Effective Clustering Methods for Spatial Data Mining”. In: *Proceedings 20th Int. Conf. Very Large Data Bases, VLDB*. Santiago, Chile: Morgan Kaufmann, 1994, S. 144–155.

[Nor16] Klaus North. *Wissensorientierte Unternehmensführung – Wissensmanagement gestalten*. Berlin Heidelberg New York: Springer, 2016. ISBN: 978-3-658-11643-9.

[PA14] Alejandro Peña-Ayala. *Educational Data Mining – Applications and Trends*. Berlin, Heidelberg: Springer, 2014.

[Pap+19] Stefan Papp u. a. *Handbuch Data Science – Mit Datenanalyse und Machine Learning Wert aus Daten generieren*. München: Hanser, 2019. ISBN: 978-3-446-45975-5.

[Pet05] Helge Petersohn. *Data Mining*. München: Oldenbourg, 2005.

[PF17] Foster Provost und Tom Fawcett. *Data Science für Unternehmen – Data Mining und datenanalytisches Denken praktisch anwenden*. Heidelberg: MITP-Verlag, 2017. ISBN: 978-3-958-45548-1.

[PF91] Gregory Piateski und William Frawley. *Knowledge Discovery in Databases*. Cambridge, MA, USA: MIT Press, 1991.

[PM17] David Poole und Alan Mackworth. *Artificial Intelligence*. 2nd edition. Cambridge, USA: Cambridge University Press, 2017. URL: https://artint.info/2e/html/ArtInt2e.html.

[PS91] Gregory Piatetsky-Shapiro. “Discovery, analysis and presentation of strong rules”. In: *Knowledge Discovery in Databases*. Hrsg. von Gregory Piatetsky-Shapiro und William J. Frawley. AAAI Press, 1991, S. 229–248.

[Qui86] Ross Quinlan. “Induction of Decision Trees”. In: *Machine Learning* 1 (1986), S. 81–106.

[Qui93] Ross Quinlan. *C4.5: Programs for Machine Learning*. Morgan Kaufmann, 1993.

[RK89] Helge Ritter und Teuvo Kohonen. *Self-organizing semantic maps*. Otaniemi, 1989.

[Rom+11] Cristobal Romero u. a., Hrsg. *Handbook of Educational Data Mining*. New York: Taylor und Francis, 2011.

[Rou87] Peter Rousseeuw. “Silhouettes: a graphical aid to the interpretation and validation of cluster analysis”. In: *J. Comput. Appl. Math.* 20.1 (1987), S. 53–65.

[Run15] Thomas A. Runkler. *Data Mining*. Springer Vieweg, 2015. ISBN: 978-3-8348-1694-8. URL: http://dx.doi.org/10.1007/978-3-8348-2171-3.

[RV06] Cristobal Romero und Sebastian Ventura, Hrsg. *Data Mining in E-Learning*. Southampton, Boston: WIT Press (UK), 2006.

[SA95] Ramakrishnan Srikant und Rakesh Agrawal. “Mining Generalized Association Rules”. In: *Proceedings of the 21th International Conference on Very Large Data Bases*. VLDB ’95. San Francisco, CA, USA: Morgan Kaufmann, 1995, S. 407–419.

[SA96] Ramakrishnan Srikant und Rakesh Agrawal. “Mining Quantitative Association Rules in Large Relational Tables”. In: *Proceedings of the 1996 ACM SIGMOD International Conference on Management of Data, Montreal, Quebec, Canada, June 4-6, 1996*. Hrsg. von H. V. Jagadish und Inderpal Singh Mumick. ACM Press, 1996, S. 1–12.

[Sch90] Robert E. Schapire. “The strength of weak learnability”. In: *Machine Learning* 5.2 (1990), S. 197–227. ISSN: 0885-6125. DOI: 10.1023/A:1022648800760. URL: http://www.cs.princeton.edu/~schapire/papers/strengthofweak.pdf (besucht am 24. 09. 2012).

[Soa+08] Carlos Soares u. a., Hrsg. *Applications of Data Mining in E-business and Finance*. Amsterdam, Berlin, Oxford, Tokyo, Washington DC: IOS Press, 2008.

[SS19] Roland Schwaiger und Joachim Steinwendner. *Neuronale Netze programmieren mit Python*. 1. Auflage. Bonn: Rheinwerk Computing, 2019.

[War63] Joe H. Ward. “Hierarchical Grouping to Optimize an Objective Function”. In: *Journal of the American Statistical Association* 58 (1963), S. 236–244.

[WEKA] *WEKA – Waikato Environment for Knowledge Analysis*. URL: http://www.cs.waikato.ac.nz/~ml/weka/index.html.

[Wit+17] Ian H. Witten u. a. *Data Mining – Practical Machine Learning Tools and Techniques*. 4. Auflage. Cambridge: Morgan Kaufmann, 2017. ISBN: 978-0-128-04357-8.

[Yau11] Nathan Yau. *Visualize this*. Indianapolis: Wiley, 2011.

[Zel97] Andreas Zell. *Simulation Neuronaler Netze*. München: Oldenbourg, 1997.

Stichwortverzeichnis

https://doi.org/10.1515/9783110676273-013